TURING 图灵原创

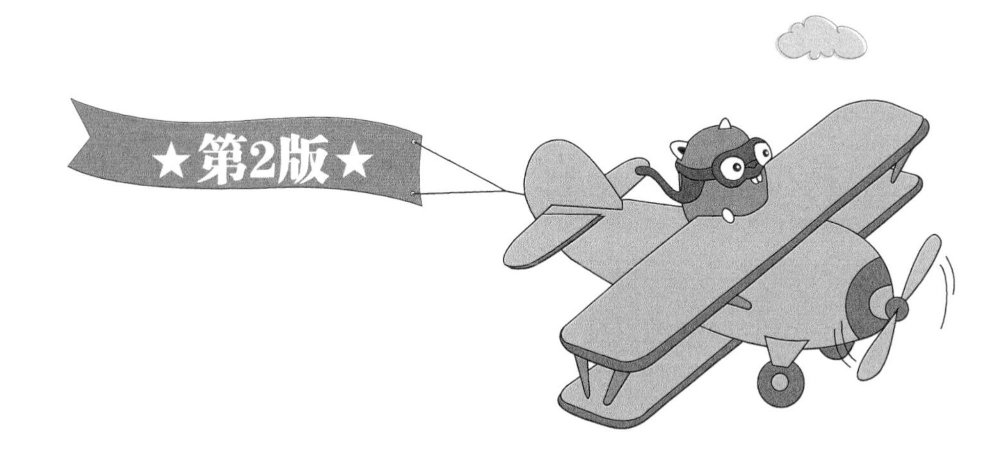

Go并发编程实战

郝林 ◎著

人民邮电出版社
北京

图书在版编目（CIP）数据

Go并发编程实战 / 郝林著. -- 2版. -- 北京 : 人民邮电出版社, 2017.4（2022.12重印）
（图灵原创）
ISBN 978-7-115-45251-1

Ⅰ. ①G… Ⅱ. ①郝… Ⅲ. ①程序语言－程序设计
Ⅳ. ①TP312

中国版本图书馆CIP数据核字(2017)第052901号

内容提要

本书首先介绍了Go语言的优秀特性、安装设置方法、工程结构、标准命令和工具、语法基础、数据类型以及流程控制方法，接着阐述了与多进程编程和多线程编程有关的知识，然后重点介绍了goroutine、channel以及Go提供的传统同步方法，最后通过一个完整实例——网络爬虫框架进一步阐述Go语言的哲学和理念，同时分享作者在多年编程生涯中的一些见解和感悟。

与上一版相比，本书不仅基于Go 1.8进行了全面更新，而且更深入地描绘了Go运行时系统的内部机理，并且大幅改进了示例代码。

本书适用于有一定计算机编程基础的从业者以及对Go语言编程感兴趣的爱好者，非常适合作为Go语言编程进阶教程。

◆ 著　　　郝　林
责任编辑　王军花
责任印制　彭志环
◆ 人民邮电出版社出版发行　　北京市丰台区成寿寺路11号
邮编　100164　　电子邮件　315@ptpress.com.cn
网址　https://www.ptpress.com.cn
北京九州迅驰传媒文化有限公司印刷
◆ 开本：800×1000　1/16
印张：23.75　　　2017年4月第2版
字数：472千字　　2022年12月北京第23次印刷

定价：79.00元

读者服务热线：(010)84084456-6009　印装质量热线：(010)81055316
反盗版热线：(010)81055315
广告经营许可证：京东市监广登字20170147号

序

Go是年轻而有活力的语言。

它最初于2007年由Robert Griesemer、Rob Pike和Ken Thompson在Google开始开发，2009年正式发布。作者们希望Go能使复杂、高效系统的编写工作变得简单、可靠；同时，也希望Go能成为一个相对通用的编程环境，适应诸如桌面应用、移动应用、数值计算等。

Go的设计理念充分体现了这些设计目标。它是极简化语言的代表，推崇少即是多。为了避免复杂、不可读的代码，Go限制了语言功能与语法特性。Go的可读性在众多编程语言中是独树一帜的。另外，为了减轻使用者编写高性能应用的负担，它也引入了runtime，提供了诸如协程、垃圾回收等功能。runtime虽然使语言本身的实现更复杂，但它让使用者获得了更简单易用的编程环境。

Go语言是极易掌握的语言，它与C语言十分相近。熟悉C、C++等语言的编程人员可以在短时间内掌握Go语言来编写简单、高效的应用。它只有20多个语言关键词。作为初学者，它也是相对容易入门的语言。

国内的Go语言社区十分活跃，这得益于致力推广Go的技术精英们。我认识本书作者郝林，也是源于他组织的Go语言北京交流会。利用业余时间，他广泛推广普及Go语言，组织、邀请技术专家参与交流会。他坚持不懈两年有余，取得了显著的成绩。郝林对Go社区建设的执着与热情令人敬佩。我相信，本书也是凝集了他对技术推广的一腔热情，希望让Go语言的初学者、工程师们能更快捷、深入地理解Go语言，以促进整个技术领域的发展。

Go语言方面的图书对培养高素质的业余爱好者、从业人员起到了至关重要的作用。本书在各种Go语言图书中也是特点鲜明。本书首先介绍了Go语言的基础知识，对初学者有所铺垫。书中大量篇幅覆盖了Go语言的并发特性，详细讲解了其中的哲学、原理与实现。我相信很多像我这样，每天都沉浸在Go语言的从业人员，也并不完全知道Go内部实现的奥妙。每人花上一些时间来读此书，即便对有经验的Go从业人员来说，也会有所帮助。

在翻读本书时，我也深深体会到了作者写作的用心之处，每章不光有概念的讲解，还有实现实例和经典案例。这些细心之处，让这样一本严肃的技术书读起来并不枯燥、乏味。书末更有独立的一章来介绍用 Go 语言实现的一个爬虫系统。相信很多读者都会迫不及待地跟着作者一起动起手来，实践书中的知识与概念。

最后，作为 Go 社区和开源社区的一员，我希望读者们能够在享受 Go 开发带来的乐趣与收获的同时，能够回馈、融入社区。你们的每一个建议与意见，每一个问题反馈与代码补丁，都会促进和推动开源社区，以及整个计算机产业的发展。我想这也是郝林如此用心编写此书的一个初衷。

李响，CoreOS 分布式系统组主管（Head of distributed systems）

2017 年 3 月 5 日，于美国加利福尼亚州

前言

很高兴你能选择这本已经过大量改进的书，希望本书能够让你成为真正的 Go 粉。很多 Go 语言爱好者都喜欢称自己是 Gopher，这是一个来自官方的传统，希望你也能这样称呼自己。

Go 编程语言（或称 Golang，以下简称 Go 语言）是云计算时代的 C 语言。7 年过去了，它渐渐向世人证明此言不虚。如果你关注 TIOBE 的编程语言排行榜就会发现，Go 语言从前些年的第 50 多位，经过多次上窜已经跃居第 13 位，跻身绝对主流的编程语言行列！同时，它还被评为 2016 年的年度语言！经过了数年的不断改进，Go 语言在开发效率和程序运行效率方面又上了数个台阶。

下面我简单列举一下它在最近两年比较显而易见的变化。

- **本身的自举**。也就是说，Go 语言几乎完全用 Go 语言程序重写了自己，仅留有一些汇编程序。Go 语言的自举非常彻底，包括了最核心的编译器、链接器、运行时系统等。现在任何学习 Go 语言的人都可以直接读它的源代码了。此变化也使 Go 程序的跨平台编译变得轻而易举。
- **运行时系统的改进**。这主要体现在更高效的调度器、内存管理以及垃圾回收方面。调度器已能让 goroutine 更及时地获得运行时机。运行时系统对内存的利用和控制也更加精细了。因垃圾回收而产生的调度停顿时间已经小于原来的 1‰。另外，最大 P 数量的默认值由原先的 1 变为与当前计算机的 CPU 核心数相同。
- **标准工具的增强**。在 Go 1.4 加入 `go generate` 之后，一个惊艳的程序调试工具 `go tool trace` 也被添加进来了。另外，`go tool compile`、`go tool asm` 和 `go tool link` 等工具也已到位；一旦你安装好 Go，就可以直接使用它们。同时，几乎所有的标准工具和命令都得到了不同程度的改进。
- **访问控制的细化**。这种细化始于 Go 1.4，正式支持始于 Go 1.5，至今已被广泛应用。经过细化，对于 Go 程序中的程序实体，除了原先的两种访问控制级别（公开和包级私有）之外，又多了一种——模块级私有。这是通过把名称首字母大写的程序实体放入 internal 代码包实现的。

- **vendor 机制的支持**。自 Go 1.5 之后，一个特殊的目录——vendor——被逐渐启用。它用于存放其父目录中的代码包所依赖的那些代码包。在程序被编译时，编译器会优先引用存于其中的代码包。这为固化程序的依赖代码迈出了很重要的一步。在 Go 1.7 中，vendor 目录以及背后的机制被正式支持。

当然，上述变化并不是全部。它的标准库也经历了超多的功能和性能改进。如果你是在本书的第 1 版面市时开始学习 Go 语言的，那么一定能感受到这些变化带来的巨大红利。

从本书第 1 版出版至今,Go 语言的版本号已经从 1.4 升至 1.8,本书第 2 版就是基于 Go 1.8 写成的。

本书第 2 版根据 Go 语言本身的变化以及第 1 版读者的大量反馈做了很多改进，也重写了非常多的内容。你的第一感觉肯定是书变薄、变轻了！没错，最直观的改进就是书中几乎每个章节都更为精炼。在讲 Go 编程基础的时候，我只说明重点，并尽量用代码和表格代替文字，同时让它们变得易于速查。因此，本书在这方面的篇幅由 5 章缩减为了 2 章。然而，讲并发编程理念、方法和实战的部分却得到了适当的扩充。你可能已经发现，后面几章的内容非常多，这是因为我更加细致地讲解了那些核心知识。

同时，本书的所有示例程序都重新编排，变得更加有条理，更加容易查找。当然，我对示例程序本身也做了相当大的改造。首先是充分使用 Go 语言的新特性。比如，有的代码包拥有了自己的 internal 包。又比如，示例项目本身也用到了 vendor 目录。其次，更多的优质代码包被引入进来并充分利用，比如 io/ioutil、context 等。另外，还对一些关键示例进行了脱胎换骨的改写。比如，完全重写了 ConcurrentMap，它的性能比原先的版本高出数倍。又比如，我对网络爬虫框架做了大幅更新，既包括较为底层的数据结构，也包括调度器以及一些模块的接口和实现。这使得它更易用、扩展性更好，同时代码中体现的技巧和理念也更多、更突出。因此，本书最后一章也几乎完全重写了。

本书结构

本书共分为 6 章。

第 1 章，快速介绍了 Go 语言的优秀特性、安装设置方法、工程结构以及标准命令和工具。

第 2 章，讲述了 Go 语言的语法基础、数据类型以及流程控制方法。

第 3 章，主要阐述了与多进程编程和多线程编程有关的知识。这些知识作为理解 Go 语言并发编程模型的先导内容。看过以后，你就可以对并发编程有一个比较清晰的理解。之后，本章还简要剖析了多核时代（基于多 CPU 核心的计算时代）的并发编程需求。

第 4 章，在深入展示和说明 Go 语言的并发编程模型之后，本章讲解 Go 特有的编程要素——goroutine（也可称为 Go 例程）的用法以及背后的运作机理。此外，本章还会对 Go 并发编程中另一个不可或缺的部分——channel 进行重点介绍，包括概念、使用规则以及应用技巧。

第 5 章，会对 Go 语言提供的传统同步方法进行介绍。这包括互斥锁、条件变量、原子操作、WaitGroup、临时对象池等，这些同步方法大多是标准库代码包 sync 中的一员。虽然 Go 语言官方并不建议优先使用这些方式来保障程序的并发安全性，但不容忽视的是，它们在一些应用场景中确实简单有效。

第 6 章，包括一个基本囊括了本书所有概念和知识的完整示例——网络爬虫框架。我会带你逐步编写这个示例，并进一步阐述 Go 语言的哲学和理念，同时分享我在多年编程生涯中的一些见解和感悟。你可以通过这个示例来巩固前面学到的 Go 语言知识，并加深对 Go 并发编程的理解。

附录 A，简单介绍目前在国内外比较活跃的一部分 Go 语言开源项目和 Go 语言社区，这会使你学习 Go 语言的道路变得更加顺畅，也有利于你找到志同道合的朋友。

目标读者

原则上来讲，任何对计算机编程和 Go 语言感兴趣的人都可以阅读本书。但是，当你学习一门编程语言的时候，往往还是需要有一些基础的。比如，怎样使用文本编辑器、怎样在相应的操作系统中安装软件，等等。而要想成为一名高级的 Go 软件工程师，你需要了解的知识可能比表面看上去的多很多。这就像摘苹果一样，如果要摘到苹果，就需要徒手爬上果树，或者找到足够高的梯子；如果想摘到果树顶端最甜的那个苹果，就需要花费更多的时间和精力，爬过更多的枝叶。希望本书能成为帮助你摘苹果的梯子。但是，在想有所收获之前，请先潜心学习和积累。

当然，你在阅读本书的过程中边看边学也完全没问题，甚至可以看完本书再去学习相关知识。采用哪种学习方式，这完全取决于你自己。

关于示例代码

我会把本书涉及的示例代码[①]都放到一个名为 example.v2 的项目中，你可以访问

① 本书源代码也可去图灵社区（iTuring.cn）本书主页免费注册下载。

https://github.com/gopcp/example.v2 查看或下载。你存放该项目目录的绝对路径应该包含在环境变量 GOPATH 中。如果你不了解 Git（一款代码版本控制工具），请在网上搜索“git”并详细了解。

关于勘误

由于作者水平和时间有限，书中难免会有一些纰漏和错误，欢迎读者及时指正，本书后续印次或版本中将加以改正。非常希望和大家一起学习和讨论 Go 语言，并共同推动 Go 语言在中国的发展。你可以通过电子邮件（hypermind@outlook.com）联系我，也可以到图灵社区（iTuring.cn）本书主页上发表评论。

致谢

写书是一项需要大量精力和毅力的工作，尤其是编写技术图书，更需要作者对相关知识进行深入的梳理和系统的整合，还需要制作各种图表，编写各种示例，工作量确实不小。但是，这个写作过程也很有趣，我通过写作也收获了很多。当然，很多收获来自他人的传授。其中，图灵公司的编辑王军花和傅志红老师都给予了我很大的帮助，尤其是在写作技巧和图书结构方面。当然，还有目前中国业内公认的 Go 语言专家们，我在编写本书的时候经常向他们讨教。在此，谨对帮助过我的所有人表示由衷的感谢。同时也要感谢我的家人，没有他们的支持和理解，我不可能在有限的业余时间里完成本书。

目　　录

第1章 初识 Go 语言

在讲解怎样用 Go 语言之前，我们先介绍 Go 语言的特性、基础概念和标准命令。

1.1 语言特性

我们可以用几个关键词或短语来概括 Go 语言的主要特性。

- **开放源代码**。这显示了Go作者开放的态度以及营造语言生态的决心。顺便说一句，Go本身就是用Go语言编写的。
- **静态类型和编译型**。在Go中，每个变量或常量都必须在声明时指定类型，且不可改变。另外，程序必须通过编译生成归档文件或可执行文件，而后才能被使用或执行。不过，其语法非常简洁，就像一些解释型脚本语言那样，易学易用。
- **跨平台**。这主要是指跨计算架构和操作系统。目前，它已经支持绝大部分主流的计算架构和操作系统，并且这个范围还在不断扩大。只要下载与之对应的Go语言安装包，并且经过简单的安装和设置，就可以使Go就绪了。除此之外，在编写Go语言程序的过程中，我们几乎感觉不到不同平台的差异。
- **自动垃圾回收**。程序在运行过程中的垃圾回收工作一般由Go运行时系统全权负责。不过，Go也允许我们对此项工作进行干预。
- **原生的并发编程**。拥有自己的并发编程模型，其主要组成部分有goroutine（也可称为Go例程）和channel（也可称为通道）。另外，还拥有一个特殊的关键字go。
- **完善的构建工具**。它自带了很多强大的命令和工具，通过它们，可以很轻松地完成Go程序的获取、编译、测试、安装、运行、分析等一系列工作。
- **多编程范式**。Go支持函数式编程。函数类型为第一等类型，可以方便地传递和赋值。此外，它还支持面向对象编程，有接口类型与实现类型的概念，但用嵌入替代了继承。
- **代码风格强制统一**。Go安装包中有自己的代码格式化工具，可以用来统一程序的编码风格。

- **高效的编程和运行**。Go简洁、直接的语法使我们可以快速编写程序。加之它强大的运行时系统，程序可以充分利用计算环境飞快运行。
- **丰富的标准库**。Go是通用的编程语言，其标准库中有很多开箱即用的API。尤其是在编写诸如系统级程序、Web程序和分布式程序时，我们几乎无需依赖第三方库。

看到Go如此多的先进特性后，你是否已经心动了？反正我已经为此折服并感到非常激动。这正是我迫切需要的语言！这也正是我迫不及待地深入研究它，并通过一本书把我知道的所有细节分享给大家的原因。

1.2 安装和设置

安装Go相当简单，只要你的操作系统被Go语言支持即可。Go语言官方网站放出的每一个版本都会有主流平台的二进制安装包以及源码包，你可以自行挑选对应的文件下载。Go的下载地址为：https://golang.org/dl。

本节，我们以64位的Linux操作系统为计算环境，简要描述安装和设置过程。

假设已经从Go的下载地址中挑选了go1.8.linux-amd64.tar.gz文件并下载。注意，这个文件的名称中有两个关键词，一个是linux，一个是amd64。前者表示该文件对应的操作系统种类，其他的同类词有darwin、freebsd、windows等。后者表示该文件对应的计算架构种类，其中amd64表示64位的计算架构；另一个同类词是386，表示32位的计算架构。实际上，这里的计算架构和操作系统可以统称为Go的计算平台或计算环境。

解压该文件时会得到一个名为go的文件夹，其中包含所有的Go语言相关文件。该文件夹下还有很多文件夹和文件，下面简要说明其中主要文件夹的功用。

- **api文件夹**。用于存放依照Go版本顺序的API增量列表文件。这里所说的API包含公开的变量、常量、函数等。这些API增量列表文件用于Go语言API检查。
- **bin文件夹**。用于存放主要的标准命令文件，包括go、godoc和gofmt。
- **blog文件夹**。用于存放官方博客中的所有文章，这些文章都是Markdown格式的。
- **doc文件夹**。用于存放标准库的HTML格式的程序文档。我们可以通过godoc命令启动一个Web程序展现这些文档。
- **lib文件夹**。用于存放一些特殊的库文件。
- **misc文件夹**。用于存放一些辅助类的说明和工具。

- **pkg文件夹**。用于存放安装Go标准库后的所有归档文件。注意，你会发现其中有名称为linux_amd64的文件夹，我们称为平台相关目录。可以看到，这类文件夹的名称由对应的操作系统和计算架构的名称组合而成。通过go install命令，Go程序（这里是标准库中的程序）会被编译成平台相关的归档文件并存放到其中。另外，pkg/tool/linux_amd64文件夹存放了使用Go制作软件时用到的很多强大命令和工具。
- **src文件夹**。用于存放Go自身、Go标准工具以及标准库的所有源码文件。深入探究Go，就靠它了。
- **test文件夹**。存放用来测试和验证Go本身的所有相关文件。

现在，你已经大致了解了 go 文件夹中的目录结构及其用途。下面我们把这个 go 文件夹放到一个合适的目录中。对于 Linux 操作系统，Go 官方推荐的目录是/usr/local。

在这之后，我们需要设置一个环境变量，即：GOROOT。GOROOT 的值应该是 Go 的根目录。这里是/usr/local/go。另外，环境变量中 PATH 中也应该增加一项，即$GOROOT/bin。这样就可以在任意目录下使用那几个 Go 命令了。

至此，Go 已经安装好了。下面重点了解一下 Go 中的一些基础概念。

1.3 工程结构

Go 是一门推崇软件工程理念的编程语言，它为开发周期的每个环节都提供了完备的工具和支持。Go 语言高度强调代码和项目的规范和统一，这集中体现在工程结构或者说代码体制的细节之处。Go 也是一门开放的语言，它本身就是开源软件。更重要的是，它让开发人员很容易通过 go get 命令从各种公共代码库（比如著名的代码托管网站 GitHub）中下载开源代码并使用。这除了得益于 Go 自带命令的强大之外，还应该归功于 Go 工程结构的严谨和完善。本节中，我们详述 Go 的工程结构。

1.3.1 工作区

一般情况下，Go 源码文件必须放在工作区中。但是对于命令源码文件来说，这不是必需的。工作区其实就是一个对应于特定工程的目录，它应包含 3 个子目录：src 目录、pkg 目录和 bin 目录，下面逐一说明。

- **src目录**。用于以代码包的形式组织并保存Go源码文件，这里的代码包与src下的子目录一一对应。例如，若一个源码文件被声明属于代码包log，那么它就应当保存在src/log目录中。当然，你也可以把Go源码文件直接放在src目录下，但这样的Go源码文件就只能被声明属于main代码包了。除非用于临时测试或演示，一般还是建议把Go源码文件放入特定的代码包中。

- **pkg目录**。用于存放通过`go install`命令安装后的代码包的归档文件。前提是代码包中必须包含Go库源码文件。归档文件是指那些名称以“.a”结尾的文件。该目录与GOROOT目录下的pkg目录功能类似。区别在于，工作区中的pkg目录专门用来存放用户代码的归档文件。编译和安装用户代码的过程一般会以代码包为单位进行。比如`log`包被编译安装后，将生成一个名为log.a的归档文件，并存放在当前工作区的pkg目录下的平台相关目录中。
- **bin目录**。与pkg目录类似，在通过`go install`命令完成安装后，保存由Go命令源码文件生成的可执行文件。在类Unix操作系统下，这个可执行文件一般来说名称与源码文件的主文件名相同。而在Windows操作系统下，这个可执行文件的名称则是源码文件主文件名加.exe后缀。

注意 这里有必要明确一下Go语言的命令源码文件和库源码文件的区别。所谓命令源码文件，就是声明属于main代码包并且包含无参数声明和结果声明的`main`函数的源码文件。这类源码文件是程序的入口，它们可以独立运行（使用`go run`命令），也可以通过`go build`或`go install`命令得到相应的可执行文件。所谓库源码文件，则是指存在于某个代码包中的普通源码文件。

1.3.2 GOPATH

我们需要将工作区的目录路径添加到环境变量`GOPATH`中。否则，即使处于同一工作区（事实上，未被加入`GOPATH`中的目录不应该称为工作区），代码之间也无法通过绝对代码包路径调用。在实际开发环境中，工作区可以只有一个，也可以有多个，这些工作区的目录路径都需要添加到`GOPATH`中。与`GOROOT`一样，我们应该确保`GOPATH`一直有效。

注意

- `GOPATH`中不要包含Go语言的根目录，以便将Go语言本身的工作区同用户工作区严格分开。
- 通过Go工具中的代码获取命令`go get`，可将指定项目的源码下载到我们在`GOPATH`中设定的第一个工作区中，并在其中完成编译和安装。

本书约定，示例项目会被存放在$HOME/golang/example.v2目录下，并且在该目录

的 src/gopcp.v2 子目录中存放示例代码。而示例代码依赖的第三方代码包则会被放入$HOME/ golang/example.v2/src/gopcp.v2/vendor 目录。vendor 目录是一个特殊的目录，一般用于存放其他代码包目录中的源码文件依赖的那些代码包。vendor 目录及其机制并不复杂，它们的说明详见 https://docs.google.com/document/d/1Bz5-UB7g2uPBdOx- rw5t9MxJ-wkfpx90cqG9AFL0JAYo 和 https://golang.org/doc/go1.6#go_command。它在 Go 1.5 版本时被试验性地添加进 Go 命令，并在 Go 1.6 版本中变成默认选项。而到了 Go 1.7 版本，它已经成为 Go 命令的正式成员。

注意，你需要把 example.v2 所在的目录当成一个工作区目录，即需要把这个目录添加到 GOPATH 中。

1.3.3 源码文件

我为本书涉及的示例程序专门建立了项目 example.v2，可以访问 https://github.com/gopcp/example.v2 下载。不过，无论从哪里得到示例项目，你都需要将 example.v2 文件夹放到$HOME/golang 目录下，并设置好环境变量 GOPATH。

example.v2 项目包含了 Go 源码文件的所有 3 个种类，即命令源码文件、库源码文件和测试源码文件，下面详细说明这 3 类源码文件。

1. 命令源码文件

如果一个源码文件被声明属于 main 代码包，且该文件代码中包含无参数声明和结果声明的 main 函数，则它就是命令源码文件。命令源码文件可通过 go run 命令直接启动运行。

同一个代码包中的所有源码文件，其所属代码包的名称必须一致。如果命令源码文件和库源码文件处于同一个代码包中，那么在该包中就无法正确执行 go build 和 go install 命令。换句话说，这些源码文件将无法通过常规方法编译和安装。因此，命令源码文件通常会单独放在一个代码包中。这是合理且必要的，因为通常一个程序模块或软件的启动入口只有一个。

同一个代码包中可以有多个命令源码文件，可通过 go run 命令分别运行，但这会使 go build 和 go install 命令无法编译和安装该代码包。所以，我们也不应该把多个命令源码文件放在同一个代码包中。

当代码包中有且仅有一个命令源码文件时，在文件所在目录中执行 go build 命令，即可在该目录下生成一个与目录同名的可执行文件；而若使用 go install 命令，则可在当前工作区的 bin 目录下生成相应的可执行文件。例如，代码包 gopcp.v2/helper/ds 中只有一个源码文件 showds.go，且它是命令源码文件，则相关操作和结果如下：

```
hc@ubt:~/golang/example.v2/src/gopcp.v2/helper/ds$ ls
showds.go
hc@ubt:~/golang/example.v2/src/gopcp.v2/helper/ds$ go build
hc@ubt:~/golang/example.v2/src/gopcp.v2/helper/ds$ ls
ds  showds.go
hc@ubt:~/golang/example.v2/src/gopcp.v2/helper/ds$ go install
hc@ubt:~/golang/example.v2/src/gopcp.v2/helper/ds$ ls ../../../../bin
ds
```

需要特别注意，只有当环境变量 GOPATH 中只包含一个工作区的目录路径时，go install 命令才会把命令源码文件安装到当前工作区的 bin 目录下；否则，像这样执行 go install 命令就会失败。此时必须设置环境变量 GOBIN，该环境变量的值是一个目录的路径，该目录用于存放所有因安装 Go 命令源码文件而生成的可执行文件。

2. 库源码文件

通常，库源码文件声明的包名会与它直接所属的代码包（目录）名一致，且库源码文件中不包含无参数声明和无结果声明的 main 函数。下面来安装（其中包含编译）gopcp.v2/helper/log 包，其中含有若干库源码文件：

```
hc@ubt:~/golang/example.v2/src/gopcp.v2/helper/log$ ls
base            logger.go       logger_test.go logrus
hc@ubt:~/golang/example.v2/src/gopcp.v2/helper/log$ go install
hc@ubt:~/golang/example.v2/src/gopcp.v2/helper/log$ ls ../../../../pkg
linux_amd64
hc@ubt:~/golang/example.v2/src/gopcp.v2/helper/log$ ls ../../../../pkg/linux_amd64/gopcp.v2/helper
log   log.a
hc@ubt:~/golang/example.v2/src/gopcp.v2/helper/log$ ls ../../../../pkg/linux_amd64/gopcp.v2/helper
/log
base.a   field.a  logrus.a
```

这里，我们通过在 gopcp.v2/helper/log 代码包的目录下执行 go install 命令，成功安装了该包并生成了若干归档文件。这些归档文件的存放目录由以下规则产生。

- 安装库源码文件时所生成的归档文件会被存放到当前工作区的pkg目录中。example.v2项目的gopcp.v2/helper/log包所属工作区的根目录是~/golang/example.v2。因此，上面所说的pkg目录即~/golang/example.v2/pkg。
- 根据被编译时的目标计算环境，归档文件会被放在该pkg目录下的平台相关目录中。例如，我是在64位的Linux计算环境下安装的，对应的平台相关目录就是linux_amd64，那么归档文件一定会被存放到~/golang/example.v2/pkg/linux_amd64

目录中的某个地方。

- 存放归档文件的目录的相对路径与被安装的代码包的上一级代码包的相对路径一致。第一个相对路径是相对于工作区的pkg目录下的平台相关目录而言的，而第二个相对路径是相对于工作区的src目录而言的。如果被安装的代码包没有上一级代码包（也就是说，它的父目录就是工作区的src目录），那么它的归档文件就会被直接存放到当前工作区的pkg目录的平台相关目录下。例如，gopcp.v2/helper/log包的归档文件log.a一定会被存放到~/golang/example.v2/pkg/linux_amd64/gopcp.v2/helper这个目录下。而它的子代码包gopcp.v2/helper/log/base的归档文件base.a,则一定会被存放到~/golang/example.v2/pkg/ linux_amd64/gopcp.v2/helper/log目录下。

3. 测试源码文件

测试源码文件是一种特殊的库文件，可以通过执行 go test 命令运行当前代码包下的所有测试源码文件。成为测试源码文件的充分条件有两个，如下。

- 文件名需要以“_test.go”结尾。
- 文件中需要至少包含一个名称以Test开头或Benchmark开头，且拥有一个类型为*testing.T或*testing.B的参数的函数。testing.T和testing.B是两个结构体类型。而*testing.T和*testing.B则分别为前两者的指针类型。它们分别是功能测试和基准测试所需的。

当在一个代码包中执行 go test 命令时，该代码包中的所有测试源码文件会被找到并运行。我们依然以 gopcp.v2/helper/log 包为例：

```
hc@ubt:~/golang/example.v2/src/gopcp.v2/helper/log$ go test
PASS
ok      gopcp.v2/helper/log             0.008s
```

这里使用 go test 命令在 gopcp.v2/helper/log 包中找到并运行了测试源码文件 logger_test.go，且调用其中所有的测试函数。命令行的回显信息表示我们通过了测试，并且运行测试源码文件中的测试程序共花费了 0.008 s。

最后插一句，Go 代码的文本文件需要以 UTF-8 编码存储。如果源码文件中出现了非 UTF-8 编码的字符，那么在运行、编译或安装的时候，Go 命令会抛出 illegal UTF-8 sequence 错误。

1.3.4 代码包

在Go中，代码包是代码编译和安装的基本单元，也是非常直观的代码组织形式。

1. 包声明

细心的读者可能已经发现，在example.v2项目的代码包中，多数源码文件名称看似都与包名没什么关系。实际上，在Go语言中，代码包中的源码文件可以任意命名。另外，这些任意名称的源码文件都必须以包声明语句作为文件中代码的第一行。比如，gopcp.v2/helper/log/base包中的所有源码文件都要先声明自己属于某一个代码包：

```
package "base"
```

其中package是Go中用于包声明语句的关键字。Go规定包声明中的包名是代码包路径的最后一个元素。比如，gopcp.v2/helper/log/base 包的源码文件包声明中的包名是 base。但是，不论命令源码文件存放在哪个代码包中，它都必须声明属于main包。

2. 包导入

代码包gopcp.v2/helper/log中的logger.go需要依赖base子包和logrus子包，因此需要在源码文件中使用代码包导入语句，如：

```
import "gopcp.v2/helper/log/base"
import "gopcp.v2/helper/log/logrus"
```

这需要用到代码包导入路径，即代码包在工作区的src目录下的相对路径。

当导入多个代码包时，你需要用圆括号括起它们，且每个代码包名独占一行。在使用被导入代码包中公开的程序实体时，需要使用包路径的最后一个元素加“.”的方式指定代码所在的包。

因此，上述语句可以写成：

```
import (
    "gopcp.v2/helper/log/base"
    "gopcp.v2/helper/log/logrus"
)
```

同一个源码文件中导入的多个代码包的最后一个元素不能重复，否则一旦使用其中的程序实体，就会引起编译错误。但是，如果你只导入不使用，同样会引起编译错误。一个解决方法是为其中一个起个别名，比如：

```
import (
    "github.com/Sirupsen/logrus"
```

```
    mylogrus "gopcp.v2/helper/log/logrus"
)
```

如果我们想不加前缀而直接使用某个依赖包中的程序实体，就可以用“.”来代替别名，如下所示：

```
import (
    . "gopcp.v2/helper/log/logrus"
)
```

看到那个“.”了吗？之后，在当前源码文件中，我们就可以这样做了：

```
var logger = NewLogger("gopcp") // NewLogger是gopcp.v2/helper/log/logrus包中的函数
```

这里强调一下，Go中的变量、常量、函数和类型声明可统称为程序实体，而它们的名称统称为标识符。标识符可以是Unicode字符集中任意能表示自然语言文字的字符、数字以及下划线（_）。标识符不能以数字或下划线开头。

实际上，标识符的首字符的大小写控制着对应程序实体的访问权限。如果标识符的首字符是大写形式，那么它所对应的程序实体就可以被本代码包之外的代码访问到，也称为可导出的或公开的；否则，对应的程序实体就只能被本包内的代码访问，也称为不可导出的或包级私有的。要想成为可导出的程序实体，还需要额外满足以下两个条件。

- 程序实体必须是非局部的。局部的程序实体是指：它被定义在了函数或结构体的内部。
- 代码包所属目录必须包含在GOPATH中定义的工作区目录中。

代码包导入还有另外一种情况：如果只想初始化某个代码包，而不需要在当前源码文件中使用那个代码包中的任何程序实体，就可以用“_”来代替别名：

```
import (
    _ "github.com/Sirupsen/logrus"
)
```

这种情况下，我们只是触发了这个代码包中的初始化操作（如果有的话）。符号“_”就像一个垃圾桶，它在代码中使用很广泛，在后续章节中你还可以看到它的身影。

3. 包初始化

在Go中，可以有专门的函数负责代码包初始化，称为代码包初始化函数。这个函数需要无任何参数声明和结果声明，且名称必须为init，如下所示：

```
func init() {
    fmt.Println("Initialize...")
}
```

Go会在程序真正执行前对整个程序的依赖进行分析，并初始化相关的代码包。也就是说，所有的代码包初始化函数都会在main函数（命令源码文件中的入口函数）执行前执行完毕，而且只会执行一次。另外，对于每一个代码包来说，其中的所有全局变量的初始化，都会在代码包的初始化函数执行前完成。这避免了在代码包初始化函数对某个变量进行赋值之后，又被该变量声明中赋予的值覆盖掉的问题。代码清单 1-1 展示了全局赋值语句、代码包初始化函数以及主函数的执行顺序。其中，双斜杠及其右边的内容为代码注释，Go编译器在编译的时候会将其忽略。

代码清单 1-1　pkg_init.go

```
package main // 命令源码文件必须在这里声明自己属于 main 包

import ( // 导入标准库代码包 fmt和 runtime
    "fmt"
    "runtime"
)

func init() { // 代码包初始化函数
    fmt.Printf("Map: %v\n", m) // 格式化的打印
    // 通过调用 runtime 包的代码获取当前机器的操作系统和计算架构,
    // 而后通过 fmt 包的 Sprintf 方法进行格式化字符串生成并赋值给变量 info
   info = fmt.Sprintf("OS: %s, Arch: %s", runtime.GOOS, runtime.GOARCH)
}

// 非局部变量, map 类型, 且已初始化
var m = map[int]string{1: "A", 2: "B", 3: "C"}

// 非局部变量, string 类型, 未被初始化
var info string

func main() { // 命令源码文件必须有的入口函数, 也称主函数
    fmt.Println(info) // 打印变量 info
}
```

运行这个文件：

```
hc@ubt:~/golang/example.v2/src/gopcp.v2/chapter1/pkginit$ go run pkg_init.go
Map: map[1:A 2:B 3:C]
OS: linux, Arch: amd64
```

关于每行代码的用途，在源码文件中我已经作了基本的解释。这里只解释这个小程序的输出。

第一行是对变量m的值格式化后的结果。可以看到，在函数init的第一条语句执行时，变量m已经被初始化并赋值了。这验证了：当前代码包中所有全局变量的初始化会在代码包初始化函数执行前完成。

第二行是对变量 info 的值格式化后的结果。变量 info 被定义时并没有显式赋值，因此它被赋予类型 string 的零值——""（空字符串）。之后，变量 info 在代码包初始化函数 init 中被赋值，并在入口函数 main 中输出。这验证了：所有的代码包初始化函数都会在 main 函数执行前执行完毕。

同一个代码包中可以存在多个代码包初始化函数，甚至代码包内的每一个源码文件都可以定义多个代码包初始化函数。Go 不会保证同一个代码包中多个代码包初始化函数的执行顺序。此外，被导入的代码包的初始化函数总是会先执行。在上例中，fmt 和 runtime 包中的 init 函数（如果有的话）会先执行，然后当前文件中的 init 函数才会执行。

1.4 标准命令简述

Go 本身包含了大量用于处理 Go 程序的命令和工具。go 命令就是其中最常用的一个，它有许多子命令，下面就来了解一下。

- build。用于编译指定的代码包或Go语言源码文件。命令源码文件会被编译成可执行文件，并存放到命令执行的目录或指定目录下。而库源码文件被编译后，则不会在非临时目录中留下任何文件。
- clean。用于清除因执行其他go命令而遗留下来的临时目录和文件。
- doc。用于显示Go语言代码包以及程序实体的文档。
- env。用于打印Go语言相关的环境信息。
- fix。用于修正指定代码包的源码文件中包含的过时语法和代码调用。这使得我们在升级Go语言版本时，可以非常方便地同步升级程序。
- fmt。用于格式化指定代码包中的Go源码文件。实际上，它是通过执行gofmt命令来实现功能的。
- generate。用于识别指定代码包中源码文件中的go:generate注释，并执行其携带的任意命令。该命令独立于Go语言标准的编译和安装体系。如果你有需要解析的go:generate注释，就单独运行它。这个命令非常有用，我常用它自动生成或改动Go源码文件。
- get。用于下载、编译并安装指定的代码包及其依赖包。从我们自己的代码中转站或第三方代码库上自动拉取代码，就全靠它了。
- install。用于编译并安装指定的代码包及其依赖包。安装命令源码文件后，代码包所在的工作区目录的bin子目录，或者当前环境变量GOBIN指向的目录中会生成相应的可执行文件。而安装库源码文件后，会在代码包所在的工作区目录的pkg子目录中生成相应的归档文件。
- list。用于显示指定代码包的信息，它可谓是代码包分析的一大便捷工具。利用Go语言标准库代码包text/template中规定的模板语法,你可以非常灵活地控制输出信息。
- run。用于编译并运行指定的命令源码文件。当你想不生成可执行文件而直接运行命令源码文件时，就需要使用它。
- test。用于测试指定的代码包，前提是该代码包目录中必须存在测试源码文件。
- tool。用于运行Go语言的特殊工具。
- vet。用于检查指定代码包中的Go语言源码，并报告发现可疑代码问题。该命令提供了除编译以外的又一个程序检查方法，可用于找到程序中的潜在错误。
- version。用于显示当前安装的Go语言的版本信息以及计算环境。

执行这些命令时，可以通过附加一些额外的标记来定制命令的执行过程。下面是一些比较通用的标记。

- -a。用于强行重新编译所有涉及的Go语言代码包（包括Go语言标准库中的代码包），即使它们已经是最新的了。该标记可以让我们有机会通过改动更底层的代码包来做一些实验。
- -n。使命令仅打印其执行过程中用到的所有命令，而不真正执行它们。如果只想查看或验证命令的执行过程，而不想改变任何东西，使用它正合适。
- -race。用于检测并报告指定Go语言程序中存在的数据竞争问题。当用Go语言编写并发程序时，这是很重要的检测手段之一。
- -v。用于打印命令执行过程中涉及的代码包。这一定包括我们指定的目标代码包，并且有时还会包括该代码包直接或间接依赖的那些代码包。这会让你知道哪些代码包被命令处理过了。
- -work。用于打印命令执行时生成和使用的临时工作目录的名字，且命令执行完成后不删除它。这个目录下的文件可能会对你有用，也可以从侧面了解命令的执行过程。如果不添加此标记，那么临时工作目录会在命令执行完毕前删除。
- -x。使命令打印其执行过程中用到的所有命令，同时执行它们。

我们可以把这些标记看作命令的特殊参数，它们都可以添加到命令名称和命令的真正参数中间。用于编译、安装、运行和测试 Go 语言代码包或源码文件的命令都支持它们。

上面提到了 tool 这个子命令，它用来运行一些特殊的 Go 语言工具。直接执行 go tool 命令，可以看到这些特殊工具。它们有的是其他 Go 标准命令的底层支持，有的则是可以独当一面的利器。其中有两个工具值得特别介绍一下。

- pprof。用于以交互的方式访问一些性能概要文件。命令将会分析给定的概要文件，并根据要求提供高可读性的输出信息。这个工具可以分析的概要文件包括CPU概要文件、内存概要文件和程序阻塞概要文件。这些包含Go程序运行信息的概要文件，可以通过标准库代码包runtime和runtime/pprof中的程序来生成。
- trace。用于读取Go程序踪迹文件，并以图形化的方式展示出来。它能够让我们深入了解Go程序在运行过程中的内部情况。比如，当前进程中堆的大小及使用情况。又比如，程序中的多个goroutine是怎样被调度的，以及它们在某个时刻被调度的原因。Go程序踪迹文件可以通过标准库代码包runtime/trace和net/http/pprof中的程序来生成。

上述两个特殊工具对于 Go 程序调优非常有用。如果想探究程序运行的过程，或者想让程序跑得更快、更稳定，那么这两个工具是必知必会的。另外，这两个工具都受到 go test 命令的直接支持，因此你可以很方便地把它们融入到程序测试当中。

至此，我对 Go 语言标准命令和工具做了一个简要的介绍，你可以通过它们自带的帮助文档和用法进一步熟悉它们。此外，我还在 GitHub 网站上放置了一个《Go 命令教程》，具体网址是 https://github.com/GoHackers/go_command_tutorial，其中有大多数 Go 标准命令的详细用法和示例。

1.5 问候程序

我相信你现在已经对 Go 的基本概念和标准命令有所了解了，下面通过一个小程序来切身感受一下 Go 程序的编写方法。

在讲代码包初始化的时候已经给出过一个小程序，其中展示了代码包声明语句、代码包导入语句、变量赋值语句，以及全局变量和函数的声明方法。代码清单 1-2 展示了一个问候程序。

代码清单 1-2 hello.go

```
package main

import (
    "bufio"
    "fmt"
    "os"
)

func main() {
```

```
        // 声明并初始化带缓冲的读取器
        // 准备从标准输入读取内容
        inputReader := bufio.NewReader(os.Stdin)
        fmt.Println("Please input your name:")
        // 以\n为分隔符读取一段内容
        input, err := inputReader.ReadString('\n')
        if err != nil {
            fmt.Printf("Found an error : %s\n", err)
        } else {
            // 对input进行切片操作，去掉内容中最后一个字节\n
            input = input[:len(input)-1]
            fmt.Printf("Hello, %s!\n", input)
        }
    }
```

这里导入了两个我们未曾谋面的标准库代码包 bufio 和 os，另外还对字符串值做了切片。操作符:=用于在声明局部变量的同时对其赋值，是一种小语法糖。平行赋值规则允许我们同时对 input 和 err 赋值。能够如此赋值的另一个原因是，Go 中的函数可以返回多个结果值。作为结果值之一的 err 用于表示可能发生的错误，这也是 Go 惯用的方法。请注意程序中以 if 开头的那一行，它表示一个用于条件判断的代码块的开始。该代码块的含义是：若 err 的值不为 nil（空），则会打印错误，否则会打印问候语。

现在，运行这个文件：

```
hc@ubt:~/golang/example.v2/src/gopcp.v2/chapter1/hello $ go run hello.go
Please input your name:
Robert
Hello, Robert!
```

其中斜体表示用户的输入。程序根据用户的输入在标准输出上打印了一句问候。

1.6　小结

本章讨论了 Go 语言的一些必备知识和概念，另外还添加了一些简单的程序。相信读者已经对 Go 语言有了一个宏观的了解。在这里，我强烈建议你去下载本书的示例项目。请读一读前面讲述的那些程序，修改一下，然后再运行一下看看效果，多试验几次。请记住，这是学习一门编程语言最直接、最有效的途径。

第 2 章

语法概览

本章，我们会快速浏览一下 Go 的语法，内容涉及基本构成要素（比如标识符、关键字、字面量、操作符等）和基本类型（比如 bool、byte、rune、int、string 等）、高级类型（比如数组、切片、字典、接口、结构体等）和流程控制语句（if、switch、for、defer 等）。

2.1 基本构成要素

Go 的语言符号又称为词法元素，共包括 5 类内容——标识符（identifier）、关键字（keyword）、字面量（literal）、分隔符（delimiter）和操作符（operator），它们可以组成各种表达式和语句，而后者都无需以分号结尾。

2.1.1 标识符

标识符可以表示程序实体，前者即为后者的名称。在一般情况下，同一个代码块中不允许出现同名的程序实体。标识符的组成规则请见 1.3.4 节中“包导入”部分。使用不同代码包中的程序实体需要用到限定标识符，比如：os.O_RDONLY。

另外，Go 中还存在着一类特殊的标识符，叫作预定义标识符，它们是在 Go 源码中声明的。这类标识符包括以下几种。

- 所有基本数据类型的名称。
- 接口类型error。
- 常量true、false和iota。

所有内建函数的名称，即 append、cap、close、complex、copy、delete、imag、len、make、new、panic、print、println、real 和 recover。

这里强调一下空标识符，它由一个下划线_表示，一般用在变量声明或代码包导入语句中。若在代码中存在一个变量 x，但是却不存在任何对它的使用，则编译器会报错。如果在变量 x 的声明代码后添加这样一行代码：

```
_ = x
```

就可以绕过编译器检查，使它不产生任何编译错误。这是因为这段代码确实用到了变量 x，只不过它没有在变量 x 上进行任何操作，也没有将它赋值给任何其他变量。空标识符就像一个垃圾桶。在相关初始化工作完成之后，操作对象就会被弃之不用。

2.1.2　关键字

关键字是指被编程语言保留的字符序列，编程人员不能把它们用作标识符。因此，关键字也称为保留字。

Go 的关键字可以分为 3 类，包括用于程序声明的关键字、用于程序实体声明和定义的关键字，以及用于程序流程控制的关键字，如表 2-1 所示。

表2-1　关键字及分类

类　别	关　键　字
程序声明	import和package
程序实体声明和定义	chan、const、func、interface、map、struct、type和var
程序流程控制	go、select、break、case、continue、default、defer、else、fallthrough、for、goto、if、range、return和switch

Go 的关键字共有 25 个，其中与并发编程有关的关键字有 go、chan 和 select。

这里特别说明一下关键字 type 的用途——类型声明。我们可以使用它声明一个自定义类型：

```
type myString string
```

这里把名为 myString 的类型声明为 string 类型的一个别名类型。反过来说，string 类型是 myString 类型的潜在类型。再看另一个例子，基本数据类型 rune 是 int32 类型的一个别名类型。int32 类型就是 rune 类型的潜在类型。虽然类型及其潜在类型是不同的两个类型，但是它们的值可以进行类型转换，例如：string(mystring("ABC"))。这样的类型转换不会产生新值，几乎没什么代价。

自定义的类型一般都会基于 Go 中的一个或多个预定义类型，就像上面的 myString 和 string 那样。如果为自定义类型关联若干方法（函数的变体），那么还可以让它成为某个或某些接口类型的实现类型。另外，还有一个比较特殊的类型，叫空接口。它的类型字面量是 interface{}。在 Go 语言中，任何类型都是空接口类型的实现类型。

2.1.3　字面量

简单来说，字面量就是值的一种标记法。但是，在 Go 中，字面量的含义要更加广泛一些。我们常常用到的字面量有以下 3 类。

- 用于表示基础数据类型值的各种字面量。这是最常用到的一类字面量，例如，表示浮点数类型值的12E-3。
- 用于构造各种自定义的复合数据类型的类型字面量。例如，下面的字面量定义了一个名称为Name的结构体类型：

```
type Name struct {
    Forename    string
    Surname     string
}
```

- 用于表示复合数据类型的值的复合字面量，它可以用来构造struct（结构体）、array（数组）、slice（切片）和map（字典）类型的值。复合字面量一般由字面类型以及被花括号包裹的复合元素的列表组成。字面类型指的就是复合数据类型的名称。例如，下面的复合字面量构造出了一个Name类型的值：

```
Name{Forename: "Robert", Surname: "Hao"}
```

其中 Name 表示这个值的类型，紧随其后的就是由键值对表示的复合元素列表。

2.1.4　操作符

操作符，也称运算符。它是用于执行特定算术或逻辑操作的符号，操作的对象称为操作数。下面我们通过表 2-2 来看看 Go 中的操作符都有哪些。

表2-2　操作符

符　号	说　明	示　例
||	逻辑或操作，它是二元操作符，同时也属于逻辑操作符	true || false // 结果是true
&&	逻辑与操作，它是二元操作符，同时也属于逻辑操作符	true && false // 结果是false
==	相等判断操作，它是二元操作符，同时也属于比较操作符	"abc" == "abc" // 结果是true
!=	不等判断操作，它是二元操作符，同时也属于比较操作符	"abc" != "Abc" // 结果是true
<	小于判断操作，它是二元操作符，同时也属于比较操作符	1 < 2 // 结果是true
<=	小于或等于判断操作，它是二元操作符，同时也属于比较操作符	1 <= 2 // 结果是true

（续）

<table>
<tr><th>符　　号</th><th>说　　明</th><th>示　　例</th></tr>
<tr><td>></td><td>大于判断操作，它是二元操作符，同时也属于比较操作符</td><td>3 > 2 // 结果是true</td></tr>
<tr><td>>=</td><td>大于或等于判断操作，它是二元操作符，同时也属于比较操作符</td><td>3 >= 2 // 结果是true</td></tr>
<tr><td>+</td><td>求和操作，它既是一元操作符又是二元操作符，同时也属于算术操作符。若作为一元操作符，此操作符不会对原值产生任何影响</td><td>+1 // 结果是1
1 + 2 // 结果是3</td></tr>
<tr><td>-</td><td>求差操作，它既是一元操作符又是二元操作符。若作为一元操作符，则表示求反操作。同时，它也属于算术操作符</td><td>-1 // 结果为-1（1的相反数）
1 - 3 // 结果是-2</td></tr>
<tr><td>|</td><td>按位或操作，它是二元操作符，同时也属于算术操作符</td><td>5 | 11 // 结果是15</td></tr>
<tr><td>^</td><td>按位异或操作，它既是一元操作符又是二元操作符。若作为一元操作符，则表示按位补码操作。同时，它也属于算术操作符</td><td>5 ^ 11 // 结果是14
^5 // 结果是-6</td></tr>
<tr><td>*</td><td>求乘积操作，它既是一元操作符又是二元操作符。同时，它也属于算术操作符和地址操作符。若作为地址操作符，则表示取值操作</td><td>*p // 若p为指向整数类型值2的指针类型值，则结果为2
2 * 5 // 结果是10</td></tr>
<tr><td>/</td><td>求商操作，它是二元操作符，同时也属于算术操作符</td><td>10 / 5 // 结果是2</td></tr>
<tr><td>%</td><td>求余数操作，它是二元操作符，同时也属于算术操作符</td><td>12 % 5 // 结果是2</td></tr>
<tr><td><<</td><td>按位左移操作，它是二元操作符，同时也属于算术操作符</td><td>4 << 2 // 结果是16</td></tr>
<tr><td>>></td><td>按位右移操作，它是二元操作符，同时也属于算术操作符</td><td>4 >> 2 // 结果是1</td></tr>
<tr><td>&</td><td>按位与操作，它既是一元操作符又是二元操作符。同时，它也属于算术操作符和地址操作符。若作为地址操作符，则表示取址操作</td><td>&v // 结果为标识符v所代表的值在内存中的地址
5 & 11 // 结果是1</td></tr>
<tr><td>&^</td><td>按位清除操作，它是二元操作符，同时也属于算术操作符</td><td>5 &^ 11 // 结果是4</td></tr>
<tr><td>!</td><td>逻辑非操作，它是一元操作符，同时也属于逻辑操作符</td><td>!b // 若b的值为false，则表达式的结果为true</td></tr>
<tr><td><-</td><td>接收操作，它是一元操作符，同时也属于接收操作符</td><td><- ch // 若ch代表了元素类型为byte的通道类型值，则此表达式就表示从ch中接收一个byte类型值的操作</td></tr>
</table>

如表2-2所示，Go的操作符一共有21个，并分为了5类：算术操作符、比较操作符、逻辑操作符、地址操作符和接收操作符。

当一个表达式中存在多个操作符时，就涉及操作顺序的问题。在Go中，一元操作符拥有最高的优先级，而二元操作符的优先级如表2-3所示。

表2-3　二元操作符的优先级

<table>
<tr><th>优　先　级</th><th>操　作　符</th></tr>
<tr><td>5</td><td>*、/、%、<<、>>、&和&^</td></tr>
<tr><td>4</td><td>+、-、|和^</td></tr>
<tr><td>3</td><td>==、!=、<、<=、>和>=</td></tr>
<tr><td>2</td><td>&&</td></tr>
<tr><td>1</td><td>||</td></tr>
</table>

在表 2-3 中，我以数字来表示操作符的优先级，数字越大就意味着优先级越高。如果在一个表达式中出现了处于相同优先级的多个操作符，且这些操作符之间仅存在操作数，那么就会按照从左到右的顺序进行操作。当然，我们可以使用圆括号显式改变原有的操作顺序，例如表达式 `a << (4 * b) & c` 等同于`(a << (4 * b)) & c`，即子表达式 `4 * b` 会先被求值。

最后需要注意的是，`++`和`--`是语句而不是表达式，因而它们不存在于任何操作符优先级层次之内。例如，表达式`*p--`等同于`(*p)--`。

2.1.5 表达式

表达式是把操作符和函数作用于操作数的计算方法。在 Go 中，表达式是构成具有词法意义的代码的最基本元素。Go 的表达式有很多种，具体如表 2-4 所示。

表2-4 表达式的种类

种类	用途	示例
选择表达式	选择一个值中的字段或方法	context.Speaker // context是变量名
索引表达式	选取数组、切片、字符串或字典值中的某个元素	array1[1] // array1表示一个数组值，其长度必须大于1
切片表达式	选取数组、数组指针、切片或字符串值中的某个范围的元素	slice1[0:2] // slice1表示一个切片值，其容量必须大于或等于2
类型断言	判断一个接口值的实际类型是否为某个类型，或一个非接口值的类型是否实现了某个接口类型	v1.(I1) // v1表示一个接口值，I1表示一个接口类型
调用表达式	调用一个函数或一个值的方法	v1.M1() // v1表示一个值，M1表示与该值关联的一个方法

关于类型断言，有两点需要注意，如下。

- 如果`v1`是一个非接口值，那么必须在做类型断言之前把它转换成接口值。因为Go中的任何类型都是空接口类型的实现类型，所以一般会这样做：`interface{}(v1).(I1)`。
- 如果类型断言的结果为否，就意味着该类型断言是失败的。失败的类型断言会引发一个运行时恐慌（或称运行时异常），解决方法是：

```
var i1, ok = interface{}(v1).(I1)
```

  这里声明并赋值了两个变量，其中 `ok` 是布尔类型的变量，它的值体现了类型断言的成败。如果成功，`i1` 就会是经过类型转换后的 `I1` 类型的值，否则它将会是 `I1` 类型的零值（或称默认值）。如此一来，当类型断言失败时，运行时恐慌就不会发生。

关键字 var 用于变量的声明。在它和等号=之间可以有多个由逗号隔开的变量名。这种在一条语句中同时为多个变量赋值的方式叫平行赋值。另外，如果在声明变量的同时进行赋值，那么等号左边的变量类型可以省略。如果不使用上述几个技巧的话，上面那条语句可以写成：

```
var i1 I1
var ok bool
i1, ok = interface{}(v1).(I1)
```

另一方面，上面那条语句还可以简写成：

```
i1, ok := interface{}(v1).(I1)
```

这种简写方式只能出现在函数中。有了符号:=，关键字 var 也可以省略了，这叫短变量声明。

2.2　基本类型

Go 有很多预定义类型，这里简单地把它们分为基本类型和高级类型。Go 的基本类型并不多，并且大部分都与整数相关，具体如表 2-5 所示。

表2-5　基本类型

名　　称	宽度（字节）	零　　值	说　　明
bool	1	false	布尔类型，其值不为真即为假。真用常量true表示，假由常量false表示
byte	1	0	字节类型，它也可以看作是一个由8位二进制数表示的无符号整数类型
rune	4	0	rune类型，它是由Go语言定义的特有的数据类型，专用于存储Unicode字符。它也可以看作一个由32位二进制数表示的有符号整数类型
int/uint	-	0	有符号整数类型/无符号整数类型，其宽度与平台有关
int8/uint8	1	0	由8位二进制数表示的有符号整数类型/无符号整数类型
int16/uint16	2	0	由16位二进制数表示的有符号整数类型/无符号整数类型
int32/uint32	4	0	由32位二进制数表示的有符号整数类型/无符号整数类型
int64/uint64	8	0	由64位二进制数表示的有符号整数类型/无符号整数类型
float32	4	0.0	由32位二进制数表示的浮点数类型
float64	8	0.0	由64位二进制数表示的浮点数类型
complex64	8	0.0 + 0.0i	由64位二进制数表示的复数类型，它由float32类型的实部和虚部联合表示

（续）

名　称	宽度（字节）	零　值	说　明
complex128	16	0.0 + 0.0i	由128位二进制数表示的复数类型，它由float64类型的实部和虚部联合表示
string	-	""	字符串类型。一个字符串类型表示了一个字符串值的集合。而一个字符串值实质上是一个字节序列。注意：字符串类型的值是不可变的，即一旦创建，其内容就不可改变

Go 的基本类型共有 18 个，其中 int 和 uint 的实际宽度会根据计算架构的不同而不同。在 386 计算架构下，它的宽度为 32 比特，即 4 字节。在 amd64（有时也称为 x86-64）计算架构下，它们的宽度为 64 比特，即 8 字节。

byte 可以看作类型 uint8 的别名类型，而 rune 可以看作 int32 的别名类型。rune 类型专用于存储 Unicode 编码的单个字符。我们可以用 5 种方式来表示一个 rune 字面量，具体如下。

- 该rune字面量所对应的字符，比如'a'、'ä'或'一'，这个字符必须是Unicode编码规范所支持的。
- 使用“\x”为前导并后跟两位十六进制数，这种方式可以表示宽度为1字节的值，即一个ASCII编码值。
- 使用“\”为前导并后跟3位八进制数，这种表示法也只能表示有限宽度的值，即它只能用于表示在0和255之间的值。它与上一个表示法的表示范围是一致的。
- 使用“\u”为前导并后跟4位十六进制数，它只能用于表示2字节宽度的值。
- 使用“\U”为前导并后跟8位十六进制数，它只能用于表示4字节宽度的值，这种方式即为Unicode编码规范中的UCS-4表示法。

此外，rune 字面量还支持一类特殊的字符序列——转义符。转义符的表示方式是在“\”后面追加一个特定的单字符，参见表 2-6。

表2-6　转义符说明

转义符	Unicode代码点	说　明
\a	U+0007	告警铃声或蜂鸣声
\b	U+0008	退格符
\f	U+000C	换页符
\n	U+000A	换行符
\r	U+000D	回车符
\t	U+0009	水平制表符
\v	U+000b	垂直制表符

（续）

转义符	Unicode代码点	说　　明
\\	U+005c	反斜杠
\'	U+0027	单引号，仅在rune字面量中有效
\"	U+0022	双引号，仅在string字面量中有效

除了上述转义符外，rune字面量中以“\”为前导的字符序列都是不合法的。

在Go中，字符串值表示了一个字符值的集合。在底层，一个字符串值即一个包含了若干字节的序列。长度为0的序列与一个空字符串相对应。字符串的长度即底层字节序列中字节的个数。一个字符串字面量的长度在编译期间就能够确定。字符串字面量有两种表示形式：原生字符串字面量（由反引号“`”包裹）和解释型字符串字面量（由双引号“"”包裹）。前者所见即所得，而后者则可以解析转义字符。

注意，字符串值是不可变的！我们不可能改变一个字符串的内容。对字符串的操作只会返回一个新字符串，而不会改变原字符串并返回。

只有基本类型及其别名类型才可以作为常量的类型。常量的声明会用到关键字const。单一常量声明一般由关键字 const、常量名、常量类型、等号=和常量值组成。下面是两个常量的声明：

```
const DEFAULT_IP string = "192.168.0.1"
const DEFAULT_PORT int = 9001
```

像这样多个常量同时声明还可以简写成：

```
const (
    DEFAULT_IP string = "192.168.0.1"
    DEFAULT_PORT int = 9001
)
```

注意，Go官方的命名规范中指出常量的命名要用驼峰法。但是，我认为常量的命名应该使用大小写一致的单词，且多个单词时用下划线进行分割，这样才能从名称上快速区分常量和变量，本书示例中的常量也都是按照这种方式命名的。

2.3 高级类型

Go的基本数据类型都完整地确定了类型的方方面面。而其高级数据类型却不同，它们是为用户定义自己的数据类型而服务的。比如，我们可以通过指定元素类型和长度来形成一个确切的数组类型，也可以通过指定键类型和元素类型来形成一个确切的字典类型，等等。Go 的高级数据类型相当于自定义数据类型的模板或制作工具。

2.3.1 数组

数组（array）就是由若干相同类型的元素组成的序列。先看一个示例：

```
var ipv4 [4]uint8 = [4]uint8{192, 168, 0, 1}
```

在这条赋值语句中，我为刚声明的变量 ipv4 赋了值。在这种情况下，变量名右边的类型字面量可以省略。如果它在函数里面，那么关键字 var 也可以省略，但赋值符号必须由=变为:=。

类型字面量[4]uint8 表明这个变量的类型是长度为 4 且元素类型为 uint8 的数组类型。注意，数组的长度是数组类型的一部分。只要类型声明中的数组长度不同，即使两个数组类型的元素类型相同，它们也是不同的类型。更重要的是，一旦在声明中确定了数组类型的长度，就无法改变它了。

数组类型的零值一定是一个不包含任何元素的空数组。一个类型的零值即为该类型变量未被显式赋值时的默认值。以 ipv4 为例，其所属类型的零值就是[4]uint8{}。

在上述示例中，等号右边的字面量表示该类型的一个值。我们可以忽略那个在方括号中表示数组长度的正整数值，示例如下：

```
[...]uint8{192, 168, 0, 1}
```

方括号中的特殊标记...表示需由 Go 编译器计算该值的元素数量并以此获得其长度。

索引表达式和切片表达式都可以应用于数组值，前者会得到该数组值中的一个元素，而后者则会得到一个元素类型与之相同的切片值。此外，Go 的内建函数 len 和 cap 也都可以应用于数组值，并都可以得到其长度。

当需要详细规划程序所用的内存时，数组类型非常有用。使用数组值可以完全避免耗时费力的内存二次分配操作，因为它的长度是不可变的。

2.3.2 切片

切片（slice）可以看作一种对数组的包装形式，它包装的数组称为该切片的底层数组。反过来讲，切片是针对其底层数组中某个连续片段的描述。下面的代码声明了一个切片类型的变量：

```
var ips = []string{"192.168.0.1", "192.168.0.2", "192.168.0.3"}
```

与数组不同，切片的类型字面量（如[]string）并不携带长度信息。切片的长度是可变的，且并不是类型的一部分；只要元素类型相同，两个切片的类型就是相同的。此外，一个切片类型的零值总是 nil，此零值的长度和容量都为 0。

切片值相当于对某个底层数组的引用。其内部结构包含了 3 个元素：指向底层数组中某个元素的指针、切片的长度以及切片的容量。这里所说的容量是指，从指针指向的那个元素到底层数组的最后一个元素的元素个数。

切片值的容量意味着，在不更换底层数组的前提下，它的长度的最大值。我们可以通过 cap 函数和切片表达式，在此前提下最大化一个切片值的长度，就像这样：ips[:cap(ips)]。

除了 len 和 cap，内建函数 append 也可应用于切片值，示例如下：

```
ips = append(ips, "192.168.0.4")
```

在这条语句中，等号右边的代码会依据 ips 的值生成新的切片值，并把"192.168.0.4"追加到该值的最后。然后，赋值操作会把这个新的切片值再赋给 ips。注意，新、旧切片值可能指向不同的底层数组。若新切片值的底层数组的长度不足以完成元素追加操作，它将会被更长的底层数组替换，以容纳更多的元素。

另一个值得一提的内建函数是 make，它用于初始化切片、字典或通道类型的值。对于切片类型来说，用 make 函数的好处就是可以用很短的代码初始化一个长度很大的值，示例如下：

```
ips = make([]string, 100)
```

等号右边的代码会初始化一个元素类型为 string 且长度为 100 的切片值。可以试想一下，如果用复合字面量初始化这样一个切片值将需要多少代码。用 make 函数初始化的切片值中的每一个元素值都会是其元素类型的零值，这里 ips 中的那 100 个元素的值都会是空字符串""。

2.3.3　字典

Go 中字典类型是散列表（hash table）的一个实现，其官方称谓是 map。散列表是一个实现了关联数组的数据结构，关联数组是用于表示键值对的无序集合的一种抽象数据类型。Go 中称键值对为键-元素对，它把字典值中的每个键都看作与其对应的元素的索引，这样的索引在同一个字典值中是唯一的。

下面的代码声明了一个字典类型的变量：

```
var ipSwitches = map[string]bool{}
```

变量 ipSwitches 的键类型为 string，元素类型为 bool。map[string]bool{}表示了一个不包含任何元素的字典值。

与切片类型一样，字典类型是一个引用类型。也正因此，字典类型的零值是 nil。字典值的长度表示了其中的键-元素对的数量，其零值的长度总是 0。

索引表达式可以用于字典值中键-元素对的添加和修改。例如：

```
ipSwitches["192.168.0.1"] = true
```

这条赋值语句向 ipSwitches 中添加了一个键-元素对。但如果其中已经有了键为"192.168.0.1"的键-元素对，就相当于为其中的这个键更换了一个新的元素关联。如果要从 ipSwitches 中删除掉以"192.168.0.1"为键的键-元素对，就需要这样的代码：

```
delete(ipSwitches, "192.168.0.1")
```

无论 ipSwitches 中是否存在键"192.168.0.1"，内建函数 delete 都会默默地执行完毕。

2.3.4 函数和方法

在 Go 中，函数类型是一等类型，这意味着可以把函数当作一个值来传递和使用。函数值既可以作为其他函数的参数，也可以作为其结果。另外，我们还可以利用函数类型的这一特性生成闭包。

一个函数的声明通常包括关键字 func、函数名、分别由圆括号包裹的参数列表和结果列表，以及由花括号包裹的函数体，就像这样：

```
func divide(dividend int, divisor int) (int, error) {
    // 省略部分代码
}
```

函数可以没有参数列表，也可以没有结果列表，但空参数列表必须保留括号，而空结果列表则不用，示例如下：

```
func printTab() {
    // 省略部分代码
}
```

另外，参数列表中的参数必须有名称，而结果列表中结果的名称则可有可无。不过结果列表中的结果要么都省略名称，要么都要有名称。带有结果名称的 divide 函数的声明如下：

```
func divide(dividend int, divisor int) (result int, err error) {
    // 省略部分代码
}
```

如果函数的结果有名称，那么在函数被调用时，以它们为名的变量就会被隐式声明。如此一来在函数中就可以直接使用它们了，就像使用参数那样。给代表结果的变量赋值，就相当于设置函数的返回结果。

函数体中每个条件分支的最后一般都要有 return 语句，该语句以 return 关键字开始，后跟与函数结果列表相匹配的变量、常量、表达式或值。无论是什么，它们都会被求值并得到确切的值。但是，如果函数声明的结果是有名称的，那么 return 关键字后面就不用追加任何东西了。divide 函数的完整声明可以这样：

```
func divide(dividend int, divisor int) (result int, err error) {
    if divisor == 0 {
        err = errors.New("division by zero")
        return
    }
    result = dividend / divisor
    return
}
```

其中，errors 是一个标准库代码包的名称，而其中的 New 函数专用于生成 error 类型的值。Go 编程有一个惯用法，即把 error 类型的结果作为函数结果列表的最后一员。

当然，你可以编写自己的 divide 函数，不过在这之前需要把它提升成一个类型：

```
// 用于定义二元操作的函数类型
type binaryOperation func(operand1 int, operand2 int) (result int, err error)
```

除法是一个二元操作，所以我做了进一步的范化。再编写一个函数，你就会知道这样做的意义了：

```
// 用于以自定义的方式执行二元操作
func operate(op1 int, op2 int, bop binaryOperation) (result int, err error) {
    if bop == nil {
        err = errors.New("invalid binary operation function")
        return
    }
    return bop(op1, op2)
}
```

这里实际上实现了一个闭包，我把二元操作的实现权留给了 operate 函数的使用者。作为一等类型的函数类型让程序的灵活性大大增加，接口不再是定义行为的唯一途径了。

顺便说一句，函数类型的零值是 nil。检查外来函数值是否非 nil 总是有必要的。

方法是函数的一种，它实际上就是与某个数据类型关联在一起的函数，示例如下：

```
type myInt int

func (i myInt) add(another int) myInt {
    i = i + myInt(another)
    return i
}
```


从声明上看，方法只是在关键字 func 和函数名称之间，加了一个由圆括号包裹的接收者声明。接收者声明由两部分组成：右边表明这个方法与哪个类型关联，这里是 myInt；左边指定这个类型的值在当前方法中的标识符，这里是 i。这个标识符在当前方法中可以看作一个变量的代表，就像参数那样。所以，它也可以称为接收者变量。不过这里有一个问题，请看：

```
i1 := myInt(1)
i2 := i1.add(2)
fmt.Println(i1, i2)
```

这 3 行代码执行后，会打印出 1 3。i 的值未改变，是因为在值方法中对接收者变量的赋值一般不会影响到源值。这里，变量 i1 的值就是源值。在调用 i1 的 add 方法时，这个值被赋给了接收者变量 i（前者的副本与后者产生关联）。但是，i 和 i1 是两个变量，它们之间并不存在关联。

值方法的接收者类型是非指针的数据类型。相对应的是指针方法。它的接收者类型是某个数据类型的指针类型。若把 add 方法改造成指针方法，则可以是：

```
func (i *myInt) add(another int) myInt {
    *i = *i + myInt(another)
    return *i
}
```

这时 add 方法是 myInt 的指针方法。这里请注意操作符*的用法。*myInt 表示了 myInt 的指针类型，而*i 则表示指针 i 指向的值。经改造，前面那 3 行代码的执行效果就会是打印 3 3。

值方法和指针方法遵循了如下规则。

- 接收者变量代表的值实际上是源值的一个复制品。如果这个值不是指针类型的，那么在值方法中自然就没有途径去改变源值。而指针值与其复制品指向的肯定是同一个值，所以在指针方法中就存在了改变源值的途径。这里有一个例外，那就是如果接收者类型是某个引用类型或它的别名类型，那么即使是值方法，也可以改变源值。

- 对于某个非指针的数据类型，与它关联的方法的集合中只包含它的值方法。而对于它的指针类型，其方法集合中既包含值方法也包含指针方法。不过，在非指针数据类型的值上，也是能够调用其指针方法的。这是因为Go在内部做了自动转换。例如，若add方法是指针方法，那么表达式i1.add(2)会被自动转换为(&i1).add(2)。

请注意，第二条规则对于编写接口类型的实现类型来说非常有用。

2.3.5　接口

Go 的接口类型用于定义一组行为，其中每个行为都由一个方法声明表示。接口类型中的方法声明只有方法签名而没有方法体，而方法签名包括且仅包括方法的名称、参数列表和结果列表。举个例子，如果要定义“聊天”相关的一组行为，可以这样写：

```
type Talk interface {
    Hello(userName string) string
    Talk(heard string) (saying string, end bool, err error)
}
```

type、接口类型名称、interface 以及由花括号包裹的方法声明集合，共同组成了一个接口类型声明。注意，其中每个方法声明必须独占一行。

只要一个数据类型的方法集合中包含 Talk 接口声明的所有方法，那么它就一定是 Talk 接口的实现类型。显然，这种接口实现方式完全是非侵入式的。Talk 接口的实现类型可以是这样的：

```
type myTalk string

func (talk *myTalk) Hello(userName string) string {
    // 省略部分代码
}

func (talk *myTalk) Talk(heard string) (saying string, end bool, err error) {
    // 省略部分代码
}
```

注意，与 myTalk 关联的所有方法都是指针方法。这意味着，myTalk 类型并不是 Talk 接口的实现类型，*myTalk 类型才是。一个接口类型的变量可以被赋予任何实现类型的值，例如：

```
var talk Talk = new(myTalk)
```

内建函数 new 的功能是创建一个指定类型的值，并返回指向该值的指针。反之，若想确定变量 talk 中的值是否属于*myTalk 类型，则可以用类型断言来判断：_, ok := talk.(*myTalk)。

Go 的数据类型之间并不存在继承关系，接口类型之间也是如此。不过，一个接口类型的声明中可以嵌入任意其他接口类型。更通俗地讲，一组行为中可以包含其他的行为组，而且数量不限。下面 Chatbot 的声明中就嵌入了 Talk 接口类型：


```
type Chatbot interface {
    Name() string
    Begin() (string, error)
    Talk
    ReportError(err error) string
    End() error
}
```

Chatbot 接口类型定义了聊天机器人的一组行为，其方法集合中包含 Talk 接口的所有方法。*myTalk 类型现在是 Talk 接口的实现类型。你能让它也成为 Chatbot 接口的实现类型吗？其实很简单，再为*myTalk 类型添加 4 个方法即可。建议你动手试一下。

2.3.6 结构体

结构体类型不仅可以关联方法，而且可以有内置元素（又称字段）。结构体类型的声明一般以关键字 type 开始，并依次包含类型名称、关键字 struct 以及由花括号包裹的字段声明列表。请看下面的示例：

```
// 用于表示针对中文的演示级聊天机器人
type simpleCN struct {
    name string
    talk Talk
}
```

结构体类型中的每个字段声明都需独占一行。一般情况下，字段声明需由字段名称和表示字段类型的字面量组成。

还有一种只有类型字面量的无名称字段，称为嵌入字段。虽然嵌入字段可以用来无缝集成额外字段和方法，但是其嵌入规则和使用规则都比较复杂。为了保持清晰和简单，通常不建议使用嵌入字段，因此这里不作说明。

结构体类型的值一般由复合字面量来表达。复合字面量可以由类型字面量和由花括号包裹的键值对列表组成。这里，键就是结构体类型中某个字段的名称，而值（或称元素）就是要赋给该字段的那个值。表示结构体值的复合字面量可以简称为结构体字面量。

在同一个结构体字面量中，一个字段名称只能出现一次。例如，这样是不合法的：

```
simpleCN{name: "simple.cn", name: "simple.en"}
```

我们还可以在编写结构体字面量时忽略字段的名称，不过这样做有两个限制。

- 要么忽略掉所有字段的名称，要么都不忽略。
- 多个字段值的顺序应该与结构体类型中字段声明的顺序一致，并且不能够省略对任何一字段的赋值。例如：`simpleCN{"simple.cn", nil}`是合法的，而`simpleCN{nil, "simple.cn"}`和`simpleCN{"simple.cn"}`就不合法。这种限制对于不忽略字段名称的写法来说是不存在的。在不忽略字段名称的写法中，未被明确赋值的字段会自动被其类型的零值填充。

与数组类型相同，结构体类型属于值类型，因此结构体类型的零值不是 `nil`。例如，`simpleCN` 的零值就是 `simpleCN{}`。

2.4 流程控制

Go 在流程控制方面的特点如下。

- 没有`do`和`while`循环，只有一个更广义的`for`语句。
- `switch`语句灵活多变，还可以用于类型判断。
- `if`语句和`switch`语句都可以包含一条初始化子语句。
- `break`语句和`continue`语句可以后跟一条标签（label）语句，以标识需要终止或继续的代码块。
- `defer`语句可以使我们更加方便地执行异常捕获和资源回收任务。
- `select`语句也用于多分支选择，但只与通道配合使用。
- `go`语句用于异步启用goroutine并执行指定函数。

2.4.1 代码块和作用域

代码块就是一个由花括号包裹的表达式和语句的序列。当然，代码块中也可以不包含任何内容，即：空代码块。

除了显式的代码块之外，还有一些隐式的代码块，说明如下。

- 所有Go代码形成了一个最大的代码块，即：全域代码块。
- 每一个代码包中的代码共同组成了一个代码块，即：代码包代码块。

- 每一个源码文件都是一个代码块，即：源码文件代码块。
- 每一个if、for、switch和select语句都是一个代码块。
- 每一个在switch或select语句中的case分支都是一个代码块。

在 Go 中，使用代码块表示词法上的作用域范围，具体规则如下。

- 一个预定义标识符的作用域是全域代码块。
- 表示一个常量、变量、类型或函数（不包括方法），且声明在函数之外的标识符的作用域是当前的代码包代码块。
- 被导入的代码包的名称的作用域是当前的源码文件代码块。
- 表示方法接收者、方法参数或方法结果的标识符的作用域是当前的方法代码块。
- 对于表示常量、变量、类型或函数的标识符，如果被声明在函数内部，那么作用域就是包含其声明的那个最内层的代码块。

此外，我们还可以重新声明已经在外层代码块中声明过的标识符。当在内层代码块中使用这个标识符时，它表示的总是在该代码块中与它绑定在一起的那个程序实体。可以说，此时在外层代码块中声明的那个同名标识符被屏蔽了。例如，有如代码清单 2-1 所示的这样一个命令源码文件。

代码清单 2-1 redeclare.go

```
package main

import (
    "fmt"
)

var v = "1, 2, 3"

func main() {
    v := []int{1, 2, 3}
    if v != nil {
        var v = 123
        fmt.Printf("%v\n", v)
    }
}
```

运行这个文件的结果为：

```
hc@ubt:~/golang/example.v2/src/gopcp.v2/chapter2/redeclare $ go run redeclare.go
123
```

其中，变量 v 被声明了 3 次。当判断 v 是否非 nil 时，v 代表的是那个切片。而当 v 的值被打印时，它代表的却是那个整数。

2.4.2　if 语句

if 语句会根据条件表达式来执行两个分支中的一个。如果那个表达式的结果是 true，那么 if 分支会被执行，否则 else 分支会被执行。例如：

```
var number int
// 省略部分代码
if 100 < number {
    number++
}
```

又如：

```
if 100 < number {
    number++
} else {
    number--
}
```

if 语句还可以包含一条初始化子语句，用于初始化局部变量：

```
if diff := 100 - number; 100 < diff {
    number++
} else {
    number--
}
```

此外，它也支持串联：

```
if diff := 100 - number; 100 < diff {
    number++
} else if 200 < diff {
    number--
} else {
    number -= 2
}
```

其中条件表达式的求值顺序是自上而下的。只有第一个结果为 true 的表达式对应的分支会被选中并执行。并且，只要上面的表达式的结果为 true，其后的表达式就不会被求值。

2.4.3　switch 语句

switch 语句也提供了一种多分支执行的方法。它会用一个表达式或类型说明符与每一个 case 进行比较，并决定执行哪一个分支。

1. 表达式 switch 语句

在表达式 switch 语句中，switch 表达式和所有 case 携带的表达式（也称为 case 表达式）都会被求值，并且执行顺序是自左向右、自上而下。只有第一个与 switch 表达式的求值结果相等的 case 表达式的分支会执行。如果没有找到匹配的 case 表达式并且存在 default case，那么 default case 的分支会执行。注意，default case 最多只能有一个。另外，switch 表达式可以省略，这时 true 会作为（并不存在的）switch 表达式的结果。

2

一个简单的 switch 语句：

```
var content string
// 省略部分代码
switch content {
default:
    fmt.Println("Unknown language")
case "Python":
    fmt.Println("An interpreted Language")
case "Go":
    fmt.Println("A compiled language")
}
```

此外，switch 语句也可以包含一条子语句来初始化局部变量，像这样：

```
switch lang := strings.TrimSpace(content); lang {
default:
    fmt.Println("Unknown language")
case "Python":
    fmt.Println("An interpreted Language")
case "Go":
    fmt.Println("A compiled language")
}
```

另外，可以在 switch 语句中使用 fallthrough，来向下一个 case 语句转移流程控制权。请看下面的示例：

```
switch lang := strings.TrimSpace(content); lang {
case "Ruby":
    fallthrough
case "Python":
    fmt.Println("An interpreted Language")
case "C", "Java", "Go":
fmt.Println("A compiled language")
default:
fmt.Println("Unknown language")
}
```

只要 lang 的值等于"Ruby"或"Python"，第 2 个 case 语句就会执行。另外，每个 case 语句中的 case 表达式还可以有多个。在上例中，只要 lang 的值等于"C"、"Java"或"Go"，第

3个case就会被选中。

顺便提一句，break语句可以用来退出当前的switch语句。它由一个break关键字和一个可选的标签组成。

2. 类型switch语句

类型switch语句将对类型进行判定，而不是值。下面是一个简单的例子：

```
var v interface{}
// 省略部分代码
switch v.(type) {
case string:
    fmt.Printf("The string is '%s'.\n", v.(string))
case int, uint, int8, uint8, int16, uint16, int32, uint32, int64, uint64:
    fmt.Printf("The integer is %d.\n", v)
default:
    fmt.Printf("Unsupported value. (type=%T)\n", v)
}
```

类型switch语句的switch表达式会包含一个特殊的类型断言，例如v.(type)。它虽然特殊，但是也要遵循类型断言的规则。其次，每个case表达式中包含的都是类型字面量而不是表达式。最后，fallthrough语句不允许出现在类型switch语句中。

类型switch语句的switch表达式还有一种变形写法，如下：

```
switch i := v.(type) {
case string:
    fmt.Printf("The string is '%s'.\n", i)
case int, uint, int8, uint8, int16, uint16, int32, uint32, int64, uint64:
    fmt.Printf("The integer is %d.\n", i)
default:
    fmt.Printf("Unsupported value. (type=%T)\n", i)
}
```

这里的i := v.(type)使经类型转换后的值得以保存。i的类型一定会是v的值的实际类型。

2.4.4　for语句

for语句用于根据给定的条件重复执行一个代码块。这个条件或由for子句直接给出，或从range子句中获得。

1. for子句

一条for语句可以携带一条for子句。for子句可以包含初始化子句、条件子句和后置子句。下面我们来看一组示例：

```
var number int
for i := 0; i < 100; i++ {
    number++
}

var j uint = 1
for ; j%5 != 0; j *= 3 { // 省略初始化子句
    number++
}

for k := 1; k%5 != 0; { // 省略后置子句
    k *= 3
    number++
}
```

在 for 子句的初始化子句和后置子句同时被省略，或者其中的所有部分都省略的情况下，分隔符“;”可以省略。比如：

```
var m = 1
for m < 50 { // 省略初始化子句和后置子句
    m *= 3
}
```

2. range 子句

一条 for 语句可以携带一条 range 子句，这样就可以迭代出一个数组或切片值中的每个元素、一个字符串值中的每个字符，或者一个字典值中的每个键–元素对，以及持续地接收一个通道类型值中的元素。随着迭代的进行，每一次获取的迭代值（索引、元素、字符或键–元素对）都会赋给相应的迭代变量。例如：

```
ints := []int{1, 2, 3, 4, 5}
for i, d := range ints {
    fmt.Printf("Index: %d, Value: %d\n", i, d)
}
```

在 range 关键字右边的是 range 表达式。range 表达式一般只会在迭代开始前被求值一次。

针对 range 表达式的不同结果，range 子句的行为也会不同，请看表 2-7。

表2-7 range子句的迭代产出

range表达式的类型	第一个产出值	第二个产出值	备 注
a：[n]E、*[n]E或[]E	i：int类型的元素索引值	与索引对应的元素的值a[i]，类型为E	a为range表达式的结果值，n为数组类型的长度，E为数组类型或切片类型的元素类型

（续）

range表达式的类型	第一个产出值	第二个产出值	备　注
s：string类型	i：int类型的元素索引值	与索引对应的元素的值s[i]，类型为rune	s为range表达式的结果值
m：map[K]V	k：键-元素对中键的值，类型为K	与键对应的元素值m[k]，类型为V	m为range表达式的结果值，K为字典类型的键的类型，V为字典类型的元素类型
c：chan E或 <-chan E	e：元素的值，类型为E		c为range表达式的结果值，E为通道类型的元素的类型

使用range子句，有3点需要注意，如下。

- 若对数组、切片或字符串值进行迭代，且:=左边只有一个迭代变量时，一定要小心。这时只会得到其中元素的索引，而不是元素本身；这很可能并不是你想要的。
- 迭代没有任何元素的数组值、为nil的切片值、为nil的字典值或为""的字符串值，并不会执行for语句中的代码。for语句在一开始就会直接结束执行。因为这些值的长度都为0。
- 迭代为nil的通道值会让当前流程永远阻塞在for语句上！

2.4.5　defer语句

除了前面介绍的流程控制语句外，Go还有一些特有的流程控制语句，其中一个就是defer语句。该语句用于延迟调用指定的函数，它只能出现在函数的内部，由defer关键字以及针对某个函数的调用表达式组成。这里被调用的函数称为延迟函数。一个简单的例子如下：

```
func outerFunc() {
    defer fmt.Println("函数执行结束前一刻才会被打印。")
    fmt.Println("第一个被打印。")
}
```

其中，defer关键字后面是针对fmt.Println函数的调用表达式。代码里也说明了延迟函数的执行时机。这里的outerFunc称为外围函数，调用outerFunc的那个函数称为调用函数。下面是具体的规则。

- 当外围函数中的语句正常执行完毕时，只有其中所有的延迟函数都执行完毕，外围函数才会真正结束执行。
- 当执行外围函数中的return语句时，只有其中所有的延迟函数都执行完毕后，外围函数才会真正返回。
- 当外围函数中的代码引发运行时恐慌时，只有其中所有的延迟函数都执行完毕后，该运行时恐慌才会真正被扩散至调用函数。

正因为 defer 语句有这样的特性，所以它成为了执行释放资源或异常处理等收尾任务的首选。明显的优势有两个，如下。

- 对延迟函数的调用总会在外围函数执行结束前执行。
- defer语句在外围函数函数体中的位置不限，并且数量不限。

不过，使用 defer 语句还有 3 点需要注意。

第一点，如果在延迟函数中使用外部变量，就应该通过参数传入，示例如下：

```
func printNumbers() {
    for i := 0; i < 5; i++ {
        defer func() {
            fmt.Printf("%d", i)
        }()
    }
}
```

上述代码的执行结果为 55555，这正是由延迟函数的执行时机引起的。待那 5 个延迟函数执行时，它们使用的 i 值已经是 5 了。正确的做法是这样：

```
func printNumbers() {
    for i := 0; i < 5; i++ {
        defer func(n int) {
            fmt.Printf("%d", n)
        }(i)
    }
}
```

请注意，这时延迟函数有了参数，并且在调用它时也传入了参数值。如此一来，打印内容就会是 43210。为什么不是 01234？请看下面的规则。

第二点，同一个外围函数内多个延迟函数调用的执行顺序，会与其所属的 defer 语句的执行顺序完全相反。你可以想象一下，同一个外围函数中每个 defer 语句在执行的时候，针对其延迟函数的调用表达式都会被压入同一个栈。在该外围函数执行结束的前一刻，Go 会从这个堆栈中依次取出并执行。

第三点，延迟函数调用若有参数传入，那么那些参数的值会在当前 defer 语句执行时求出。请看下面的示例：

```
func printNumbers() {
    for i := 0; i < 5; i++ {
        defer func(n int) {
            fmt.Printf("%d", n)
        }(i * 2)
    }
}
```

此时的执行结果是 86420。

2.4.6 panic 和 recover

在通常情况下，函数向其调用方报告错误的方式都是返回一个 error 类型的值。但是，当遇到致命错误的时候，很可能会使程序无法继续运行。这时，上述错误处理方式就太不适合了，Go 推荐通过调用 panic 函数来报告致命错误。

1. panic

为了报告运行期间的致命错误，Go 内建了专用函数 panic，该函数用于停止当前的控制流程并引发一个运行时恐慌。它可以接受一个任意类型的参数值，不过这个参数值的类型常常会是 string 或者 error，因为这样更容易描述运行时恐慌的详细信息。请看下面的例子：

```
func main() {
    outerFunc()
}

func outerFunc() {
    innerFunc()
}

func innerFunc() {
    panic(errors.New("An intended fatal error!"))
}
```

当调用 innerFunc 函数中的 panic 函数后，innerFunc 的执行会被停止。紧接着，流程控制权会交回给调用方 outerFunc 函数。然后，outerFunc 函数的执行也将被停止。运行时恐慌就这样沿着调用栈反方向进行传播，直至到达当前 goroutine 的调用栈的最顶层。一旦达到顶层，就意味着该 goroutine 调用栈中所有函数的执行都已经被停止了，程序已经崩溃。

当然，运行时恐慌并不都是通过调用 panic 函数的方式引发的，也可以由 Go 的运行时系统来引发。例如：

```
myIndex := 4
ia := [3]int{1, 2, 3}
_ = ia[myIndex]
```

这个示例中的第 3 行代码会引发一个运行时恐慌，因为它造成了一个数组访问越界的运行时错误。这个运行时恐慌就是由 Go 的运行时系统报告的。它相当于我们显式地调用 panic 函数并传入一个 runtime.Error 类型的参数值。顺便说一句，runtime.Error 是一个接口类型，并且内嵌了 Go 内置的 error 接口类型。

显然，我们都不希望程序崩溃。那么，怎样“拦截”一个运行时恐慌呢？

2. recover

运行时恐慌一旦被引发，就会向调用方传播直至程序崩溃。Go 提供了专用于“拦截”运行时恐慌的内建函数 recover，它可以使当前的程序从恐慌状态中恢复并重新获得流程控制权。recover 函数被调用后，会返回一个 interface{}类型的结果。如果当时的程序正处于运行时恐慌的状态，那么这个结果就会是非 nil 的。

recover 函数应该与 defer 语句配合起来使用，例如：

```
defer func() {
    if p := recover(); p != nil {
        fmt.Printf("Recovered panic: %s\n", p)
    }
}()
```

把此类代码放在函数体的开始处，这样可以有效防止该函数及其下层调用中的代码引发运行时恐慌。一旦发现 recover 函数的调用结果非 nil，就应该采取相应的措施。

值得一提的是，Go 标准库中有一种常见的用法值得我们参考。请看标准库代码包 fmt 中的 Token 函数的部分声明：

```
func (s *ss) Token(skipSpace bool, f func(rune) bool) (tok []byte, err error) {
    defer func() {
        if e := recover(); e != nil {
            if se, ok := e.(scanError); ok {
                err = se.err
            } else {
                panic(e)
            }
        }
    }()
    // 省略部分代码
}
```

在 Token 函数包含的延迟函数中，当运行时恐慌携带值的类型是 fmt.scanError 时，这个值就会被赋值给代表结果值的变量 err，否则运行时恐慌就会被重新引发。如果这个重新引发的运行时恐慌传递到了调用栈的最顶层，那么标准输出上就会打印出类似这样的内容：

```
panic: <运行时恐慌被首次引发时携带的值的字符串形式> [recovered]
    panic: <运行时恐慌被重新引发时携带的值的字符串形式>
```

```
goroutine 1 [running]:
main.func·001()
<调用栈信息>

goroutine 2 [runnable]:
exit status 2
```

这里展现的惯用法有两个，如下。

- 可以把运行时恐慌的携带值转换为error类型值，并当作常规结果返回给调用方。这样既阻止了恐慌的扩散，又传递了引起恐慌的原因。
- 检查运行时恐慌携带值的类型，并根据类型做不同的后续动作，这样可以精确地控制程序的错误处理行为。

2.5 聊天机器人

上一章展示了一个带交互的问候程序，下面基于它编写一个聊天机器人的雏形。代码清单 2-2 中的代码展示了一个很傻的聊天程序。

代码清单 2-2 simple.go

```go
package main

import (
    "bufio"
    "fmt"
    "os"
    "strings"
)

func main() {
    // 准备从标准输入读取数据
    inputReader := bufio.NewReader(os.Stdin)
    fmt.Println("Please input your name:")
    // 读取数据直到碰到 \n 为止
    input, err := inputReader.ReadString('\n')
    if err != nil {
        fmt.Printf("An error occurred: %s\n", err)
        // 异常退出
        os.Exit(1)
    } else {
        // 用切片操作删除最后的 \n
        name := input[:len(input)-1]
        fmt.Printf("Hello, %s! What can I do for you?\n", name)
    }
    for {
```

```
            input, err = inputReader.ReadString('\n')
            if err != nil {
                fmt.Printf("An error occurred: %s\n", err)
                continue
            }
            input = input[:len(input)-1]
            // 全部转换为小写
            input = strings.ToLower(input)
            switch input {
            case "":
                continue
            case "nothing", "bye":
                fmt.Println("Bye!")
                // 正常退出
                os.Exit(0)
            default:
                fmt.Println("Sorry, I didn't catch you.")
            }
        }
    }
```

这个聊天程序在问候用户之后会不断地询问“是否可以帮忙”，但是实际上它什么忙也帮不上。因为它现在什么也听不懂，除了 nothing 和 bye。一看到这两个词，它就会与用户“道别”，停止运行。现在试运行一下这个命令源码文件：

```
hc@ubt:~/golang/example.v2/src/gopcp.v2/chapter2/talk/v1 $ go run simple.go
Please input your name:
Robert
Hello, Robert! What can I do for you?
A piece of cake, please.
Sorry, I didn't catch you.
Bye
Bye!
```

注意，其中的斜体部分是我的输入。让这个聊天程序聪明起来需要一些工作量，工作量的多少取决于要让它聪明到什么程度。或者我们换一种思路：让它成为可以变聪明的聊天机器人。还记得前文描述过的 Chatbot 接口和 Talk 接口吗？它们已被放置在 gopcp.v2/chapter2/talk/v2/chatbot 代码包的 chatbot.go 文件中。你最好在阅读下面的内容时，能对照 gopcp.v2/chapter2/talk/v2 代码包中的代码。

Chatbot 和 Talk 分别定义了聊天机器人和聊天的行为。程序的用户可以指定或制定聊天机器人和聊天的行为。前文简单展示过的结构体类型 simpleCN 其实就是这些接口的实现之一，它被声明在文件 chinese.go 中。下面是其完整声明的摘要：

```
type simpleCN struct {
    name string
    talk Talk
}
```

```
func NewSimpleCN(name string, talk Talk) Chatbot {
    return &simpleCN{
        name: name,
        talk: talk,
    }
}

func (robot *simpleCN) Name() string {
    return robot.name
}

func (robot *simpleCN) Begin() (string, error) {
    // 省略部分代码
}

func (robot *simpleCN) Hello(userName string) string {
    // 省略部分代码
    if robot.talk != nil {
        return robot.talk.Hello(userName)
    }
    // 省略部分代码
}

func (robot *simpleCN) Talk(heard string) (saying string, end bool, err error) {
    // 省略部分代码
    if robot.talk != nil {
        return robot.talk.Talk(heard)
    }
    // 省略部分代码
}

func (robot *simpleCN) ReportError(err error) string {
    // 省略部分代码
}

func (robot *simpleCN) End() error {
    // 省略部分代码

}
```

*simpleCN 类型同时实现了 Chatbot 接口和 Talk 接口，其中的 Hello 方法和 Talk 方法是为了实现 Talk 接口。如果发现 talk 字段不为 nil，它们就会直接使用该字段中的同名方法，否则就会自己处理。这使得对聊天行为的定制是可选的。simpleCN 也因此做到了开箱即用。另外请注意，simpleCN 是包级私有的。包外代码需要通过 NewSimpleCN 函数创建它的实例值，这实际上也属于 Go 的惯用法。

simpleCN 其实实现了一个中文聊天机器人的模板。你在使用时自定义聊天行为即可。不过，聊天程序依然应该允许用户注册完全自定义的聊天机器人。请看下面的代码：

```
// 名称-聊天机器人的映射
var chatbotMap = map[string]Chatbot{}

// Register 用于注册聊天机器人
// 若结果值为 nil，则表示注册成功
func Register(chatbot Chatbot) error {
    // 省略部分代码
    chatbotMap[name] = chatbot
    return nil
}

// 用于获取指定名称的聊天机器人
func Get(name string) Chatbot {
    return chatbotMap[name]
}
```


这提供了预先配置聊天机器人实例的能力。

在聊天程序的入口文件 main.go 中，首先需要提供定制聊天机器人的途径：

```
// 用于确定对话使用的聊天机器人
var chatbotName string

func init() {
    flag.StringVar(&chatbotName, "chatbot", "simple.en", "The chatbot's name for dialogue.")
}
```

其中 flag 是一个标准代码包，它允许用户在启动程序时，通过特殊的命令行参数（在 Go 中称为标记）传入定制化信息。如果要这样的信息起作用，最好在 main 函数的开始处就调用 flag.Parse 函数。只有这样，命令行中的标记值才能与 chatbotName 绑定，然后才可以把它传入 Get 函数，从而拿到相应的聊天机器人实例。

这个聊天程序中包含了本章讲述的 Go 语法的大部分用法，你可以用它来熟悉 Go 程序的基本写法。下面是一个使用示例：

```
hc@ubt:~/golang/example.v2/src/gopcp.v2/chapter2/talk/v2 $ go run main.go -chatbot simple.cn
请输入你的名字:
郝林
你好，郝林！我可以为你做些什么?
请给我一块蛋糕。
对不起，我没听懂你说的。
再见
再见!
```

从表面上看，这个聊天机器人依然很傻。不过这表现的只是默认行为，是否让它变聪明完全取决于使用者的定制。

2.6 小结

本章带领你快速浏览了绝大部分 Go 语法。只要理解了这些要点，你就一定能玩儿转一般的 Go 程序。你可以把本章当做 Go 的语法查询手册。本章讲解的一些知识也属于 Go 并发编程的基础。不过请记住，本章介绍的所有 Go 数据类型都不是并发安全的！在后面的章节中，我会专门讲解用于并发编程的 go 语句、channel 类型以及各种同步方法。

第3章 并发编程综述

有一定软件开发经验的人都应该知道并发编程。并发编程是一种现代计算机编程技术。它的含义比较宽泛，可以是多线程编程，也可以是多进程编程，还可以是编写分布式程序。Go 最明显的优势在于拥有基于多线程的并发编程方式。不过在多进程和分布式程序的编写方面，由于它具有高效的并发编程方法以及便捷的标准库，我们总能事半功倍。

3.1 并发编程基础

并发这个概念由来已久，其主要思想是使多个任务可以在同一个时间段内执行以便能够更快地得到结果。在计算机问世不久，并发的概念就出现了。

并发编程的思想来自于多任务操作系统，它允许同时运行多个程序。在早期的单用户操作系统中，任务是一个接一个运行的，各个任务的执行完全是串行的。只有在一个任务运行完成之后，另一个任务才会被读取。而多任务操作系统则允许终端用户同时运行多个程序。当一个程序暂时不需要使用 CPU 的时候，系统会把该程序挂起或中断，以使其他程序可以使用 CPU。

最早支持并发编程的计算机编程语言是汇编语言。不过那时并没有任何理论基础来支持这种编程方式，这样一个细微的编程错误就会使程序变得非常不稳定，并且对这种程序的测试也是几乎不可能的。

在 20 世纪 60 年代末，多任务操作系统已变得非常臃肿和脆弱。对系统资源的无限制抢夺成为程序死锁现象频繁发生的导火索。连多任务操作系统的缔造者都不得不公开说“这是一场软件危机”。

不过，早在 20 世纪 60 年代中期，计算机科学家就迈出了深入探索并发编程的第一步。在不到 15 年的时间里，他们逐步把并发编程思想凝炼成了理论，同时开发出了一套描述方法。之后，他们把这套理论融入编程语言中，并用这些语言来编写操作系统模型。在 20 世纪 70 年代，第一本关于操作系统和并发编程原则的简明参考书问世了。这意味着一个新的编程理论正式形成。探索和发展并发编程思想的最初动机来源于开发可靠的操作系统的强烈欲望。不过，在并发编程理论形成后不久，它就被公认为一个不限于操作系统开发的通用编程理论。

经过多年的进化，并发程序的编写早已没有以前那么复杂了。大多数现代软件设计技术都可以比较方便地产出支持并发的程序。但是，由于并发程序往往具有更复杂的结构，所以编写起来也更困难，且更容易出错。

总体来看，感觉编写并发程序会更加困难的原因有两个：一是缺乏既非常适合开发应用程序又对并发编程有良好支持的语言，二是感觉（也许仅仅是感觉）并发编程的理论太难了。

第一个原因确实客观存在。不过，现在许多语言都在致力于降低编程门槛，实际情况其实已经比之前好很多了。至于第二个原因，我认为这不应该成为专业编程人员躲避编写并发程序的借口，况且在互联网圈子里也避无可避。毫不夸张地讲，如果我们想要真正理解一门编程语言以及领悟怎样才能编好程序，那么学习并发编程这一步必不可少。更不用说，作为软件运行的基础——计算机硬件也在向着并行化快速发展。

3.1.1　串行程序与并发程序

串行程序特指只能被顺序执行的指令列表，并发程序则是可以被并发执行的两个及以上的串行程序的综合体。并发程序允许其中的串行程序运行在一个或多个可共享的 CPU 之上，同时也允许每个串行程序都运行在专为它服务的 CPU 上。前一种方式也称为多元程序，由来自荷兰的图灵奖得主 Edsger Wybe Dijkstra 在 1968 年提出，它由操作系统内核支持并提供多个串行程序复用多个 CPU 的方法。多元处理是指计算机中多个 CPU 共用一个存储器（即内存），并且在同一时刻可能会有数个串行程序分别运行在不同的 CPU 之上，它由美国计算机科学家 Anita K. Jones 和 Peter M. Schwarz 在 1980 年提出。多元程序和多元处理是串行程序得以并发甚至并行运行的基础支撑。在现代计算机系统中，它们已经得到了很好的融合。

3.1.2　并发程序与并行程序

在一些参考文献和图书中，常常把并发和并行这两个概念混淆在一起。但是，实际上它们有很明显的区别。并发程序是指可以被同时发起执行的程序，而并行程序则被设计成可以在并行的硬件上执行的并发程序。换句话说，并发程序代表了所有可以实现并发行为的程序，它是一个比较宽泛的概念，其中包含了并行程序。

3.1.3 并发程序与并发系统

首先，并发程序属于程序。即使它被划分为许多部分（可以是规模更小的程序），只要这些部分之间是紧密关联在一起的，并且可以看作一个整体，那么它就属于一个程序，也可以称之为一个内聚的软件单元。另一方面，程序与程序之间可以通过协商一致的协议进行通信，并且它们之间是松耦合的。它们可以看作一个系统，而不是程序。并发程序和并发系统中并发的含义是一致的。但是，并发系统更有可能是并行的，因为其中的多个程序一般可以同时在不同的硬件环境上运行。因此，并发系统也常常称为并行系统。与并发系统同义的一个更加流行的词是分布式系统。

3.1.4 并发程序的不确定性

串行程序中所有代码的先后顺序都是固定的，而并发程序中只有部分代码是有序的。也就是说，其中一些代码的执行顺序并没有明确指定。这一特性被称为不确定性，这导致并发程序每次运行的代码执行路径都是不同的。即便是在输入数据相同的前提下，也是如此。

3.1.5 并发程序内部的交互

并发程序内部会被划分为多个部分，每个部分都可以看作一个串行程序。在这些串行程序之间，可能会存在交互的需求。比如，多个串行程序可能都要对一个共享的资源进行访问。又比如，它们需要相互传递一些数据。在这些情况下，我们就需要协调它们的执行，这就涉及同步。同步的作用是避免在并发访问共享资源时可能发生的冲突，以及确保有条不紊地传递数据。

根据同步的原则，程序如果想使用一个共享资源，就必须先请求该资源并获取到对它的访问权。当程序不再需要某个资源的时候，它应该放弃对该资源的访问权（也称释放资源）。一个程序对资源的请求不应该导致其他正在访问该资源的程序中断，而应该等到那个程序释放该资源之后再进行请求。也就是说，在同一时刻，某个资源应该只被一个程序占用。

传递数据是并发程序内部的另一种交互方式，也称为并发程序内部的通信。实际上，协调这种内部通信的方式不只“同步”这一种。我们也可以用异步的方式对通信进行管理，这种方式使得数据可以不加延迟地发送给数据接收方。即使数据接收方还没有为接收数据做好准备，也不会造成数据发送方的等待。数据会被临时存放在一个称为通信缓存的数据结构中。通信缓存是一种特殊的共享资源，它可以同时被多个程序使用。数据接收方可以在准备就绪之后按照数据存入通信缓存的顺序接收它们。

3.2 多进程编程

在现代操作系统中，我们可以很方便地编写出多进程的程序。在多进程程序中，如果多个进程之间需要协作完成任务，那么进程间通信的方式就是需要重点考虑的事项之一。这种通信常被叫作 IPC（Inter-Process Communication）。不同版本的 Unix 及其衍生操作系统中所支持的 IPC 方法都不尽相同，而且针对 IPC 制定的标准也不止一个。因此，为了简单和统一，我们在讨论 IPC 的概念和使用方法时只针对 Linux 操作系统。

在 Linux 操作系统中可以使用的 IPC 方法有很多种。从处理机制的角度看，它们可以分为三大类：基于通信的 IPC 方法、基于信号的 IPC 方法以及基于同步的 IPC 方法。其中，基于通信的 IPC 方法又分为以数据传送为手段的 IPC 方法和以共享内存为手段的 IPC 方法，前者包括了管道（pipe）和消息队列（message queue）。管道可以用来传送字节流，消息队列可以用来传送结构化的消息对象。以共享内存为手段的 IPC 方法主要以共享内存区（shared memory）为代表，它是最快的一种 IPC 方法。基于信号的 IPC 方法就是我们常说的操作系统的信号（signal）机制，它是唯一的一种异步 IPC 方法。在基于同步的 IPC 方法中，最重要的就是信号量（semaphore）。

Go 支持的 IPC 方法有管道、信号和 socket。

3.2.1 进程

1. 进程的定义

进程是 Unix 及其衍生操作系统（包括 Linux 操作系统）的根本，因为所有代码都是在进程中执行的。通常，我们把一个程序的执行称为一个进程。反过来讲，进程用于描述程序的执行过程。因此，程序和进程是一对概念，它们分别描述了一个程序的静态形式和动态特征。除此之外，进程还是操作系统进行资源分配的一个基本单位。

2. 进程的衍生

进程使用 `fork`（一个系统调用函数）可以创建若干个新的进程，其中前者称为后者的父进程，后者称为前者的子进程。每个子进程都是源自它的父进程的一个副本，它会获得父进程的数据段、堆和栈的副本，并与父进程共享代码段。每一份副本都是独立的，子进程对属于它的副本的修改对其父进程和兄弟进程（同父进程）都是不可见的，反之亦然。全盘复制父进程的数据是一种相当低效的做法。Linux 操作系统内核（以下简称内核）使用写时复制（Copy on Write，常简称为 COW）等技术来提高进程创建的效率。当然，刚创建的子进程也可以通过系统调用 exec 把一个新的程序加载到自己的内存中，而原先在其内存中的数据段、堆、栈以及代码段就会被替换掉。在这之后，子进程执行的就会是那个刚刚加载进来的新程序。

Unix/Linux 操作系统中的每一个进程都有父进程。所有的进程共同组成了一个树状结构。内核启动进程作为进程树的根，负责系统的初始化操作，它是所有进程的祖先，它的父进程就是它自己。如果某一个进程先于它的子进程结束，那么这些子进程将会被内核启动进程“收养”，成为它的直接子进程。

3

3. 进程的标识

为了管理进程，内核必须对每个进程的属性和行为进行详细的记录，包括进程的优先级、状态、虚拟地址范围以及各种访问权限，等等。更具体地说，这些信息都会被记录在每个进程的进程描述符中。进程描述符并不是一个简单的符号，而是一个非常复杂的数据结构。保存在进程描述符中的进程 ID（常称为 PID）是进程在操作系统中的唯一标识，其中进程 ID 为 1 的进程就是之前提到的内核启动进程。进程 ID 是一个非负整数且总是顺序的编号，新创建的进程 ID 总是前一个进程 ID 递增的结果。此外，进程 ID 也可以重复使用。当进程 ID 达到其最大限值时，内核会从头开始查找闲置的进程 ID 并使用最先找到的那一个作为新进程的 ID。另外，进程描述符中还会包含当前进程的父进程的 ID（常称为 PPID）。

通过Go标准库代码包os可以来查看当前进程的PID和PPID，像这样：

```
pid := os.Getpid()
ppid := os.Getppid()
```

注意，PID 并不传达与进程有关的任何信息。它只是一个用来唯一标识进程的数字而已。进程的属性信息只包含在内核中与 PID 对应的进程描述符里。PPID 体现了两个进程之间的亲缘关系。我们可以利用这一点做一些事情，比如，顺藤摸瓜地查找守护进程的踪迹。

进程 ID 对内核以外的程序非常有用。内核可以高效地把进程 ID 转换成对应进程的描述符。我们可以 shell 命令 kill 终止某个进程 ID 所对应的进程，还可以通过进程 ID

找到对应的进程并向它发送信号。这在本节后面会讲到。

4. 进程的状态

在 Linux 操作系统中，每个进程在每个时刻都是有状态的。可能的状态共有 6 个，分别是可运行状态、可中断的睡眠状态、不可中断的睡眠状态、暂停状态或跟踪状态、僵尸状态和退出状态，下面简要说明一下。

- **可运行状态（TASK_RUNNING，简称为R）**。如果一个进程处在该状态，那么说明它立刻要或正在CPU上运行。不过运行的时机是不确定的，这由进程调度器来决定。
- **可中断的睡眠状态（TASK_INTERRUPTIBLE，简称为S）**。当进程正在等待某个事件（比如网络连接或信号量）到来时，会进入此状态。这样的进程会被放入对应事件的等待队列中。当事件发生时，对应的等待队列中的一个或多个进程就会被唤醒。
- **不可中断的睡眠状态（TASK_UNINTERRUPTIBLE，简称为D）**。此种状态与可中断的睡眠状态的唯一区别就是它不可被打断。这意味着处在此种状态的进程不会对任何信号作出响应。更确切地讲，发送给此状态的进程的信号直到它从该状态转出才会被传递过去。处于此状态的进程通常是在等待一个特殊的事件，比如等待同步的I/O操作（磁盘I/O等）完成。
- **暂停状态或跟踪状态（TASK_STOPPED或TASK_TRACED，简称为T）**。向进程发送SIGSTOP信号，就会使该进程转入暂停状态，除非该进程正处于不可中断的睡眠状态。向正处于暂停状态的进程发送SIGCONT信号，会使该进程转向可运行状态。处于该状态的进程会暂停，并等待另一个进程（跟踪它的那个进程）对它进行操作。例如，我们使用调试工具GDB在某个程序中设置一个断点，而后对应的进程在运行到该断点处就会停下来。这时，该进程就处于跟踪状态。跟踪状态与暂停状态非常类似。但是，向处于跟踪状态的进程发送SIGCONT信号并不能使它恢复。只有当调试进程进行了相应的系统调用或者退出后，它才能够恢复。
- **僵尸状态（TASK_DEAD-EXIT_ZOMBIE，简称为Z）**。处于此状态的进程即将结束运行，该进程占用的绝大多数资源也都已经被回收，不过还有一些信息未删除，比如退出码以及一些统计信息。之所以保留这些信息，主要是考虑到该进程的父进程可能需要它们。由于此时的进程主体已经被删除而只留下一个空壳，故此状态才称为僵尸状态。
- **退出状态（TASK_DEAD-EXIT_DEAD，简称为X）**。在进程退出的过程中，有可能连退出码和统计信息都不需要保留。造成这种情况的原因可能是显式地让该进程的父进程忽略掉SIGCHLD信号（当一个进程消亡的时候，内核会给其父进程发送SIGCHLD信号以告知此情况），也可能是该进程已经被分离（分离即让子进程和父进程分别独立运行）。分离后的子程序将不会再使用和执行与父进程共享的代码段中的指令，而是加载并运行一个全新的程序。在这些情况下，该进程在退出的时候就不会转入僵尸状态，而会直接转入退出状态。处于退出状态的进程会立即被干净利落地结束掉，它占用的系统资源也会被操作系统自动回收。

进程在其生命周期内可能会产生一系列的状态变化。简单地说，进程的状态只会在可运行状态和非可运行状态之间转换。图 3-1 展示了一般情况下的进程状态转换。

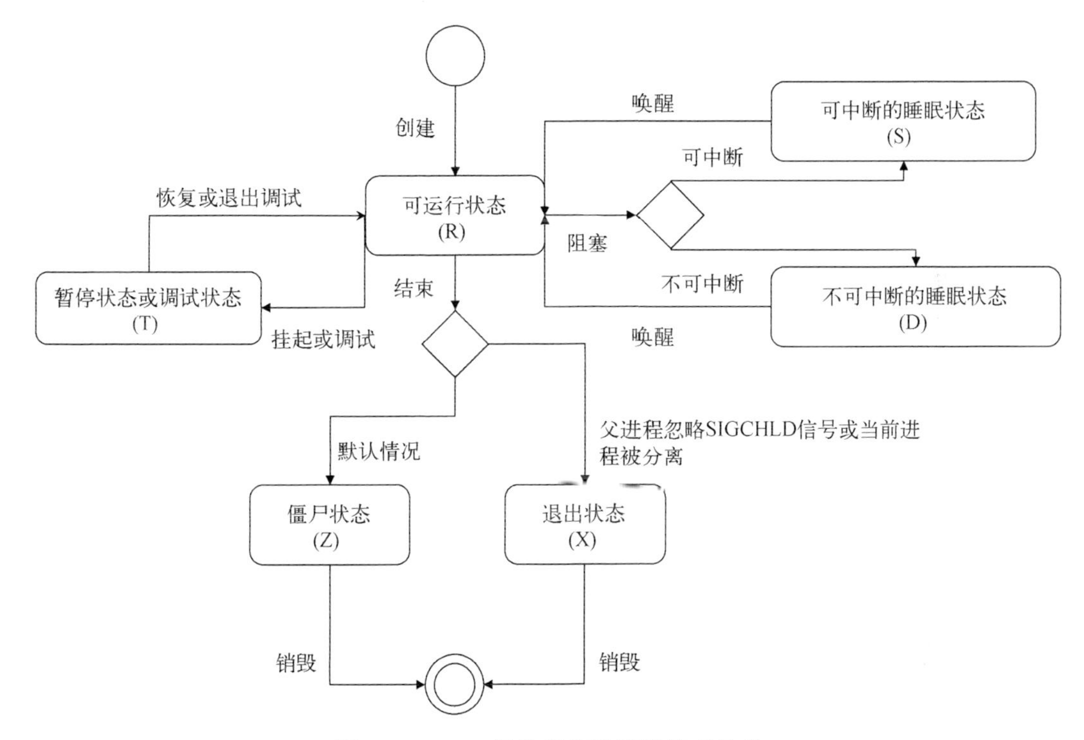

图 3-1 Linux 操作系统进程的状态转换

5. 进程的空间

用户进程（或者说程序的执行实例）总会生存在用户空间中，它们可以做很多事，但是却不能与其所在计算机的硬件进行交互。内核可以与硬件交互，但是它却生存在内核空间中。用户进程无法直接访问内核空间。用户空间和内核空间都是操作系统在内存上划分出的一个范围，它们共同瓜分了操作系统能够支配的内存区域，并体现了 Linux 操作系统对物理内存的划分，如图 3-2 所示。

内存区域中的每一个单元都是有地址的，这些地址由指针来标识和定位。通过指针来寻找内存单元的操作也称为内存寻址。指针是一个正整数，由若干个二进制位表示，具体的二进制位的数量由计算机（更确切地说是 CPU）的字长决定。因此，在 32 位计算机中可以有效标识 2^{32} 个内存单元，而在 64 位计算机中可以有效标识 2^{64} 个内存单元。

这里所说的地址并非物理内存中的真实地址，而是虚拟地址。而由虚拟地址来标识的内存区域又称为虚拟地址空间，有时也称为虚拟内存。如图 3-2 所示，用户空间虚拟地址的范围是从 0 到 TASK_SIZE，而内核空间则占据了剩余的空间。TASK_SIZE 相当于这两个空间的分界线，它实际上是一个特定的常数，其值由所在计算机的体系结构决定。注意，虚拟内存的最大容量与实际可用的物理内存的大小无关。内核和 CPU 会负责维护虚拟内存与物理内存之间的映射关系。

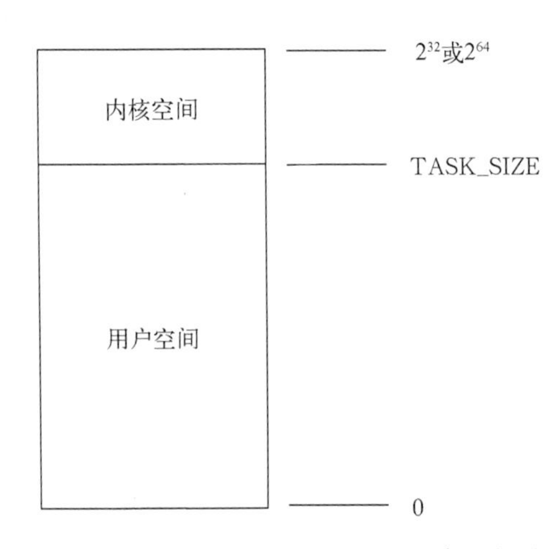

图 3-2　Linux 操作系统对虚拟内存的划分

内核会为每个用户进程分配的是虚拟内存而不是物理内存。每个用户进程分配到的虚拟内存总是在用户空间中，而内核空间则留给内核专用。另外，每个用户进程都认为分配给它的虚拟内存就是整个用户空间。一个用户进程不可能操纵另一个用户进程的虚拟内存，因为后者的虚拟内存对于前者来说是不可见的。换句话说，这些进程的虚拟内存几乎是彼此独立、互不干扰的，这是由于它们基本上被映射到了不同的物理内存之上。

内核会把进程的虚拟内存划分为若干页（page），而物理内存单元的划分由 CPU 负责。一个物理内存单元被称为一个页框（page frame）。不同进程的大多数页都会与不同的页框相对应，如图 3-3 所示。

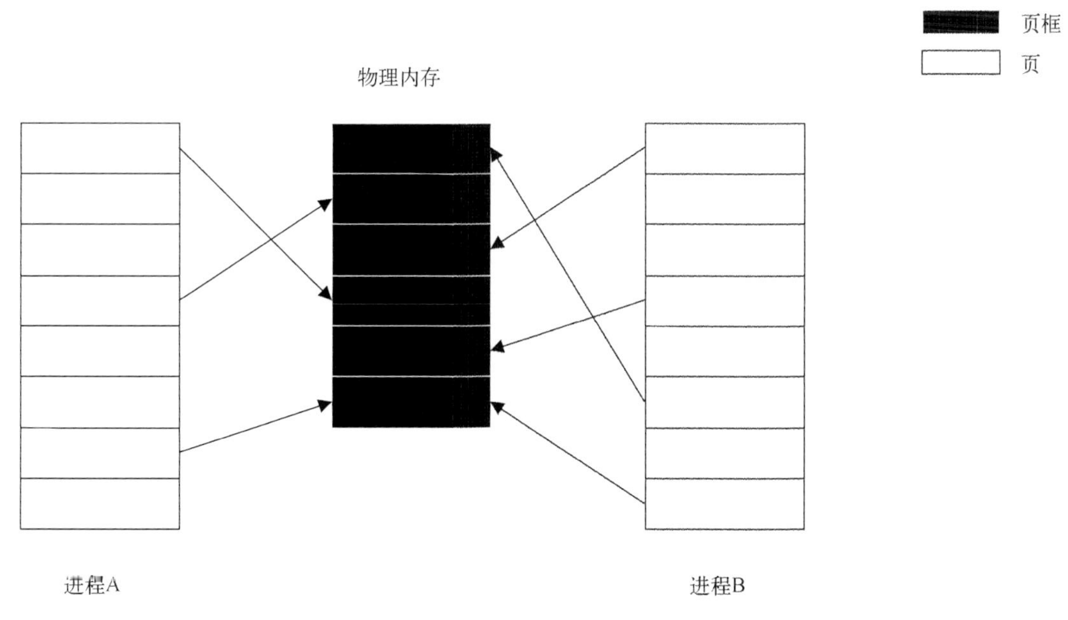

图 3-3 进程的虚拟内存与物理内存

需要说明的是，在图 3-3 中，进程 A 的页 7 与进程 B 的页 8 共享了同一个页框（即最下面的一个页框）。这种页框共享是允许的，实际上，这正是共享内存区（一种 IPC 方法）的基础。另外，我们看到，不论进程 A 还是进程 B，都有一些页没有与页框对应。这也是有可能的，这既可能是由于该页没有数据或者数据还不需要使用，也可能是该页已经被换出至磁盘（确切地说，是 Linux 文件系统的 swap 分区）。

6. 系统调用

如前文所述，用户进程生存在用户空间中且无法直接操纵计算机的硬件，但是内核空间中的内核却可以做到。用户进程无法直接访问内核空间，也无法随意指使内核去做它能做的一些事。但是为了使用户进程能够使用操作系统更底层的功能，内核会暴露出一些接口以供它们使用，这些接口是用户进程使用内核功能（包括操纵计算机硬件）的唯一手段，也是用户空间和内核空间之间的一座桥梁。用户进程使用这些接口的行为称为系统调用，不过在很多时候“系统调用”这个词也指内核提供的这些接口。注意，虽然系统调用也是由函数呈现的，但它与普通的函数有明显的区别。系统调用是向内核空间发出的一个明确请求，而普通函数只是定义了如何获取一个给定的服务。更重要的是，系统调用会导致内核空间中数据的存取和指令的执行，而普通函数却只能在用户空间中有所作为。当然，如果在一个函数的函数体中包含了系统调用，那么它的执行也将涉及对内核空间的访问，但是这种访问仍然是通过函数体内的系统调用来完成的。另外，系统调用是内核的一部分，而普通函数却不是。

说到系统调用，就不得不提及另外一对概念——内核态和用户态。为了保证操作系统的稳定和安全，内核依据由 CPU 提供的、可以让进程驻留的特权级别建立了两个特权状态——内核态和用户态。在大部分时间里，CPU 都处于用户态，这时 CPU 只能对用户空间进行访问。换言之，CPU 在用户态下运行的用户进程是不能与内核接触的。当用户进程发出一个系统调用的时候，内核会把 CPU 从用户态切换到内核态，而后会让 CPU 执行对应的内核函数。CPU 在内核态下是有权限访问内核空间的，这就相当于用户进程可以通过系统调用使用内核提供的功能。当内核函数执行完毕后，内核会把 CPU 从内核态切换回用户态，并把执行结果返回给用户进程。图 3-4 大致描述了系统调用过程中的 CPU 状态切换和流程控制。

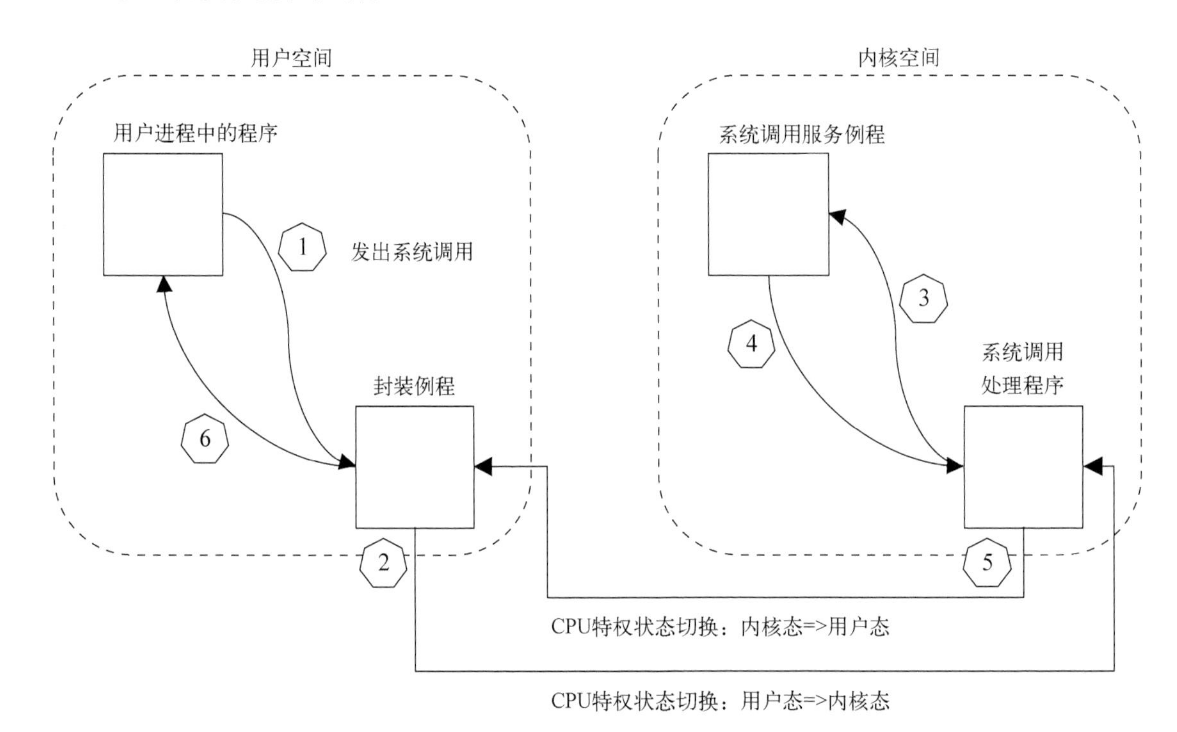

图 3-4　关于系统调用过程的示意图

图 3-4 描绘的流程比前面的叙述更加细致一些，从中可以看出一个系统调用从开始到结束的完整流程。其中，封装例程与系统调用是一一对应的，实际上它就是我们所说的内核暴露给用户进程的接口。另外，系统调用处理程序和系统调用服务例程可以看作是内核为了响应用户进程的系统调用而执行的一系列函数，前面将其统称为内核函数。

再次强调，只有当CPU切换至内核态之后，才可以执行内核空间中的函数，而在内核函数执行完毕后，CPU状态也会被及时切换回用户态。

7. 进程的切换和调度

与其他分时操作系统一样，Linux操作系统也可以凭借CPU的威力快速地在多个进程之间进行切换，这也称为进程间的上下文切换。如此会产生多个进程同时运行的假象，而每个进程都会认为自己独占了CPU，这就是多任务操作系统这个称谓的由来。不过，无论切换速度如何，在同一时刻正在运行的进程仅会有一个。

切换CPU正在运行的进程是需要付出代价的。例如，内核此刻要换下正在CPU上运行的进程A，并让CPU开始运行进程B。在换下进程A之前，内核必须要及时保存进程A的运行时状态。另一方面，假设进程B不是第一次运行，那么在让进程B重新运行之前，内核必须要保证已经依据之前保存的相关信息把进程B恢复到之前被换下时的运行时状态。这种在进程换出换入期间必须要做的任务统称为进程切换，这个任务主要是由内核来完成的。除了进程切换，为了使各个生存着的进程都有运行的机会，内核还要考虑下次切换时运行哪个进程、何时进行切换、被换下的进程何时再换上，等等。解决类似问题的方案和任务统称为进程调度。

进程切换和进程调度是多个程序并发执行的基础，没有前者，后者就无从谈起。

3.2.2 关于同步

内核对进程的切换和调度使得多个进程可以有条不紊地并发运行。在很多时候，多个进程之间需要相互配合共同完成一个任务，这就需要IPC的支持。不过在详细讲解各种IPC方法之前，我们先来了解一下通信过程中进程之间可能发生的干扰，这种干扰主要集中在有共享数据的情况下。不论是多CPU、多进程还是之后提到的多线程，只要它们之前存在数据共享，就一定会牵扯到同步问题。该问题是具有普遍意义的，其中的一些概念和论点可以适用于很多场景。

首先，考虑一个看似简单的应用场景——计数器，它由进程A创建并与进程B共享。进程A和进程B实际上执行了相同的程序，这个程序的任务是把符合某些条件的数据从数据库迁移到磁盘上。程序总是按照固定顺序从数据库中查询数据，并使用计数器记录的已查询的数据的最大行号作为依据。下面是程序的具体执行步骤。

(1) 读取计数器的值。

(2) 从数据库中查询数据。如果我们用c来代表计数器的值，那么查询的范围就是行号在[c, c+100000)的数据。也就是说，每次查询10万条数据。

(3) 遍历并筛选出符合条件的数据，并组成新的数据集合。

(4) 将新数据集合存储到指定目录的文件中。该文件的名称总是有一致的主名称data并会以递增的序号作为后缀，例如data1、data2，等等。

(5) 把计数器的值加100000。也就是说，计数器的新值就是下次要查询的数据的首行行号。

(6) 检查数据是否已全部读完。如果是，则直接退出，否则跳转回(1)。

进程A和进程B会并发运行，它们会各自循环往复地迁移它们认为的下一个数据集合，直到数据全部迁移完毕。

这会出现问题吗？答案是肯定的。我们知道，每个进程在每次对指定数据集合迁移的时候，都需要完成上述6个步骤。由于内核会对各个进程进行切换和调度，所以不能保证进程在迁移每个数据集合的过程中都不被打断。也就是说，进程A和进程B的运行是互相穿插在一起的。这种穿插或者说切换的粒度会比我们上面罗列的步骤的粒度小很多。不过，为了清晰起见，我们假设进程切换的粒度与以上步骤的粒度相同。下面我们在这个假设的基础上叙述一种可能的进程调度过程。

(1) 内核使CPU运行进程A。

(2) 进程A读取计数器的值1，并依此查询和筛选数据，得到了新的数据集合。

(3) 内核认为进程A已经运行了足够长的时间，所以它把进程A换下并让CPU开始运行进程B。

(4) 进程B读取计数器的值1，并依此查询和筛选数据，得到了新的数据集合。注意，这个数据集合与进程A刚刚得到的那个数据集合完全一样。

(5) 进程B把得到的数据集合写入名称为data1的文件，并在写入完成后关闭文件。

(6) 内核把进程B换下并让CPU开始运行进程A。

(7) 进程A把得到的数据集合写入名称为data1的文件，并在写入完成后关闭文件。

(8) 进程A把计数器的值更新为100001。

(9) 内核把进程A换下并让CPU开始运行进程B。

(10) 进程 B 把计数器的值更新为 100001。

上述进程调度过程如图 3-5 所示。

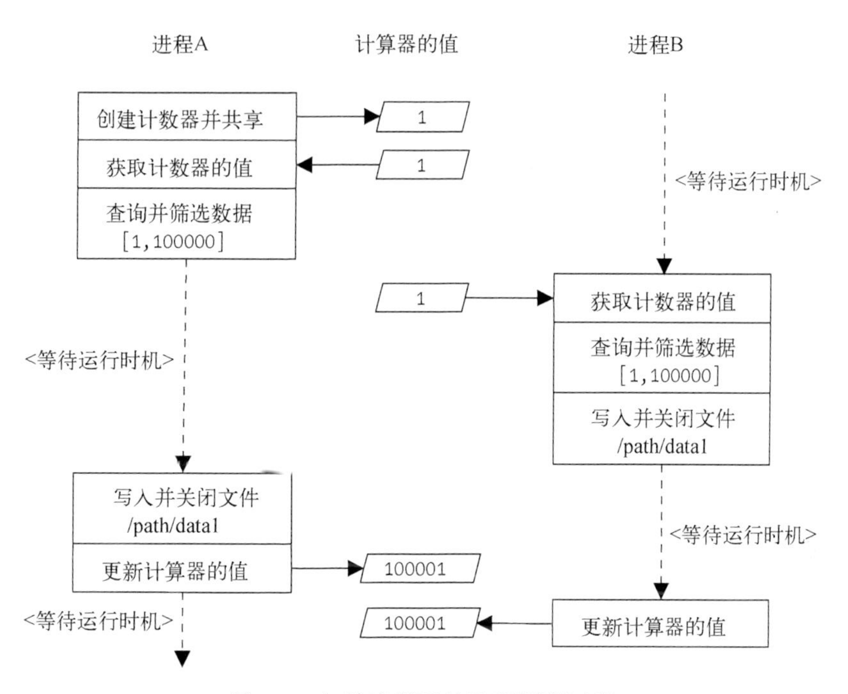

图 3-5 初始流程下的进程调度过程

好了，到这里你可能已经看出了一个很明显的问题：进程 A 和进程 B 在做重复的事。它们造成了双倍的资源消耗，并导致了事倍功半的结果。这是由于同一个进程对计数器的值的存取时间跨度太大了，以至于计数器只起到了任务进度记录的作用，而没有起到在进程间协调的作用。既然这是由于时间跨度大的存取操作引起的，现在就把这个时间跨度缩小到最小，看看会不会解决此问题。我们把前面所说的步骤中的第(5)步上移至第(2)步。也就是说，我们让一个进程在读取计数器的值之后马上更新它。

如此改进真的能够彻底解决上述问题吗？非常遗憾，答案是不能。请想象一下这样的进程调度过程，如果内核在进程 A 已经读取却还未更新计数器的值的时候让 CPU 转而运行进程 B，会发生什么？请看图 3-6。进程 B 在得到计数器的值 1 之后把该值更新为了 100001。但是注意，它仍然会去做进程 A 即将要做的事（查询行号在[1, 100000]范围内的数据、筛选并保存到文件 data1）。当进程 A 重新获得运行时机的时候，也依旧会从查询行号在[1, 100000]范围内的数据开始。这里为了突出重点，我省略掉了所有的“写入并关闭文件”的步骤。

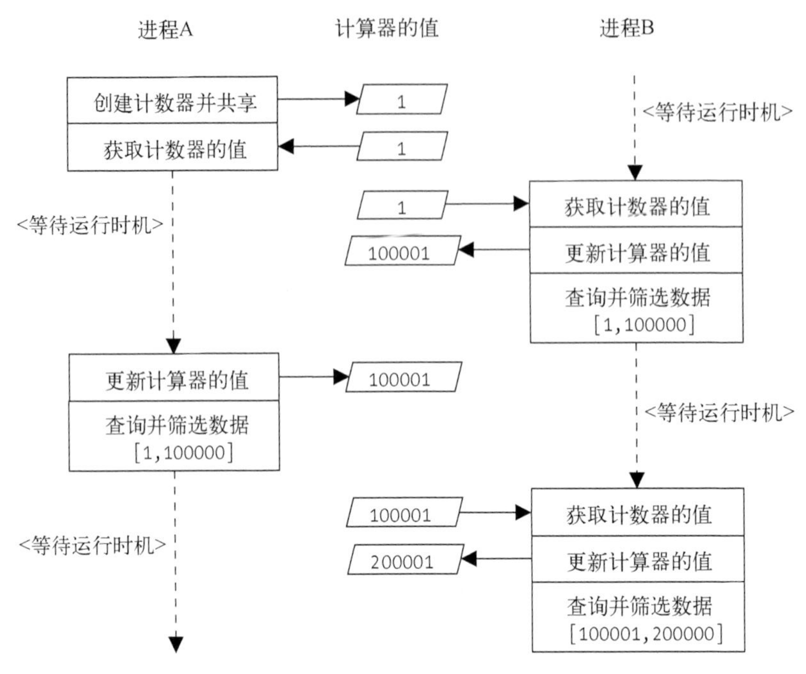

图3-6　改进流程下的进程调度过程

显然，从第二个进程调度过程来看，改进并没有起到实质作用。内核是无法理解程序中各个语句间的关联的，因此也就无法保证总是会在合适的时机切换进程。不过，改进后的流程确实要比之前的初始流程好得多，因为它大大减小了上述问题出现的概率。

那到底怎样才是正确的解决方法呢？在揭晓答案之前，我们先来熟悉一下相关的概念。只要多个进程同时对同一个资源进行访问，就很可能互相干扰，这种干扰通常称为竞态条件（race condition），它通常在编码和测试过程中难以察觉。前面列举的可能的进程调度过程都属于特例。它们的发生可能不会那么频繁，但是一旦发生，就绝对会造成程序运行结果的错误，并且排查这种错误也是比较困难的。正因为它们的发生并不频繁，所以场景重现变得非常不容易。找到并消除一个竞态条件可能会让程序运维人员耗上几个小时甚至几天的时间，尤其是在对底层的运行机制不了解的情况下。

相比于其他现代编程语言，Go的并发编程模型更加成熟和先进，它的目标在于大幅减少程序产生竞态条件的可能，尽可能多地把复杂的并发处理逻辑埋藏在运行时系统之下，让我们能够腾出精力和时间去解决真正的业务问题。

回归正题，造成竞态条件的根本原因在于进程在进行某些操作的时候被中断了。虽然进程再次运行时其状态会恢复如初，但是外界环境很可能已经在这极短的时间内发生了改变。上述的计数器几乎已经完全奏效了，但就是由于应用程序对进程调度的不可控性使得竞态条件仍然可能发生。反过来说，如果能够保证获取并更新计数器的值是一个原子操作的话，那么竞态条件就不会发生。更具体地讲，如果进程 A 在获取并更新计数器的值的过程中不被中断，那么进程 B 就会去处理行号在`[100001, 200000]`范围内的数据了。

执行过程中不能中断的操作称为原子操作（atomic operation），而只能被串行化访问或执行的某个资源或某段代码称为临界区（critical section）。在第二个版本的程序流程中，每个进程对计数器的获取和更新操作都应该是原子操作。因此，获取和更新计数器值的的代码共同形成一个临界区。顺便提一句，所有的系统调用都属于原子操作，我们不用担心它们的执行被中断。

可以看到，原子操作和临界区这两个概念看起来有些相似。但是，原子操作是不能中断的，而临界区对是否可以被中断却没有强制的规定，只要保证一个访问者在临界区中时其他访问者不会被放进来就可以了。这也意味着它们的强度是不同的。

3

原子操作必须由一个单一的汇编指令表示，并且需要得到芯片级别的支持，当今的 CPU 都提供了对原子操作的支持。即使在多核 CPU 或多 CPU 的计算机系统中，也可以保证原子操作正确执行。这使得原子操作能够做到绝对的并发安全，并且比其他同步机制要快很多。不过，还应该考虑这样一个问题：如果一个原子操作的执行总是无法结束而又无法中断它，那该怎么办？实际上，这也是内核只提供针对二进制位和整数的原子操作的原因。原子操作只适合细粒度的简单操作。Go 也在 CPU 和各个操作系统的底层支撑之上提供了对原子操作的支持，具体来讲就是标准库代码包 sync/atomic 中的一些函数。

相比原子操作，让串行化执行的若干代码形成临界区的这种做法更加通用。保证只有一个进程或线程在临界区之内的做法有一个官方称谓——互斥（mutual exclusion，简称 mutex）。实现互斥的方法必须确保排他原则（exclusion principle），并且这种保证不能依赖于任何计算机硬件（包括 CPU）。也就是说，互斥方法必须有效且通用。时至今日，互斥方法的实现方式非常多样，有的只停留在理论层面，而有的已经成为各个操作系统的标配，作为 IPC 方法之一的信号量就属于后者。Go 的 sync 代码包中也包含了对互斥的支持。

对同步的介绍就暂时告一段落。不过，在后面讲解多线程编程的时候，我们还会重返这一主题。

3.2.3 管道

管道（pipe）是一种半双工（或者说单向）的通信方式，只能用于父进程与子进程以及同祖先的子进程之间的通信。例如，在使用 shell 命令的时候，常常会用到管道：

```
hc@ubt:~$ ps aux | grep go
```

shell 为每个命令都创建一个进程，然后把左边命令的标准输出用管道与右边命令的标准输入连接起来。管道的优点在于简单，而缺点则是只能单向通信以及对通信双方关系上的严格限制。

对于管道，Go 是支持的。通过标准库代码包 os/exec 中的 API，我们可以执行操作系统命令并在此之上建立管道。下面创建一个 exec.Cmd 类型的值：

```
cmd0 := exec.Command("echo", "-n", "My first command comes from golang.")
```

对应的 shell 命令：

```
echo -n  "My first command comes from golang."
```

在 exec.Cmd 类型之上有一个名为 Start 的方法，可以使用它启动命令：

```
if err := cmd0.Start(); err != nil {
    fmt.Printf("Error: The command No.0 can not be startup: %s\n", err)
    return
}
```

为了创建一个能够获取此命令的输出管道，需要在 if 语句之前加入如下语句：

```
stdout0, err := cmd0.StdoutPipe()
if err != nil {
    fmt.Printf("Error: Couldn't obtain the stdout pipe for command No.0: %s\n", err)
    return
}
```

变量 cmd0 的 StdoutPipe 方法会返回一个输出管道，这里把代表这个输出管道的值赋给了变量 stdout0。stdout0 的类型是 io.ReadCloser，后者是一个扩展了 io.Reader 接口的接口类型，并定义了可关闭的数据读取行为。

有了 stdout0，启动上述命令之后，就可以通过调用它的 Read 方法来获取命令的输出了：

```
output0 := make([]byte, 30)
n, err := stdout0.Read(output0)
if err != nil {
    fmt.Printf("Error: Couldn't read data from the pipe: %s\n", err)
    return
```

```
}
fmt.Printf("%s\n", output0[:n])
```

这里 Read 方法会把读出的输出数据存入调用方传递给它的字节切片（这里由 output0 表示）中，并返回一个 int 类型值和一个 error 类型值。如果命令的输出小于 output0 的长度，那么变量 n 的值会是命令实际输出的字节数量，否则 n 的值就等于 output0 的长度。后一种情况常常意味着并没有完全读出输出管道中的数据，这时需要再去读取一次或多次（可以使用 for 语句进行循环读取）。如果输出管道中再没有可以读取的数据，那么 Read 方法返回的第二个结果值就会是变量 io.EOF 的值。我们可以依此来判断数据是否已经被读完：

```
var outputBuf0 bytes.Buffer
for {
    tempOutput := make([]byte, 5)
    n, err := stdout0.Read(tempOutput)
    if err != nil {
        if err == io.EOF {
            break
        } else {
            fmt.Printf("Error: Couldn't read data from the pipe: %s\n", err)
            return
        }
    }
    if n > 0 {
        outputBuf0.Write(tempOutput[:n])
    }
}
fmt.Printf("%s\n", outputBuf0.String())
```

为了达到效果，我故意把字节切片 tempOutput 的长度设置得很小。另外，为了收集每次迭代读到的输出内容，它们会依次被存放到一个缓冲区 outputBuf0 中。

一个更加便捷的方法是，一开始就使用带缓冲的读取器（以下简称缓冲读取器）从输出管道中读取数据，像这样：

```
outputBuf0 := bufio.NewReader(stdout0)
output0, _, err := outputBuf0.ReadLine()
if err != nil {
    fmt.Printf("Error: Couldn't read data from the pipe: %s\n", err)
    return
}
fmt.Printf("%s\n", string(output0))
```

由于 stdout0 的值也是 io.Reader 类型的，所以可以把它作为 bufio.NewReader 函数的参数。这个函数会返回一个 bufio.Reader 类型的值，也就是一个缓冲读取器。默认情况下，该读取器会携带一个长度为 4096 的缓冲区。缓冲区的长度就代表了一次可以读取的字节的最大数量。由于 cmd0 代表的命令只会输出一行内容，所以可以直接用 outputBuf0 的 ReadLine 方法来读取它。这个方法的第二个 bool 类型的结果值表明了当前行是否还未读完。如果它为 false，那么就利用 for 语句来读出剩余的数据。不过这里并不需要这样做，所以我把第二个结果赋给了空标识符。另外，我们总是需要先检查 err 的值，看看是否有错误发生，如果没有任何错误，就可以放心地进行后续处理了。

使用缓冲读取器的好处是可以非常方便和灵活地读取需要的内容，而不是只能先把所有内容都读出来再做处理。可以考虑一下，如果不使用缓冲读取器，那么从 stdout0 中读取一行内容的代码应该怎样编写。

管道可以把一个命令的输出作为另一个命令的输入，Go 代码也可以做到这一点，而且实现起来可以很简洁。例如，有如下两个 exec.Cmd 类型的值：

```
cmd1 := exec.Command("ps", "aux")
cmd2 := exec.Command("grep", "apipe")
```

首先，设置 cmd1 的 Stdout 字段，然后启动 cmd1，并等待它运行完毕：

```
var outputBuf1 bytes.Buffer
cmd1.Stdout = &outputBuf1
if err := cmd1.Start(); err != nil {
    fmt.Printf("Error: The first command can not be startup %s\n", err)
    return
    }
if err := cmd1.Wait(); err != nil {
    fmt.Printf("Error: Couldn't wait for the first command: %s\n", err)
    return
}
```

注意，因为*bytes.Buffer 类型实现了 io.Writer 接口，所以我才能把&outputBuf1 赋给 cmd1.Stdout。这样，命令 cmd1 启动后的所有输出内容就都会被写入到 outputBuf1。这一步很重要。

另外，对 cmd1 的 Wait 方法的调用会一直阻塞，直到 cmd1 完全运行结束。

接下来，再设置 cmd2 的 Stdin 和 Stdout 字段，启动 cmd2，并等待它运行完毕：

```
cmd2.Stdin = &outputBuf1
var outputBuf2 bytes.Buffer
cmd2.Stdout = &outputBuf2
if err := cmd2.Start(); err != nil {
    fmt.Printf("Error: The second command can not be startup: %s\n", err)
    return
}
if err := cmd2.Wait(); err != nil {
    fmt.Printf("Error: Couldn't wait for the second command: %s\n", err)
```

```
    return
}
```

注意，由于*bytes.Buffer类型也实现了io.Reader接口，我才能把&outputBuf1也赋给cmd2.Stdin。也正是因为与outputBuf1有关的这两次赋值，cmd2的输入才能与cmd1的输出串联在一起。这个媒介正是outputBuf1，它起到了管道的作用。

最后，为了获取到cmd2的所有输出内容，需要等到它运行结束后再去查看缓冲区outputBuf2中的内容，就像这样：

```
fmt.Printf("%s\n", outputBuf2.Bytes())
```

这个基于cmd1和cmd2的示例模拟出了操作系统命令

```
ps aux | grep apipe
```

的执行效果。不过，cmd2的输出会与直接运行这个操作系统命令得到的输出有所不同。因为该示例程序相当于在自身运行过程中又运行了上面的这个操作系统命令。

我把上面这些关于管道的示例代码都放到了example.v2项目的gopcp.v2/chapter3/apipe代码包中，读者可以使用go run命令运行其中的命令源码文件。

上面所讲的管道也叫作匿名管道，与此相对的是命名管道（named pipe）。与匿名管道不同的是，任何进程都可以通过命名管道交换数据。实际上，命名管道以文件的形式存在于文件系统中，使用它的方法与使用文件很类似。Linux操作系统支持通过shell命令创建和使用命名管道，例如：

```
hc@ubt:~$ mkfifo -m 644 myfifo1
hc@ubt:~$ tee dst.log < myfifo1 &
[1] 3485
hc@ubt:~$ cat src.log > myfifo1
```

在上面的示例中，我先使用命令mkfifo在当前目录下创建了一个命名管道myfifo1，然后又使用这个命名管道和命令tee把src.log文件中的内容写到了dst.log文件中。为了简单，我只是使用命名管道搬运了数据。实际上，在此基础上还可以实现诸如数据的过滤或转换以及管道的多路复用等功能。注意，命名管道默认是阻塞式的。更具体地说，只有在对这个命令管道的读操作和写操作都已准备就绪之后，数据才开始流转。还要注意，命名管道仍然是单向的，又由于可以实现多路复用，所以有时候也需要考虑多个进程同时向命名管道写数据的情况下的操作原子性问题。

在Go标准库代码包os中，包含了可以创建这种独立管道的API。相关代码如下：

```
reader, writer, err := os.Pipe()
```

函数 os.Pipe 会返回 3 个结果值。第一个结果值是代表了该管道输出端的*os.File 类型的值，而第二个结果值则代表了该管道输入端的*os.File 类型的值，它们共同成为数据传递的渠道。第三个结果 err 代表可能发生的错误，若无错误发生，则其值为 nil。Go 使用系统函数来创建管道，并把它的两端封装成两个*os.File 类型的值。例如，有这样的两段代码：

```
n, err := writer.Write(input)
if err != nil {
    fmt.Printf("Error: Couldn't write data to the named pipe: %s\n", err)
}
fmt.Printf("Written %d byte(s). [file-based pipe]\n", n)
```

和

```
output := make([]byte, 100)
n, err := reader.Read(output)
if err != nil {
    fmt.Printf("Error: Couldn't read data from the named pipe: %s\n", err)
}
fmt.Printf("Read %d byte(s). [file-based pipe]\n", n)
```

如果它们是并发运行的，那么在 reader 之上调用 Read 方法就可以按顺序获取到之前通过调用 writer 的 Writer 方法写入的数据。为什么强调是并发运行？因为命名管道默认会在其中一端还未就绪的时候阻塞另一端的进程。Go 提供给我们的命名管道的行为特征也是如此。所以，如果顺序执行这两段代码，那么程序肯定会被永远阻塞在语句

```
n, err := writer.Write(input)
```

或

```
n, err := reader.Read(output)
```

出现的地方，具体阻塞在哪儿取决于调用表达式 writer.Write(input)和 reader.Read (output)哪一个先被求值。

另外，因为管道都是单向的，所以虽然 reader 和 writer 都是*os.File 类型的，但却不能调用 reader 的那些“写”方法或 writer 的那些“读”方法，否则就会得到非 nil 的错误值。错误信息会告诉我们，这样的访问是不允许的。实际上，在 exec.Cmd 类型的值之上调用 StdinPipe 或 StdoutPipe 方法后，得到的输入管道或输出管道也是通过 os.Pipe 函数生成的。只不过，在这两个方法内部又对生成的管道做了少许的附加处理。

由于通过 os.Pipe 函数生成的管道在底层是由系统级别的管道来支持的，所以使用它们的时候要注意操作系统对管道的限制。例如，匿名管道会在管道缓冲区被写满之后使写数

据的进程阻塞，以及命名管道会在其中一端未就绪前阻塞另一端的进程，等等。

再次强调，命名管道可以被多路复用。所以，当有多个输入端同时写入数据的时候，就不得不需要考虑操作原子性的问题。操作系统提供的管道是不提供原子操作支持的。为此，Go 在标准库代码包 io 中提供了一个基于内存的有原子性操作保证的管道（以下简称内存管道）。生成它的方法与之前的很相似：

```
reader, writer := io.Pipe()
```

函数 io.Pipe 返回两个结果值。第一个结果值是代表了该管道输出端的*io.PipeReader 类型的值，第二个结果值是代表了该管道输入端的*io.PipeWriter 类型的值。这两个类型分别对管道的输出端和输入端做了很好的操作限制，即在*io.PipeReader 类型的值上只能使用 Read 方法从管道中读取数据，而在*io.PipeWriter 类型的值上则只能通过 Write 方法向管道写入数据。这样就有效避免了管道使用者对管道的反向使用。另一方面，在使用 Close 方法关闭管道的某一端之后，另一端在写数据或读数据的时候会得到一个预定义的 error 类型值。不过我们也可以通过调用 CloseWithError 来自定义这种情况下得到的 error 类型值。

另外，还需要注意，与 os.Pipe 函数生成的管道相同的是，我们仍然需要并发执行分别对内存管道两端进行操作的那两块代码。

在内存管道的内部，充分使用了 sync 代码包中的 API，并以此从根本上保证相关操作的原子性，所以我们可以放心地并发写入和读取数据。另外，由于这种管道并不是基于文件系统的，并没有作为中介的缓冲区，所以通过它传递的数据只会被复制一次。这也就更进一步地提高了数据传递的效率。

上面所展示的关于命名管道以及内存管道的示例代码都被集中放置在了 example.v2 项目的 gopcp.v2/chapter3/npipe 代码包中。

至此，我介绍了系统级别的匿名管道和命名管道的概念和基本用法，以及 Go 标准库中与它们对应的若干 API 的使用方法和技巧。另外，我还简单说明了 Go 特别提供的一种基于内存的同步管道的使用方法。

3.2.4 信号

操作系统信号（signal，以下简称信号）是 IPC 中唯一一种异步的通信方法，它的本质是用软件来模拟硬件的中断机制。信号用来通知某个进程有某个事件发生了。例如，在命令行终端按下某些快捷键，就会挂起或停止正在运行的程序。另外，通过 kill 命令杀死某个进程的操作也有信号的参与。

每一个信号都有一个以“SIG”为前缀的名字，例如 SIGINT、SIGQUIT 以及 SIGKILL，等等。但是，在操作系统内部，这些信号都由正整数表示，这些正整数称为信号编号。在 Linux 的命令行终端下，我们可以使用 `kill` 命令来查看当前系统所支持的信号，如图 3-7 所示。

```
hc@ubt:~$ kill -l
 1) SIGHUP       2) SIGINT       3) SIGQUIT      4) SIGILL       5) SIGTRAP
 6) SIGABRT      7) SIGBUS       8) SIGFPE       9) SIGKILL     10) SIGUSR1
11) SIGSEGV     12) SIGUSR2     13) SIGPIPE     14) SIGALRM     15) SIGTERM
16) SIGSTKFLT   17) SIGCHLD     18) SIGCONT     19) SIGSTOP     20) SIGTSTP
21) SIGTTIN     22) SIGTTOU     23) SIGURG      24) SIGXCPU     25) SIGXFSZ
26) SIGVTALRM   27) SIGPROF     28) SIGWINCH    29) SIGIO       30) SIGPWR
31) SIGSYS      34) SIGRTMIN    35) SIGRTMIN+1  36) SIGRTMIN+2  37) SIGRTMIN+3
38) SIGRTMIN+4  39) SIGRTMIN+5  40) SIGRTMIN+6  41) SIGRTMIN+7  42) SIGRTMIN+8
43) SIGRTMIN+9  44) SIGRTMIN+10 45) SIGRTMIN+11 46) SIGRTMIN+12 47) SIGRTMIN+13
48) SIGRTMIN+14 49) SIGRTMIN+15 50) SIGRTMAX-14 51) SIGRTMAX-13 52) SIGRTMAX-12
53) SIGRTMAX-11 54) SIGRTMAX-10 55) SIGRTMAX-9  56) SIGRTMAX-8  57) SIGRTMAX-7
58) SIGRTMAX-6  59) SIGRTMAX-5  60) SIGRTMAX-4  61) SIGRTMAX-3  62) SIGRTMAX-2
63) SIGRTMAX-1  64) SIGRTMAX
hc@ubt:~$
```

图 3-7　Linux 支持的信号

可以看到，Linux 支持的信号有 62 种（注意，没有编号为 32 和 33 的信号）。其中，编号从 1 到 31 的信号属于标准信号（也称为不可靠信号），而编号从 34 到 64 的信号属于实时信号（也称为可靠信号）。对于同一个进程来说，每种标准信号只会被记录并处理一次。并且，如果发送给某一个进程的标准信号的种类有多个，那么它们的处理顺序也是完全不确定的。而实时信号解决了标准信号的这两个问题，即多个同种类的实时信号都可以记录在案，并且它们可以按照信号的发送顺序被处理。虽然实时信号在功能上更为强大，但是已成为事实标准的标准信号也无法被替换掉。因此，这两大类信号一直共存着。

下面仅会涉及使用 Go 开发信号处理程序所必需的知识。关于信号的完整概念和知识，请读者参阅有关的文档和图书。

简单来说，信号的来源有键盘输入（比如按下快捷键 Ctrl-c）、硬件故障、系统函数调用和软件中的非法运算。进程响应信号的方式有 3 种：忽略、捕捉和执行默认操作。

Linux 对每一个标准信号都有默认的操作方式。针对不同种类的标准信号，其默认的操作方式一定会是以下操作之一：终止进程、忽略该信号、终止进程并保存内存信息、停止进程、恢复进程（若进程已停止）。

对于绝大多数标准信号而言，我们可以自定义程序对它的响应方式。更具体地讲，进程要告知操作系统内核：当某种信号到来时，需要执行某种操作。在程序中，这些自定义的信号响应方式往往由函数表示。

Go 命令会对其中的一些以键盘输入为来源的标准信号作出响应，这是通过标准库代码包 os/signal 中的一些 API 实现的。更具体地讲，Go 命令指定了需要被处理的信号并用一种很优雅的方式（用到了通道类型）来监听信号的到来。

下面就从接口类型 os.Signal 开始讲起，该类型的声明如下：

```
type Signal interface {
    String() string
    Signal() // to distinguish from other Stringers
}
```

从 os.Signal 接口的声明可知，其中的 Signal 方法的声明并没有实际意义。它只是作为 os.Signal 接口类型的一个标识。因此，在 Go 标准库中，所有实现它的类型的 Signal 方法都是空方法（方法体中没有任何语句）。所有实现此接口类型的值都可以表示一个操作系统信号。

在 Go 标准库中，已经包含了与不同操作系统的信号相对应的程序实体。具体来说，标准库代码包 syscall 中有与不同操作系统所支持的每一个标准信号对应的同名常量（以下简称信号常量）。这些信号常量的类型都是 syscall.Signal 的。syscall.Signal 是 os.Signal 接口的一个实现类型，同时也是一个 int 类型的别名类型。也就是说，每一个信号常量都隐含着一个整数值，并且都与它所表示的信号在所属操作系统中的编号一致。

另外，如果查看 syscall.Signal 类型的 String 方法的源代码，还会发现一个包级私有的、名为 signals 的变量。在这个数组类型的变量中，每个索引值都代表一个标准信号的编号，而对应的元素则是针对该信号的一个简短描述，这些描述会分别出现在那些信号常量的字符串表示形式中。

了解了这些基础知识之后，就可以尝试使用 os/signal 代码包中的 API 来接受和处理操作系统的信号了。

代码包 os/signal 中的 Notify 函数用来当操作系统向当前进程发送指定信号时发出通知。下面先来看看该函数的声明：

```
func Notify(c chan<- os.Signal, sig ...os.Signal)
```

其中第一个参数是通道类型的。虽然现在还没有正式讲通道类型，但是这里还是有必要简单解释一下这个参数。该参数的类型是 chan<- os.Signal，这表示参数 c 是一个发送通

道。在 Notify 函数中，只能向它发送 os.Signal 类型的值（以下简称信号值），而不能从中接收信号值。这一约束是由关键字 chan 右边的接收操作符<-体现的。signal.Notify 函数会把当前进程接收到的指定信号放入参数 c 代表的通道类型值（以下简称 signal 接收通道）中，这样该函数的调用方就可以从这个 signal 接收通道中按顺序获取操作系统发来的信号并进行相应的处理了。

第二个参数是一个可变长的参数，这意味着我们在调用 signal.Notify 函数时，可以在第一个参数值之后再附加任意个 os.Signal 类型的参数值。参数 sig 代表的参数值包含我们希望自行处理的所有信号。接收到需要自行处理的信号后，os/signal 包中的程序（以下简称 signal 处理程序）会把它封装成 syscall.Signal 类型的值并放入到 signal 接收通道中。当然，我们也可以只为第一个参数绑定实际值，在这种情况下，signal 处理程序会把我们的意图理解为想要自行处理所有信号，并把接收到的几乎所有信号都逐一进行封装并放入到 signal 接收通道中。下面来看一个例子（在 Linux 系统下）：

```
sigRecv := make(chan os.Signal, 1)
sigs := []os.Signal{syscall.SIGINT, syscall.SIGQUIT}
signal.Notify(sigRecv, sigs...)
for sig := range sigRecv {
    fmt.Printf("Received a signal: %s\n", sig)
}
```

在这个示例中，我先创建了调用 signal.Notify 函数所需的参数值。sigRecv 代表 signal 接收通道，它只能使用内建函数 make 来创建，其元素类型是 os.Signal 且长度是 1。我希望自行处理 SIGINT 信号和 SIGQUIT 信号。所以，变量 sigs 包含了 syscall.SIGINT 和 syscall.SIGQUIT。在调用 signal.Notify 函数之后，我立即试图用 for 语句从 signal 接收通道中接收信号值。只要 sigRecv 中存在元素值，for 语句就会把它们按顺序接收并赋给迭代变量 sig。否则，for 语句就会被阻塞，并等待新的元素值发送到 sigRecv 中。顺便提一句，在 sigRecv 代表的通道类型值关闭之后，for 语句会立即退出，所以不用担心程序会一直在这里循环往复。

注意，signal 处理程序在向 signal 接收通道发送值时，并不会因为通道已满而产生阻塞。因此，signal.Notify 函数的调用方应该确保 signal 接收通道会有足够的空间缓存并传递到来的信号。但是，一个更好的方法是，只创建一个长度为 1 的 signal 接收通道，并且时刻准备从该通道中接收信号。

这个示例中的信号处理代码非常简单，即只是把从 signal 接收通道中接收到的信号的简短描述打印出来而已。在实际的场景中，这样做比较危险，因为我忽略了当前进程本该处理的信号。如果当前进程接收到了未自定义处理方法的信号，就会执行由操作系统指定的默认操作。因此，如果指定的自定义处理方法只是打印一些内容，就相当于使当前进程忽略掉相应的信号。下面以 SIGINT 信号为例来讨论一下。SIGINT 信号即中断信号，一般用来停止一个已经失去控制的程序。如果在一个程序的运行过程中按下快捷键 Ctrl-c，那么此程序就会停止运行。然而，如果这个程序中含有上面那段代码的话，无论我们按下多少次 Ctrl-c，都不能让它停下来，而仅仅会使标准输出上多出现几行信息。试想一下，如果上面那段代码修改为下面这样（注意第二行代码），会怎样：

```
sigRecv := make(chan os.Signal, 1)
signal.Notify(sigRecv)
for sig := range sigRecv {
    fmt.Printf("Received a signal: %s\n", sig)
}
```

如果程序中包含了这段代码，那么发给该进程的所有信号几乎都会被忽略掉，这样做导致的后果可能很悲剧。

不过，还好在类 Unix 操作系统下有两种信号既不能自行处理，也不会被忽略，它们是 SIGKILL 和 SIGSTOP，对它们的响应只能是执行系统的默认操作。这种策略的最根本原因是：它们向系统的超级用户提供了使进程终止或停止的可靠方法。即使在程序中这样调用 `signal.Notify` 函数：

```
signal.Notify(sigRecv, syscall.SIGKILL, syscall.SIGSTOP)
```

也不会改变当前进程对 SIGKILL 信号和 SIGSTOP 信号的处理动作。这种保障不论对于应用程序还是操作系统来说，都是非常有必要的。

对于其他信号，除了能够自行处理它们之外，还可以在之后的任意时刻恢复对它们的系统默认操作。这需要用到 os/signal 包中的 `Stop` 函数，其声明如下：

```
func Stop(c chan<- os.Signal)
```

其中只有一个参数声明，并且与 `signal.Notify` 函数的第一个参数声明完全一致。这并不是巧合，而是有意为之。

函数 `signal.Stop` 会取消掉在之前调用 `signal.Notify` 函数时告知 signal 处理程序需要自行处理若干信号的行为。只有把当初传递给 `signal.Notify` 函数的那个 signal 接收通道作为调用 `signal.Stop` 函数时的参数值，才能如愿以偿地取消掉之前的行为，否则调用 `signal.Stop` 函数不会起到任何作用。调用完 `signal.Stop` 函数之后，作为其参数的 signal 接收通道将不会再被发送任何信号。这里存在一个副作用，即在之前示例中那条用于从 signal 接收通道接收信号值的 `for` 语句将会一直阻塞。为了消除这种副作用，可以在调用 `signal.Stop` 函数之后，使用内建函数 `close` 关闭该 signal 接收通道，就像下面这样：

```
signal.Stop(sigRecv)
close(sigRecv)
```

在很多时候，我们可能并不想完全取消掉自行处理信号的行为，而只是想取消一部分信号的自定义处理。为此，只需再次调用 signal.Notify 函数，并重新设定与其参数 sig 绑定的参数值即可，不过还要保证作为第一个参数的 signal 接收通道必须相同。如此一来，signal 处理程序发送给 signal 接收通道的信号的种类也会发生相应的改变。这完全取决于传给 signal.Notify 函数的第二个参数的值。

有些读者可能会有疑问：如果 signal 接收通道不同，又会怎样？答案是这样的：如果我们先后调用了两次 signal.Notify 函数，但是两次传递给该函数的 signal 接收通道不同，那么 signal 处理程序会视这两次调用毫不相干，它会分别看待这两次调用时所设定的信号的集合。

我把前面比较散碎的示例整理成关于信号的第一个完整示例，并把这个示例存放在一个单独的函数（以下简称示例函数）中。由于这个完整示例中的信息量比较大，所以我会分阶段展示和讲解。

第一个阶段的代码如下：

```
sigRecv1 := make(chan os.Signal, 1)
sigs1 := []os.Signal{syscall.SIGINT, syscall.SIGQUIT}
fmt.Printf("Set notification for %s... [sigRecv1]\n", sigs1)
signal.Notify(sigRecv1, sigs1...)

sigRecv2 := make(chan os.Signal, 1)
sigs2 := []os.Signal{syscall.SIGQUIT}
fmt.Printf("Set notification for %s... [sigRecv2]\n", sigs2)
signal.Notify(sigRecv2, sigs2...)
```

这里先后调用了两次 signal.Notify 函数，并且这两次传递给它的 signal 接收通道并不相同。为了清晰起见，我初始化了两个信号集合。第一次调用时设定的信号集合中包含了 SIGINT 信号和 SIGQUIT 信号，而第二次调用时信号集合中只有 SIGQUIT 信号。如此一来，如果当前进程接收到的是 SIGQUIT 信号，那么 signal 处理程序就会把它封装之后先后发送给 signal 接收通道 sigRecv1 和 sigRecv2。而如果接收到的是 SIGINT 信号，那么 signal 处理程序只会把封装好的信号发送给 signal 接收通道 sigRecv1。

第二个阶段，我要分别用两条 for 语句从 signal 接收通道 sigRecv1 和 sigRecv2 中接收信号值。由于这两条 for 语句都会被阻塞，所以我必须让它们并发执行。这需要用到还没有正式讲过的 go 语句。go 语句与 defer 语句的组成很类似，即包含一个关键字和一个调用表达式。与 go 语句有关的知识在下一章再细说，这里你只需要知道其携带的调用表达式会被并发执行就可以了。此外，示例函数应该在这两段被并发执行的程序片段都执行完毕后再退出执行。因此，这里还需要用到标准库代码包 sync 中的类型 WaitGroup。请看这个阶段的代码：

```
var wg sync.WaitGroup
wg.Add(2)
go func() {
    for sig := range sigRecv1 {
        fmt.Printf("Received a signal from sigRecv1: %s\n", sig)
    }
    fmt.Printf("End. [sigRecv1]\n")
    wg.Done()
}()
go func() {
    for sig := range sigRecv2 {
        fmt.Printf("Received a signal from sigRecv2: %s\n", sig)
    }
    fmt.Printf("End. [sigRecv2]\n")
    wg.Done()
}()
```

简单来说，我先调用了 sync.WaitGroup 类型值 wg 的 Add 方法，添加了一个值为 2 的差量。然后，在每段并发程序的最后又调用了 wg 的 Done 方法，这个方法的作用可以视为使差量减 1。而在这个示例函数的最后，还应该调用 wg 的 Wait 方法，该方法会被一直阻塞，直到差量变为 0。组合使用这 3 个方法，就可以实现我刚刚描述的那个协调并发程序执行的功能。

到了第三个阶段，就要停止与 signal 接收通道 sigRecv1 对应的信号自定义处理。这里需要先等待两秒钟，以让我有时间做测试。等待功能可以通过标准库代码包 time 的 Sleep 函数来实现。第三阶段的代码如下：

```
fmt.Println("Wait for 2 seconds... ")
time.Sleep(2 * time.Second)
fmt.Printf("Stop notification... ")
signal.Stop(sigRecv1)
close(sigRecv1)
fmt.Printf("done. [sigRecv1]\n")
```

最后一个阶段只包含一条语句：

```
wg.Wait()
```

我刚刚讲过这条语句的作用，用于避免示例函数提前退出。那样的话，就无法完整地演示信号自定义处理的全过程了。

我把这个示例函数命名为 handleSignal，并把它存放到了 example.v2 项目的 gopcp.v2/

chapter3/signal 代码包中。我在其中的命令源码文件的 main 函数中添加了针对该示例函数的调用语句，打开这个命令源码文件，你还会发现一个名为 sendSignal 的函数。

讲解 sendSignal 函数之前，先要了解一些基础编程方法。我们可以使用 os.StartProcess 函数启动进程，或者使用 os.FindProcess 函数查找进程。这两个函数都会返回一个*os.Process 类型的值（以下简称进程值）和一个 error 类型的值。调用进程值的 Signal 方法，可以向该进程发送一个信号，这个方法接受一个 os.Signal 类型的参数值并会返回一个 error 类型的值。

这里把运行 gopcp.v2/chapter3/signal 包中的命令源码文件而生成的进程简称为演示进程。我打算在 sendSignal 函数中实现如下几个操作。

(1) 执行一系列命令并获得演示进程的进程 ID。当然，前提是演示进程已经生成。

(2) 根据演示进程的 ID 初始化一个进程值。

(3) 使用该进程值之上的方法向对应的进程发送 SIGQUIT 信号。

(4) 在标准输出上打印出演示进程已接收到信号的凭证。

首先，要做的是获取当前进程的进程 ID。这完全可以由 Linux 命令（或者说 shell 命令）来实现，但需要用到多个命令和匿名管道。这一系列命令为：

```
ps aux | grep "signal" | grep -v "grep" | grep -v "go run" | awk '{print $2}'
```

可以依照此行 shell 命令创建一个*exec.Cmd 类型值（以下简称命令值）的切片值，像这样：

```
cmds := []*exec.Cmd{
    exec.Command("ps", "aux"),
    exec.Command("grep", "signal"),
    exec.Command("grep", "-v", "grep"),
    exec.Command("grep", "-v", "go run"),
    exec.Command("awk", "{print $2}"),
}
```

为了按顺序执行前面的那行 shell 命令并得到演示进程的进程 ID，我又编写了一个名为 runCmds 的函数中，该函数的声明如下：

```
func runCmds(cmds []*exec.Cmd) ([]string, error)
```

这个函数接受代表命令值列表的切片值作为参数，并返回一个代表进程 ID 列表的[]string 类型值和一个 error 类型值。你可以利用前面讲到的管道相关知识和编程方法实现 runCmds 函数，这是一道很好的练习题。

调用 runCmds 函数，可以获得进程 ID 列表，就像这样：

```
output, err := runCmds(cmds)
if err != nil {
    fmt.Printf("Command Execution Error: %s\n", err)
    return
}
```

由于 os.FindProcess 只接受一个 int 类型的参数值，所以还需要把 output 变量中的元素值都转换为 int 类型值。这种转换非常容易，因为仅仅使用标准库代码包 strconv 中的 Atoi 函数就可以做到。转换后的结果会保存到 pids 变量中。

对于 pids 中的每一个进程 ID，都可以使用如下代码：

```
proc, err := os.FindProcess(pid)
```

得到进程值。之后就可以通过调用它的 Signal 方法向该值对应的进程发送信号了，像这样：

```
err = proc.Signal(syscall.SIGINT)
```

顺便说一句，如果要在本示例中向演示进程发送 SIGKILL 信号，那么调用进程值的 Kill 方法也可以达到相同的目的。

至此，sendSignal 函数中的代码也已经编写完毕了。它与 handleSignal 函数会被并发执行，以完成一个自测试。当然，在该程序运行期间，你也可以通过快捷键 Ctrl-\和 Ctrl-c 向该进程发送 SIGQUIT 和 SIGINT 信号，并切实感受一下 handleSignal 函数中代码的作用。

再看 os/signal 代码包中的 Notify 和 Stop 函数。它们都是以 signal 接收通道为唯一标识来对相应的信号集合进行处理的。在 signal 处理程序的内部，存在一个包级私有的字典（以下称为信号集合字典），这个字典用于存放以 signal 接收通道为键并以信号集合的变体为元素的键–元素对。当我们调用 signal.Notify 函数时，signal 处理程序就会在信号集合字典中查找相应的键–元素对。如果键–元素对不存在，就会向信号集合字典添加一个，否则就更新该键–元素对中的信号（仅能扩大信号集合）集合变体。前者相当于向 signal 处理程序注册一个信号接收的申请，而后者则相当于更新该申请。当调用 signal.Stop 函数时，signal 处理程序会删除信号集合字典中以其参数值为键的键–元素对。

当接收到一个已申请自定义处理的信号之后，signal 处理程序会对它进行封装，然后遍历信号集合字典中的所有键–元素对，并查看它们的元素中是否包含了该信号。如果包含，就立即把它发送给作为键的 signal 接收通道。这也进一步解释了多次调用 signal.Notify 函数且以不同的 signal 接收通道作为其参数值时发生的事情。

好了，现在已经对操作系统信号处理以及相应 Go 代码的编写方法有了足够的了解了。利用 Go 提供的信号处理接口，我们可以做很多事情，比如在进程终止之前进行一些善后处理。

3.2.5 socket

socket，常译为套接字，也是一种 IPC 方法。但是与其他 IPC 方法不同的是，它可以通过网络连接让多个进程建立通信并相互传递数据，这使得通信双方是否在同一台计算机上变得无关紧要。实际上，这是 socket 的目标之一——使通信端的位置透明化。

本节会涉及 TCP/IP 协议栈的一些知识，但由于篇幅所限，并不会详述。若需要进一步了解它们，请参阅相关文档和教程。

1. socket 的基本特性

大多数操作系统都包含 socket 接口的实现，主流以及新兴的编程语言也都支持 socket，Go 当然也不例外。

下面从操作系统提供的 socket 接口开始讲起。在 Linux 系统中，存在一个名为 socket 的系统调用，其声明如下：

```
int socket(int domain, int type, int protocol);
```

该系统调用的功能是创建一个 socket 实例。它接受 3 个参数，分别代表这个 socket 的通信域、类型和所用协议。

每个 socket 都必将存在于一个通信域当中，而通信域决定了该 socket 的地址格式和通信范围，参见表 3-1。

表3-1 socket的通信域

通 信 域	含 义	地址形式	通信范围
AF_INET	IPv4域	IPv4地址（4个字节），端口号（2个字节）	在基于IPv4协议的网络中任意两台计算机之上的两个应用程序
AF_INET6	IPv6域	IPv6地址（16个字节），端口号（2个字节）	在基于IPv6协议的网络中任意两台计算机之上的两个应用程序
AF_UNIX	Unix域	路径名称	在同一台计算机上的两个应用程序

由表 3-1 可知，Linux 提供的 socket 通信域有 3 个，即 AF_INET、AF_INET6 和 AF_UNIX，它们分别代表了 IPv4 域、IPv6 域和 Unix 域。这 3 个域的标识符都以 AF_为前缀。AF 是 address family 的缩写，意为地址族，这也暗示了每个域的 socket 地址格式的不同。另外，IPv4 域和 IPv6 域的通信是在网络范围内的，而 Unix 域的通信则是在单台计算机范围内。

socket 的类型有很多，包括 SOCK_STREAM、SOCK_DGRAM、更底层的 SOCK_RAW，以及针对某个新兴数据传输技术的 SOCK_SEQPACKET。这些 socket 类型的相关特性如表 3-2 所示，该表呈现了不同 socket 类型的 5 个特性。

表3-2 socket类型的特性

特性	socket类型			
	SOCK_DGRAM	SOCK_RAW	SOCK_SEQPACKET	SOCK_STREAM
数据形式	数据报	数据报	字节流	字节流
数据边界	有	有	有	没有
逻辑连接	没有	没有	有	有
数据有序性	不能保证	不能保证	能够保证	能够保证
传输可靠性	不具备	不具备	具备	具备

数据形式有两种：数据报和字节流。

- 以数据报为数据形式意味着数据接收方的socket接口程序可以意识到数据的边界并会对它们进行切分，这样就省去了接收方的应用程序寻找数据边界和切分数据的工作量。
- 以字节流为数据形式的数据传输实际上传输的是一个字节接着一个字节的串，我们可以把它想象成一个很长的字节数组。一般情况下，字节流并不能体现出哪些字节属于哪个数据包。因此，socket接口程序是无法从中分离出独立的数据包的，这一工作只能由应用程序去完成。然而，SOCK_SEQPACKET类型的socket接口程序是例外的。数据发送方的socket接口程序可以忠实地记录数据边界。这里的数据边界就是应用程序每次发送的字节流片段之间的分界点，这些数据边界信息会随着字节流一同发往数据接收方。数据接收方的socket接口程序会根据数据边界把字节流切分成（或者说还原成）若干个字节流片段并按照需要依次传递给应用程序。

在面向有连接的 socket 之间传输数据之前，必须先建立逻辑连接。在连接建好之后，通信双方可以很方便地互相传输数据。并且，由于连接已经暗含了双方的地址，所以在传输数据的时候不必再指定目标地址。两个面向有链接的 socket 之间一旦建立连接，那么它们发送的数据就只能发送到连接的另一端。然而，面向无连接的 socket 则完全不同，这类 socket 在通信时无需建立连接。它们传输的每一个数据包都是独立的，并且会直接发送到网络上。这些数据包中都含有目标地址，因此每个数据包都可能传输至不同的目的地。此外，在面向无连接的 socket 上，数据流只能是单向的。也就是说，我们不能使用同一个面向无连接的 socket 实例既发送数据又接收数据。

数据传输的有序性和可靠性与 socket 是否面向连接有很大的关系。正因为逻辑连接的存在，通信双方才有条件通过一些手段（比如基于 TCP 协议的序列号和确认应答）来保证从数据发送方发送的数据能够及时、正确、有序地到达数据接收方，并被接收方接受。

最后要注意，SOCK_RAW 类型的 socket 提供了一个可以直接通过底层（TCP/IP 协议栈中的网络互联层）传送数据的方法。为了保证安全性，应用程序必须具有操作系统的超级用户权限才能够使用这种方式。并且，该方法的使用成本也相对较高，因为应用程序一般需要自己构建数据传输格式(像 TCP/IP 协议栈中 TCP 协议的数据段格式和 UDP 协议的数据报格式那样)。因此，应用程序一般极少使用这种类型的 socket。

在调用系统调用 socket 的时候，一般会把 0 作为它的第三个参数值，其含义是让操作系统内核根据第一个参数和第二个参数的值自行决定 socket 所使用的协议，这也意味着 socket 的通信域和类型与所用协议之间是存在对应关系的，详见表 3-3。

表3-3　socket所用协议的默认选择

决定因素	SOCK_DGRAM	SOCK_RAW	SOCK_SEQPACKET	SOCK_STREAM
AF_INET	UDP	IPv4	SCTP	TCP或SCTP
AF_INET6	UDP	IPv6	SCTP	TCP或SCTP
AF_UNIX	有效	无效	有效	有效

在表 3-3 中，TCP（Transmission Control Protocol，传输控制协议）、UDP（User Datagram Protocol，用户数据报协议）和 SCTP（Stream Control Transmission Protocol，流控制传输协议）都是 TCP/IP 协议栈中的传输层协议，而 IPv4 和 IPv6 则分别代表了 TCP/IP 协议栈中的网络互连层协议 IP（Internet Protocol，网际协议）的第 4 个版本和第 6 个版本。“有效”表示该通信域和类型的组合会使内核选择某个内部的 socket 协议。“无效”则表示该通信域和类型的组合是不合法的。在 Go 提供的 socket 编程 API 中，也会涉及这些组合，并有一些专用的字符串字面量来表示它们。

现在来看系统调用 `socket` 的返回值。在没有发生任何错误的情况下，系统调用 `socket` 会返回一个 `int` 类型的值，该值是 socket 实例唯一标识符的文件描述符。一旦得到该标识符，就可以调用其他系统调用来进行各种相关操作了，比如绑定和监听端口、发送和接收数据以及关闭 socket 实例，等等。不过，由于篇幅原因，这里就不介绍那些系统调用的用法了。

注意，我一直在说通过系统调用来使用操作系统提供的 socket 接口，其实 socket 接口程序与 TCP/IP 协议栈的实现程序一样，是 Linux 系统内核的一部分。

2. 基于 TCP/IP 协议栈的 socket 通信

如前文所述，socket 接口既可以提供网络中不同计算机上多个应用程序间的通信支持，也可以成为单台计算机上多个应用程序间的通信手段。不过使用 socket 接口的绝大多数情况都是为了在网络中进行通信，这样的通信是基于 TCP/IP 协议栈的。

图 3-8 表明 socket 接口与 TCP/IP 协议栈、操作系统内核的关系。

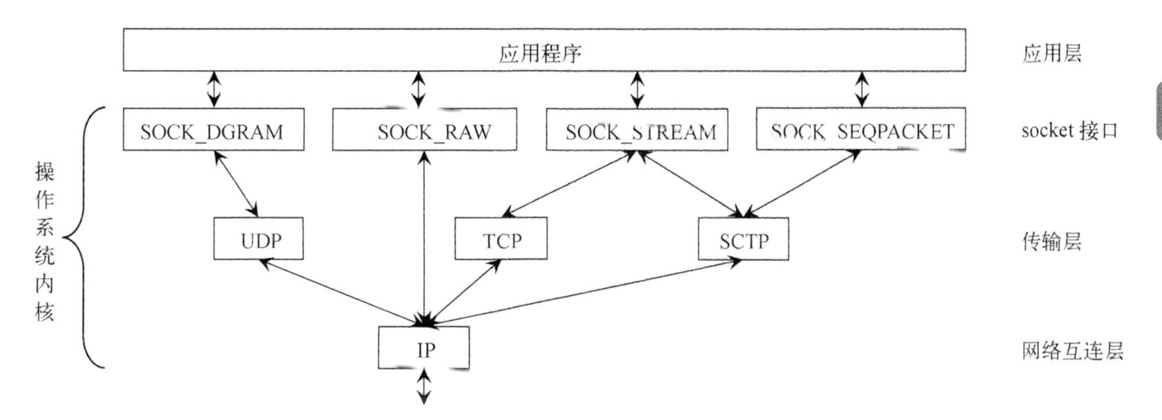

图 3-8 socket 接口与 TCP/IP 协议栈、操作系统内核的关系

在本节中，我会利用 Go 提供的 socket 编程 API 来编写一个较完整的示例，这个示例包含了两个在概念上独立的程序，即服务端程序和客户端程序。服务端程序会在一个给定的端口上监听 TCP 连接，而客户端程序则会试图与这个服务端程序建立 TCP 连接并进行通信。主流程如图 3-9 所示，这张流程图展现了 TCP 服务端和 TCP 客户端通过操作系统的 socket 接口建立 TCP 连接并进行通信的一般情形。这只是一个简单的通信流程，客户端程序和服务端程序建立连接后只交换了一次数据。在实际的应用场景中，通信双方会进行多次数据交换。需要说明的是，图 3-9 中虚线框之内的子流程一般会循环很多次。

为了使用 Go 实现上面所说的服务端程序和客户端程序，需要使用标准库代码包 net 中的 API。首先，会用到下面这个函数：

```
func Listen(net, laddr string) (Listener, error)
```

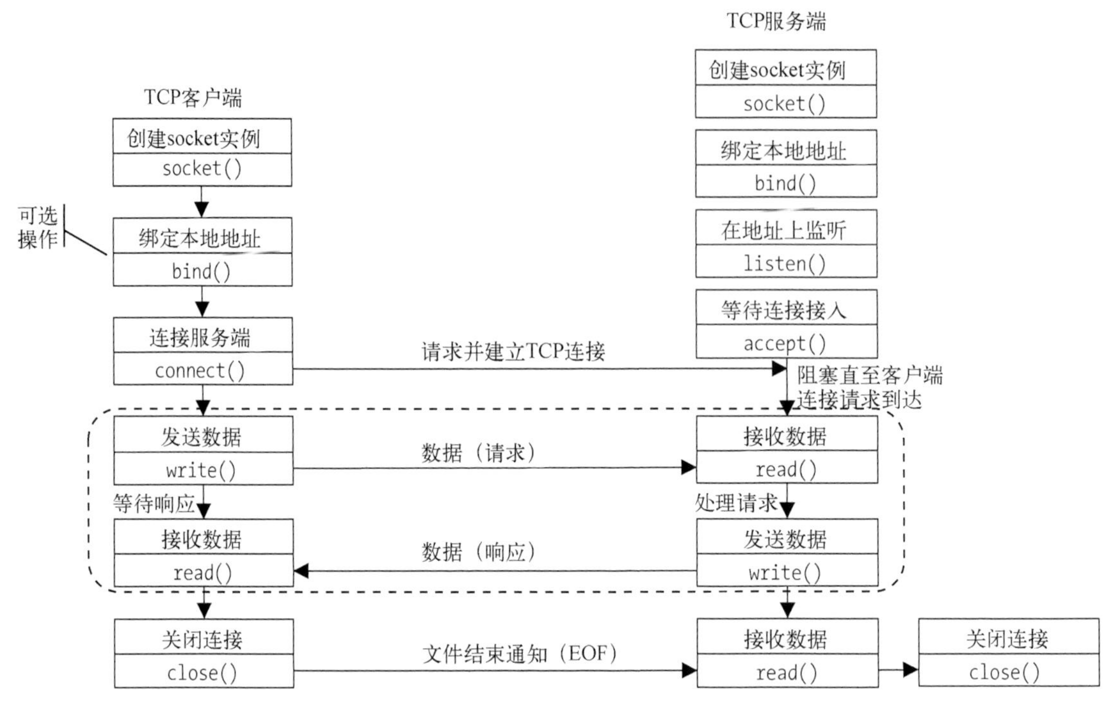

图 3-9　基于 TCP/IP 协议栈的 socket 通信的一个简单流程

函数 net.Listen 用于获取监听器，它接受两个 string 类型的参数。第一个参数的含义是以何种协议监听给定的地址。在 Go 中，这些协议由一些字符串字面量来表示，如表 3-4 所示。

表3-4　代表socket协议的字符串字面量

字　面　量	socket协议	备　　注
"tcp"	TCP	无
"tcp4"	TCP	网络互联层协议仅支持IPv4
"tcp6"	TCP	网络互联层协议仅支持IPv6
"udp"	UDP	无
"udp4"	UDP	网络互联层协议仅支持IPv4
"udp6"	UDP	网络互联层协议仅支持IPv6
"unix"	有效	可看作通信域为AF_UNIX且类型为SOCK_STREAM时内核采用的默认协议
"unixgram"	有效	可看作通信域为AF_UNIX且类型为SOCK_DGRAM时内核采用的默认协议
"unixpacket"	有效	可看作通信域为AF_UNIX且类型为SOCK_SEQPACKET时内核采用的默认协议

需要说明的是，这个参数所代表的必须是面向流的协议。TCP 和 SCTP 都属于面向流的传输层协议，但不同的是，TCP 协议实现程序无法记录和感知任何消息边界，也无法从字节流分离出消息，而 SCTP 协议实现程序却可以做到这一点。

解释一下，消息是数据包在 TCP/IP 协议栈的应用层中的称谓。消息边界与我们前面所说的数据边界的含义基本相同，这两者的区别在于，消息边界仅仅针对消息，而数据边界针对的对象的范围更广。另外，数据段是 TCP 协议实现程序为了使数据流满足网络传输的要求而做的分段，与这里所说的用于区分独立消息的消息边界毫不相关。

综上所述，net.Listen 函数的第一个参数的值必须是 tcp、tcp4、tcp6、unix 和 unixpacket 中的一个。其中，tcp4 和 tcp6 分别仅与基于 IPv4 的 TCP 协议和基于 IPv6 的 TCP 协议相对应，而 tcp 则表示 socket 所用的 TCP 协议会兼容这两个版本的 IP 协议。另外，unix 和 unixpacket 分别代表两个通信域为 Unix 域的内部 socket 协议，遵循它们的 socket 实例仅用于本地计算机上不同应用程序之间通信。

对于基于 TCP 协议的 socket 来说，net.Listen 函数的第二个参数 laddr 的值表示当前程序在网络中的标识。laddr 是 Local Address 的简写形式，它的格式是 host:port，其中 host 代表 IP 地址或主机名，而 port 则代表当前程序欲监听的端口号，例如 127.0.0.1:8085。注意，host 处的内容必须是与当前计算机对应的 IP 地址或主机名，否则调用该函数时会出错。另外，如果 host 处的是主机名，那么该 API 中的程序（以下简称 API 程序）会先通过 DNS（Domain Name System，域名系统）找到与该主机名对应的 IP 地址。若 host 处的主机名没有在 DNS 中注册，那么同样也会出错。

好了，现在可以迈出构建基于 TCP 协议的服务端程序的第一步了：

```
listener, err := net.Listen("tcp", "127.0.0.1:8085")
```

net.Listen 函数被调用之后，会返回两个结果值：第一个结果值是 net.Listener 类型的，它代表的就是监听器；第二个结果值是一个 error 类型的值，记得一定要先判断该值是否为 nil。在进行必要的检查之后，就可以开始等待客户端的连接请求了，相关代码如下：

```
conn, err := listener.Accept()
```

当调用监听器的 Accept 方法时，流程会被阻塞，直到某个客户端程序与当前程序建立 TCP 连接。此时，Accept 方法会返回两个结果值：第一个结果值代表了当前 TCP 连接的 net.Conn 类型值，而第二个结果值依然是一个 error 类型的值。

继续编写服务端程序之前，我先简要介绍一下编写客户端程序的方法。代码包 net

中的 Dial 函数用于向指定的网络地址发送连接建立申请，它的声明如下：

```
func Dial(network, address string) (Conn, error)
```

函数 net.Dial 也接受两个参数。其中，network 与 net.Listen 函数的第一个参数 net 含义非常类似，但是它比后者拥有更多的可选值，因为在发送数据之前不一定要先建立连接。像 UDP 协议和 IP 协议都是面向无连接型的协议，因此 udp、udp4、udp6、ip、ip4 和 ip6 都可以作为参数 network 的值。其中，udp4 和 udp6 分别代表了仅基于 IPv4 的 UDP 协议和仅基于 IPv6 的 UDP 协议，而 udp 代表的 UDP 协议则在它基于的 IP 协议的版本上没有任何限制。另外，unixgram 也是 network 参数的可选值之一。与 unix 和 unixpacket 相同，unixgram 也代表了一种基于 Unix 域的内部 socket 协议。但不同的是，后者是以数据报作为传输形式的。

函数 net.Dial 的第二个参数 address 的含义与 net.Listen 函数的第二个参数 laddr 完全一致。如果想与前面刚刚开始监听的服务端程序连接的话，那么这个参数的值就是该服务端的地址，即为 127.0.0.1:8085。因此，这个参数的名称 address 其实也可由 raddr（Remote Address）代替。名称 laddr 和 raddr 都是相对的，前者指的是当前程序所使用的地址（本地地址），而后者则指的是参与通信的另一端所使用的地址（远程地址）。在 net 代码包的函数或方法声明中，你会经常见到这两个参数名称。

你可能会问：客户端自己的地址在哪里给出呢？答案是根本不用给出。客户端使用的端口号可以由应用程序指定，也可以由操作系统内核动态分配。就当下而言，客户端占用的端口号是由操作系统内核动态分配的。另一方面，地址中的 host 部分也会由操作系统内核指定。当然，你也可以自己去指定当前程序的地址，不过这需要使用另外的函数建立连接了。后面我们再探讨这个问题。

调用 net.Dial 函数的代码类似于：

```
conn, err := net.Dial("tcp", "127.0.0.1:8085")
```

函数 net.Dial 在调用后也返回两个结果值：一个是 net.Conn 类型的值，另一个是 error 类型的值。同样，若参数值不合法，则第二个结果值一定会是非 nil 的。此外，对基于 TCP 协议的连接请求来说，当远程地址上没有正在监听的程序时，也会使 net.Dial 函数返回一个非 nil 的 error 类型值。

要知道，网络中是存在延时现象的。因此，在收到另一方的有效回应（无论连接成功或失败）之前，发送连接请求的一方往往会等待一段时间，在上例中则表现为流程会在调用 net.Dial 函数的那行代码上一直阻塞。在超过这个等待时间之后，函数的执行就会结束并返回相应的 error 类型值。因此，这类等待时间也常称为超时（timeout）时间。不同操作系统对基于不同协议的连接请求的超时时间都有不同的设定。例如，在 Linux 操作系统内核中，把基于 TCP 协议的连接请求的超时时间设定为 75 秒。与其他超时时间相比，这已经算很短了。在很多应用场景中，固定不变的超时时间往往无法满足需求。因此，操作系统内核也提供了改变这类超时时间的接口，在 Go 的 net 代码包中也存在相应的 API。对于 net.Dial 函数来说，可同时设定超时时间的函数为 net.DialTimeout，它的声明如下：

```
func DialTimeout(network, address string, timeout time.Duration) (Conn, error)
```

net.DialTimeout 函数声明中的最后一个参数专门用于设定超时时间，它的类型是 time.Duration（int64 类型的别名类型），单位是纳秒。一般情况下，我们需要的超时时间单位会比纳秒高好几级。不过不用担心，在标准库代码包 time 中，预先声明了与常用的时间单位相对应的 time.Duration 类型的常量。在设定超时时间的时候，我们可以直接使用这些常量拼凑需要的时间，而不用再去计算诸如 1 小时 48 分 73 秒等于多少纳秒之类的问题。例如，常量 time.Nanosecond 代表 1 纳秒，它的值就是 1，而常量 time.Microsecond 代表 1 微秒，其值为 1000 * Nanosecond，也就是 1000 纳秒，以此类推。

如果想在请求 TCP 连接的同时把超时时间设定为 2 秒，那么可以这样调用 net.DialTimeout 函数：

```
conn, err := net.DialTimeout("tcp", "127.0.0.1:8085", 2*time.Second)
```

至此，我讲述的 API 足以在服务端程序和客户端程序之间建立 TCP 连接。不过，看起来这里并没有使用操作系统内核提供的 API 来创建 socket 实例。的确，类似的底层操作已经隐含在 Go 提供的 socket API 程序中了，例如，与本地地址绑定的操作隐含在了 net.Listen 函数背后的程序中。

在创建监听器并开始等待连接请求之后，一旦收到客户端的连接请求，服务端就会与客户端建立 TCP 连接（三次握手）。当然，这个连接的建立过程是两端的操作系统内核共同协调完成的。当成功建立连接后，不论服务端程序还是客户端程序，都会得到一个 net.Conn 类型的值。在这之后，通信两端就可以分别利用各自的 net.Conn 类型值交换数据了。下面就来说说 API 程序在 net.Conn 类型之上提供的功能。

首先需要说明的是，Go 的 socket 编程 API 程序在底层获取的是一个非阻塞式的 socket 实例，这意味着在该实例之上的数据读取操作也都是非阻塞式的。在应用程序试图通过系统调用 read 从 socket 的接收缓冲区中读取数据时，即使接收缓冲区中没有任何数据，操作系统内核也不会使系统调用 read 进入阻塞状态，而是直接返回一个错误码为 EAGAIN 的错误。但是，应用程序并不应该视此为一个真正的错误，而是应该忽略它，然后稍等片刻再去尝试读取。如果在读取数据的时候接收缓冲区有数据，那么系统调用 read 就会携带这些数据立即返回。即使当时的接收缓冲区中只包含了一个字节的数据，也会是这样。这一特性称为部分读（partial read）。另一方面，在应用程序试图向 socket 的发送缓冲区中写入一段数据时，即使发送缓冲区已被填满，系统调用 write 也不会被阻塞，而是直接返回一个错误码为 EAGAIN 的错误。同样，应用程序应该忽略该错误并稍后再尝试写入数据。如果发送缓冲区中有少许剩余空间但不足以放入这段数据，那么系统调用 write 会尽可能写入一部分数据然后返回已写入的字节的数据量，这一特性称为部分写（partial write）。应用程序应该在每次调用 write 之后都去检查该结果值，并在发现数据未被完全写入时继续写入剩下的数据。在非阻塞式的 socket 接口之下，除了 read 和 write 之外，系统调用 accept 也会显现出一致的非阻塞风格。它不会被阻塞以等待新连接的到来，而会直接返回错误码为 EAGAIN 的错误。你可能会问：前面说 net.Listener 类型值的 Accept 方法会在被调用时阻塞直至新连接的到来，与这里所说的非阻塞式的行为并不相符啊？！别急，请继续看接下来的说明。

Go 的 socket 编程 API 程序在一定程度上充当了前面所说的应用程序的角色，它为我们屏蔽了相关系统调用的 EAGAIN 错误，这使得有些 socket 编程 API 调用起来像是阻塞式的。但是，我们应该明确，它在底层使用的是非阻塞式的 socket 接口。另外，需要注意的是，Go 的 socket 编程 API 程序同样为我们屏蔽了非阻塞式 socket 接口的部分写特性。相关 API 直到把所有数据全部写入到 socket 的发送缓冲区之后才会返回，除非在写入的过程中发生了某种错误。但是，它却保留了非阻塞式 socket 接口的部分读特性，并把它们呈现给了它的调用方程序。这样做是合理的。因为在 TCP 协议之上传输的数据是字节流形式的，数据接收方无法感知数据的边界（也可以说消息边界）。所以，socket 编程 API 程序也就无从判断函数调用返回的时机。把数据切分和分批返回的任务交给调用方程序也算是最好的选择了。部分读需要我们在程序中做一些额外的处理。

好了，现在再来看 net.Conn 类型，它是一个接口类型，在它的方法集合中包含了 8 个方法，它们定义了可以在一个连接上做的所有事情。接下来，我就逐一对它们进行说明。

- **Read 方法**

Read 方法用于从 socket 的接收缓冲区中读取数据，下面是该方法的声明：

```
Read(b []byte) (n int, err error)
```

该方法接受一个[]byte 类型的参数，该参数的值相当于一个用来存放从连接上接收到的数据的容器，它的长度完全由应用程序决定。Read 方法会把它当成空的容器并试图填满，该容器中相应位置上的原元素值将会被替换。为了避免混乱，我们应该总是让这个容器在填充之前保持绝对干净。换句话说，传递给 Read 方法的参数值应该是一个不包含任何非零值元素的切片值。在一般情况下，Read 方法只有在把参数值填满之后才返回。但是，在有些情况下，Read 方法在未填满参数值之前就返回了，这可能是由相关的网络数据缓存机制导致的。不管是什么原因，如果 Read 方法未填满参数值，而该参数值的靠后部分又存在遗留元素值的话，那么就一定要注意了。好在 Read 方法返回的第一个结果值可以帮助我们从中识别出真正的数据部分。结果 n 代表本次操作实际读取到的字节的个数，也可以把它理解为 Read 方法向参数值中填充的字节的个数。你可以这样使用它：

```
b := make([]byte, 10)
n, err := conn.Read(b)
content := string(b[:n])
```

通过依据结果 n 对参数 b 做切片操作可以抽取出接收到的数据。另外，这里仍然需要通过检查第二个结果值来判断函数的执行是否正常。不过，这里的错误检查会稍微复杂一些。

如果 socket 编程 API 程序在从 socket 的接收缓冲区中读取数据时发现 TCP 连接已经被另一端关闭了，就会立即返回一个 error 类型值。这个 error 类型值与 io.EOF 变量的值是相等的，其中 io.EOF 象征文件内容的完结。若该值为 io.EOF，则意味着在此 TCP 连接之上再无可读取的数据。也可以说，该 TCP 连接已经无用，可以关闭了。因此，如果 Read 方法的第二个结果值与 io.EOF 变量的值相等，就中止后续的数据读取操作，并关闭该 TCP 连接。请看：

```
var dataBuffer bytes.Buffer
b := make([]byte, 10)
for {
    n, err := conn.Read(b)
    if err != nil {
        if err == io.EOF {
            fmt.Println("The connection is closed.")
            conn.Close()
        } else {
            fmt.Printf("Read Error: %s\n", err)
        }
        break
    }
    dataBuffer.Write(b[:n])
}
```

上面这几行代码较完整地展现了一个在 TCP 连接之上读取数据的流程。首先，我声明了一个 bytes.Buffer 类型值，并以此来存储接收到的所有数据。通过 for 语句，我编写出了一个可以无限循环的代码块。在这个代码块中，我总是先在变量 conn 的值上调用 Read

方法以读取从网络上接收到的数据，并在确定未发生任何错误之后把数据追加到 dataBuffer 的值中，这可以解决前面提到的非阻塞式的 socket 接口的部分读特性所带来的问题。另一方面，对于非 nil 的 error 类型值，还有第二层判断。如果它等于 io.EOF 变量的值，就说明当前连接已经正常关闭，而不是有真正的错误发生，这时就可以在本端也执行关闭连接的操作了，否则需要打印出错误信息。无论第二层判断的结果如何，都会终止执行当前的 for 语句。当然，在发生读取错误的时候，是否需要终止循环应该根据具体的应用场景来决定。这里展示的是最简单的情况。另一个可能需要调整的地方是，我们一般不会在连接关闭之前无休止地从连接上读取数据。作为一个处在 TCP/IP 协议栈的应用层的程序，负责切分数据并生成有实际意义的消息。即使在最简单的情况下，应用层程序也知道怎样在接收到的字节流上进行切分，你可以按照自己的要求去编写实现切分操作的程序。不过，还有一个更简便的方法：利用标准库代码包 bufio 中的 API 实现一些较复杂的数据切分操作。bufio 是 Buffered I/O 的缩写。顾名思义，bufio 代码包中的 API 提供了与带缓存的 I/O 操作有关的支持，比如，通过包装不带缓存的 I/O 类型值的方式增强它们的功能。3.2.3 节已经介绍过 bufio.NewReader 函数的用法，它接收一个 io.Reader 类型的参数值。由于 net.Conn 类型实现了 io.Reader 接口中唯一的方法 Read，所以它是该接口的一个实现类型。因此，我可以使用 bufio.NewReader 函数来包装变量 conn，像这样：

```
reader := bufio.NewReader(conn)
```

在这之后，通过调用 reader 之上的 ReadBytes 方法来依次获取经过切分之后的数据了。ReadBytes 方法接受一个 byte 类型的参数值，该参数值是通信两端协商一致的那个消息边界。一个关于 ReadBytes 方法的用法示例如下：

```
line, err := reader.ReadBytes('\n')
```

一般情况下，每次调用 ReadBytes 方法之后，我们都会得到一段以该消息边界为结尾的数据。当然，很多时候，消息边界的定位并不是查找一个单字节字符那么简单。比如，HTTP 协议中规定，在 HTTP 消息的头部信息的末尾一定是连续的两个空行，即字符串 "\r\n\r\n"。获取到 HTTP 消息的头部信息之后，相关程序会通过其中的名为 Content-Length 的信息项得到 HTTP 消息的数据部分的长度。这样，一个 HTTP 消息就可以被切分出来了。为了满足这些较复杂的需求，bufio 代码包为我们提供了一些更高级的 API，例如 bufio.NewScanner 函数、bufio.Scanner 类型及其方法，等等。

- **Write 方法**

Write 方法用于向 socket 的发送缓冲区写入数据，下面是该方法的声明：

```
Write(b []byte) (n int, err error)
```

同样，我们也可以使用代码包 bufio 中的 API 来使这里的写操作更加灵活。net.Conn 类型是一个 io.Writer 接口的实现类型。所以，net.Conn 类型的值可以作为 bufio.NewWriter 函数的参数值，像这样：

```
writer := bufio.NewWriter(conn)
```

与前面示例中的变量 reader 类似，writer 的值可以看作是针对变量 conn 代表的 TCP 连接的缓冲写入器。你可以通过调用其上的以 Write 为名称前缀的方法来分批次地向其中的缓冲区写入数据，也可以通过调用它的 ReadFrom 方法来直接从其他 io.Reader 类型值中读出并写入数据，还可以通过调用 Reset 方法以达到重置和复用它的目的。在向其写入全部数据之后，应该调用它的 Flush 方法，以保证其中的所有数据都真正写入到了它代理的对象（这里是由 conn 变量表示的 TCP 连接）中。此外，还应该留心该缓冲写入器的缓冲区容量，它的默认值是 4096 个字节。因为在调用以 Write 为名称前缀的方法时，如果作为参数值的数据的字节数量超出了此容量，那么该方法就会试图把这些数据的全部或一部分直接写入到它代理的对象中，而不会先在缓冲写入器自己的缓冲区中缓存这些数据。这可能并不是你希望的。为了解决此类问题，你可以通过调用 bufio.NewWriterSize 函数来初始化一个缓冲写入器。该函数与 bufio.NewWriter 函数非常类似，但它使你可以自定义缓冲区容量。

3

- **Close 方法**

Close 方法会关闭当前的连接，它不接受任何参数并返回一个 error 类型值。调用该方法之后，对该连接值（由示例中的 conn 变量表示的值）上的 Read 方法、Write 方法或 Close 方法的任何调用都会使它们立即返回一个 error 类型值。表示该 error 类型值的变量已经被预置在了 net 代码包中，其提示信息是：

```
use of closed network connection
```

所以，一看到这样的信息，就应该想到上述错误的原因。

另外，如果调用 Close 方法时，Read 方法或 Write 方法正在被调用且还未执行结束，那么它们也会立即结束执行并返回非 nil 的 error 类型值。即使它们正处于阻塞状态，也会这样。

- **LocalAddr 和 RemoteAddr 方法**

单从名称上来看，你就可能已经猜到这两个方法的作用，它们都不接受任何参数并返回一个 net.Addr 类型的结果。其结果值代表了参与当前通信的某一端程序在网络中的地址。显然，LocalAddr 方法返回的结果值代表了本地地址，而 RemoteAddr 方法返回的结果值则代表了远程地址。net.Addr 类型是一个接口类型，它的方法集合中有两个方法——Network 和 String。Network 方法会返回当前连接所使用的协议的名称。例如，在当下的应用场景中，对下面的调用表达式：

```
conn.LocalAddr().Network()
```

求值，会得到"tcp"。String 方法会返回相应的一个地址，这个地址与前面所说的各个通信域下的地址的表现形式和格式是对应的。对于 IPv4 域来说，这个地址的格式就是 host:port。前面讲到的那个基于 TCP 协议的服务端程序的地址就是"127.0.0.1:8085"，这与之前获取监听器时给定的那个地址是一致的。当客户端连接到来时，可以通过如下语句获取该连接的另一端程序的网络地址：

```
conn.RemoteAddr().String()
```

另一方面，对于客户端程序，如果你在与服务端程序通信时未指定本地地址，那么这条语句：

```
conn.LocalAddr().String()
```

会让你得到操作系统内核为该客户端程序分配的网络地址。

- **SetDeadline、SetReadDeadline、SetWriteDeadline 方法**

这 3 个方法都只接受一个 time.Time 类型值作为参数，并返回一个 error 类型值作为结果。SetDeadline 方法会设定在当前连接上的 I/O 操作（包括但不限于读和写）的超时时间。注意，这里的超时时间是一个绝对时间！也就是说，如果调用 SetDeadline 方法之后的相关 I/O 操作在到达此超时时间时还没有完成，那么它们就会被立即结束执行并返回一个非 nil 的 error 类型值。这个 error 类型值由一个被预置在 net 代码包中的包级私有变量表示。它的提示信息为"i/o timeout"。注意，当你以循环的方式不断尝试从一个连接上读取数据时，如果想要设定超时时间，就需要在每次读取数据操作之前都设定一次，这正是因为在此设定的超时时间是一个绝对时间，并且它会对之后的每个 I/O 操作都起作用。请看下面的示例：

```
b := make([]byte, 10)
conn.SetDeadline(time.Now().Add(2 * time.Second))
for {
    n, err := conn.Read(b)
    // 省略若干条语句
}
```

这里通过调用 time.Now 函数获得表示当前绝对时间的 time.Time 类型值，然后调用该值的 Add 方法在当前绝对时间之上加上了 2 秒的相对时间。如果在之后的某次读操作执行时，发现超时时间已到，那么这次操作就会立即失败，并且后续迭代中的读操作也必定会相继失败。这样的流程设计显然是不正确的。如果把上面的代码改成这样：

```
b := make([]byte, 10)
for {
    conn.SetDeadline(time.Now().Add(2 * time.Second))
    n, err := conn.Read(b)
    // 省略若干条语句
}
```

那么只要 Read 方法的执行能够在 2 秒内结束，就不会有超时错误出现。这是由于我在每次迭代的读操作开始之前，都先对超时时间进行了延伸。

另一方面，如果你不再需要设定超时时间了，就及时取消掉它，以免干扰后续的 I/O 操作。这一操作可以通过调用同样的方法来实现。如果给予 SetDeadline 方法的参数值为 time.Time 类型的零值，超时时间就会被取消掉。由于 time.Time 是一个结构体类型，所以你可以用 time.Time{}来表示它的零值。代码如下：

```
conn.SetDeadline(time.Time{})
```

到这里，你可能已经猜到了 SetReadDeadline 方法和 SetWriteDeadline 方法的功能，它们仅分别针对于读操作和写操作。这里说的读操作与连接值的 Read 方法的调用对应，而写操作则与连接值的 Write 方法的调用对应。对于写操作的超时，有一个问题需要明确，那就是即使一个写操作超时了，也不一定表示写操作完全没有成功。因为在超时之前，Write 方法背后的程序可能已经将一部分数据写到 socket 的发送缓冲区了。也就是说，即使 Write 方法因操作超时而被迫结束，它的第一个结果值也可能大于 0。这时，第一个结果值就表示在操作超时之前被真正写入的数据的字节数量。

另外，对 SetDeadline 方法的调用相当于先后以同样的参数值对 SetReadDeadline 方法和 SetWriteDeadline 方法进行调用。如果你想统一设定所有相关的 I/O 操作的超时时间，那么使用 SetDeadline 方法肯定是最便捷的。但当你需要更细致的操作超时控制的时候，就需要用到后两个方法了。不过要记住，它们仅针对在当前连接值之上的 I/O 操作。

好了，现在已经对 net.Conn 接口上的所有方法都有所了解了。现在，我们通过一个较完整的示例把这些知识和用法贯穿起来。

该示例包含了服务端程序和客户端程序，它们以网络和 TCP 协议作为通信的基础。服务端程序的功能可以概括为：接收客户端程序的请求，计算请求数据的立方根，并把对结果的描述返回给客户端程序。下面详细描述了服务端程序的功能需求。

- 需要根据事先约定好的数据边界把接收到的请求数据切分成数据块。
- 仅接受可以由 int32 类型表示的请求数据块。对于不符合要求的数据块，要生成错误信息并返回给客户端程序。
- 对于每个符合要求的数据块，需要计算它们的立方根、生成结果描述并返回给客户端程序。
- 需要鉴别闲置的通信连接并主动关闭它们。闲置连接的鉴别依据是：在过去的10秒钟内，没有任何数据经该连接传送到服务端程序。这可以在一定程度上节省相关资源。

客户端程序的功能相对简单一些，可以概括为：向服务端程序发送若干个实为整数的请求数据，接收服务端程序返回的响应数据并记录它们，细节如下。

- 发送给服务端程序的每块请求数据都带有约定好的数据边界。
- 需要根据事先约定好的数据边界把接收到的响应数据切分成数据块。
- 在获得所有期望的响应数据之后，应该及时关闭连接以节省资源。
- 需要严格限制耗时，从开始向服务端程序发送请求数据到接收到所有期望的响应数据，其耗时不应该超过 5 秒钟，否则在报告超时错误之后关闭连接。这实际上是对服务端程序的响应速度的检验。

除上述需求之外，我还希望把服务端程序和客户端程序放置在同一个命令源码文件中。所以，在实现它们的时候，我需要使用一些 Go 提供的并发和同步的手段以使得通信两端能够并发地运行和适时地结束。

首先，我在 example.v2 项目中专门建立了一个命令源码文件，这个源码文件所在的源码子目录是 gopcp.v2/chapter3/socket。

在这个源码文件中，我首先声明了 3 个常量：

```
const (
    SERVER_NETWORK = "tcp"
    SERVER_ADDRESS = "127.0.0.1:8085"
    DELIMITER      = '\t'
)
```

其中，常量 DELIMITER 表示一个作为数据边界的单字节字符。

我们为服务端程序和客户端程序各声明了一个入口函数，并分别将其命名为 serverGo 和 clientGo，它们都是无参数无结果的函数。这主要是为了遵循单一职责原则，并且也有利于并发运行。

下面编写 serverGo 函数的函数体。首先要做的就是根据给定的网络协议和地址创建一个监听器，代码如下：

```
var listener net.Listener
listener, err := net.Listen(SERVER_NETWORK, SERVER_ADDRESS)
if err != nil {
    printServerLog("Listen Error: %s", err)
    return
}
defer listener.Close()
printServerLog("Got listener for the server. (local address: %s)", listener.Addr())
```

注意，这段代码中有一条 defer 语句，它的作用是保证在 serverGo 函数结束执行前关闭监听器。另外，在这段代码中有一个名为 printServerLog 函数，这个函数实际上是为了更好地记录日志而编写的一个辅助函数。这样做是为了隔离将来很可能发生的日志记录方式的变化，并能够避免散弹式修改。printServerLog 及相关函数的声明如下：

```
func printLog(role string, sn int, format string, args ...interface{}) {
    if !strings.HasSuffix(format, "\n") {
        format += "\n"
    }
    fmt.Printf("%s[%d]: %s", role, sn, fmt.Sprintf(format, args...))
}

func printServerLog(format string, args ...interface{}) {
    printLog("Server", 0, format, args...)
}

func printClientLog(sn int, format string, args ...interface{}) {
    printLog("Client", sn, format, args...)
}
```

一旦成功获得到监听器，就可以开始等待客户端的连接请求了。请看下面的代码：

```
for {
    conn, err := listener.Accept() // 阻塞直至新连接到来
    if err != nil {
        printServerLog("Accept Error: %s", err)
    }
    printServerLog("Established a connection with a client application. (remote address: %s)",
        conn.RemoteAddr())
    go handleConn(conn)
}
```

请注意 for 代码块中的最后一条语句，这是一条 go 语句，它是前面提到过的 Go 提供的并发手段之一。go handleConn(conn)语句意味着要启动一个新的 goroutine（或称 Go 例程）来并发执行 handleConn 函数。在服务端程序中，这通常是非常有必要的。为了快速、独立地处理已经建立的每一个连接，我们应该尽量让这些处理过程并发执行。否则，

当处理已建立的第一个连接时，后续连接就只能排队等待，尽管它们可能已经达到很长时间了。这相当于完全串行处理众多连接，这样做的效率非常低下，并且只要其中某个连接的处理因一些原因阻塞了，后续所有连接就都无法处理。这时，服务端程序就等于完全丧失了主要功能，这是非常糟糕的情况。因此，对于服务端程序而言，采用并发的方式处理连接是必然的选择。

handleConn 函数的简单声明（不包含其函数体）如下：

```
func handleConn(conn net.Conn)
```

它仅接受一个表示连接的 net.Conn 类型值。由于我们可以把响应数据通过这个 net.Conn 类型值传递给客户端程序，所以 handleConn 函数无需再返回结果。另一个更客观的原因是，handleConn 函数作为 go 语句的一部分，即使它返回了结果值，也不会有任何意义。其实，go 语句携带的函数（或称为 go 函数）向外传递结果值的方式决定了 handleConn 函数没有结果声明，详情可参见第 4 章。

handleConn 首先要做的肯定是试图从连接中读取数据。注意，这类读取操作处在循环之中。也就是说，服务器端程序不断尝试从已建立的连接中读取数据，这样才能保证尽量及时地处理和响应请求。请看下面的这段代码：

```
for {
    conn.SetReadDeadline(time.Now().Add(10 * time.Second))
    strReq, err := read(conn)
    if err != nil {
        if err == io.EOF {
            printServerLog("The connection is closed by another side.")
        } else {
            printServerLog("Read Error: %s", err)
        }
        break
    }
    printServerLog("Received request: %s.", strReq)
    // 省略若干条语句
}
```

for 代码块中第一条语句的作用是实现前面所说的关闭闲置连接功能的一部分，其中 SetReadDeadline 函数的调用方法你已经很熟悉了。超时错误的发生意味着当前连接已经可以判定为闲置连接。这时，我会记录日志并通过 break 语句退出当前的 for 语句块。至于关闭连接的操作，后面会看到。第二条语句中的 read 函数也是我编写的一个辅助函数，该函数的功能是从连接中读取一段以数据分界符为结尾的数据，它的完整声明如下：

```
func read(conn net.Conn) (string, error) {
    readBytes := make([]byte, 1)
    var buffer bytes.Buffer
```

```
    for {
        _, err := conn.Read(readBytes)
        if err != nil {
            return "", err
        }
        readByte := readBytes[0]
        if readByte == DELIMITER {
            break
        }
        buffer.WriteByte(readByte)
    }
    return buffer.String(), nil
}
```

我把 readBytes 的长度初始化为 1 的原因是，防止从连接值中读出多余的数据从而对后续的读取操作造成影响。我从连接上每读取出一个字节的数据，都要检查它是否是数据分界符。如果不是，就继续读取下一个字节，否则就停止读取并返回结果。这样就避免了对数据分界符后面的数据的提前读取。如果提前读取发生了，那么下一次调用 read 函数时，就无法得到一个完整的数据块了。另外，为了暂存当前数据块中的字节，我用到了一个 bytes.Buffer 类型值。这通常比使用 []byte 类型值存储一个不定长的字节流更加实用和高效。还记得吗？如果当前连接已经关闭，那么连接值的 Read 方法在调用之后，会返回一个与 io.EOF 变量的值相等的错误值。由于 read 函数并未对这个 Read 方法返回的错误值进行额外处理，所以我在 handleConn 函数中得到 read 函数的结果值之后，才做了必要的错误值相等性判断。

关于 read 函数的实现，你可能会想到通过调用 bufio.NewReader 函数得到一个针对当前连接的缓冲读取器。如果能想到这一点，真的很好。不过对于当前场景来说，缓冲读取器是不适合的。为什么这么说呢？简单来说，这是由于我把 conn.Read 封装在了 read 函数中。不管怎样，我们先来看看使用缓冲读取器的 read 函数是什么样子的，代码如下：

```
// 千万不要使用这个版本的read函数
func read(conn net.Conn) (string, error) {
    reader := bufio.NewReader(conn)
    readBytes, err := reader.ReadBytes(DELIMITER)
    if err != nil {
        return "", err
    }
    return string(readBytes[:len(readBytes)-1]), nil
}
```

这很诱人，因为这个版本的 read 函数减少了一多半的代码，但是这里面却埋藏了一个陷阱。这与缓冲读取器中的缓存机制有关。很多时候，它会读取比足够多更多一点的数据到其缓冲区中。这就产生了前面提到的提前读取的问题。当然，如果每次都从同一个缓冲读取器中读取数据块的话，肯定没有问题。但是，我在这里对 read 函数的每一次调用都会新建一个针对当前连接的缓冲读取器。实际上，我是在使用不同的缓冲读取器试图从同一个连接上读取数据，这显然会造成一些问题，因为没有任何机制来协调它们的读取操作。本应留给后面的缓冲读取器读取的数据却提前读取到了前面的缓冲读取器的缓冲区中。并且，由于我不会再使用前面的这些缓冲读取器读取数据，所以这些提前读取的数据实际上被抛弃了。这不但会导致一些数据块不完整，甚至还可能会漏掉一些数据块。综上所述，我们绝不能使用这个版本的 read 函数！不过，如果我们确实需要使用缓冲读取器，也不是没办法。其实方法很简单，删掉 read 函数，直接在 for 代码块之前初始化缓冲读取器，并且保证在 for 循环中总是使用同一个缓冲读取器来读取数据。这不但可以规避之前提到的所有问题，还可以避免多次创建缓冲读取器带来的资源浪费。读者可以沿着这一思路尝试重构现有的这个 for 代码块。

现在，我们接着看 for 语句块中的第二部分：

```
for {
    // 省略若干条语句
    intReq, err := strToInt32(strReq)
    if err != nil {
        n, err := write(conn, err.Error())
        printServerLog("Sent error message (written %d bytes): %s.", n, err)
        continue
    }
    floatResp := cbrt(intReq)
    respMsg := fmt.Sprintf("The cube root of %d is %f.", intReq, floatResp)
    n, err := write(conn, respMsg)
    if err != nil {
        printServerLog("Write Error: %s", err)
    }
    printServerLog("Sent response (written %d bytes): %s.", n, respMsg)
}
```

这部分代码实现的功能是检查数据块是否可以转换为一个 int32 类型的值，如果能，就立即计算它的立方根，否则就向客户端程序发送一条错误信息。其中，strToInt32 函数实现了尝试转换数据块的功能，而 cbrt 函数则用于计算立方根。它们的实现代码与 socket 编程无关，因此在此略过。

下面简要说明一下 write 函数，它的完整声明如下：

```
func write(conn net.Conn, content string) (int, error) {
    var buffer bytes.Buffer
    buffer.WriteString(content)
    buffer.WriteByte(DELIMITER)
    return conn.Write(buffer.Bytes())
}
```

这里同样使用一个 bytes.Buffer 类型值暂存数据，不过这次存储的是将要发送出去的数据，而不是已经接收到的数据。bytes.Buffer 类型针对不同形式的数据提供了不同的写入方法，这非常方便。注意，在每次发送的数据的后面，都要追加一个数据分界符，这样才能形成一个两端程序均可识别的数据块。另外，bytes.Buffer 类型值的 Bytes 方法会把其中存储的所有数据以字节切片的形式返回给调用方。该方法的结果值正好可以作为 conn.Write 方法的参数值。由于 write 函数的结果声明列表与 conn.Write 方法的完全相同，所以在 write 函数的最后我直接返回后者的结果就可以了。

至此，handleConn 函数的主体（那个 for 代码块）已经完全实现了。不过，还要注意，当它执行结束的时候，应该把连接关闭。它执行结束可能是由于主体已经执行结束，也可能是某些代码引发了一个运行时恐慌。不论怎样，把当前连接及时关掉都是一件很重要的事情。这也捎带满足了关闭闲置连接的需求。还记得吗？当前连接被判断为闲置连接时，read 函数会返回非 nil 的错误值，并且那个 for 代码块中唯一的一条 break 语句会执行，这种情况肯定会用到 defer 语句，像这样：

```
defer conn.Close()
```

为了最大程度地保证连接及时关闭，我把这条 defer 语句放置在了 handleConn 函数体的开头。

下面我们来看看 clientGo 函数的编写方法，其简单声明如下：

```
func clientGo(id int)
```

该函数接受一个名为 id 的、类型为 int 的参数，这是因为要在运行多个客户端程序的场景下在日志中区分它们。

clientGo 函数首先试图与服务端程序建立连接，代码如下：

```
conn, err := net.DialTimeout(SERVER_NETWORK, SERVER_ADDRESS, 2*time.Second)
if err != nil {
    printClientLog(id, "Dial Error: %s", err)
    return
}
defer conn.Close()
printClientLog(id, "Connected to server. (remote address: %s, local address: %s)", conn.RemoteAddr(),
conn.LocalAddr())
time.Sleep(200 * time.Millisecond)
```

可以看到，如果连接不成功，就会在记录日志之后直接返回，这也就意味着客户端程序执行结束。要使连接成功，最基本的条件就是连接操作应该在服务端程序已经启动的情况下进行。由于客户端程序和服务端程序处在同一个命令源码文件中，所以这需要一点小技巧，相关内容稍后再讲。

下面的那条 defer 语句确保在 clientGo 函数执行即将结束时关闭当前连接，这对于两端的程序都是有好处的。另外，解释一下，让客户端程序“睡眠”200 毫秒纯属是为了两端程序记录的日志看起来更清晰一些。因为这些日志会出现在同一台计算机的标准输出上。

现在编写发送请求数据的代码，这里我把每个客户端发送的请求数据块的数量定为5个。另外，为了满足检验服务端程序响应速度的需求，还要在发送和接收操作开始前设置一下超时时间。据此，首先要编写要两行代码，像这样：

```
requestNumber := 5
conn.SetDeadline(time.Now().Add(5 * time.Millisecond))
```

发送数据块的代码并不难编写，这与 serverGo 函数中的代码很类似。用于发送数据块的 for 代码块如下：

```
for i := 0; i < requestNumber; i++ {
    req := rand.Int31()
    n, err := write(conn, fmt.Sprintf("%d", req))
    if err != nil {
        printClientLog(id, "Write Error: %s", err)
        continue
    }
    printClientLog(id, "Sent request (written %d bytes): %d.", n, req)
}
```

其中，标准库代码包 rand 中的函数 Int31 可以随机生成一个 int32 类型值。

在把所有的5个请求数据块都发送出去后，客户端程序紧接着准备接收响应数据块。实现这一功能的代码与服务端程序中接收请求数据块的代码如出一辙。我需要把这些代码放置在一个 for 代码块里面，这是因为我要在接收到所有预期的响应数据块之后，及时关闭当前连接并结束客户端程序的执行。这里所说的 for 代码块是这样的：

```
for j := 0; j < requestNumber; j++ {
    strResp, err := read(conn)
    if err != nil {
        if err == io.EOF {
            printClientLog(id, "The connection is closed by another side.")
        } else {
            printClientLog(id, "Read Error: %s", err)
        }
        break
    }
    printClientLog(id, "Received response: %s.", strResp)
}
```

编写完 serverGo、clientGo 以及相关函数之后，还需要考虑一件事情，那就是怎样协调服务端程序、客户端程序以及 main 函数的执行。只要 main 函数执行结束了，当前进程就会随即消失。所以，我要让 main 函数等待 serverGo 函数和 clientGo 函数都执行完毕后再结束执行，这需要用到 sync.WaitGroup 类型。为了让服务端程序和客户端程序都能使用该值，我把该值声明为一个全局变量。当然，为了遵循开放封闭原则，该变量是包级私有的。据此，这个变量的声明是：

```
var wg sync.WaitGroup
```

现在开始编写 main 函数的函数体。为了让服务端程序和客户端程序能够并发运行，分别使用 go 语句执行 serverGo 函数和 clientGo 函数，并且，客户端程序运行的时机在服务端程序开始运行并已准备好接收新连接之后。因此，我还会让这两个 go 函数的执行有一点时间间隔，这里 500 毫秒的时间间隔是足够的。根据上面的简单分析，main 函数的第一个版本是这样的：

```
func main() {
    go serverGo()
    time.Sleep(500 * time.Millisecond)
    go clientGo(1)
}
```

要使前面声明的变量 wg 能够真正起到作用，还需要对现有的 serverGo 函数、clientGo 函数以及 main 函数进行改造。下面是改造后的 main 函数：

```
func main() {
    wg.Add(2)
    go serverGo()
    time.Sleep(500 * time.Millisecond)
    go clientGo(1)
    wg.Wait()
}
```

如果只运行一个服务端程序和一个客户端程序的话，调用 wg 的 Add 方法时以 2 作为参数。这表示 main 函数只需等待上述两个程序运行完毕后即可。注意，该调用语句必须出现在这两个程序运行之前。另外，这里说的“等待”操作是由调用语句 wg.Wait() 表示的。

如果不对 serverGo 函数和 clientGo 函数做出修改，当执行 main 函数时，它将永远在 wg.Wait()语句处阻塞。至于原因，第一次接触 sync.WaitGroup 类型值的时候（参见 3.2.4 节）已经有所说明。现在要在 serverGo 函数和 clientGo 函数的函数体的最前面都加入一条语句：

```
defer wg.Done()
```

这样这两个函数执行结束时 main 函数即可从 wg.Wait()语句处继续往下执行了。

至此，这个示例的编码工作全部完成。现在运行一下这个示例，输出如下：

```
1: Server[0]: Got listener for the server. (local address: 127.0.0.1:8085)
2: Client[1]: Connected to server. (remote address: 127.0.0.1:8085, local address: 127.0.0.1:58909)
3: Server[0]: Established a connection with a client application. (remote address: 127.0.0.1:58909)
4: Client[1]: Sent request (written 11 bytes): 1298498081.
5: Client[1]: Sent request (written 11 bytes): 2019727887.
6: Client[1]: Sent request (written 11 bytes): 1427131847.
7: Client[1]: Sent request (written 10 bytes): 939984059.
8: Client[1]: Sent request (written 10 bytes): 911902081.
9: Server[0]: Received request: 1298498081.
10: Server[0]: Sent response (written 44 bytes): The cube root of 1298498081 is 1090.972418..
11: Server[0]: Received request: 2019727887.
12: Server[0]: Sent response (written 44 bytes): The cube root of 2019727887 is 1264.050100..
13: Server[0]: Received request: 1427131847.
14: Server[0]: Sent response (written 44 bytes): The cube root of 1427131847 is 1125.869444..
15: Server[0]: Received request: 939984059.
16: Server[0]: Sent response (written 42 bytes): The cube root of 939984059 is 979.580571..
17: Server[0]: Received request: 911902081.
18: Server[0]: Sent response (written 42 bytes): The cube root of 911902081 is 969.726809..
19: Client[1]: Received response: The cube root of 1298498081 is 1090.972418..
20: Client[1]: Received response: The cube root of 2019727887 is 1264.050100..
21: Client[1]: Received response: The cube root of 1427131847 is 1125.869444..
22: Client[1]: Received response: The cube root of 939984059 is 979.580571..
23: Client[1]: Received response: The cube root of 911902081 is 969.726809..
24: Server[0]: The connection is closed by another side.
```

为了方便讲解，我在这 24 行日志的最左边添加了行号。第 1~3 行日志反映出了服务端程序的启动过程，以及它与唯一的一个客户端程序的连接过程。第 4~8 行日志表示该客户端程序连续向服务端程序发送了 5 个请求数据块。第 9 行和 10 行日志表示服务端程序接到了第 1 个请求数据块，并在进行相应处理后向客户端程序发送了相应的结果描述。在这之后的 8 行日志则体现了服务端程序对之后到达的 4 个请求数据块的处理情况。而第 19~23 行日志则表示客户端程序已收到全部的 5 个结果。最后一行日志是服务端程序发出的，它表明客户端程序在收到所有结果描述之后主动关闭了与服务端程序建立的连接。

你应该能从这个完整示例中学习到怎样使用 Go 提供的 socket 编程 API 编写能够相互通信的程序。虽然这里将服务端程序和客户端程序置于同一个进程之中，但是在绝大多数应用场景中，通信两端的程序是由不同进程表示的。在很多情形下，它们往往不是在同一台计算机上甚至不在同一个子网络中的两个程序。可以说，使用 socket 接口的程序可以在网络中的任何地方与另一个同类程序进行通信，并且这些程序甚至可以是由不同的编程语言编写的。

在 Go 标准库中，一些实现了某种网络通信功能的代码包都是以 net 代码包所提供的 socket 编程 API 为基础的。其中最有代表性的就是 net/http 代码包，它以此为基础实现了 TCP/IP 协议栈的应用层协议 HTTP，并提供了非常好用的 API。它们可以满足大多数 Web 应用程序编写要求。

除 net 代码包之外，标准库代码包 net/rpc 中的 API 为我们提供了在两个 Go 程序之间建立通信和交换数据的另一种方式，这种方式称为远程过程调用（Remote Procedure Call）。这个代码包中的程序也是基于 TCP/IP 协议栈的，它们也用到了 net 包以及 net/http 包提供的 API。

3.3 多线程编程

多线程编程是一种比多进程编程更加灵活、高效的并发编程方式，绝大多数现代操作系统都支持它。在 Unix 世界中，POSIX 标准中定义的线程及操作方法已经被广泛认可和遵循。作为 Unix 世界中的一员，Linux 系统当然也提供了以 POSIX 标准中定义的线程（以下简称 POSIX 线程）为中心的各种系统调用。在 Linux 系统中，最贴近 POSIX 线程标准的线程实现称为 NPTL（Native POSIX Threads Library）。除了更加贴近 POSIX 标准，POSIX 线程出现的主要目的是对 Linux 系统原有的线程实现进行大幅改进。从 Linux 系统内核的 2.6 版本开始，NPTL 已经逐渐成为其默认的线程实现。

这里顺带解释一下 POSIX，它是 Portable Operating System Interface of Unix 的缩写，中文可以翻译为 Unix 可移植性操作系统接口，由美国的电气电子工程师学会（IEEE）为了提高各种类 Unix 操作系统下应用程序的可移植性而开发的一套规范。该规范之后被美国国家标准协会（ANSI）和国际标准化组织（ISO）标准化。

这里只介绍 POSIX 线程及其相关概念，它也是 Go 并发编程模型在 Linux 系统下真正使用的内核接口。

首先，简要说明 POSIX 线程的基本定义和概念。然后，我们将讨论一些与线程有关的关键问题，比如线程间的同步方法、线程安全性以及线程本地存储，等等。

Go 并发编程模型在底层是由操作系统所提供的线程库支撑的，因此这里很有必要先介绍一下多线程编程。

3.3.1　线程

线程可以视为进程中的控制流。一个进程至少会包含一个线程，因为其中至少会有一个控制流持续运行。因而，一个进程的第一个线程会随着这个进程的启动而创建，这个线程称为该进程的主线程。当然，一个进程也可以包含多个线程。这些线程都是由当前进程中已存在的线程创建出来的，创建的方法就是调用系统调用，更确切地说是调用pthread_create 函数。拥有多个线程的进程可以并发执行多个任务，并且即使某个或某些任务被阻塞，也不会影响其他任务正常执行，这可以大大改善程序的响应时间和吞吐量。另一方面，线程不可能独立于进程存在。它的生命周期不可能逾越其所属进程的生命周期。

一个进程中的所有线程都拥有自己的线程栈，并以此存储自己的私有数据。这些线程的线程栈都包含在其所属进程的虚拟内存地址中。不过要注意，一个进程中的很多资源都会被其中的所有线程共享，这些被线程共享的资源包括在当前进程的虚拟内存地址中存储的代码段、数据段、堆、信号处理函数，以及当前进程所持有的文件描述符，等等。正因为如此，同一进程中的多个线程运行的一定是同一个程序，只不过具体的控制流程和执行的函数可能会不同。在同一个进程的多个线程之间共享数据也是件非常轻松和自然的事情。另外，创建一个新线程，也不会像创建一个新进程那样耗时费力，因为在其所属进程的虚拟内存地址中存储的代码、数据和资源都不需要被复制。

操作系统内核提供了若干系统调用以便应用程序能够管理当前进程中的所有线程，应用程序还可以通过相应的系统功能协调这些线程的运行。这些系统功能由一些同步原语表示。下面，我就阐述一些与之相关的必要知识。

1. 线程的标识

和进程一样，每个线程也都有属于自己的 ID，这类 ID 也称为线程 ID 或者 TID。但与进程不同，线程 ID 在系统范围内可以不唯一，而只在其所属进程的范围内唯一。不过，Linux 系统的线程实现则确保了每个线程 ID 在系统范围内的唯一性，并且当线程不复存在后，其线程 ID 可以被其他线程复用。

线程 ID 是由操作系统内核分配和维护的，应用程序一般无需对它过多关注。如果应用程序依赖线程 ID，那么将会给它的移植带来困扰。不过，在我们对应用程序进行调试的时候，线程 ID 是非常有用的，它们可以帮助我们区分不同的线程。

2. 线程间的控制

如前文所述，系统中的每个进程都有它的父进程，而由某个进程创建出来的进程都称为该进程的直接子进程。与这种家族式的树状结构不同，同一个进程中的任意两个线程之间的关系都是平等的，它们之间并不存在层级关系。任何线程都可以对同一进程中的其他线程进行有限的管理，这里所说的有限的管理主要有以下 4 种。

- **创建线程**。主线程在其所属进程启动时创建，因此，它的创建并不在此论述范围内，这里仅指对其他线程的创建。我已经说过，任何线程都可以通过调用系统调用pthread_create来创建新的线程。为了言简意赅，自此我把调用系统调用或函数的线程简称为调用线程。在创建新线程时，调用线程需要给定新线程将要执行的函数以及传入该函数的参数值。由于代表该函数的参数被命名为start，因此常称为start函数。start函数是可以有返回值的。我们可以在其他线程中通过与新线程的连接得到在该新线程中执行的start函数的返回值。如果新线程创建成功，调用线程会得到新线程的ID。
- **终止线程**。线程可以通过多种方式终止同一进程中的其他线程。其中一种方式就是调用系统调用pthread_cancel,该函数的作用是取消掉给定的线程ID代表的那个线程。更明确地讲，它会向目标线程发出一个请求，要求它立即终止执行。但是，该函数只是发送请求并立即返回，而不会等待目标线程对该请求做出响应。至于目标线程什么时候对此请求做出响应、做出怎样的响应，则取决于另外的因素（比如目标线程的取消状态及类型）。在默认情况下，目标线程总是会接受线程取消请求，不过等到时机成熟（执行到某个取消点）的时候，目标线程才会去响应线程取消请求。
- **连接已终止的线程**。此操作由系统调用pthread_join来执行，该函数会一直等待与给定的线程ID对应的那个线程终止，并把该线程执行的start函数的返回值告知调用线程。如果目标线程已经处于终止状态，那么该函数会立即返回。这就像是把调用线程放置在了目标线程的后面，当目标线程把流程控制权交出时，调用线程会接过流程控制权并继续执行pthread_join函数调用之后的代码。这也是把这一操作称为“连接”的缘由之一。实际上，如果一个线程可被连接，那么在它终止之时就必须连接，否则就会变成一个僵尸线程。僵尸线程不但会导致系统资源浪费，还会无意义地减少其所属进程的可创建线程数量。
- **分离线程**。将一个线程分离意味着它不再是一个可连接的线程。而在默认情况下，一个线程总可以被其他线程连接。分离操作的另一个作用是让操作系统内核在目标线程终止时自动进行清理和销毁工作。注意，分离操作是不可逆的。也就是说，我们无法使一个不可连接的线程变回到可连接的状态。不过，对于一个已处于分离状态的线程，执行终止操作仍然会起作用。分离操作由系统调用pthread_detach来执行，它接受一个代表了线程ID的参数值。

当然，一个线程对自身也可以进行两种控制：终止和分离。线程终止自身的方式有很多种。在线程执行的 start 函数中执行 return 语句，会使该线程随着 start 函数的结束而终止。需要注意的是，如果在主线程中执行了 return 语句，那么当前进程中的所有线程都会终止。另外，在任意线程中调用系统调用 exit 也会达到这种效果。还一种终止自身的方式是，显式地调用系统调用 pthread_exit。与执行 return 语句或调用 exit 函数不同，如果在主线程中调用 pthread_exit 函数，那么只有主线程自己会被终止，而其他线程仍然会照常运行。这是很重要的区别。线程分离自身与分离其他线程的方式并无不同，即调用 pthread_detach 函数，区别仅在于调用线程传递给该函数的线程 ID 是自己的 ID 还是其他线程的 ID。

3. 线程的状态

从前面的论述中可知，一个线程在从创建到终止的完整生命周期中也经常会在多个状态之间切换。由于线程只是进程中的一个控制流，所以对进程的状态描述几乎都适用于线程。不过，正如前面所说，线程的状态及其切换规则还是有它的特点的，如图 3-10 所示。

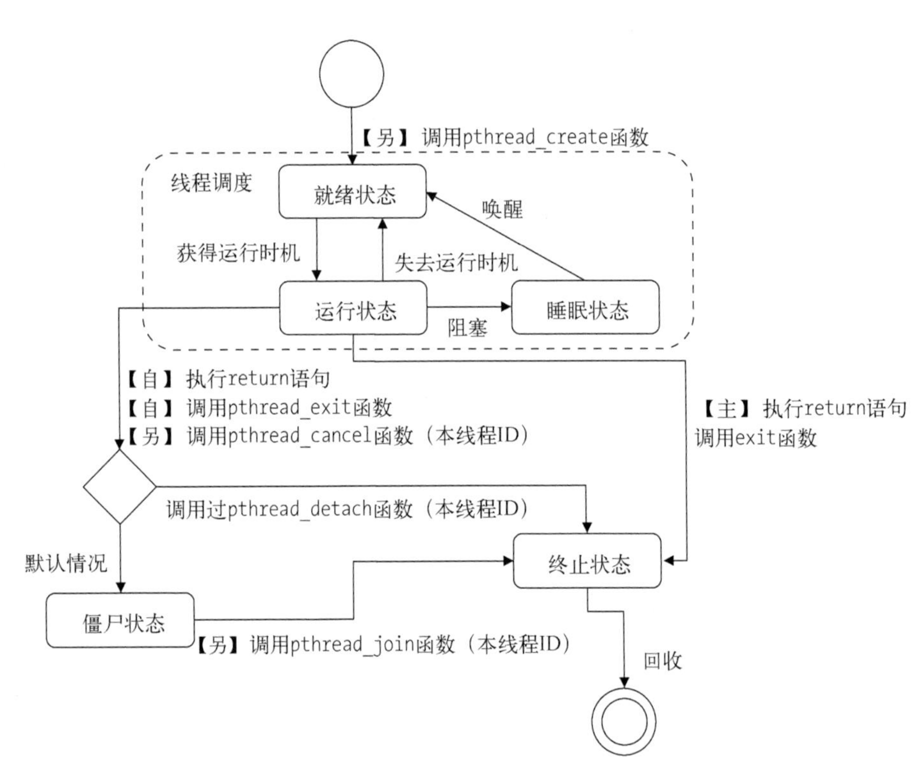

图 3-10 Linux 内核线程的状态转换

图 3-10 从系统调用的视角来描述线程在不同状态之间的转换，其中一些描述的左侧有特殊的前缀。这些前缀都由中文的方括号“【”和“】”括起来以示强调。前缀“【另】”表示描述的操作是由当前进程中的其他线程执行的。前缀“【自】”表示描述的操作是由当前线程执行的。而前缀“【主】”则表示描述的操作是由主线程执行的。如果在描述的左侧没有前缀，就说明该操作可能由当前进程中的任何线程执行。另外，请注意，当其他线程调用 pthread_cancel 或 pthread_join 函数，以及任一线程调用 pthread_detach 函数时，传递给它们的参数值所代表的都是当前线程的 ID。只有这样，它们的执行才会对当前线程起作用。

线程创建出来之后，就会进入就绪状态。处于就绪状态的线程会等待运行时机。一旦该线程被真正运行，就会由就绪状态转换至运行状态。正在运行的线程可能会由于某些原因阻塞，进而由运行状态转换至睡眠状态。这里可能的原因包括但不限于等待未完成的 I/O 操作、等待还未接收到的信号、等待获得互斥量，以及等待某个条件变量。后两个原因都属于因同步而产生的线程阻塞。当阻塞线程等待的那个事件发生或条件满足时，该线程就会被唤醒。这时它会从睡眠状态转出，但并不会直接进入运行状态，而是先进入就绪状态并再次等待运行时机。如果 CPU 正处于空闲状态，那么它会立即运行。此外，处于运行状态的线程有时也会因 CPU 被其他线程抢占而失去运行时机，从而转回至就绪状态并等待下一个运行时机。操作系统内核的调度器会按照一定的算法和策略使线程在这 3 个状态之间转换。线程在其生命周期的大部分时间里都会处于就绪状态、运行状态或睡眠状态之中。

在当前线程自我终结或者其他线程向当前线程发出取消请求且取消时机已到之后，当前线程就会试图进入终止状态。不过，如果当前线程之前没有分离过，并且此时并没有其他线程与它连接，那么当前线程就会进入僵尸状态而非终止状态。当且仅当有其他线程与之连接后，当前线程才会从僵尸状态转换至终止状态。处于终止状态的线程才会被操作系统内核回收。不过，有两种操作可以直接使当前线程进入终止状态，而不管它是否已经被分离。在任意线程中调用 exit 函数以及在主线程中执行 return 语句，不但会使其所属进程中的所有线程立即终止，还会结束该进程的运行。

4. 线程的调度

前面我只是一笔带过了线程调度方面的内容。实际上，在线程的生命周期中，操作系统内核对线程的调用是非常核心的部分。正因为有了调度器的实时调度和切换，才给我们一种众多线程被并行运行的幻觉。调度器会把时间划分成极小的时间片并把这些时间片分配给不同的线程，以使众多线程都有机会在 CPU 上运行。一个线程什么时候能够获得 CPU 时间，以及它能够在 CPU 上运行多久，都属于调度器的工作范畴。线程调度（也称为线程间的上下文切换）是一项非常复杂的工作，因此这里只对线程调度的最基本规则和策略进行阐述。

线程的执行总是趋向于 CPU 受限或 I/O 受限。换句话说，一些线程需要花费一定的时间使用 CPU 进行计算，而另外一些线程则会花费一些时间等待相对较慢的 I/O 操作的完成。一个用于计算 16 位整数的 14 次方根的线程属于前者，而一个等待人类用户通过敲击键盘提供输入数据的线程则属于后者。但是，通常情况下，一个线程的趋向性并不那么清晰。因此，调度器往往需要猜测它们，这是非常困难的任务。调度器会依据它对线程的趋向性的猜测把它们分类，并让 I/O 受限的线程具有更高的动态优先级以优先使用 CPU。这倒不是为了讨好 I/O 受限的线程，而是调度器认为 I/O 操作往往会花费更长的时间，应该让它们尽早开始执行，事实上也确实如此。这也是为了让众多线程运行得更加高效。在人决定下一个要敲击的按键、磁盘在磁道中定位簇或者网卡从网络中接收数据帧的时候，CPU 可以腾出手来为其他线程服务。这些时间已经可以让 CPU 见缝插针地完成很多事情了。

注意，我刚刚所说的线程的动态优先级是可以被调度器实时调整的，而与之相对应的线程的静态优先级则只能由应用程序指定。如果应用程序没有显式指定一个线程的静态优先级，那么它将被设定为 0。调度器并不会改变线程的静态优先级。线程的动态优先级就是调度器在其静态优先级的基础上调整得出的，它在线程的运行顺序上起到了关键的作用。而线程的静态优先级则决定了线程单次在 CPU 上运行的最长时间，也就是调度器分配给它的时间片的大小。

所有等待使用 CPU 的线程会按照动态优先级从高到低的顺序排列，并依序放到与该 CPU 对应的运行队列中。因此，下一个运行的线程总是动态优先级最高的那一个。实际上，每一个 CPU 的运行队列中都包含两个优先级阵列：其中一个用于存放正在等待运行的线程，我们暂且称之为激活的优先级阵列；而另一个则用于存放已经运行过但还未完成的线程，暂且称之为过期的优先级阵列。更确切地讲，优先级阵列是一个由若干个链表组成的数组。一个链表只会包含具有相同优先级的线程，而一个线程也只会放到与其优先级相对应的那个链表中。当一个线程放入某个优先级阵列时，它实际上就是放到了与其优先级相对应的那个链表的末尾处，如图 3-11 所示。

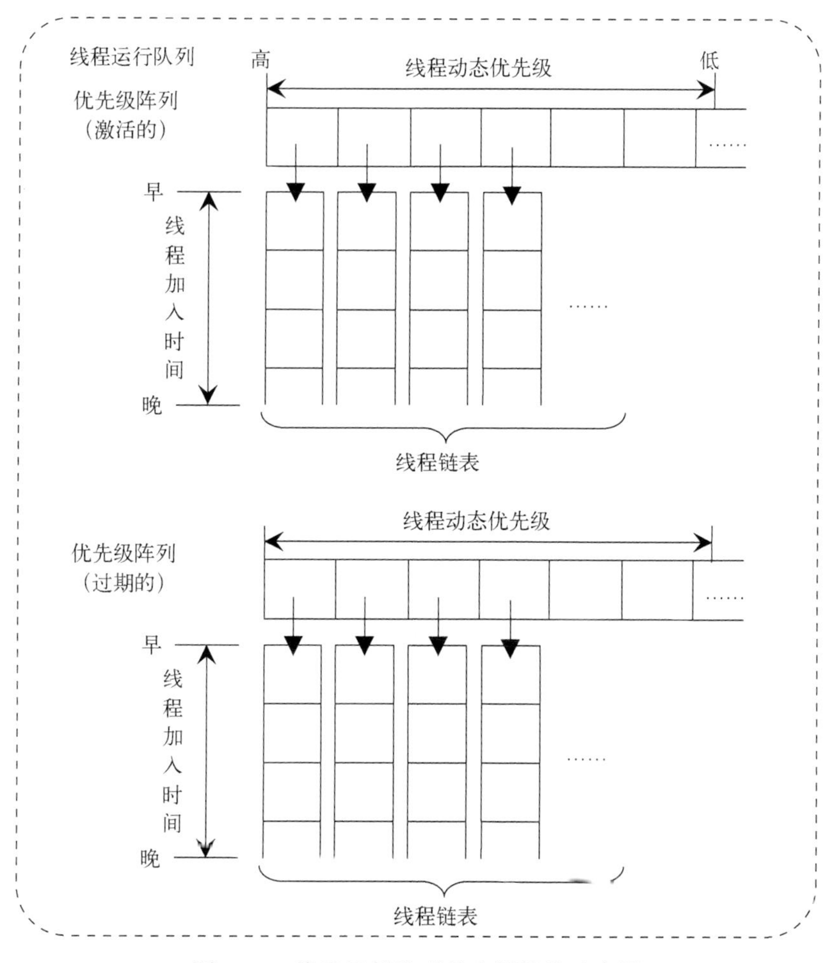

图 3-11 线程运行队列的内部结构示意图

下一个运行的线程总是会从激活的优先级阵列中选出。如果调度器发现某个线程已经占用了 CPU 很长时间（该时间只会小于或等于给予该线程的时间片），并且激活的优先级阵列中还有优先级与它相同的线程在等待运行，那么调度器就会让那个等待的线程在 CPU 上运行，而被换下的线程会排入过期的优先级阵列。当激活的优先级阵列中没有待运行的线程时，调度器会把这两个优先级阵列的身份互换，即之前的激活的优先级阵列成为新的过期的优先级阵列，而之前的过期的优先级阵列则会成为新的激活的优先级阵列。如此一来，之前被放入过期的优先级阵列的线程就又有机会运行了。

当然，线程不会总是在就绪状态和运行状态之间徘徊，它还有可能被阻塞而进入睡眠状态。处于睡眠状态的线程不能够被调度和运行。换句话说，它们会从运行队列中移除。线程的睡眠状态也可以细分为可中断的睡眠状态和不可中断的睡眠状态。不过，这里并不打算区分它们，相信你对这些已经有所了解了。

线程会因等待某个事件或条件的发生而加入到对应的等待队列中，并随即进入睡眠状态。当事件发生或条件满足时，内核会通知对应的等待队列中的所有线程，这些线程会因此而被唤醒并从等待队列转移至适当的运行队列中。调度器往往会稍稍调高被唤醒的线程的动态优先级。这算是一个小小的额外恩惠，以使这类线程能够更早运行。

如果当前计算机上有多个 CPU，那么平衡它们之间的负载也将会是调度器的职责之一。调度器会尽量使一个线程在一个特定的 CPU 上运行。这有很多好处，比如维持高速缓存的高命中率以及高效使用就近的内存，等等。然而，有时候，一个 CPU 需要运行太多的线程以至于造成了多 CPU 之间负载的不平衡。也就是说，一些 CPU 过于忙碌，另一些 CPU 则被闲置。在这种情况下，调度器会把一些原本在较忙碌 CPU 上运行的线程迁移至其他较空闲的 CPU 上运行。由于内核会为每个 CPU 建立一个运行队列，所以线程的这种迁移并不困难。事实上，每个运行队列中都会保存对应 CPU 的负载系数，调度器可以根据这一系数了解并调整各个 CPU 的负载。当然，CPU 负载平衡的调度逻辑相当复杂，负载系数仅仅是冰山一角。由于篇幅原因，我只介绍这么多。

总体来说，操作系统内核的调度器就是使用若干策略对众多线程在 CPU 上的运行进行干涉，以使得操作系统中的各个任务都能够有条不紊地进行，同时还要兼顾效率和公平性。从线程的角度来看，调度器是通过协调各个线程的状态来达到调度的目的。单台计算机上的资源是很有限的，尤其是以 CPU 为代表的计算资源。因此，操作系统内核对线程的调度非常重要。随着操作系统内核的不断改进和完善，调度器日趋强大，同时也愈加复杂。但是，它的总体目标和基本规则是未曾变化的。

5. 线程实现模型

线程的实现模型主要有 3 个，分别是：用户级线程模型、内核级线程模型和两级线程模型。它们之间最大的差异就在于线程与内核调度实体（Kernel Scheduling Entity，简称 KSE）之间的对应关系上。顾名思义，内核调度实体就是可以被内核的调度器调度的对象。在很多文献和书中，它也称为内核级线程，是操作系统内核的最小调度单元。下面我们就来说说这 3 个线程实现模型的特点以及优劣。

- **用户级线程模型**。此模型下的线程是由用户级别的线程库全权管理的。线程库并不是内核的一部分，而只是存储在进程的用户空间之中，这些线程的存在对于内核来说是无法感知的。显然，这些线程也不是内核的调度器的调度对象。对线程的各种管理和协调完全是用户级程序的自主行为，与内核无关。应用程序在对线程进行创建、终止、切换或同步等操作的时候，并不需要让CPU从用户态切换到内核态。从这方面讲，用户级线程模型确实在线程操作的速度上存在优势。并且，由于对线程的管理完全不需要内核的参与，所以使得程序的移植性更强一些。但是，这一特点导致在此模型下的多线程并不能够真正并发运行。例如，如果线程在I/O操作过程中被阻塞，那么其所属进程也会被阻塞。这正是由线程无法被内核调度造成的。在调度器的眼里，进程是一个无法再被分割的调度单元，无论其中存在多少个线程。另外，即使计算机上存在多个CPU，进程中的多个线程也无法被分配给不同的CPU运行。对于CPU的负载均衡来说，进程的粒度太粗了。因而让不同的进程在不同的CPU上运行的意义也微乎其微。显然，线程的所谓优先级也会形同虚设。同一个进程中所有线程的优先级只能由该进程的优先级来体现。同时，线程库对线程的调度完全不受内核控制，它与内核为进程设定的优先级是没有关系的。正因为用户级线程模型存在这些严重的缺陷，所以现代操作系统都不使用这种模型来实现线程。但是，在早期，以这种模型作为线程实现方式的案例确实存在。由于包含了多个用户级线程的进程只与一个KSE相对应，因此这种线程实现模型又称为多对一（M：1）的线程实现。

- **内核级线程模型**。该模型下的线程是由内核负责管理的，它们是内核的一部分。应用程序对线程的创建、终止和同步都必须通过内核提供的系统调用来完成。进程中的每一个线程都与一个KSE相对应。也就是说，内核可以分别对每一个线程进行调度。由此，内核级线程模型又称为一对一（1：1）的线程实现。一对一线程实现消除了多对一线程实现的很多弊端，可以真正实现线程的并发运行。因为这些线程完全由内核来管理和调度。正如前文所述，内核可以在不同的时间片内让CPU运行不同的线程。内核在极短的时间内快速切换和运行各个线程，使得它们看起来就像正在同时运行。即使进程中的一个线程由于某种原因进入到阻塞状态，其他线程也不会受到影响，这也使得内核在多个CPU上进行负载均衡变得容易和有效。当然，如果一个线程与被阻塞的线程之间存在同步关系，那么它也可能受到牵连。但是，这是一种应用级别的干预，并不属于线程本身的特质。同时，内核对线程的全权接管使操作系统在库级别几乎无需为线程管理做什么事情。这与用户级别线程模型形成了鲜明的对比。但是，内核线程的管理成本显然要比用户级线程高出很多。线程的创建会用到更多的内核资源。并且，像创建线程、切换线程以及同步线程这类操作所花费的时间也会更多。如果一个进程包含了大量的线程，那么它会给内核的调度器造成非常大的负担，甚至会影响到操作系统的整体性能。因此，采用内核级线程模型的操作系统对一个进程中可以创建的线程的数量都有直接或间接的限制。尽管内核级线程模型有资源消耗较大、调度速度较慢等缺点，但是与用户级线程的实现方式相比，它还是有较大优势的。很多现代操作系统都是以内核级线程模型实现线程的，包括Linux操作系统。实际上，

3

Linux操作系统的最新线程库实现（NPTL）为最小化内核级线程模型的劣势付出了巨大的努力，这也使得在Linux操作系统中使用线程更加高效。

- **两级线程模型**。两级线程模型的目标是取前两种模型之精华，并去二者之糟粕，也称为多对多（M：N）的线程实现。与其他模型相比，两级线程模型提供了更多的灵活性。在此模型下，一个进程可以与多个KSE相关联，这与内核级线程模型相似。但与内核级线程模型不同的是，进程中的线程（以下称为应用程序线程）并不与KSE一一对应，这些应用程序线程可以映射到同一个已关联的KSE上。首先，实现了两级线程模型的线程库会通过操作系统内核创建多个内核级线程。然后，它会通过这些内核级线程对应用程序线程进行调度。大多数此类线程库都可以将这些应用程序线程动态地与内核级线程关联。这样的设计显然使线程的管理工作更加复杂，因为这需要内核和线程库的共同努力和协作才能正确、有效地进行。但是，也是由于这样的设计，内核资源的消耗才得以大大减少，同时也使线程管理操作的效能提高了不少。因为两级线程模型实现的复杂性，它往往不会被操作系统内核的开发者所采用。但是，这样的模型却可以很好地在编程语言层面上实现并充分发挥出其应有的作用。就拿Go来说，其并发编程模型就与两级线程模型在理念上非常类似，只不过它的具体实现方式更加高级和优雅一些。在Go的并发编程模型中，不受操作系统内核管理的独立控制流并不叫作应用程序线程或者线程，而称为goroutine（也可以称为Go例程）。3种线程实现模型如图3-12所示。

至此，我已经介绍了很多与线程及其实现模型有关的概念和知识，下面我会提及一些更加具体的主题。

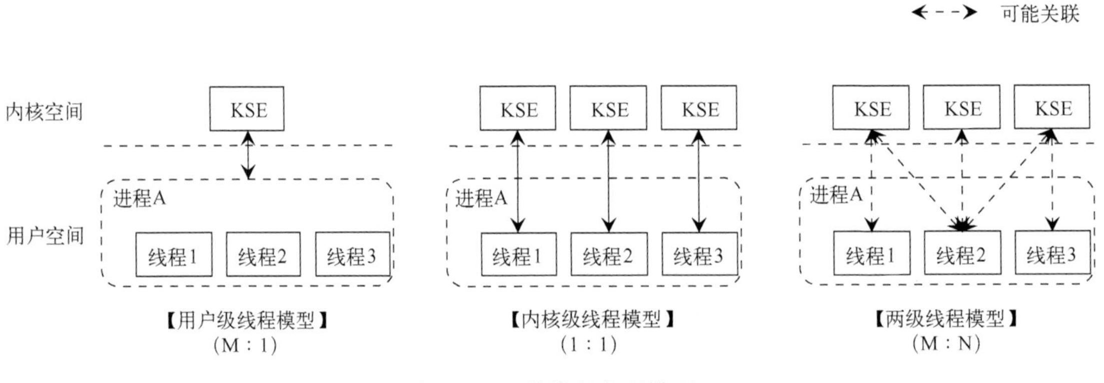

图 3-12　3 种线程实现模型

3.3.2 线程的同步

同步，永远是多线程编程中最核心和最重要的话题之一。在上一节中，我讲过一些与线程中同步有关的概念和工具，比如临界区、原子操作以及互斥量，等等。在本节中，我会对它们及其相关内容进行深入、详细的介绍。

总的来说，在多个线程之间采取同步措施，无非是为了让它们更好地协同工作或者维持共享数据的一致性。以后者作为目的的同步较为常见，但在以前者作为控制流管理手段的程序中同步的意义更大。而在实际的场景中，同步的目的则更可能是两者兼而有之，就像上一节讲解同步时举的那个计数器的例子一样。

1. 共享数据的一致性

包含多个线程的程序（以下简称多线程程序）多以共享数据作为线程之间传递数据的手段。由于一个进程所拥有的相当一部分虚拟内存地址都可以被该进程中的所有线程共享，所以这些共享数据大多是以内存空间作为载体的。如果两个线程同时读取同一块共享内存但获取到的数据却不同，那么程序很可能会出现某种错误。这是因为，共享数据的一致性往往代表着某种约定，而只有在该约定成立的前提下，多线程程序中的各个线程才能够使相应的流程执行正确。换句话说，如果操作共享数据的实际结果总是与我们约定的（或者说期望的）操作结果相符，就可以说该共享数据的一致性得到了保证。而共享数据的一致性保证则是多线程程序中的各个控制流得以正确执行的前提。当然，即使这种约定是成立的，线程在执行流程的过程中也不一定不会出错，不过那就属于另外的情况了，并不在讨论范围之内。

支撑共享数据一致性的约定，一般会被直接或间接地包含在多线程程序的设计方案中。因此，这种一致性的保证也关系到程序设计方案能否正确实施。在上一节讲同步的概念时，我用一定篇幅描述了因共享数据的不一致而可能导致的种种错误。在多线程编程的过程中，我们总是想方设法地保证共享数据的一致性，除非该共享数据永远只会被同一个线程访问。

实际上，保证共享数据一致性的最简单和最彻底的方法就是使该数据成为一个不变量。例如，常量就是一个绝对不变量，它不可能改变，也就不可能出现不一致的情况。这是由编程语言来保证的。因此，无论当前程序中有多少个可能访问该常量的线程，都不需要采取任何措施。但是，把计数器变成常量是不现实的，一个可以并需要改变的计数器只能看作变量。一般情况下，我们需要通过额外的手段来保证被多个线程共享的变量的一致性，这才有了临界区这个概念。

临界区是只能被串行化访问或执行的某个资源或某段代码，因而也常称为串行区域。保证临界区有效的最佳方式就是利用同步机制。在针对多线程程序的同步机制中包含了很多同步方法，包括我之前提到过的原子操作和互斥量，也包括我还未曾讲到的条件变量。在后面的内容中，我会着重介绍两种可以实施共享数据同步的方法（以下简称线程同步方法）：互斥量和条件变量。

2. 互斥量

在同一时刻，只允许一个线程处于临界区之内的约束称为互斥（mutex）。每个线程在进入临界区之前，都必须先锁定某个对象，只有成功锁定对象的线程才会允许进入临界区，否则就会阻塞，这个对象称为互斥对象或互斥量。

由此可知，互斥量有两种可能的状态，即已锁定状态和未锁定状态。互斥量每次只能锁定一次，也就是说，处于已锁定状态的互斥量不能再次锁定。除非它已解锁，否则任何线程都不能对它进行二次加锁。如果对一个已锁定的互斥量进行加锁操作，那么这个操作必定会失败。成功锁定互斥量的线程会成为该互斥量的所有者，只有互斥量的所有者才能对其进行解锁。从这个角度讲，多个线程对同一个互斥量的争相锁定也可以看作是对该互斥量所有权的争夺。从而，锁定可以看作是对互斥量的获取，解锁也可以看作是对互斥量的释放。对于互斥量来说，这两对术语具有相同的含义。不过，我在后面主要使用“锁定”和“解锁”这对术语。

线程在离开临界区的时候，必须要对相应的互斥量进行解锁。如此一来，其他因想进入该临界区而被阻塞的线程才会被唤醒并有机会再次尝试锁定该互斥量。在这些线程中，只可能有一个线程成功锁定该互斥量。注意，对同一个互斥量的锁定和解锁操作应该成对出现。我们既不应该对一个互斥量进行重复锁定，也不应该对一个互斥量进行多次解锁。与后者相比，前者有时会造成严重的后果。

为了合理、安全地使用共享数据，我们把操作同一个共享数据的代码都置于一个或多个临界区之内，并使用同一个互斥量对它们进行保护。需要注意的是，在使用互斥量的过程中，我们必须遵循既定的使用规则。互斥量的使用会涉及操作系统提供的线程库中的一些函数，我并不打算讲解这些函数，所以下面的示例主要以示意图的形式展现。

这里的第一个示例改编自那个与计数器有关的例子（参见 3.2.2 节），我会在这个示例中给出针对那个计数器同步问题的解决方案，如图 3-13 所示。

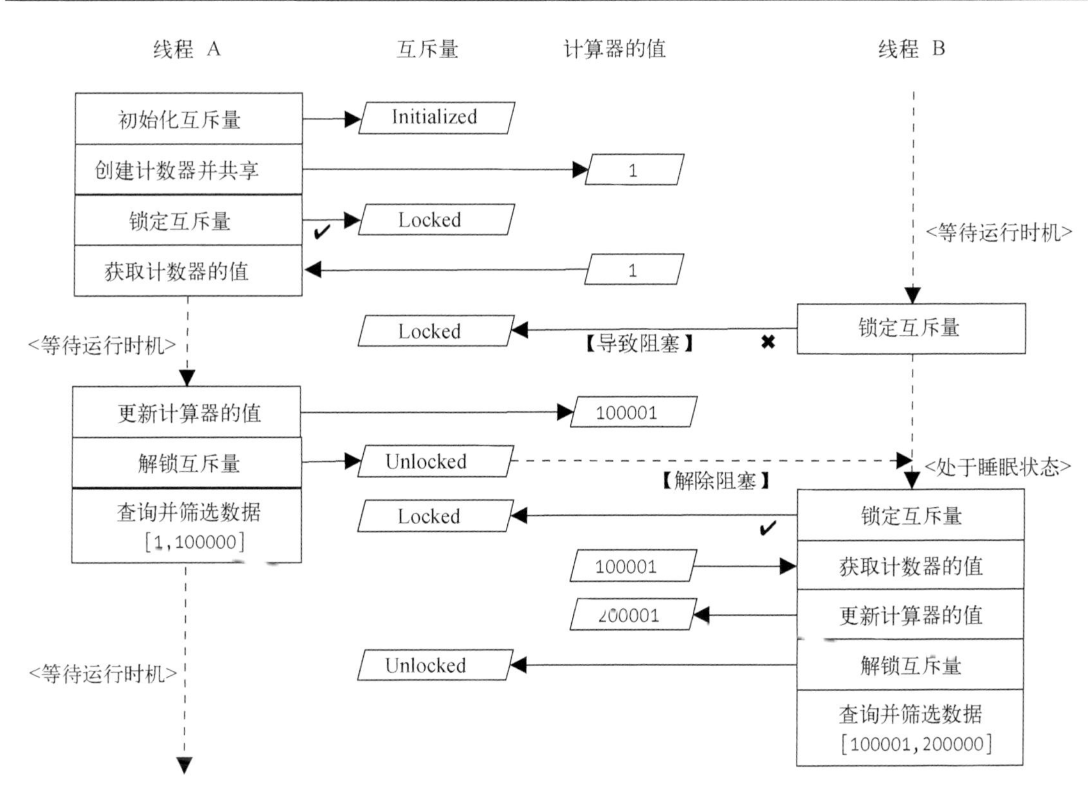

图 3-13 互斥量保护下的计数器操作

图 3-13 展示了两个线程共同使用一个计数器的情形。在这一过程中，我使用互斥量作为线程间同步的工具。

首先需要说明的是，互斥量和计数器一样，也属于共享资源。互斥量必须能够被所有相关线程访问到。因此，代表互斥量的变量或常量一般不是局部的。不过，为了尽量少地暴露程序的实现细节，此处在满足上述要求的前提下最小化互斥量的访问权限。

其次，初始化互斥量的操作总是在任何线程真正使用它之前进行。经过初始化的互斥量会处于未锁定状态。注意，如果多个线程的代码中都包含了对同一个互斥量的初始化操作，那么必须保证该互斥量只会被初始化一次。操作系统的线程库中专门提供了满足此要求的函数。在 Go 中，我们也有很多可选择的实现方式。

在初始化互斥量并创建计数器之后，线程 A 开始使用计数器，它会获取并更新计数器的值。不过，在这之前，线程 A 会先试图锁定那个已被初始化的互斥量，这是当前示例与源示例之间最主要也是最重要的区别。线程 A 欲锁定互斥量，而互斥量当时又处于未锁定状态，因此锁定操作会成功完成。

注意，在线程A获取计数器的值但还未更新它的时候，线程B得到运行时机并准备使用计数器，这与源示例中发生的情形一样。不过，线程B在使用计数器之前，也会先试图锁定互斥量。但是由于当时的互斥量已处于锁定状态，而它又不能被重复锁定，所以线程B对它的锁定操作会失败。并且，锁定操作的失败将导致线程B被阻塞并进入睡眠状态。直到线程A解锁互斥量，线程B才会被唤醒并退出睡眠状态。被唤醒之后，线程B会立即再次试图锁定互斥量。由于这时的互斥量已处于未锁定状态，所以线程B的锁定操作会成功。之后，线程B开始操作计数器的值并处理相关数据。

由于对互斥量的合理使用，线程A和线程B都不会干扰到对方使用计数器。因而，原本存在于它们之间的竞态条件已被消除，使用互斥量的目的达到了。另外，这里用互斥量保护的临界区中包含且仅包含了对计数器值的获取和更新操作。因此，这组操作的执行看上去具有了原子性。更确切地说，它们的执行是伪原子性的。之所以说伪原子性，是因为它们在执行过程中可以中断，并且它们既不与单一的汇编指令相对应，也没有芯片级别的支持。实际上，能够使用真正的原子操作的应用场景并不多。所以，作为一个可以保证共享数据一致性的工具，互斥量常常是首选。

对于这个示例，再强调两点。第一，对互斥量的初始化必须要保证唯一性，这永远是正确使用互斥量的第一个必要条件。第二，线程在离开临界区的时候必须要及时解锁互斥量，以免造成不必要的性能损耗甚至死锁。关于第二点，稍后还会举例说明。

上面的示例忽略了一个细节，那就是线程执行的程序在筛选数据之后要做的事情。程序在每次数据筛选之后要把得到的数据集合写入文件，并在写入完成后关闭文件。注意，线程A和线程B执行的是相同的程序。因此，这里非常有必要对其中的文件操作进行同步，以免文件中的内容发生混乱。这需要在线程A和线程B执行的程序中使用两个互斥量。这里，我把为了同步计数器操作的互斥量称为互斥量 1，而把为了同步文件操作的互斥量称为互斥量 2。注意，互斥量1和互斥量2分别保护了两个毫不相干的临界区，而这两个临界区又分别仅包含了两个完全独立的共享资源的操作。也就是说，在这两个互斥量的作用域之间，不存在任何重叠。图3-14描绘了线程A和线程B争相进入两个在互斥量保护下的临界区的情形。其中，临界区 1 指代由互斥量 1 保护的临界区，而临界区2指代由互斥量2保护的临界区。

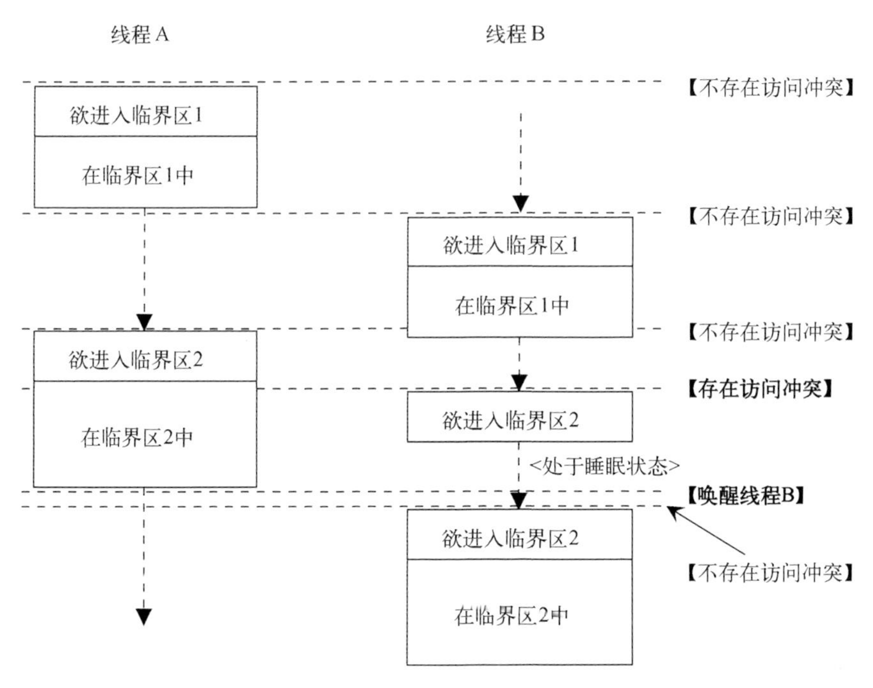

图 3-14　互斥量保护下的临界区

从图 3-14 中，你可以看到互斥量 1 和互斥量 2 所起到的作用。在线程 B 欲进入临界区 2 时，由于线程 A 正在临界区 2 中，所以线程 B 被迫进入睡眠状态。在线程 A 离开临界区 2 时，线程 B 被唤醒并再次尝试进入临界区 2。

这里描绘的情形已经算是相当简单的了。因为互斥量 1 和互斥量 2 的作用域互不重叠，加之线程在离开临界区之前总会及时解锁相应的互斥量，所以程序并不会因同时使用两个互斥量而产生死锁。并且，这样做对程序复杂度的负面影响也非常有限。不过，因为锁定和解锁互斥量也需要时间，所以使用互斥量本身确实会稍许降低程序的性能。但如果这里把两个临界区合二为一并且只使用一个互斥量来保护的话，又可能会使线程等待进入临界区的时间大大增加。

在一般情况下，应该尽量少地使用互斥量。每个互斥量保护的临界区应该在合理范围内并尽量大。但是，如果发现多个线程会频繁出入某个较大的临界区，并且它们之间经常存在访问冲突，就应该把这个较大的临界区切分成若干个较小的临界区，并使用不同的互斥量加以保护。此举的意义是让等待进入同一个临界区的线程数变少，从而降低线程被阻塞的概率，并减少它们被迫进入睡眠状态的时间，这从一定程度上提高了程序的整体性能。

注意，如果切分之后由不同的互斥量保护的临界区中包含了对同一个共享资源的同一种操作，那么此次临界区切分就是不成功的。这种情况下，要么重新考量，要么放弃切分。因为这种不对应的关系会使互斥量的所谓保护失去意义。即使只是包含了对同一个共享资源的不同操作，也应该仔细考虑，怎样保证这些不同的操作在被同时执行时不会给共享资源或程序正常流程造成破坏。例如，在前面那个计数器的例子中，我就不会也不应该把获取计数器值的操作和更新计数器值的操作分别置于两个临界区之中。

除此之外，还需特别注意，尽量不要让不同的互斥量所保护的临界区重叠。因为这会大大增加死锁发生的几率。图 3-15 展示了因互斥量的使用不当而造成的死锁。

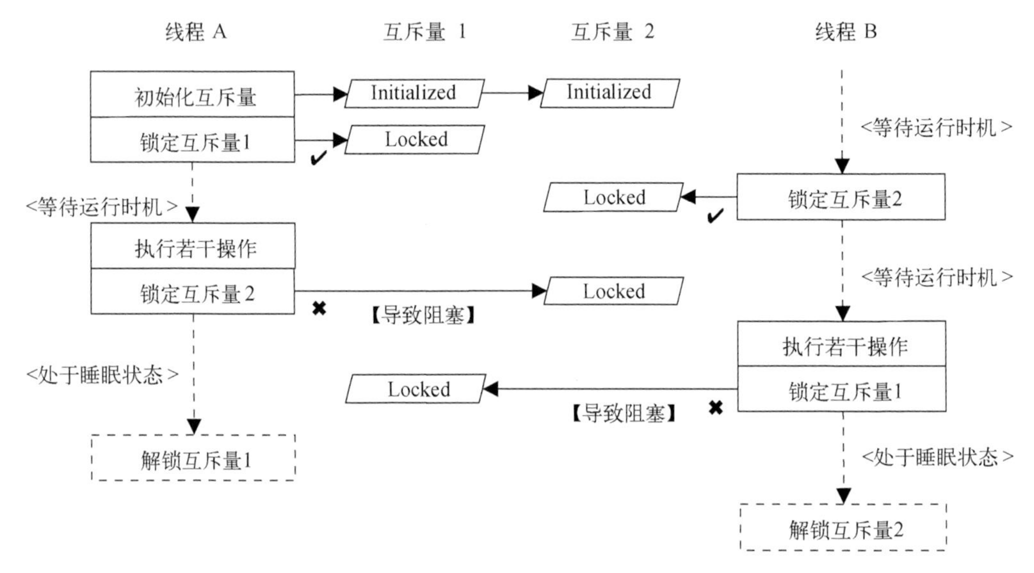

图 3-15　因互斥量的使用不当造成的死锁

如图 3-15 所示，线程 A 和线程 B 在一开始就分别锁定了一个互斥量 1 和互斥量 2。而后，在它们还未释放自己所持的互斥量的情况下，就想去锁定已被另一方锁定的互斥量。线程 A 在成功锁定互斥量 2 之前不会解锁互斥量 1，而线程 B 在成功锁定互斥量 1 之前也不会解锁互斥量 2。实际上，线程 A 永远不能解锁互斥量 1，线程 B 也永远不能解锁互斥量 2。它们相持不下并使另一方和自己永远处于睡眠状态。如此一来，如果当前进程只包含线程 A 和线程 B 的话，死锁就产生了，整个进程的运行就会停滞。即使它们不是当前进程包含的全部线程，也会使该进程在功能和性能上都大打折扣，这些都是我们不希望看到的。

作为并发程序的设计者，我们应该坚决避免发生可预见的死锁。如前文所述，如果可以保证不同的互斥量所保护的临界区之间不存在任何重叠，就可以避免因互斥量使用不当而造成的死锁。但是，如果出于某种原因，我们无法对此作出保证，或者必须要使用临界区重叠的多个互斥量，又该怎么办呢？

在这种情况下，有两种通用的解决方法。其中一个方法需要用到操作系统提供的线程库的功能，它叫作“试锁定-回退”。其核心思想是，如果在执行一个代码块的时候，需要先后（顺序不定）锁定两个互斥量，那么在成功锁定其中一个互斥量之后应该使用试锁定的方法来锁定另一个互斥量。如果试锁定第二个互斥量失败，就把已锁定的第一个互斥量解锁，并重新对这两个互斥量进行锁定和试锁定。如果需要锁定的互斥量多于两个，那么总是先锁定其中一个，然后再按照上面的方法试锁定其他互斥量并在必要时进行回退。这里的试锁定代表的是操作系统的线程库所提供的一个函数，它会尝试对一个互斥量进行锁定。若锁定失败，则该函数会直接返回一个错误码，而不是被阻塞在那里。这一点很重要，也是避免产生死锁的关键。当然，回退环节也很有必要。因为如果试锁定失败，就说明有其他线程已经先于当前线程进入或试图进入这个受多个互斥量保护的代码块。这时，当前线程知趣地暂时放弃对这些互斥量的争夺，并在过后重新尝试。虽然从理论上来看，这种方法几乎可以应对所有临界区重叠的情况，但是它却也大大增加了程序的复杂性，尤其是在分别对多个互斥量的锁定操作之间夹杂着其他操作时。在重新对多个互斥量进行锁定的同时，往往还要考虑到其他状态的回退。而后者的复杂程度也决定着整个回退环节的可行性。另外，在使用试锁定和回退方法的时候，对多个互斥量解锁的顺序也要与锁定它们的顺序完全相反。特别是，一定要在最后解锁那个第一个锁定的互斥量。这可以在很大程度上减少回退的次数。

另一种通用解决方法更加廉价。它不需要用到更多的线程库函数，也不会像第一种方法那样对程序的复杂度有那么大的影响，称作“固定顺序锁定”。顾名思义，它的思路是在需要先后对多个互斥量进行锁定的场景下，总以固定不变的顺序锁定它们。就前面的示例而言，如果线程 A 和线程 B 总是先锁定互斥量 1，再锁定互斥量 2，那么对它们的锁定就不会造成死锁。因为在成功锁定互斥量 1 之前，线程永远无法执行对互斥量 2 的锁定操作，从而避免了它们分别持有另一方想要锁定的互斥量的情况。另一方面，互斥量 1 和互斥量 2 的解锁操作的顺序与其锁定操作的顺序之间没有强制性的约束，这取决于具体的流程设计。但在一般情况下，解锁操作的顺序与其锁定操作的顺序相反。这是因为往往需要保证在一个线程完全离开这些重叠的临界区之前，不会有其他同样需要锁定那些互斥量的线程进入到那里。

显然，这两种方法都能够有效地解决死锁的问题。但是，在解决问题的同时，我们也需要付出一些代价。前一种方法虽然更加通用但却会使程序更加复杂，而后一种方法既简单又实用，但是它却因固定的操作顺序而降低了程序的灵活性，同时在适用场景方面也有些许限制。例如，在不能确定线程对多个临界区的访问顺序的情况下，就无法使用“固定顺序锁定”来预防死锁。当然，混用这两种方法有时候也会是不错的选择。比如，在访问顺序可控的临界区上使用“固定顺序锁定”的方法，而在访问顺序不可控或者需要更大灵活性的地方使用“试锁定-回退”方法。不过无论怎样，它们都属于下策，并且都是一种对不优雅或者不得以的补救措施。请记住，保持共享数据的独立性是预防因使用互斥量而导致死锁的最佳方法。如果共享数据之间的关联无法消除，那么尽可能使多个临界区之间没有重叠。仅当这两点都无法得到保证时，才考虑使用“试锁定-回退”和“固定顺序锁定”的方法。

死锁几乎是使用互斥量时需要特别注意的唯一问题，同时它也是并发程序设计中最严重的问题之一，你应该想尽一切办法避免它的发生。

互斥量简单而高效，并且适用于共享数据的绝大部分同步场景。互斥量的实现会用到机器语言级别的原子操作，并仅在锁定冲突时才会涉及系统调用的执行。这使得互斥量比其他同步方法（比如信号量）的速度要快很多。

3. 条件变量

在可用的同步方法集中，还有一个可以与互斥量相提并论的同步方法——条件变量。与互斥量不同，条件变量的作用并不是保证在同一时刻仅有一个线程访问某一个共享数据，而是在对应的共享数据的状态发生变化时，通知其他因此而被阻塞的线程。条件变量总是与互斥量组合使用。当线程成功锁定互斥量并访问到共享数据时，共享数据的状态并不一定正好满足它的要求。下面就通过一个示例来描述条件变量的适用场景。

假设有一个容量有限的数据块队列和若干个会操作该队列的线程，你可以把数据块想象成具有明显边界的字节序列，其中一些线程会生产数据块并把它们添加到数据块队列中，而另一些线程会消费数据块并把它们从数据块队列中删除。这是一个经典的生产者-消费者问题。因为会有多个线程并发地访问这个数据块队列，所以我会把向数据块队列添加数据块的操作（以下简称添加操作）和从数据块队列中获取数据块并将其从队列中删除的操作（以下简称获取操作）都置于临界区之中，并用同一个互斥量加以保护。这样，我就能保证在执行添加操作的线程（以下简称生产者线程）未完成添加操作之前，其他生产者线程和执行获取操作的线程（以下简称消费者线程）都无法进行相应的操作。同时也可以保证，一个数据块只会被某一个消费者线程取走。也就是说，我使用互斥量保证了队列中的每一个数据块的正确性和完整性。但是，即使有了互斥量的保护，也可能发生以下两种情况。

- 第一种情况是生产者线程获得互斥量，却发现数据块队列已满，无法再添加新的数据块。这时，生产者线程可能会在临界区内等待，直到数据块队列有空余空间以容纳新的数据块。这里的等待行为往往是通过循环判断数据块队列的已满状态来实现的。一旦判断的结果为假，循环就会立即结束并执行数据块添加操作，如图3-16所示。

  生产者线程这样做会导致一个严重的问题。如果在当前线程第一次判断队列是否已满时结果就为真，那么它会一直循环地获取队列状态并判断队列是否已满，直到永远。由于当前线程在完成添加操作之前不会解锁互斥量，所以会使任何消费者线程都无法取走队列中的数据块。如果队列中的数据块不会被取走，判断队列是否已满的结果又怎么可能为假呢？注意，这样就产生了一个死循环！再次强调，你应该尽力避免可预知的死锁发生！由于上述流程的问题很明显，所以可以很容易地改进它，具体如图 3-16 所示。

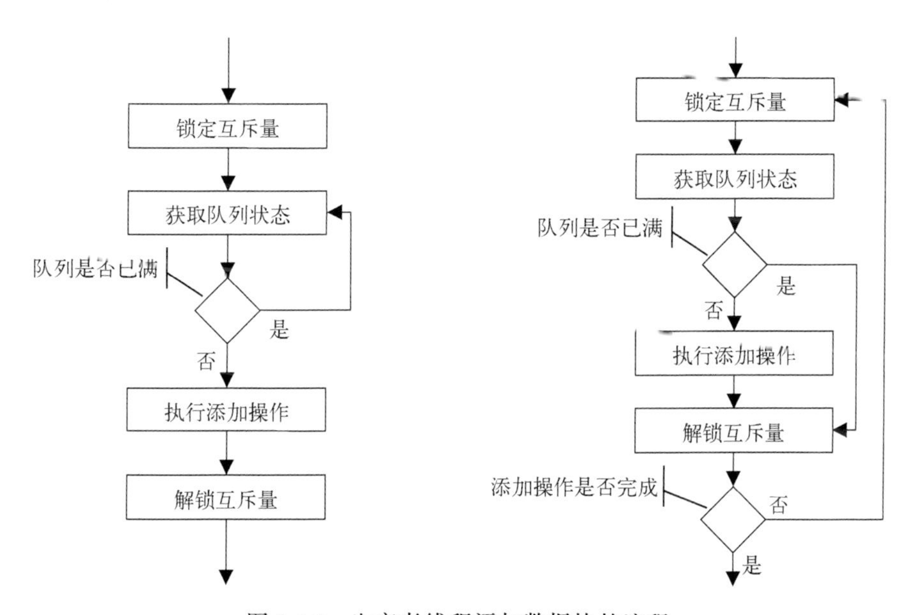

图 3-16　生产者线程添加数据块的流程

由图 3-16 可知，我现在把锁定和解锁互斥量的操作与数据块添加操作一起放到了循环体里面，这把前面造成的那个死锁问题消除掉了。因为无论队列是否已满、添加操作是否可以进行，互斥量都会被解锁。不过，这个改进后的流程还是存在缺陷的。如果队列长时间处于已满状态，那么这里的循环体就会执行很多次，其中包括对互斥量的那两个操作。这样的循环无疑会造成 CPU 资源的浪费。另外，如果生产者线程有很多，那么当判断队列是否已满的结果为假时，添加操作就一定能够成功吗？请读者带着这些问题接着往下看。顺便提一句，如果添加操作在执行时引发了异常并使该流程意外终结，那么互斥量就永远不会被解锁。这又该怎样解决？讲 Go 中的互斥量时再来讨论这个问题。

- 第二种情况是消费者线程得到互斥量，但却发现数据块队列为空。这时，消费者不得不也循环检查队列状态，并在队列中存在数据块时再尝试获取它，相应的流程如图3-17所示。

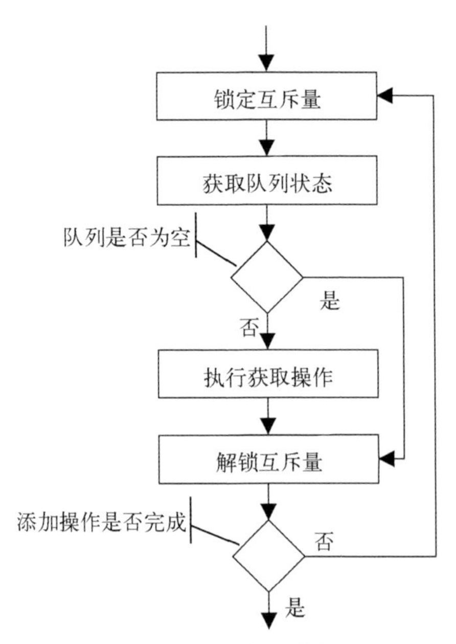

图 3-17　消费者线程获取数据块的流程

显然，这个流程与前面那个改进后的生产者线程的流程非常类似，并且也存在相同的缺陷。这里就不重述了。

如果添加操作和获取操作能够在条件不满足时自行阻塞，并且一旦条件满足就能立即进行操作重试就好了。这样的话，我就不用在外部使用互斥量了。但遗憾的是，这里的数据块队列本身并没有这样的能力，不过幸好我能够使用条件变量来解决这个问题。更确切地说，条件变量恰恰是解决这类问题的利器。

与互斥量相同，使用条件变量前，必须创建和初始化它。同样，条件变量的初始化必须要保证唯一性。另外，条件变量在真正使用之前，还必须要与某个互斥量进行绑定，这与它的具体操作有关。条件变量提供的操作有如下 3 种。

- **等待通知（wait）**。它的意思是阻塞当前线程，直至收到该条件变量发来的通知。

- **单发通知**（signal）。它的意思是让该条件变量向至少一个正在等待它通知的线程发送通知，以表示某个共享数据的状态已经改变。请注意，这里的signal与我在上一节所讲的信号是两个不同的概念，为了避免混淆，我把条件变量发送的信号称为通知。
- **广播通知**（broadcast）。它的意思是让条件变量给正在等待它通知的所有线程发送通知，以表示某个共享数据的状态已经改变。

实际上，等待通知的操作并不是简单地阻塞当前线程。在执行该操作时，会先解锁与该条件变量绑定在一起的那个互斥量，然后再使当前线程阻塞。这里隐藏着两个细节。

- 第一个细节是，只有在当前的共享数据状态不满足条件时，才执行等待通知操作，而检查共享数据的状态也需要受到互斥量的保护。换句话说，检查共享数据状态和等待通知的操作都需要在相应的临界区内进行。因此，等待通知操作中包含的解锁互斥量的那个步骤不会造成任何问题，它没有违反互斥量的基本使用原则。
- 第二个细节与等待通知操作中包含解锁互斥量步骤的原因有关。如果等待通知操作在阻塞当前线程之前不对互斥量进行解锁，那么其他线程也无法进入相应的临界区。这与我在前面讲述的生产者线程的最初流程相似。如果当前线程因等待共享数据状态的改变而被阻塞，而其他线程也因互斥量的阻挡而无法改变共享数据的状态，那么会形成死锁。更重要的是，等待通知操作所包含的解锁互斥量和阻塞当前线程的步骤共同形成了一个原子操作。也就是说，在等待通知操作使当前线程阻塞之前，任何线程都无法锁定相应的互斥量。这样做的原因与其他线程在进行相关操作时所处的环境有关，如图3-18所示，稍后讲单发通知操作时再说明它。

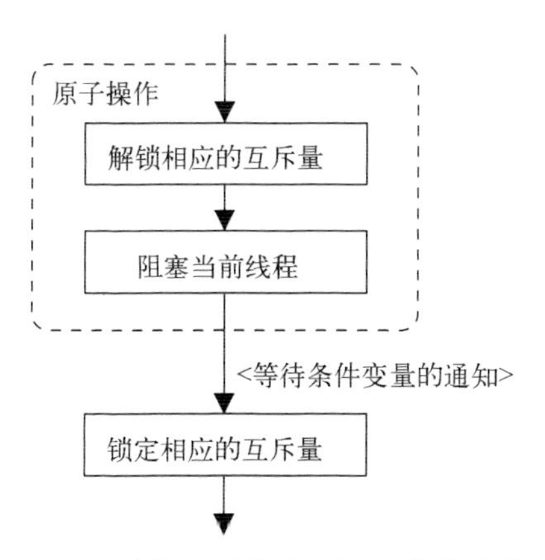

图 3-18　条件变量的等待通知操作的内部流程

等待通知操作的精妙之处不止于此。当等待通知操作因收到条件变量发送的通知而唤醒当前线程后，会首先重新锁定与该条件变量绑定在一起的那个互斥量。如果该互斥量已经被其他线程抢先锁定，那么当前线程会再次进入睡眠状态。为什么要重新锁定那个互斥量？其主要原因是条件变量的设计者认为，线程在执行等待通知操作的地方被唤醒后，一般会立即访问共享数据。事实也确实如此。确切地说，一旦线程收到条件变量的通知，就立即再次检查共享数据的状态以判断其是否满足条件。为什么要这么做？请看下面的这个反例。在生产者线程向队列添加数据块的流程中加入对条件变量的运用，并且当该线程在执行等待通知操作处被唤醒之后，不再检查队列的状态而直接向队列添加数据块，其流程如图 3-19 所示。

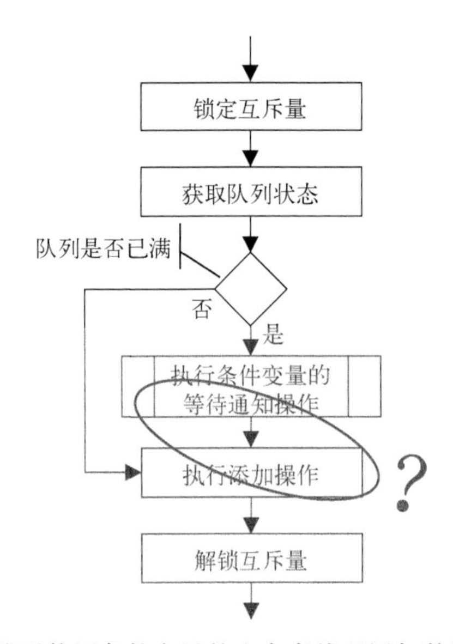

图 3-19 错误使用条件变量的生产者线程添加数据块的流程

圆圈覆盖的部分就是此流程的问题所在：当前线程被唤醒后直接执行了添加操作。如果生产者线程只有一个的话，可能不会出现什么问题，但是真实场景中往往没有这么简单。在队列已满的情况下，可能会有多个生产者线程相继因执行等待通知操作而进入睡眠状态。由于不知道在队列有空余空间的时候，会有多少个生产者线程接收到该条件变量的通知，所以我们总是应该考虑多个生产者线程同时接收到通知的情况。当这种情况发生时，如果一个生产者线程被唤醒并直接执行添加操作，那么就有可能使该操作失败。因为可能会有其他生产者线程抢先向队列添加了数据块，致使该队列又处于已满的状态。如此一来，那个生产者线程可能需要再次尝试添加数据块。如果再次尝试，为了保证成功率，就必然还要先检查队列的状态，这样做的效率很低，因为线程始终会执行成功率低下的添加操作。如果不再次尝试，就等于甘愿承受数据块添加操作失败。显然，无论是否再次尝试，都不是正确且高效的方案。其本质在于，这里错过了再次检查队列状态的最佳时机。如果在执行添加操作之前再次检查队列的状态，并保证仅在条件满足时才执行添加操作，就可以保证添加操作成功。请看图 3-20 所示的流程图。

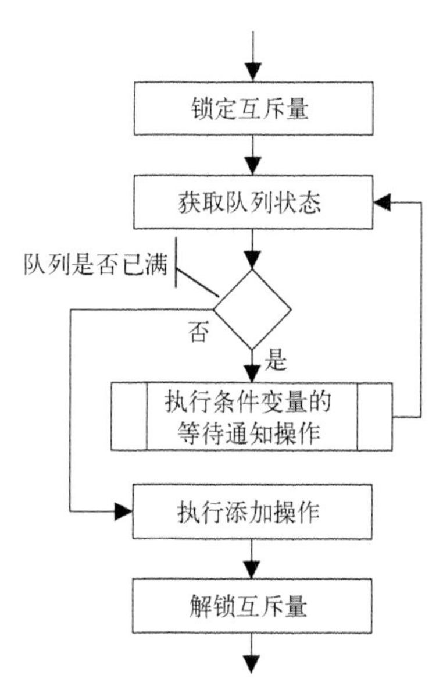

图 3-20 使用条件变量的生产者线程添加数据块的流程 1

我使用了一个循环体让线程在被唤醒时总是重新检查队列的状态。这样的话，即使被其他线程抢先了一步，当前线程仍然可以再次利用等待通知操作重新等待操作时机。如果再次确认了队列的不满状态，就可以放心执行添加操作了。所以，此流程是正确和高效的。注意，在有些多 CPU 的计算机系统中，即使没有接收到条件变量的通知，线程也有可能被唤醒。所以，我们更应该依据此流程运用等待通知操作。

下面就来说说条件变量的单发通知操作和广播通知操作，这两个操作的作用都是向因执行相同条件变量的等待通知操作而被阻塞的线程（以下简称等待线程）发送通知。但不同的是，前者只保证至少会唤醒一个等待线程，而后者则必然会唤醒所有的等待线程。这就决定了这两项操作的适用场景。如果明知道等待线程都在等待共享数据的同一个状态，并且在某个等待线程被唤醒并执行相应操作之后，共享数据的状态就不再满足等待线程的条件了，那么再使用广播通知操作来通知等待线程肯定是低效的。前面所述的数据块队列的例子就是这样的典型案例。所有的生产者线程都在等待队列非满的状态。如果使用广播的方式来发送通知，那么虽然所有已在等待的生产者线程都会接收到该通知，但是一旦某个生产者线程被唤醒并抢先向队列添加了一个数据块，那么该队列的状态又会回到已满的状态。据此，我只要通知一个生产者线程以示意可以向队列添加新的数据块就可以了。通知更多的生产者线程只会让它们白白浪费 CPU 的资源，从而使程序的整体性能降低。如果一个等待线程接收到通知但未能及时作出响应，那么这个通知就属于过剩通知，这种情况下，因接收到通知而唤醒等待线程的这个动作也称为伪唤醒。请记住，它们会对程序的运行带来负面影响。

为了及时向生产者线程告知等待队列的非满状态，需要对原有的消费者线程获取数据块的流程进行改进，改进后的流程如图 3-21 所示。

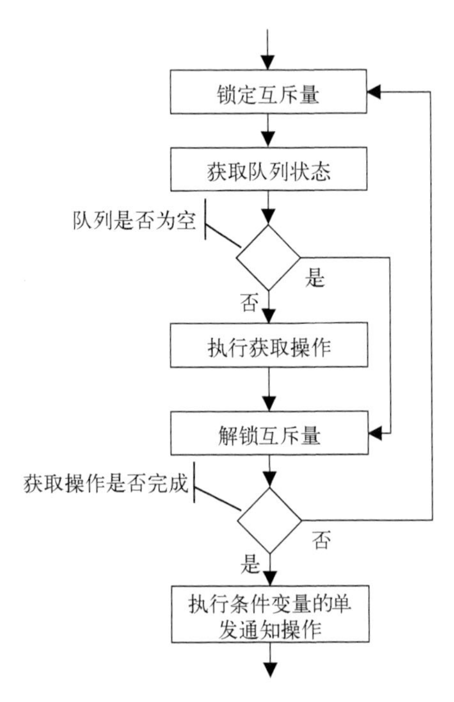

图 3-21　使用条件变量的消费者线程获取数据块的流程 1

可以看到，我只是在确认获取操作执行完成后，添加了执行条件变量的单发通知操作。这意味着，每当队列中的一个数据块消费之后，相应条件变量的单发通知操作都会执行一次。注意，条件变量的通知具有即时性。通知只是负责向等待线程发送一个信号以告知共享数据的状态发生了某种变化，而不会存储相关信息。在通知被发送的时候，如果没有任何线程正在等待此条件变量的通知，那么该通知就会被直接丢弃，并且也绝不会传递到之后才开始等待它的线程那里。换句话说，通知稍纵即逝，并且不会留下任何痕迹。因此，我们丝毫不用担心这样频繁的通知发送操作会给生产者线程的正常流程带来什么不利影响。

现在我来解释一下前面埋下的那个问题：为什么等待通知操作所包含的解锁互斥量

和阻塞当前线程这两个步骤需要共同组成一个原子操作？回顾一下，等待通知操作在执行的时候会先解锁互斥量再阻塞当前线程，但是由于这两个步骤共同组成了一个原子操作，所以在当前线程阻塞之前，其他线程无法锁定该互斥量。这里依然以生产者线程中执行的等待通知操作为例来介绍。在生产者线程执行等待通知操作的过程中，消费者线程无法从队列那里获取数据块，并且也无法执行之后的单发通知操作。如果双方的操作同时发起，那么消费者线程执行这些操作的时间势必会被推后一点。这里存在一点时间损耗，但小到可以忽略不计。可是，如果那两个步骤不共同形成原子操作，那么在生产者线程执行等待通知操作的过程中（已解锁互斥量，但还未阻塞当前线程），虽然同一个条件变量发送的通知可能会传递给它，但是它无法做出任何响应。原因是这时的生产者线程还没有为接收通知做好准备。它此时还未进入睡眠状态并开始等待通知。更重要的是，在通知达到之后，生产者线程还会被阻塞。因此，这时达到的通知不会起到任何作用，并且还可能引发一些冲突。可见，把等待通知操作中的这两个步骤合为一个原子操作非常有必要。

到目前为止，我仅讲到了生产者线程怎样利用条件变量来等待队列状态的更新并及时做出响应，以及消费者线程在什么时候让该条件变量向正在等待通知的生产者线程发送通知。但是，不要忘了在这个示例中还存在另外一种对称的情况，那就是消费者线程需要利用条件变量等待空队列的非空状态的出现并试图从队列那里获取新的数据块，同时发送者线程也应该在每次数据块添加操作完成之后，让该条件变量发送通知给正在等待的消费者线程。

注意，为了向特定的等待线程告知队列已处于非满状态或非空状态，需要分别创建两个条件变量。为了加以区分，我们把用来关注队列的非满状态的条件变量称为条件变量 1，而把用来关注队列的非空状态的条件变量称为条件变量 2。由于在生产者线程和消费者线程中对数据块队列的操作都由同一个互斥量保护，所以条件变量 1 和条件变量 2 也必须与这个互斥量进行绑定，这样才能达到预期的效果。

为了在添加操作完成后向消费者线程告知队列已处于非空状态，我还需要对前述的那个生产者线程执行的流程稍作修改，新的流程图如图 3-22 所示。

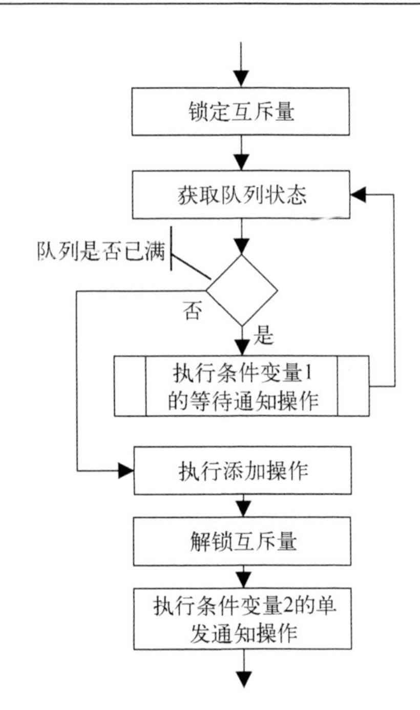

图 3-22　使用条件变量的生产者线程添加数据块的流程 2

对前面的消费者线程流程的改造也是必需的。这与先前对生产者线程流程的改进方式非常类似。需要让消费者线程在发现队列未处于非空状态时等待条件变量 2 的通知，让消费者线程在被唤醒时重新检查队列的状态，并在必要时再次等待条件变量 2 的通知，如图 3-23 所示。

可以看到，经过几番改进之后，消费者线程获取数据块的流程与生产者线程添加数据块的流程非常相似。实际上，这两类线程都利用条件变量实现了更高级的同步效果，这使得它们的运行效率和协作能力都得到了进一步的提高。

在你真正理解条件变量的单发通知操作的特点和使用方法后，广播通知操作就不难理解了。实际上，从易用性的角度来看，广播通知操作更胜一筹。只要等待线程可以处理好过剩的通知，那么广播通知就总是能够达到目的。而且在某些应用场景下，广播通知操作是更适合的。例如，如果多个等待同一个条件变量通知的线程所期望的共享数据状态存在多样性，那么以广播的方式发送通知就是最好的选择。准备发送通知的线程（以下简称发送线程）无法得知在执行单发通知操作之后哪个线程会接收到该通知，因此它只能执行广播通知操作向所有的等待线程告知共享数据的状态已发生变化，并且不会（也不可能）关心哪些等待线程会对这一状态变化感兴趣。等待线程在被唤醒后，会去重新检查共享数据的状态，并自行决定是对此状态做出响应还是继续等待下一个通知。

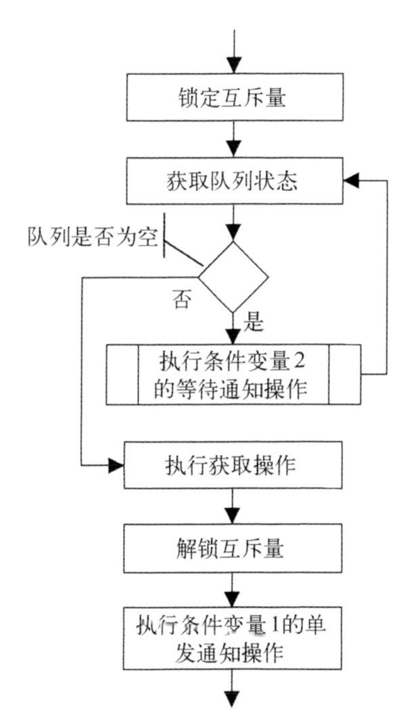

图 3-23 使用条件变量的消费者线程添加数据块的流程 2

到这里，我已经详细说明了多线程编程中两个非常重要的同步工具。互斥量可以实现对临界区的保护，并会阻止竞态条件的发生。条件变量作为补充手段，可以让多方协作更有效率。Go 作为原生支持并发编程的语言，提供了相应 API。有了上述知识作为铺垫，使用那些 API 一定会是非常容易的事情。

4. 线程安全性

在本节的最后，我来简要说一下线程安全性这个概念。如果有一个代码块，它可以被多个线程并发执行，且总能够产生预期的结果，那么该代码块就是线程安全的（thread-safe）。举个例子，如果代码块中包含了对共享数据的更新操作，那么这个代码块就可能是非线程安全的。但是，如果该代码块中的类似操作都处于临界区之中，那么这个代码块就是线程安全的。

经常被置于线程安全问题之中的代码块就是函数，这不仅仅是因为函数是最常用的独立代码块，更是因为函数的线程安全性有着更多的含义。让函数具有线程安全性的最有效方式就是使其可重入（reentrant）。如果某个进程中的所有线程都可以并发地对一个函数进行调用，并且无论它们调用该函数的实际执行情况怎样，该函数都可以产生预期的结果，那么就可以说这个函数是可重入的。更通俗地讲，如果多个线程并发地调用该函数，与它们以任意顺序依次调用它所产生的效果总是相同的，那么该函数就是一个可重入函数。

如果一个函数把共享数据作为它返回的结果或者包含在它返回的结果中，那么该函数就肯定不是一个可重入函数。因为如果其他线程在该结果返回之后更新了其中的共享数据，那么函数的调用方得到的结果就很可能不是该函数真正想返回的那个结果。这种情况是无法通过使用互斥量来解决的。因此，为了使函数可重入，我们必须也只能杜绝在该函数的返回结果中掺杂任何共享数据。当然，如果这些共享数据都是完全不可更新的话，就不会存在这样的隐患。一条更加通用的规则是，任何内含了操作共享数据的代码的函数都可以视为不可重入的函数。

使函数成为可重入函数是实现其线程安全性最直接的方式，并且也是最简单和最高效的方式。我们尽量编写可重入的函数，但是，如果做不到，或者该函数中需要调用某些不可重入的函数，就需要采取另一种办法——使用互斥量把相关的代码保护起来。

当然，为了实现线程安全的函数，把其中的所有代码都置于临界区中是可行的。但是，这往往也是一种很低效的方法。我们仔细从函数体中查找出操作共享数据的代码并用互斥量把它们保护起来。如果可能，还应该把这些代码从函数体中分离出来，这样有利于在之后施加保护措施。分离的方式可以是把它们聚集在一起，也可以是把它们独立成一个或多个函数。或者，把它们抽象并组装成一个数据结构并使这个数据结构具有线程安全性。当然，是否分离这些代码以及以怎样的方式分离它们取决于很多因素。最简单的方式就是把每条涉及操作共享数据的语句都用互斥量保护起来，这也是编码之初通常采用的方式。

无论怎样，互斥量的使用总会耗费一定的系统资源和时间。正如前文所说，使用互斥量的过程中总会存在各种博弈和权衡。如果在一个代码块中仅包含对共享数据的访问操作而不包含对它们的更新操作，那么在这个代码块之内就可以不使用互斥量。但一个必要的前提是，必须在真正使用共享数据之前就把它们完全复制到当前线程的线程栈之中。也就是说，线程需要自己维护一份它需要用到的共享数据的副本。对于函数来说，这样的副本是作为它的局部变量存在的。一般情况下，这样的函数是可重入的，也是线程安全的。因为它们的执行效果与是否并发执行它们无关。不过，有两个地方还需要注意。

- 如果当前进程中还并发执行了更新共享数据的代码的话，情况会有些不同。这些函数的执行效果可能受到更新操作的影响，而不管这些函数是否被并发执行。例如，在线程A正在更新一个较复杂的共享数据（无法仅用单一指令完成对它的更新）

但还未完成的时候，线程B访问了该共享数据并把它的值赋给了一个局部变量，这时线程B中的那个局部变量的值就只代表了该共享数据在更新过程中的一个中间状态。这是不正确的。虽然这种情况的发生需要一定条件，但是还是应该把它纳入到考虑范围之内。在这种情况下，是否可以省略对互斥量的使用，还需要依靠我们对程序的运行时状况的预判和评估。

- 如果某个局部变量的值中包含了对共享数据的引用，就不能说该局部变量所属的函数是可重入的。因为被这个函数间接使用到的共享数据的改变有可能影响到该函数的实际执行效果。这种情况极易成为一个漏洞，造成一些看起来匪夷所思的错误，并且非常难以察觉和定位。这也是我在前面强调必须对共享数据进行完全复制的原因。另外，若局部变量的值是指向某个共享数据的指针而不是其本身，也会使所谓的共享数据副本形同虚设。因此，如果你需要在线程内创建一个共享数据的副本，最好对它进行深层的复制。有时候，这可能非常费时、费力，并且会耗费系统资源。是否真的需要在涉及结构复杂的共享数据时依然使用这种方式使函数完全实现线程安全性还有待商榷。

再次强调，在你还未深入考虑过或者还没有最终确定使用哪一种方式保证线程安全性的时候，请使用互斥量保护好那些涉及共享数据操作（包括访问和更新）的代码。

在进行多线程编程时，总会遇到同步的问题，只有处理好它们才能够让程序正确并高效地运行。本节为读者抛出了一些常见的问题以及可以利用的工具。在Go中，一些容易导致错误的问题被它的运行时系统有效处理了，并在操作系统的多线程支持上为我们提供了更加先进的并发编程模型。这提供了极大的便利，这样我们在编写Go程序时可以更少地在这些非业务性问题上耗费精力。但是，Go依然通过标准库保留了那两个最重要且使用最广泛的同步工具——互斥量和条件变量，以备不时之需。

3.4 多线程与多进程

作为一种相对较新的并发编程方式，多线程编程有着明显的优势。不过，它的优势之处很可能也隐含着一些劣势，这使得我们在二选一的时候需要仔细考量一番。

你应该已经知道，在多个线程之间交换数据是非常简单和自然的事情，而在多个进程之间只能通过一些额外的手段（比如管道、消息队列、信号量和共享内存区）传递数据。显然，使用这些额外手段会增加开发成本。不过，线程间交换数据虽然简单但却由于可能发生竞态条件而不得不使用一些同步工具（比如互斥量和条件变量）加以保护。这些与业务逻辑无关的代码会增加程序的复杂度。并且，使用这些同步工具本身也是需要注重方式方法的。如果使用不当，可能造成程序性能大幅下降甚至发生死锁。这其中充满着各种博弈。因此，在进行多线程编程时，你需要仔细划分临界区，并评估实际情况后，再在原有代码上添加互斥量和条件变量的相关操作，以求同步的正确和高效。

并发编程方式的选择对程序的开发维护成本和运行性能都有着深远的影响。总体来说，多线程作为更加现代的并发编程方式在系统资源的利用和程序性能的提高方面都更具优势。但是，在某些情况下，比如对信号的处理、同时运行多套不同的程序以及包含多个需要超大内存支持的任务等，传统的多进程编程方式可能会更加适合。

选择并发编程方式的一个不能忽视的因素就是你所使用的编程语言。一些编程语言更适合编写多进程程序，而另一些编程语言则对多线程有着强大的支持。Go是两者兼而有之但更倾向于后者的，它对多线程技术的使用比其他语言更加先进和充分。

虽然每种编程语言都会倾向于某种并发编程方式，但是它们的最终目标都是在开发维护成本和运行性能上做出权衡，进而满足应用开发者的要求。因为程序的开发维护成本的降低和运行性能的提高在很多时候是相互对立的，它们之间常常存在着此消彼长的态势。所以，让程序在可容忍的开发维护成本的前提下高效地并发运行并不是一件容易的事。

Go的先进特性可以让我们非常快速地开发应用程序。同时，它的简约编程风格和工程哲学也让应用程序的维护成本总能保持在较低的水平上。更重要的是，Go程序的运行性能已经与传统的系统级别编程语言相差无几了。Go天生就是用来编写并发程序的，它完全可以胜任适合采用多线程编程方式的所有应用场景。并且，一些不适合在多线程程序中执行的任务（比如信号处理），它也可以很容易完成。总之，使用Go编写并发程序能够帮助我们更快速、更轻松地达到目标。

3.5　多核时代的并发编程

几十年来，计算机硬件工业一直与摩尔定律相吻合：每18个月台式计算机的运行速度就会翻一倍。除了对算法和软件架构的改进，软件开发者们还依赖摩尔定律让他们的软件跑得更快。然而，由于单CPU的时钟频率越来越难提高，制造商们转而把精力放在增加CPU的核心数量上，这使得软件开发者们有机会让他们的程序真正并行地运行起来。图3-24展示了在单核CPU和多核CPU上运行并发程序的区别。

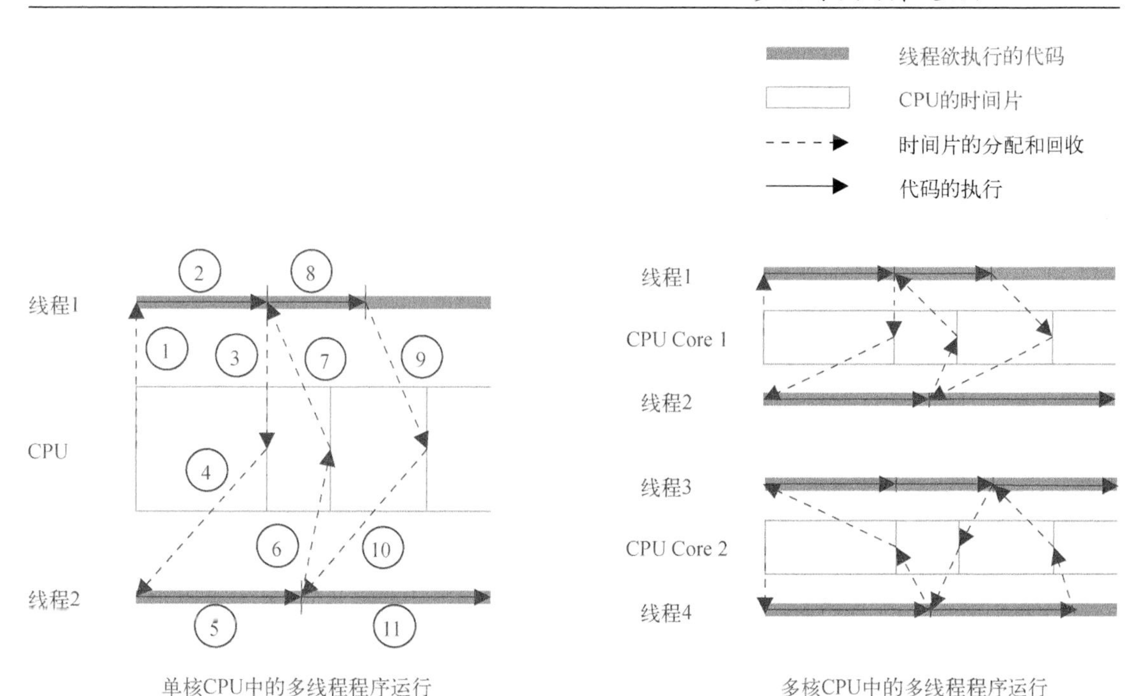

图 3-24　单核 CPU 和多核 CPU 上运行并发程序的区别

如图 3-24 所示，当在单核 CPU 上运行多线程程序时，每一时刻 CPU 只可能运行一个线程。但由于操作系统内核会根据调度策略切换 CPU 运行的线程，所以一般情况下你会感觉多个线程在同时运行。此处的同时运行实际上只能算作是并发运行，这就是图 3-24 左半部分展示的含义。在图 3-24 的右半部分，在一个双核心的 CPU 上运行着一个拥有 4 个线程的进程。其中，线程 1 和线程 2 在 CPU 核心 1 上运行，线程 3 和线程 4 在 CPU 核心 2 上运行。在同一时刻，线程 1 和线程 2 中只会有一个运行，而线程 3 和线程 4 中也只会有一个运行。这里可以说，这 4 个线程是并发运行的。但是，同一时刻 CPU 核心 1 和 CPU 核心 2 上会分别运行一个线程，此时可以说这两个线程正在被并行运行。由此，可以看出并发运行和并行运行的区别。并发运行是指多个任务几乎被同时发起（或者说开始）运行，但是在同一时刻这些任务不一定都处于运行状态，这取决于 CPU 核心或者 CPU 的数量。相比之下，并行运行指的是在同一时刻可以有多个任务真正地同时运行。并行运行的必要条件是多 CPU 核心或多 CPU 的计算环境。因此，并行运行可以看作并发运行的一个更高级的层次，或者说，并行运行的一个必要条件就是并发运行。

这里可以得出一个结论：让程序真正在多核 CPU 上并行运行起来的前提是采用某种并发编程方式来编写程序。在这个前提下，操作系统内核能够通过调度使多个进程或线程并行运行于不同的 CPU 核心之上。这可以更加充分地利用计算机硬件以进一步提高程序的运行性能。因此，现在软件开发者的一个主要任务就是让程序更加高效地并发运行。这里的高效是指，在保证程序正确性和可伸缩性的前提下提升程序的响应时间和吞吐量。

响应时间和吞吐量是两个重要的程序性能测量指标。响应时间是指从计算请求提交到计算结果可用之间的实际耗时。对于一个长期运行的程序（比如各种服务端程序）来说，响应时间是非常重要的性能指标。吞吐量是指在一个时间单元（比如秒或分钟）之内程序完成并输出结果的计算任务的数量。采用多进程或多线程编程是可以让此指标提升的主要方法。不过，这也取决于实际运行程序的计算机硬件的性能（比如 CPU 的时钟频率和核心数量）。

另外两个与并发编程关系更加紧密的是程序的正确性和可伸缩性。正确性是指程序的行为应该与程序设计者的意图严格一致，即使在它并发运行的时候也应该如此。因为进程或线程间的上下文切换可能发生在任何时刻，所以并发程序应该保证那些并发执行的操作的有效性和完整性。这一般可以通过之前讲到的各种同步方法来实现。并发程序的可伸缩性主要体现在增加 CPU 核心数量的情况下，其运行速度不会受到负面影响。乍一看，这是理所当然的。因为 CPU 核心数量的增加意味着计算机硬件性能的增强。这种增强理应使程序运行得更快。但是，事实上，并发程序运行速度的提升曲线会随着 CPU 核心数量的增加而趋于平缓。这种趋于平缓的态势主要取决于并发程序中使用的同步方法的数量和执行耗时。对于同一个程序来说，其中同步方法的数量越多、执行耗时越长，其运行速度的提升曲线趋于平缓的态势就越明显。为什么会这样？其根本原因就在于这些操作的复杂性。这里的复杂性倒不是说我们使用它们会有多复杂，而是说它们的实现会比较复杂。就拿互斥量来说，为了消除竞态条件，它让多个线程不能同时执行临界区中的代码。换句话说，各个线程只能串行执行这些同步的代码，这可以使并发程序得以正确运行。可是，这种在并发运行过程中的串行化执行是需要付出代价的。这需要操作系统内核和计算机硬件（主要指 CPU）的共同努力才能够完成。这涉及一些必要的底层协调工作，尤其是当 CPU 核心不止一个的时候。这种协调工作本身就会对 CPU 运行程序的效率产生不可小视的负面影响。类似的协调工作越多，这种负面影响就会越大。在绝大多数情况下，CPU 核心数量的增加也意味着在执行同步方法的时候需要更多的协调工作。显然，这对并发程序的运行性能是有害的。这也是我之前建议尽量编写可重入函数的原因之一。其目的就是消除函数中的同步方法。不过，让并发程序的运行速度丝毫不受影响是不可能的，我们也只能尽力而为之。

说到这里，你可能会意识到，程序的正确性和可伸缩性之间有时候会存在一定的矛盾，事实也确实是这样。当并发程序中包含了对共享数据的操作时，保证这些操作的并发安全性总是必需的。这也是保证并发程序的正确性的重要方法之一，其中，最直截了当的保证手段就是使用编程语言或者某些函数库提供的同步方法。当然，这些方法最终还是由操作系统和计算机硬件来支持的。使用这些保证并发安全的手段就意味着给程序的可伸缩性施加了更强的约束。这种约束与程序的运行性能是成反比的。因此，如果想在多 CPU 核心的计算环境中进一步提升并发程序的运行性能，以更加高效的方式来实现代码块的并发安全性是我们努力的方向。显然，减少对各种同步方法的使用是最简单和有效的。但是，我们通常很难做到这一点。因为保证程序的正确性永远是第一要务。因此，以更加得当的方式使用这些方法就至关重要了。下面，我就此问题给出几条建议。

- **控制临界区的纯度**。临界区中仅应包含操作共享数据的代码。也就是说，尽量不要把无关代码囊括其中，尤其是各种相对耗时的I/O操作（注意，调用打印函数也是I/O操作）。夹杂无关代码只会让临界区的界限模糊并进一步影响程序的运行性能。
- **控制临界区的粒度**。由于粒度过细的临界区会增加底层协调工作的发生次数，所以有时候你需要粗化临界区。如果存在相邻的多个临界区，并且它们内部都是操作同一个共享数据的代码，那么就合并它们。若在它们之间夹杂着一些无关代码，则试着调整这些代码的位置，即把它们放在合并后的临界区的前面或后面。如果实在无法调整，就需要在临界区的纯度和粒度之间进行权衡。简单地说，如果没有长耗时的无关代码，就把它们合并在一起，否则只能放弃合并。总之，你应该优先考虑减少粒度过细的临界区。
- **减少临界区中代码的执行耗时**。提高临界区的纯度可以减少临界区中代码的执行耗时。但是，如果操作共享数据的代码本身执行起来就很耗时，那又该怎么办呢？这分为两种情况。

  - 第一种情况，临界区中包含了对几个共享数据的操作代码。在这种情况下，无论这些操作不同共享数据的代码之间是否存在强关联，都可以考虑把它们拆分到不同的临界区中，并使用不同的同步方法加以保护。这里不存在粒度过细的问题，因为它们针对的是不同的共享数据。不过这需要注意另外一些问题，详见 3.3.2 节中讲到的因互斥量使用不当而造成的死锁问题。
  - 第二种情况，临界区中仅包含了操作同一个共享数据的代码。这时你往往不能通过调整临界区的方式达到减少耗时的目的，因为粒度过细的临界区反而会增加额外的时间消耗，所以正确的做法是检查其中的业务逻辑和算法并加以改进。

- **避免长时间持有互斥量**。线程长时间持有某个互斥量所带来的危害是明显的。同样明显的是，在减少临界区中代码的执行耗时的同时可以减少线程持有相应互斥量的时间。不过，有时候使用另一个方法同样可以起到很好的作用。这个方法就是使用条件变量。条件变量会适时地对互斥量进行解锁和锁定，所以线程持有互斥量的时间会明显减少。在临界区中的代码会等待共享数据的某个状态的情况下，使用条件变量往往会达到非常好的效果。

- **优先使用原子操作而不是互斥量**。这样做的理由是，使用互斥量一般会比使用原子操作造成大得多的程序性能损耗。并且，随着CPU核心数量的增加，这一差距会被进一步拉大。当你的共享数据的结构非常简单（比如数值类型）时，建议使用原子操作来代替附加了互斥量操作的代码。原子操作会直接利用硬件级别的原语来保证操作成功和数据的并发安全。不过，遗憾的是，对于结构稍复杂一些的共享数据，原子操作就无能为力了。因此，这条建议的适用范围比较有限。

上述这些建议的最终目标都是在不失去程序的正确性的前提下最大限度地提高程序的可伸缩性。为什么要提高程序的可伸缩性？原因是，相比于通过优化程序的方式提升其运行性能来说，为运行它的计算机添加更多的 CPU 核心（或者更换一台拥有更多 CPU 核心的计算机）往往会更加直接、简单，甚至廉价。退一步说，它起码是提升程序运行性能的一个有力手段。而使用多进程以及多线程编程则是另一个有力的手段。后者更需要编程人员掌握一定的技巧。在没有这样的人员支持或者条件不充分的情况下，增强计算机硬件的性能通常会是首选。这也是现在云计算和弹性计算如此火热的主要原因之一。话说回来，你应该尽量让施加在并发程序上的“软提升”和“硬提升”在效果上产生叠加而不是抵消。在多核时代，怎样更好地利用并行计算提升程序的运行性能已经是一个应用程序开发者必须要考虑的问题了。值得庆幸的是，Go 有能力助你一臂之力。

3.6　小结

在本章中，我介绍了并发编程方面的基础知识。Go 通过标准库中的一系列 API 为多进程编程提供支持。尤其是 socket 编程 API，你可以用它来做很多事情，包括跨网络通信、分布式计算等。使用 Go 时，无法也无需直接操作内核线程，但是仍然很有必要了解多线程编程中的概念、知识和问题。在真正理解高级解决方案之前，我们总是需要对底层技术有所探究。同步在并发编程中总是永恒的主题，因此我在本章多次深入探讨了同步问题。在 Go 中，你不但可以使用众多同步方法，还可以用其他方法来替代同步。对于单进程中的并发编程，Go 有着与众不同的并发编程模型和方法。

第 4 章 Go 的并发机制

Go 的并发编程模型非常有特点，它的运作机制也非常值得研究。因此，在讲解怎样使用 Go 进行并发编程之前，我们先一探它的精髓。

4.1 原理探究

在操作系统提供的内核线程之上，Go 搭建了一个特有的两级线程模型。goroutine 这个特有名词是 Go 语言独创的，它代表着可以并发执行的 Go 代码片段。Go 语言的开发者们之所以专门创建了这样一个名词，是因为他们认为已经存在的线程、协程、进程等术语都传达了错误的含义。为了与它们有所区别，goroutine 这个词得以诞生。

那么，goroutine 代表的正确含义是什么？Go 语言打出的标语是这样的：

不要用共享内存的方式来通信。作为替代，应该以通信作为手段来共享内存。

更确切地讲，把数据放在共享内存中以供多个线程访问，这一方式虽然在基本思想上非常简单，却使并发访问控制变得异常复杂。只有做好了各种约束和限制，才有可能让这种看似简单的方法得以正确地实施。但是，正确性往往不是我们唯一想要的，软件系统的可伸缩性也是高优先级的指标。可伸缩性越好，就越能获得计算机硬件（比如多核 CPU）的红利。然而，一些同步方法的使用，让这种红利的获得变得困难了许多。

Go 不推荐用共享内存的方式传递数据，而推荐使用 channel（或称“通道”）。channel 主要用来在多个 goroutine 之间传递数据，并且还会保证整个过程的并发安全性。不过，作为可选方法，Go 依然提供了一些传统的同步方法（比如互斥量、条件变量等）。

Go 的并发机制指的是用于支撑 goroutine 和 channel 的底层原理。下面让我们先一窥 Go 构建的两级线程模型，然后详细说明 Go 调度器的主要调度流程以及其他细节。建议你在感觉必要时与 Go 语言源码一同阅读，这样效果会更好。本节所讲的部分都囊括在 Go 标准库的 runtime 代码包中。

当然，如果你暂时不想关注底层的模型和实现，可以先跳过这一节。等到你想要或不得不了解它们的时候，再翻回来查阅也是可以的。

4.1.1　线程实现模型

依据我在上一章对两级线程模型的介绍，我们可以将 goroutine 看作 Go 特有的应用程序线程。但是， goroutine 背后的支撑体系远没有这么简单。

说起 Go 的线程实现模型，有 3 个必知的核心元素，它们支撑起了这个模型的主框架，简要说明如下。

- M：machine的缩写。一个M代表一个内核线程，或称“工作线程”。
- P：processor的缩写。一个P代表执行一个Go代码片段所必需的资源（或称“上下文环境”）。
- G：goroutine的缩写。一个G代表一个Go代码片段。前者是对后者的一种封装。

这些核心元素的表示相当精炼（只需一个字母），含义也非常明确。请记住这 3 个字母，我在后面会以它们代表对应的元素。

简单来说，一个 G 的执行需要 P 和 M 的支持。一个 M 在与一个 P 关联之后，就形成了一个有效的 G 运行环境（内核线程+上下文环境）。每个 P 都会包含一个可运行的 G 的队列（runq）。该队列中的 G 会被依次传递给与本地 P 关联的 M，并获得运行时机。在这里，我把运行当前 G 的那个 M 称为“当前 M”，并把与当前 M 关联的那个 P 称为“本地 P”。后面我会以此为术语进行描述。

从宏观上看，M、P 和 G 之间的联系如图 4-1 所示，但是它们的实际关系要比这幅图所展示的复杂很多。不过请先不用理会这里所说的复杂关系，让我们把焦点扩大一些，看看它们与内核调度实体（KSE）之间的关系是怎样的，如图 4-2 所示。

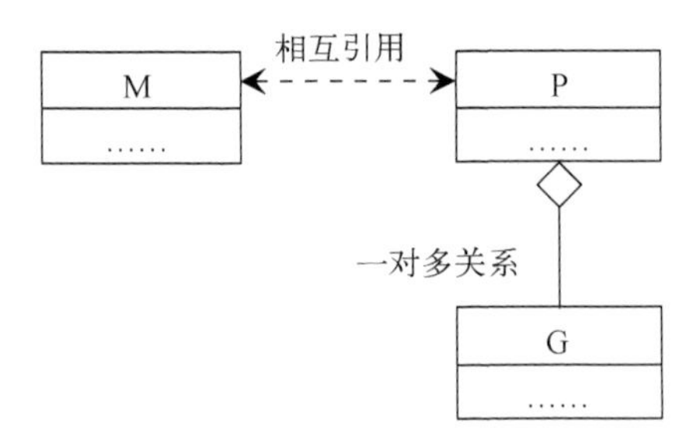

图 4-1　Go 语言线程实现模型中的 3 个核心元素

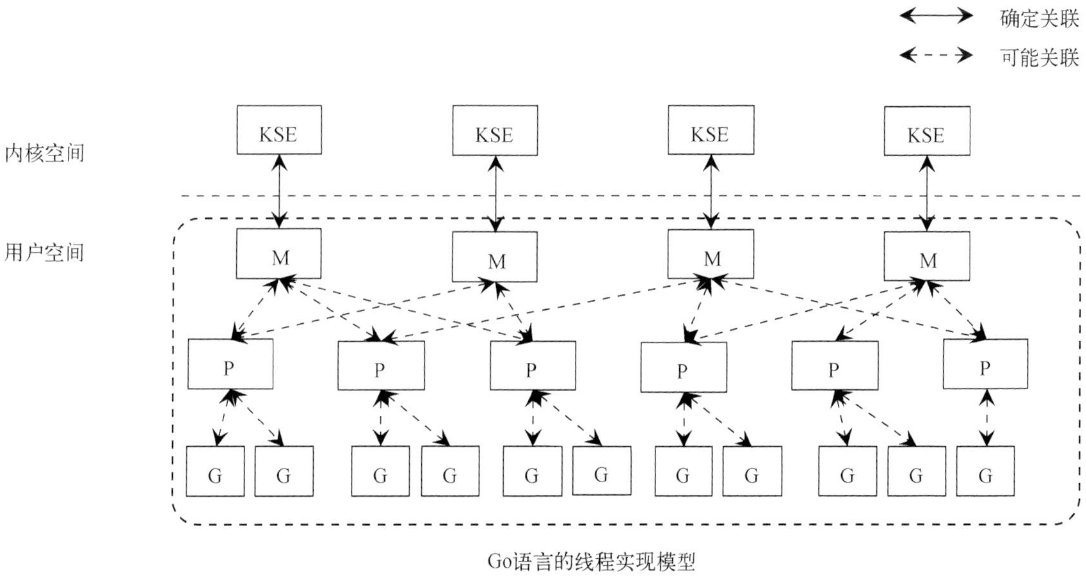

确定关联
可能关联
内核空间
用户空间

Go语言的线程实现模型

图 4-2　M、P、G 与 KSE 的关系

可以看到，M 与 KSE 之间总是一对一的关系，一个 M 能且仅能代表一个内核线程。Go 的运行时系统（runtime system）用 M 代表一个内核调度实体。M 与 KSE 之间的关联非常稳固，一个 M 在其生命周期内，会且仅会与一个 KSE 产生关联。相比之下，M 与 P、P 与 G 之间的关联都是易变的，它们之间的关系会在实际调度的过程中改变。其中，M 与 P 之间也总是一对一的，而 P 与 G 之间则是一对多的关系。（还记得前面说过的 P 中的可运行 G 的队列吗？）此外，M 与 G 之间也会建立关联，因为一个 G 终归会由一个 M 来负责运行；它们之间的关联会由 P 来牵线。注意，由于 M、P 和 G 之间的关系在实际调度过程中多变，图 4-2 中的可能关联仅能作为一般性的示意。

至此，你已经知道了这些核心实体之间可能存在的关系。Go 的运行时系统会对这些实体的实例进行实时管理和调度。接下来我会专门对此进行介绍。现在，让我们再次聚焦，看一看在这些实体内部都有哪些值得关注的细节。

1. M

一个 M 代表了一个内核线程。在大多数情况下，创建一个 M，都是由于没有足够的 M 来关联 P 并运行其中可运行的 G。不过，在运行时系统执行系统监控或垃圾回收等任务的时候，也会导致新 M 的创建。M 的部分结构如图 4-3 所示。

M (type m struct)	
g0	*g
mstartfn	func()
curg	*g
p	puintptr
nextp	puintptr
spinning	bool
lockedg	*g

图4-3　M的结构（部分）

M结构中的字段众多，这里只挑选了对你初步认识M最重要的几个字段。上面的字段列表中，每一行都展示了一个字段，左边是字段名，右边是字段类型。其中，字段 g0 表示一个特殊的goroutine。这个goroutine是Go运行时系统在启动之初创建的，用于执行一些运行时任务。字段 mstartfn 代表的是用于在新的M上启动某个特殊任务的函数。更具体地说，这些任务可能是系统监控、GC辅助或M自旋。字段 curg 会存放当前M正在运行的那个G的指针，而字段 p 的值则会指向与当前M相关联的那个P。mstartfn、curg 和 p 最能体现当前M的即时情况。此外，字段 nextp 用于暂存与当前M有潜在关联的P。把调度器将某个P赋给某个M的 nextp 字段的操作，称为对M和P的预联。运行时系统有时候会把刚刚重新启用的M和已与它预联的那个P关联在一起，这也是 nextp 字段的主要作用。字段 spinning 是 bool 类型的，它用于表示这个M是否正在寻找可运行的G。在寻找过程中，M会处于自旋状态。这也是该字段名的由来。Go运行时系统可以把一个M和一个G锁定在一起。一旦锁定，这个M就只能运行这个G，这个G也只能由该M运行。标准库代码包runtime中的函数 LockOSThread 和 UnlockOSThread，也为我们提供了锁定和解锁的具体方法。M的字段 lockedg 表示的就是与当前M锁定的那个G（如果有的话）。

M在创建之初，会被加入全局的M列表（runtime.allm）中。这时，它的起始函数和预联的P也会被设置。最后，运行时系统会为这个M专门创建一个新的内核线程并与之相关联。如此一来，这个M就为执行G做好了准备。其中，起始函数仅当运行时系统要用此M执行系统监控或垃圾回收等任务的时候才会被设置。而这里的全局M列表其实并没有什么特殊的意义。运行时系统在需要的时候，会通过它获取到所有M的信息。同时，它也可以防止M被当作垃圾回收掉。

在新M被创建之后，Go运行时系统会先对它进行一番初始化，其中包括对自身所持的栈空间以及信号处理方面的初始化。在这些初始化工作都完成之后，该M的起始函数会执行（如果存在的话）。注意，如果这个起始函数代表的是系统监控任务的话，那么该 M 会一直执行它，而不会继续后面的流程。否则，在起始函数执行完毕之后，当前 M 将会与那个预联的 P 完成关联，并准备执行其他任务。M 会依次在多处寻找可运行的 G 并运行之。这一过程也是调度的一部分。有了 M，Go 程序的并发运行基础才得以形成。

运行时系统管辖的 M（或者说 `runtime.allm` 中的 M）有时候也会被停止，比如在运行时系统执行垃圾回收任务的过程中。运行时系统在停止 M 的时候，会把它放入调度器的空闲 M 列表（`runtime.sched.midle`）。这很重要，因为在需要一个未被使用的 M 时，运行时系统会先尝试从该列表中获取。M 是否空闲，仅以它是否存在于调度器的空闲 M 列表中为依据。

单个 Go 程序所使用的 M 的最大数量是可以设置的。Go 程序运行的时候会先启动一个引导程序，这个引导程序会为其运行建立必要的环境。在初始化调度器的时候，它会对 M 的最大数量进行初始设置，这个初始值是 10 000。也就是说，一个 Go 程序最多可以使用 10 000 个 M。这就意味着，最多可以有 10 000 个内核线程服务于当前的 Go 程序。请注意，这里说的是最理想的情况；由于操作系统内核对进程的虚拟内存的布局控制以及大小限制，如此量级的线程可能很难共存。从这个角度看，Go 本身对于线程数量的限制几乎可以忽略。

除了上述初始设置之外，我们也可以在 Go 程序中对该限制进行设置。为了达到此目的，你需要调用标准库代码包 runtime/debug 中的 `SetMaxThreads` 函数，并提供新的 M 最大数量。`runtime/debug.SetMaxThreads` 函数在执行完成后，会把旧的 M 最大数量作为结果值返回。非常重要的一点是，如果你在调用 `runtime/debug.SetMaxThreads` 函数时给定的新值比当时 M 的实际数量还要小，运行时系统就会立即引发一个运行时恐慌。所以，你要非常谨慎地使用这个函数。请记住，如果真的需要设置 M 的最大数量，那么越早调用 `runtime/debug.SetMaxThreads` 函数越好。对于它的设定值，你也要仔细斟酌。

2. P

P 是 G 能够在 M 中运行的关键。Go 的运行时系统会适时地让 P 与不同的 M 建立或断开关联，以使 P 中的那些可运行的 G 能够及时获得运行时机，这与操作系统内核在 CPU 之上实时的切换不同的进程或线程的情形类似。

改变单个 Go 程序间接拥有的 P 的最大数量有两种方法。第一种方法，调用函数 `runtime.GOMAXPROCS` 并把想要设定的数量作为参数传入。第二种方法，在 Go 程序运行前设置环境变量 `GOMAXPROCS` 的值。P 的最大数量实际上是对程序中并发运行的 G 的规模的一种限制。P 的数量即为可运行 G 的队列的数量。一个 G 在被启用后，会先被追加到某个 P 的可运行 G 队列中，以等待运行时机。一个 P 只有与一个 M 关联在一起，才会使其可运行G队列中的G有机会运行。不过，设置P的最大数量只能限制住P的数量，而对G和M的数量没有任何约束。当M因系统调用而阻塞（更确切地说，是它运行的G进入了系统调用）的时候，运行时系统会把该M和与之关联的P分离开来。这时，如果这个P的可运行G队列中还有未被运行的G，那么运行时系统就会找到一个空闲M，或创建一个新的M，并与该P关联以满足这些G的运行需要。因此，M的数量在很多时候也都会比P多。而G的数量，一般取决于Go程序本身。

在Go程序启动之初，引导程序会在初始化调度器时，对P的最大数量进行设置。这里的默认值会与当前CPU的总核心数相同。一旦发现环境变量`GOMAXPROCS`的值大于`0`，引导程序就会认为我们想要对P的最大数量进行设置。它会先检查一下此值的有效性：如果不大于预设的硬性上限值（`256`），就认为是有效的，否则就会被这个硬性上限值取代。也就是说，最终的P最大数量值绝不会比这个硬性上限值大。硬性上限值是`256`，原因是Go目前还不能保证在数量比256更多的P同时存在的情形下Go程序仍能保持高效。不过，这个硬性上限值并不是永久的，它可能会在未来改变。

注意，虽然Go并未对何时调用`runtime.GOMAXPROCS`函数作限制，但是该函数调用的执行会暂时让所有的P都脱离运行状态，并试图阻止任何用户级别的G（参见4.1.3节）的运行。只有在新的P最大数量设定完成之后，运行时系统才开始陆续恢复它们。这对于程序的性能是非常大的损耗。所以，你最好只在Go程序的`main`函数的最前面调用`runtime.GOMAXPROCS`函数。当然，不在程序中改变P最大数量再好不过了，实际上在大多数情况下也无需改变。

在确定P最大数量之后，运行时系统会根据这个数值重整全局的P列表（`runtime.allp`）。与全局M列表类似，该列表中包含了当前运行时系统创建的所有P。运行时系统会把这些P中的可运行G全部取出，并放入调度器的可运行G队列中。这是调整全局P列表的一个重要前提。被转移的那些G，会在以后经由调度再次放入某个P的可运行G队列。

与空闲M列表类似，运行时系统中也存在一个调度器的空闲P列表（`runtime.sched.pidle`）。当一个P不再与任何M关联的时候，运行时系统就会把它放入该列表；而当运行时系统需要一个空闲的P关联某个M的话，会从此列表中取出一个。注意，P进入空闲P列表的一个前提条件是它的可运行G列表必须为空。例如，在重整全局P列表的时候，P在被清空可运行G队列之后，才会被放入空闲P列表。

与M不同，P本身是有状态的，可能具有的状态如下。

- **`Pidle`**。此状态表明当前P未与任何M存在关联。

- Prunning。此状态表明当前P正在与某个M关联。
- Psyscall。此状态表明当前P中的运行的那个G正在进行系统调用。
- Pgcstop。此状态表明运行时系统需要停止调度。例如，运行时系统在开始垃圾回收的某些步骤前，就会试图把全局P列表中的所有P都置于此状态。
- Pdead。此状态表明当前P已经不会再被使用。如果在Go程序运行的过程中，通过调用runtime.GOMAXPROCS函数减少了P的最大数量，那么多余的P就会被运行时系统置于此状态。

P 在创建之初的状态是 Pgcstop，虽然这并不意味着运行时系统要在这时进行垃圾回收。不过，P 处于这一初始状态的时间会非常短暂。在紧接着的初始化之后，运行时系统会将其状态设置为 Pidle，并放入调度器的空闲 P 列表。图 4-4 描绘了 P 在各个状态之间进行流转的具体情况。

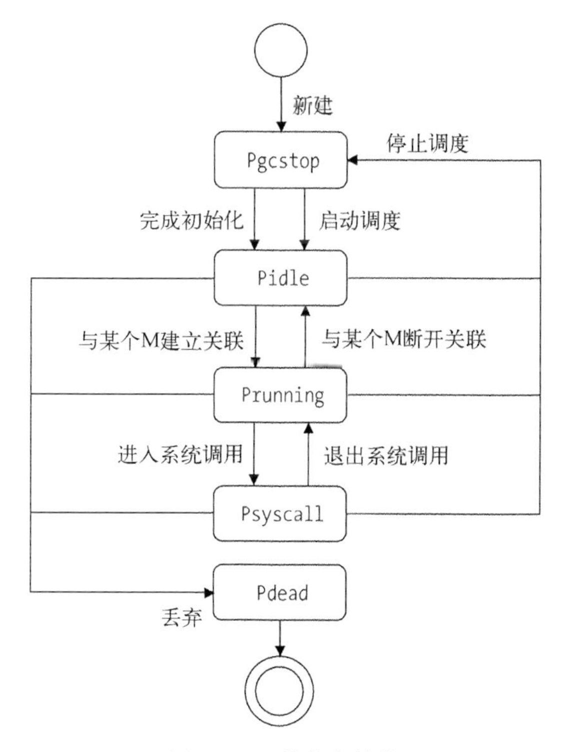

图 4-4 P 的状态转换

可以看到，非 Pdead 状态的 P 都会在运行时系统欲停止调度时被置于 Pgcstop 状态。不过，等到需要重启调度的时候（如垃圾回收结束后），它们并不会被恢复至原有状态，而会被统一地转换为 Pidle 状态。也就是说，它们会被放到同一起跑线上，并公平地接受再次调度。另一方面，非 Pgcstop 状态的 P 都可能因全局 P 列表的缩小而被认为是多余的，并被置于 Pdead 状态。不过，我们并不用担心其中的 G 会失去归宿。因为，在 P 被转换为 Pdead 状态之前，其可运行 G 队列中的 G 都会被转移到调度器的可运行 G 队列，而它的自由 G 列表中的 G 也都会被转移到调度器的自由 G 列表中。

正如前面所述，每个 P 中除了都有一个可运行 G 队列外，还都包含一个自由 G 列表。这个列表中包含了一些已经运行完成的 G。随着运行完成的 G 的增多，该列表可能会很长。如果它增长到一定程度，运行时系统就会把其中的部分 G 转移到调度器的自由 G 列表中。另一方面，当使用 go 语句欲启用一个 G 的时候，运行时系统会先试图从相应 P 的自由 G 列表中获取一个现成的 G，来封装这个 go 语句携带的函数（也称 go 函数），仅当获取不到这样一个 G 的时候才有可能创建一个新的 G。考虑到由于相应 P 的自由 G 列表为空而获取不到自由 G 的情况，运行时系统会在发现其中的自由 G 太少时，预先尝试从调度器的自由 G 列表中转移过来一些 G。如此一来，只有在调度器的自由 G 列表也弹尽粮绝的时候，才会有新的 G 被创建。这在很大程度上提高了 G 的复用率。

在 P 的结构中，可运行 G 队列和自由 G 列表是最重要的两个成员。至少对于 Go 语言的使用者来说是这样。它们间接地体现了运行时系统对 G 的调度情况。下面就对 Go 并发模型中的 G 进行介绍。

3. G

一个 G 就代表一个 goroutine（或称 Go 例程），也与 go 函数相对应。作为编程人员，我们只是使用 go 语句向 Go 的运行时系统提交了一个并发任务，而 Go 的运行时系统则会按照我们的要求并发地执行它。

Go 的编译器会把 go 语句变成对内部函数 newproc 的调用，并把 go 函数及其参数都作为参数传递给这个函数。这也是你应该了解的第一件与 go 语句有关的事。其实它并不神秘，只是一种递送并发任务的方法而已。

运行时系统在接到这样一个调用之后，会先检查 go 函数及其参数的合法性，然后试图从本地 P 的自由 G 列表和调度器的自由 G 列表获取可用的 G，如果没有获取到，就新建一个 G。与 M 和 P 相同，运行时系统也持有一个 G 的全局列表（runtime.allgs）。新建的 G 会在第一时间被加入该列表。类似地，这个全局列表的主要作用是：集中存放当前运行时系统中的所有 G 的指针。无论用于封装当前这个 go 函数的 G 是否是新的，运行时系统都会对它进行一次初始化，包括关联 go 函数以及设置该 G 的状态和 ID 等步骤。在初始化完成后，这个 G 会立即被存储到本地 P 的 runnext 字段中；该字段用于存放新鲜出炉的 G，以求更早地运行它。如果这时 runnext 字段已存有一个 G，那么这个已有的 G 就会被“踢到”该 P 的可运行 G 队列的末尾。如果该队列已满，那么这个 G 就只能追加到调度器的可运行 G 队列中了。

在特定情况下，一旦新启用的 G 被存于某地，调度就会立即进行以使该 G 尽早被运行。不过，即使这里不立即调度，我们也无需担心，因为运行时系统总是在为及时运行每个 G 忙碌着。

每一个 G 都会由运行时系统根据其实际状况设置不同的状态，其主要状态如下。

- **Gidle**。表示当前G刚被新分配，但还未初始化。
- **Grunnable**。表示当前G正在可运行队列中等待运行。
- **Grunning**。表示当前G正在运行。
- **Gsyscall**。表示当前G正在执行某个系统调用。
- **Gwaiting**。表示当前G正在阻塞。
- **Gdead**。表示当前G正在闲置。
- **Gcopystack**。表示当前G的栈正被移动，移动的原因可能是栈的扩展或收缩。

除了上述状态，还有一个称为 Gscan 的状态。不过这个状态并不能独立存在，而是组合状态的一部分。比如，Gscan 与 Grunnable 组合成 Gscanrunnable 状态，代表当前 G 正等待运行，同时它的栈正被扫描，扫描的原因一般是 GC（垃圾回收）任务的执行。又比如，Gscan 与 Grunning 组合成 Gscanrunning 状态，表示正处于 Grunning 状态的当前 G 的栈要被 GC 扫描时的一个短暂时刻。简单起见，我不会在下面对这些组合状态进行说明。你只要知道这些组合状态会在 GC 扫描发生时出现就可以了。

之前讲过，在运行时系统想用一个 G 封装 go 函数的时候，会先对这个 G 进行初始化。一旦该 G 准备就绪，其状态就会被设置成 Grunnable。也就是说，一个 G 真正开始被使用是在其状态设置为 Grunnable 之后。图 4-5 展示了 G 在其生命周期内的状态流转情况。

一个 G 在运行的过程当中，是否会等待某个事件以及会等待什么样的事件，完全由其封装的 go 函数决定。例如，如果这个函数中包含对通道值的操作，那么在执行到对应代码的时候，这个 G 就有可能进入 Gwaiting 状态。这可能是在等待从通道类型值中接收值，也可能是在等待向通道类型值发送值。又例如，涉及网络 I/O 的时候也会导致相应的 G 进入 Gwaiting 状态。此外，操纵定时器（time.Timer）和调用 time.Sleep 函数同样会造成相应 G 的等待。在事件到来之后，G 会被“唤醒”并被转换至 Grunnable 状态。待时机到来时，它会被再次运行。

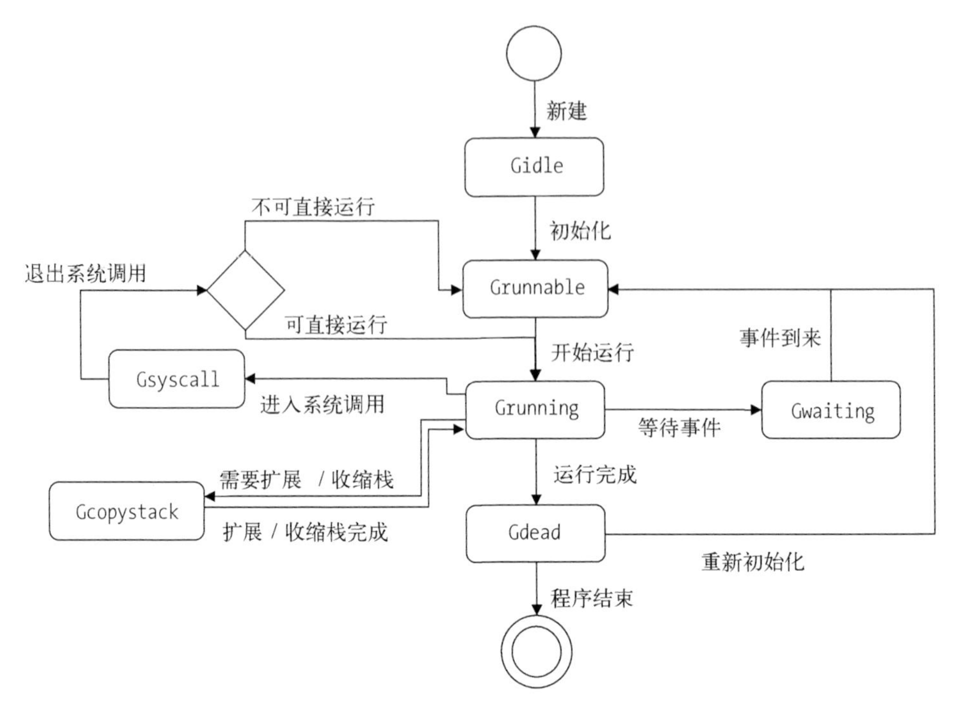

图 4-5　G 的状态转换

G 在退出系统调用时的状态转换要比上述情况复杂一些。运行时系统会先尝试直接运行这个 G，仅当无法直接运行的时候，才会把它转换为 Grunnable 状态并放入调度器的可运行 G 队列中。显然，对这样一个 G 来说，在其退出系统调用之时就立即被恢复运行再好不过了。运行时系统当然会为此做出一些努力，不过即使努力失败了，该 G 也还是会在实时的调度过程中被发现并运行。

最后，值得一提的是，进入死亡状态（Gdead）的 G 是可以重新初始化并使用的。相比之下，P 在进入死亡状态（Pdead）之后，就只能面临销毁的结局。由此也可以说明 Gdead 状态与 Pdead 状态所表达的含义截然不同。处于 Gdead 状态的 G 会被放入本地 P 或调度器的自由 G 列表，这是它们被重用的前提条件。

至此，你已经基本了解了一个 G 在 Go 运行时系统中的流转方式和状态转换时机。你也可以从中一窥 go 语句背后所蕴藏的玄机。

4. 核心元素的容器

上面讲述了 Go 的线程实现模型中的 3 个核心元素——M、P 和 G，我也多次提到了承载这些元素实例的容器。现在将这些容器归纳一下，如表 4-1 所示。

表4-1 M、P和G的容器

中文名称	源码中的名称	作　用　域	简要说明
全局M列表	runtime.allm	运行时系统	存放所有M的一个单向链表
全局P列表	runtime.allp	运行时系统	存放所有P的一个数组
全局G列表	runtime.allgs	运行时系统	存放的所有G的一个切片
调度器的空闲M列表	runtime.sched.midle	调度器	存放空闲的M的一个单向链表
调度器的空闲P列表	runtime.sched.pidle	调度器	存放空闲的P的一个单向链表
调度器的可运行G队列	runtime.sched.runqhead runtime.sched.runqtail	调度器	存放可运行的G的一个队列
调度器的自由G列表	runtime.sched.gfreeStack runtime.sched.gfreeNoStack	调度器	存放自由的G的两个单向链表
P的可运行G队列	runtime.p.runq	本地P	存放当前P中的可运行G的一个队列
P的自由G列表	runtime.p.gfree	本地P	存放当前P中的自由G的一个单向链表

3 个全局容器存在的主要目的，都是为了罗列某个核心元素的全部。相比之下，最应该值得我们关注的是那些非全局的容器，尤其是与 G 相关的那 4 个非全局容器：调度器的可运行 G 队列、调度器的自由 G 列表、本地 P 的可运行 G 队列，以及本地 P 的自由 G 列表。

任何 G 都会存在于全局 G 列表中，而其余的 4 个容器则只会存放在当前作用域内的、具有某个状态的 G。注意，这里的两个可运行 G 列表中的 G 都拥有几乎平等的运行机会。由于这种平等性的存在，我们无需关心哪些可运行的 G 会进入哪个队列。不过顺便提一下，从 Gsyscall 状态转出的 G 都会被放入调度器的可运行 G 队列，而刚被运行时系统初始化的 G 都会被放入本地 P 的可运行 G 队列。至于从 Gwaiting 状态转出的 G，有的会被放入本地 P 的可运行 G 队列，有的会被放入调度器的可运行 G 队列，还有的会被直接运行（刚进行完网络 I/O 的 G 就是这样）。此外，这两个可运行 G 队列之间也会互相转移 G。例如，调用 runtime.GOMAXPROCS 函数，会导致运行时系统把将死的 P 的可运行 G 队列中的 G，全部转移到调度器的可运行 G 队列。这也是为了重新分配它们。再如，如果本地 P 的可运行 G 队列已满，其中的一半 G 都会被转移到调度器的可运行 G 队列中。

注意，调度器的可运行 G 队列由两个变量代表。变量 runqhead 代表队列的头部，而 runqtail 则代表队列的尾部。一般情况下，新的可运行 G 会被追加到队列的尾部，并且已入队的 G 只会从头部取走，这也体现了队列的 FIFO（先进先出）特性。不过，新的可运行 G 有时候也会被插入队列头部，刚刚说的 runtime.GOMAXPROCS 函数调用就间接地执行了此操作。

另一方面，在 G 转入 Gdead 状态之后，首先会被放入本地 P 的自由 G 列表，而在运行时系统需要用自由的 G 封装 go 函数的时候，也会先尝试从本地 P 的自由 G 列表中获取。如果本地 P 的自由 G 列表空了，那么运行时系统就会先从调度器的自由 G 列表转移一部分 G 到前者中。而当本地 P 的自由 G 列表已满，运行时系统也会把前者中的自由 G 转移一些给调度器的自由 G 列表。注意，调度器的自由 G 列表有两个。从变量名上也能看出，它们的区别就是其中存放的自由 G 是有栈的还是无栈的。在把 G 放入自由 G 列表之前，运行时系统会检查该 G 的栈空间是否为初始大小。如果不是，就释放掉它，让该 G 变成无栈的，这主要是为了节约资源。另一方面，在从自由 G 列表取出 G 之后，运行时系统会检查它是否拥有栈，如果没有就初始化一个新的栈给它。顺便说一句，所有的自由 G 列表都是 FILO（先进后出）的。

与 M 和 P 相关的非全局容器分别是调度器的空闲 M 列表和调度器的空闲 P 列表，这两个列表都用于存放暂时不被使用的元素实例。运行时系统有需要的时候，会从中获取相应元素的实例并重新启用它。调度器的空闲 M 列表和空闲 P 列表也都是 FILO 的。

本节，我一直把实现和操纵 Go 的线程实现模型的内部程序笼统地称为“运行时系统”。实际上，它可以更明确地称为“调度器”。一个 Go 程序中只会存在一个调度器实例。它拥有自己的结构，同时依此提供了很多重要的运行时功能。其中一些功能在本节中都已经讲到了。只不过，我是围绕着各种模型元素（M、P、G 以及各种容器）讲解的。这可能会让你依然对调度器负责执行的调度流程感到有些模糊，不过别担心，我马上就会进行说明。

4.1.2 调度器

上一章讲过，两级线程模型中的一部分调度任务会由操作系统内核之外的程序承担。在 Go 语言中，调度器就负责这一部分调度任务。调度的主要对象是 M、P 和 G 的实例，调度的辅助设施包括刚刚介绍过的各种核心元素容器。其实，每个 M（即每个内核线程）在运行过程中都会按需执行一些调度任务。不过为了更加容易理解，我把这些调度任务统称为“调度器的调度行为”。本节中，你会了解这些调度行为的核心流程。

1. 基本结构

调度器有自己的数据结构，形成此结构的主要目的就是更加方便地管理和调度各个核心元素的实例，其中就有我们已经熟知的空闲 M 列表、空闲 P 列表、可运行 G 队列和自由 G 列表。下面，我再讲解另外几个重要字段，如表 4-2 所示。

表4-2　调度器的字段（部分）

字段名称	数据类型	用途简述
gcwaiting	uint32	表示是否需要因一些任务而停止调度
stopwait	int32	表示需要停止但仍未停止的P的数量
stopnote	note	用于实现与stopwait相关的事件通知机制
sysmonwait	uint32	表示在停止调度期间系统监控任务是否在等待
sysmonnote	note	用于实现与sysmonwait相关的事件通知机制

在这张表中的字段都与需要停止调度的任务有关。在 Go 运行时系统中，一些任务在执行前是需要暂停调度的，例如垃圾回收任务中的某些子任务，又如发起运行时恐慌（panic）的任务。为了描述方便，我暂且把这类任务称为串行运行时任务。

字段 gcwaiting、stopwait 和 stopnote 都是串行运行时任务执行前后的辅助协调手段。gcwaiting 字段的值用于表示是否需要停止调度：在停止调度前，该值会被设置为 1；在恢复调度之前，该值会被设置为 0。这样做的作用是，一些调度任务在执行时只要发现 gcwaiting 的值为 1，就会把当前 P 的状态置为 Pgcstop，然后自减 stopwait 字段的值。如果发现自减后的值为 0，就说明所有 P 的状态都已为 Pgcstop。这时就可以利用 stopnote 字段，唤醒因等待调度停止而暂停的串行运行时任务了。

字段 sysmonwait 和 sysmonnote 与前面那一组字段的用途类似，只不过它们针对的是系统监测任务。在串行运行时任务执行之前，系统监测任务也需要暂停。sysmonwait 字段的作用就是表示是否已暂停，0 表示未暂停，1 表示已暂停。系统监测任务是持续执行的；更确切地说，它处在无尽的循环之中。在每次迭代之初，系统监测程序都会先检查调度情况。一旦发现调度停止（gcwaiting 字段的值不为 0 或所有的 P 都已闲置），就会把 sysmonwait 字段的值设置为 1，并利用 sysmonnote 字段暂停自身。另一方面，在恢复调度之前，调度器若发现 sysmonwait 字段的值不为 0，就会把它置为 0，并利用 sysmonnote 字段恢复系统监测任务的执行。

上述 5 个调度器字段都是为了串行运行时任务而存在的。并且，运行时系统一定会保证操作它们时的并发安全。它们在用户任务（或者说用户程序）和运行时系统任务的协调执行方面起着举足轻重的作用。

2. 一轮调度

前面讲过，引导程序会为 Go 程序的运行建立必要的环境。在引导程序完成一系列初始化工作之后，Go 程序的 main 函数才会真正执行。引导程序会在最后让调度器进行一轮调度，这样才能够让封装了 main 函数的 G 马上有机会运行。封装 main 函数的 G 总是

Go 运行时系统创建的第一个用户 G。用户 G 因 Go 程序中的代码而生，用于封装用户级别的程序片段（即需并发执行的函数）。相对的，用于封装运行时任务的 G 称为运行时 G。

下面，我们深入了解一下调度器在一轮调度中都做了哪些工作。为了让你对此先有一个宏观的了解，我绘制了一幅总体流程图，如图 4-6 所示。

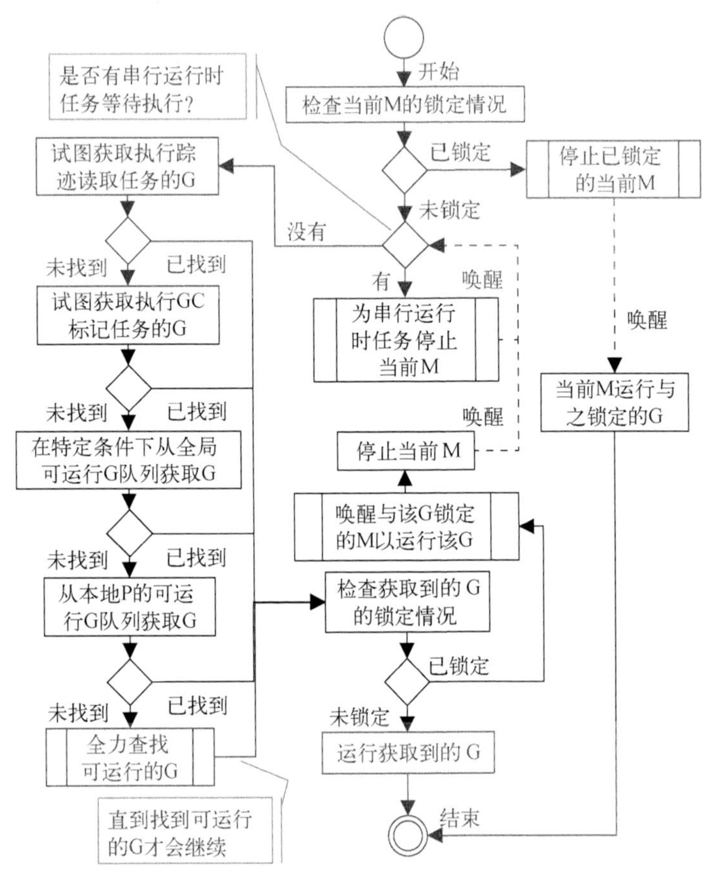

图 4-6　一轮调度的总体流程

为了突出重点，此图省略了一些相关性不大的细节。另外，一些较复杂的步骤也以子流程的方式展示（矩形框中有两条竖线）。例如，停止 M 的操作本身也会包含很多步骤，但是它们对本流程来说并不那么重要，因此就不详细展示了。本节后面的流程图会沿用这种绘制方式。

一轮调度，由 Go 标准库代码包 `runtime` 中的 `schedule` 函数代表。它的总体流程并不复杂。调度器会先从一些比较容易找到可运行 G 的地方入手，即：全局的（或称调度器的）可运行 G 队列和本地 P 的可运行 G 队列。如果从这些地方找不到可运行的 G，调度程序就会进入强力查找模式，即图 4-6 中所示的子流程“全力查找可运行的 G”。后面会专门说明这个子流程。可以肯定的是，如果经过一番强力查找还是无法找到任何可运行的 G，该子流程就会暂停，直到有可运行的 G 出现才会继续下去。也就是说，这个全力查找可运行 G 的子流程的结束，就意味着当前 M 抢到了一个可运行的 G。

在一轮调度的开始处，调度器会先判断当前 M 是否已被锁定。M 和 G 是可以成对地锁定在一起。我们已经知道，Go 的调度器会按照一定策略动态地关联 M、P 和 G，并以此高效地执行并发程序，其优势就在于无需用户程序的任何干预。然而，在极少数的情况下，用户程序不得已要对 Go 的运行时调度进行干预。

锁定 M 和 G 的操作可以说是为 CGO 准备的。CGO 代表了 Go 中的一种机制，是 Go 程序和 C 程序之间的一座桥梁，使它们的互相调用成为可能。有些 C 语言的函数库（比如 OpenGL）会用到线程本地存储技术。这些函数库会把一些数据存储在当前内核线程的私有缓存中。因此，包含了调用此类 C 函数库的代码的 G 会变得特殊。它们在特定时期内只能与同一个 M 产生关联，否则就有可能丢失其存储在某个内核线程的私有缓存中的数据。但是，如此一来就很可能会对 Go 的调度效率造成负面影响，这从图 4-6 中也能够看出来。如果不得不进行 M 和 G 的锁定，那么一定要尽量减少锁定的时间。

我们可以通过调用 `runtime.LockOSThread` 函数，把当前的 G 与当时运行它的那个 M 锁定在一起，也可以通过调用 `runtime.UnlockOSThread` 函数解除当前 G 与某个 M 的锁定。一个 M 只能与一个 G 锁定，反之亦然。所以，如果多次调用 `runtime.LockOSThread` 函数，那么仅有最后一次调用是有效的。另一方面，即使当前的 G 没有与任何 M 锁定，调用 `runtime.UnlockOSThread` 函数也不会产生任何副作用，它只会直接返回。

言归正传，如果调度器在一轮调度之初发现当前 M 已与某个 G 锁定，就会立即停止调度并停止当前 M（或者说让它暂时阻塞）。一旦与它锁定的 G 处于可运行状态，它就会被唤醒并继续运行那个 G。停止当前 M 意味着相关的内核线程不能再去做其他事情了。此时，调度器也不会为当前 M 寻找可运行的 G。这相当于在浪费计算资源，也体现了前面所说的负面影响。相应的，当调度器为当前 M 找到了一个可运行的 G，但却发现该 G 已与某个 M 锁定，它就会唤醒那个与之锁定的 M 以运行该 G，并重新为当前 M 寻找可运行的 G。

如果调度器判断当前 M 未与任何 G 锁定，那么一轮调度的主流程就会继续进行。这时，调度器会检查是否有运行时串行任务正在等待执行。我在前面讲调度器基本结构时，提到过运行时串行任务，这类任务在执行时需要停止 Go 调度器。官方称此种停止操作为

“Stop the world”，简称STW。还记得调度器的gcwaiting字段吗？这里就是通过检查它的值来做判断的。如果gcwaiting字段的值不为0，那么一轮调度流程又会走进另一个分支，即：停止并阻塞当前M以等待运行时串行任务执行完成。一旦串行任务执行完成，该M就会被唤醒，一轮调度也会再次开始。

最后，如果调度器在此关于锁定和运行时串行任务的判断都为假，就会开始真正的可运行G寻找之旅。一旦找到一个可运行的G，调度器就会在判定该G未与任何M锁定之后，立即让当前M运行它。

一轮调度是Go调度器最核心的流程，在很多情况下都会被触发。例如，在用户程序启动时的一系列初始化工作之后，一轮调度流程会首次启动并使封装main函数的那个G被调度运行。又例如，某个G的运行的阻塞、结束、退出系统调用，以及其栈的增长，都会使调度器进行一轮调度。除此之外，用户程序对某些标准库函数的调用也会触发一轮调度流程。比如，对runtime.Gosched函数的调用会让当前的G暂停运行，并让出CPU给其他的G。这其中就有一轮调度流程的功劳。又比如，调用runtime.Goexit函数会结束当前G的运行，同时也会进行一轮调度。

仔细阅读上述内容，你应该能够对Go调度器有一个宏观的认识。这里明确一点，Go调度器并不是运行在某个专用内核线程中的程序，调度程序会运行在若干已存在的M（或者说内核线程）之中。换句话说，运行时系统中几乎所有的M都会参与调度任务的执行，它们共同实现了Go调度器的调度功能。

当然，在一轮调度的过程中还有很多细节，也包括不少子流程。下面，我会介绍一些比较重要的子流程。了解这些子流程有助于进一步理解Go调度器。

3. 全力查找可运行的G

调度器如果没有找到可运行的G，就会进入“全力查找可运行G”的子流程。概括地讲，这个子流程会多次尝试从各处搜索可运行的G，甚至还会从别的P（非本地P）那里偷取可运行的G。它由runtime.findrunnable函数代表，该函数会返回一个处于Grunnable状态的G。其中的搜索流程大致分为2个阶段和10个步骤，具体如下。

(1) 获取执行终结器的G。一个终结器（或称“终结函数”）可以与一个对象关联，通过调用runtime.SetFinalizer函数就可以产生这种关联。当一个对象变为不可达（即：未被任何其他对象引用）时，垃圾回收器在回收该对象之前，就会执行与之关联的终结函数（如果有的话）。所有终结函数的执行都会由一个专用的G负责。调度器会在判定这个专用G已完成任务之后试图获取它，然后把它置为Grunnable状态并放入本地P的可运行 G 队列。

(2) 从本地 P 的可运行 G 队列获取 G。 调度器会尝试从该处获取一个 G，并把它作为结果返回。

(3) 从调度器的可运行 G 队列获取 G。 调度器会尝试从该处获取一个 G，并把它作为结果返回。

(4) 从网络 I/O 轮询器（或称 netpoller）处获取 G。 如果 netpoller 已被初始化且已有过网络 I/O 操作，那么调度器会试着从 netpoller 那里获取一个 G 列表，并把作为表头的那个 G 当作结果返回，同时把其余的 G 都放入调度器的可运行 G 队列。如果 netpoller 还未被初始化或还未有过网络 I/O 操作，这一步就会跳过。注意，这里的获取只是浅尝辄止，即使没有获取成功也不会阻塞。

(5) 从其他 P 的可运行 G 队列获取 G。 在条件允许的情况下，调度器会使用一种伪随机算法在全局 P 列表中选取 P，然后试着从它们的可运行 G 队列中盗取（或者说转移）一半的 G 到本地 P 的可运行 G 队列。选取 P 和盗取 G 的过程会重复多次，成功即停止。如果成功，那么调度器就会把盗取的一个 G 作为结果返回；否则，搜索的第一阶段就结束了。

(6) 获取执行 GC 标记任务的 G。 在搜索的第二阶段，调度器会先判断是否正处在 GC 的标记阶段，以及本地 P 是否可用于 GC 标记任务。如果答案都是 `true`，调度器就会把本地 P 持有的 GC 标记专用 G 置为 `Grunnable` 状态并作为结果返回。

(7) 从调度器的可运行 G 队列获取 G。 调度器再次尝试从该处获取一个 G，并把它作为结果返回。如果依然找不到可运行的 G，就会解除本地 P 与当前 M 的关联，并把该 P 放入调度器的空闲 P 列表。

(8) 从全局 P 列表中每个 P 的可运行 G 队列获取 G。 遍历全局 P 列表中的 P，并检查它们的可运行 G 队列。只要发现某个 P 的可运行 G 队列不是空的，就从调度器的空闲 P 列表中取出一个 P，并在判定其可用后与当前 M 关联在一起，然后再返回第一阶段重新搜索可运行的 G。如果所有 P 的可运行 G 队列都是空的，那就只能继续后面的搜索。

(9) 获取执行 GC 标记任务的 G。 判断是否正处于 GC 的标记阶段，以及与 GC 标记任务相关的全局资源是否可用。如果答案都是 `true`，调度器就会从其空闲 P 列表拿出一个 P。如果这个 P 持有一个 GC 标记专用 G，就关联该 P 与当前 M，然后再次执行第二阶段（从第(6)个步骤开始）。

(10)从网络 I/O 轮询器（netpoller）处获取 G。如果 netpoller 已被初始化，并且有过网络 I/O 操作，那么调度器会再次试着从 netpoller 那里获取一个 G 列表。此步骤与上述第(4)步基本相同。但有一个明显的区别：这里的获取是阻塞的。只有当 netpoller 那里有可用的 G 时，阻塞才会解除。同样的，如果 netpoller 还未被初始化，或还未有过网络 I/O 操作，这一步就会跳过。

如果经过上面这 10 个步骤依然没有找到可运行的 G，调度器就会停止当前的 M。在之后的某个时刻，该 M 被唤醒之后，它会重新进入“全力查找可运行的 G”的子流程。

对于这个子流程，还有几个细节需要特别说明一下。

网络 I/O 轮询器（即 netpoller）是 Go 为了在操作系统提供的异步 I/O 基础组件之上，实现自己的阻塞式 I/O 而编写的一个子程序。Go 所选用的异步 I/O 基础组件都是可以高效执行网络 I/O 的利器（比如 epoll 和 kqueue）。当一个 G 试图在一个网络连接上进行读/写操作时，底层程序（包括基础组件）就会开始为此做准备，此时这个 G 会被迫转入 `Gwaiting` 状态。一旦准备就绪，基础组件就会返回相应的事件，这会让 netpoller 立即通知为此等待的 G。因此，从 netpoller 处获取 G 的意思，就是获取那些已经接收到通知的 G。它们既然已经可以进行网络读写操作了，那么调度器理应让它们转入 `Grunnable` 状态并等待运行。

在第(5)步，我说调度器从其他 P 的可运行 G 队列获取 G 是有先决条件的。这里的条件有两个。第一个条件是：除了本地 P 还有非空闲的 P。空闲的 P 的可运行 G 队列必定为空。因此，如果除本地 P 之外的所有 P 都是空闲的，就没必要再去它们那里偷 G 了。虽然有些 G 可能由于某些原因（比如正在进行系统调用、cgo 调用、网络 I/O 等待或定时等待）与 P 分离，但是它们转回 `Grunnable` 状态之后也不会被放入某个 P 的可运行 G 队列。第二个条件是：当前 M 正处于自旋状态，或者处于自旋状态的 M 的数量小于非空闲的 P 的数量的二分之一。这主要是为了控制自旋的 M 的数量，过多的自旋 M 会消耗太多的 CPU 资源。全力查找可运行的 G 固然重要，但是也不应该喧宾夺主，况且已经有那么多 M 在做这件事了。

说到自旋状态，它实际上标识了 M 的一种工作状态。M 处于自旋状态，意味着它还没有找到 G 来运行。无论是由于找到了可运行的 G，还是由于因始终未找到 G 而需要停止 M，当前 M 都会退出自旋状态。一般情况下，运行时系统中至少会有一个自旋的 M，调度器会尽量保证有一个自旋的 M 存在。除非发现没有自旋的 M，调度器是不会新启用或恢复一个 M 去运行新 G 的。一旦需要新启用或恢复一个 M，它最初总是会处于自旋状态。

总之，全力查找可运行 G 的子流程会想方设法去搜寻 G，其执行也是比较耗时费力的，它会调用多方资源来满足当前 M 运行 G 的需要。因始终未找到 G 而停止的 M 在被唤醒后，依然会继续执行该子流程，直到找到一个可运行的 G，M 才会结束它的执行。

4. 启用或停止 M

本节多次提到，调度器有时会停止当前 M。至于停止当前 M 的原因，我也提到过一些，例如串行运行时任务的执行、等待与之锁定的 G 的到来，等等。在 Go 标准库代码包 runtime 中，有下面这样几个函数负责 M 的启用或停止。

- **stopm()**。停止当前M的执行，直到因有新的G变得可运行而被唤醒。
- **gcstopm()**。为串行运行时任务的执行让路，停止当前M的执行。串行运行时任务执行完毕后会被唤醒。
- **stoplockedm()**。停止已与某个G锁定的当前M的执行，直到因这个G变得可运行而被唤醒。
- **startlockedm(gp *g)**。唤醒与gp锁定的那个M，并让该M去执行gp。
- **startm (_p_ *p, spinning bool)**。唤醒或创建一个M去关联_p_并开始执行。

为了让大家看清 Go 调度器对这些函数的运用，我绘制了图 4-7。

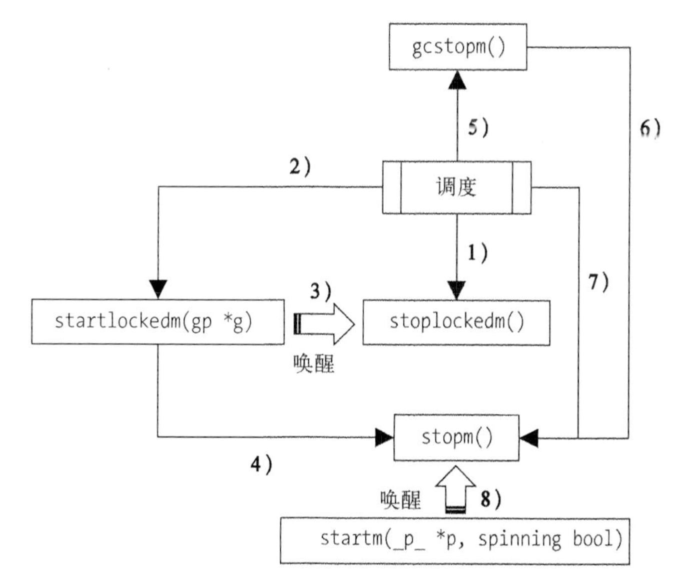

图 4-7 启用和停止 M

这幅图中的连接线都标有序号，下面就按照序号顺序为大家讲解 M 的启用与停止。

(1) 调度器在执行调度流程的时候，会先检查当前M是否已与某个G锁定。如果锁定存在，调度器就会调用stoplockedm函数停止当前M。stoplockedm函数会先解除当前M与本地P之间的关联，并通过调用一个名为handoffp的函数把这个P转手给其他M，在这个转手P的过程中会间接调用startm函数。一旦这个P被转手，stoplockedm函数就会停止当前M的执行，并等待唤醒。

(2) 另一方面，如果调度程序为当前M找到了一个可运行的G，却发现该G已与某个M锁定了，那么就会调用startlockedm函数并把这个G作为参数传入。startlockedm函数会通过参数gp的lockedm字段找到与之锁定的那个M（以下简称“已锁M”），并把当前M的本地P转手给它。这里的转手P的过程要比(1)中的简单很多，startlockedm函数会先解除当前M与本地P之间的关联，然后把这个P赋给已锁M的nextp字段（即预联它们）。

(3) startlockedm函数的执行会使与其参数gp锁定的那个M（即“已锁M”）被唤醒。通过gp的lockedm字段可以找到已锁M。一旦已锁M被唤醒，就会与和它预联的P产生正式的关联，并去执行与之关联的G。

(4) startlockedm函数在最后会调用stopm函数。stopm函数会先把当前M放入调度器的空闲M列表，然后停止当前M。这里被停止的M，可能会在之后因有P需要转手，或有G需要执行而被唤醒。

纵观上述过程，我们可以看到调度器因M和G的锁定而执行的分支流程。这里涉及两个M，一个是因等待执行与之锁定的G而停止的M，一个是获取到一个已锁定的G却不能执行的M。大家千万不要把这两个M搞混，前者总是会被后者唤醒。

从另一个角度看，一旦M要停止就会把它的本地P转手给别的M。一旦M被唤醒，就会先找到一个P与之关联，即找到它的新的本地P。并且，这个P一定是在该M被唤醒之前由别的M预联给它的。因此，P总是会被高效利用。如果handoffp函数无法把作为其参数的P转给一个M，那么就会把这个P放入调度器的空闲P列表。该列表中的P会在需要时（比如有G需要执行）被取用。

(5) 调度器在执行调度流程的时候，也会检查是否有串行运行时任务正在等待执行。如果有，调度器就会调用gcstopm函数停止当前M。gcstopm函数会先通过当前M的spinning字段检查它的自旋状态，如果其值为true，就把false赋给它，然后把调度器中用于记录自旋M数量的nmspinning字段的值减1。如此一来就完全重置了当前M的自旋状态标识，一个将要停止的M理应脱离自旋状态。在这之后，gcstopm函数会释放本地P，并将其状态设置为Pgcstop。然后再去自减并检查调度器的stopwait字段，并在发现stopwait字段的值为 0 时，通过调度器的 stopnote 字段唤醒等待执行的串行运行时任务。这实际上又是一个联动的调度操作，在讲调度器的基本结构时对此进行过描述。

(6) gcstopm 函数在最后会调用 stopm 函数。同样的，当前 M 会被放入调度器的空闲 M 列表并停止。

只要有串行运行时任务准备执行，“Stop the world”就会开始，所有在调度过程中的 M 就都会执行步骤(5)和(6)。其中的步骤(5)更是决定了串行运行时任务是否能够被尽早地执行。

(7) 调度总有不成功的时候。如果经过完整的一轮调度之后，仍找不到一个可运行的 G 给当前 M 执行，那么调度程序就会通过调用 stopm 函数停止当前的 M。换句话说，这时已经没有多余的工作可以做了，为了节省资源就要停掉一些 M。一旦停掉的 M 被唤醒，stopm 函数就会负责关联它和已与它预联的 P，这也是在为 M 的执行做最后的准备。不过，还有一种情况，如果 stopm 函数发现当前 M 是因有可并发执行的 GC 任务而被唤醒的，那么就在执行完该任务之后再次停止当前 M。

(8) 所有经由调用 stopm 函数停止的 M，都可以通过调用 startm 函数唤醒。与步骤(7)对应，一个 M 被唤醒的原因总是有新工作要做。比如，有了新的自由的 P，或者有了新的可运行的 G。有时候，传入 startm 函数的参数_p_为 nil，这就说明在唤醒一个 M 的同时，需要从调度器的空闲 P 列表获取一个 P 作为 M 运行 G 的上下文环境。如果这个列表已经空了，那么 startm 函数也就无能为力了（没有上下文环境有了 M 也没有用），这时 startm 函数会直接返回。一旦有了一个 P，startm 函数就会再从调度器的空闲 M 列表获取一个 M；如果该列表已空就创建一个新的 M。无论如何，startm 函数都会把拿到的 P 和这个 M 预联，然后让该 M 做好执行准备。

在高并发的 Go 程序中，启停 M 的流程在调度器中会经常被执行到。因为并发量越大，调度器对 M、P 和 G 的调度就越频繁。各个 G 总是会通过这样或那样的途径用到系统调用，也经常会使用到 Go 本身提供的各种组件（如 channel、Timer 等）。这些都直接或间接的涉及启停 M 的流程，理解此流程可以帮助你从另一个角度观测 Go 调度器的运作机理，加深对其全景图的了解。

5. 系统监测任务

在讲解调度器字段的时候提到过系统监测任务，它由 sysmon 函数实现。在前面，我着重解释了系统监测任务是怎样配合垃圾回收任务执行的，现在具体讲一下系统监测任务本身。这个任务并不复杂，而且其中涉及的一些子流程前面也已经详细说明过了。不过，其余的部分也是值得介绍的。我们先来了解一下系统监测任务的总体流程，如图 4-8 所示。

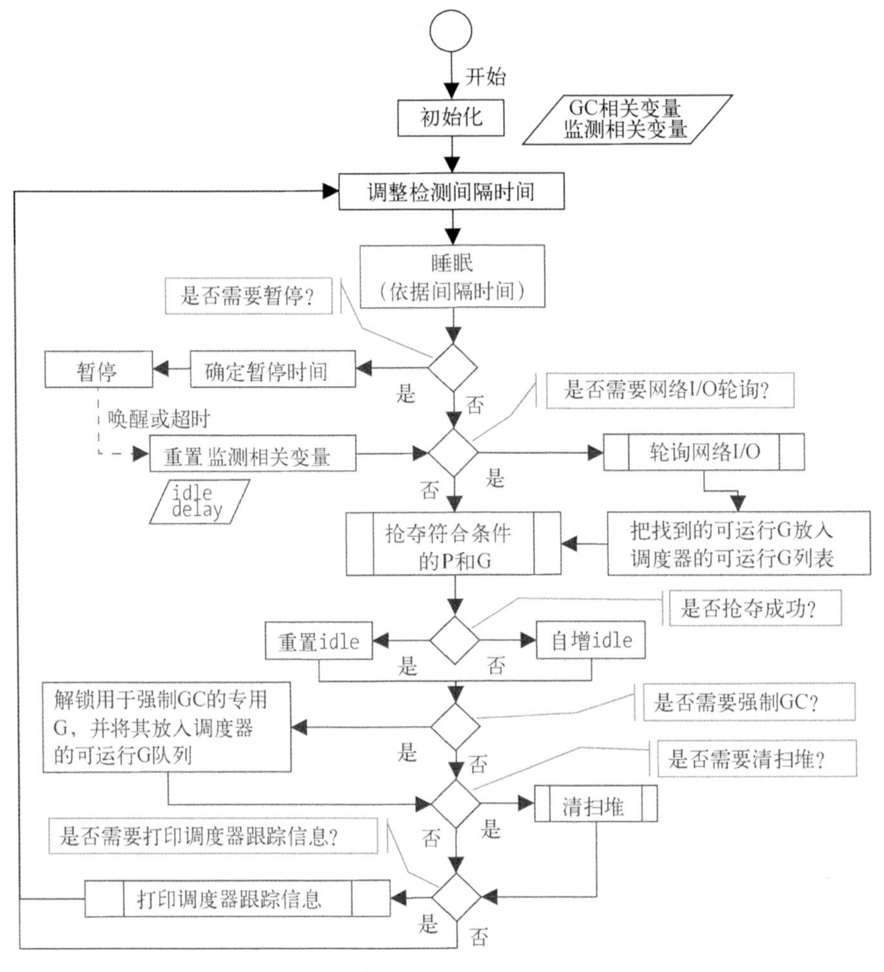

图 4-8　系统监测任务的总体流程

概括来说，这个系统监测任务做了如下几件事：

- 在需要时抢夺符合条件的P和G；
- 在需要时进行强制GC；
- 在需要时清扫堆；
- 在需要时打印调度器跟踪信息。

可以看出，监测任务被包裹在一个循环之中。监测任务会被一次又一次地执行下去，直到 Go 程序结束。监测任务在每次执行之初，会根据既定条件睡眠并可能暂停一小段时间，然后才真正开始。这里所说的“既定条件”，其实指的是一些局部变量。这些局部变量会在每次监测任务执行过程中改变，以调整监测任务的执行间隔。变量 idle 和 delay 的值决定了每次监测任务执行之初的睡眠时间，这也是执行间隔的主要体现。idle 代表最近已连续有多少次监测任务执行但未能成功夺取 P，一旦某次执行过程中成功夺取了 P，其值就会被清零。delay 代表了睡眠的具体时间，单位是微秒（μs），最大值是 10 000（即 10 ms）。此外，在睡醒过后，监测任务还会因 GC 的执行或所有 P 的空闲暂停一段时间，这段时间的长短取决于局部变量 forcegcperiod 和 scavengelimit。这两个变量的含义稍后再讲。

抢夺 P 和 G 的途径有两个，首先是通过网络 I/O 轮询器获取可运行的 G，其次是从调度器那里抢夺符合条件的 P 和 G。第一个途径前面已经讲过，因此不再多说。不过这里有一个获取的前提条件，即：自上次通过该途径获取 G 是否已超过 10 ms。如果已超过，则记录下当前时间以供下次判断，然后再次获取，否则就跳过此步骤。至于第二个途径，涉及子流程“抢夺符合条件的 P 和 G”。这个子流程由 runtime 包中的 retake 函数实现，retake 函数的具体功能如图 4-9 所示。

如果该 P 的状态为 Psyscall，程序就会检查它的系统调用计数是否同步。一个 P 所经历的系统调用的次数被记录在它的 syscalltick 字段中。系统监测程序也会持有一个备份，它存在用于描述该 P 的结构体对象（以下简称“描述对象”）的 syscalltick 字段中。因此，这里的同步与否指的是这两个数是否相同：如果不同，程序就更新这个备份，然后忽略对该 P 的进一步检查；如果相同，就再判断后续的那 3 个条件。做这些条件判断的目的是确定是否真的有必要抢夺该 P。例如，如果该 P 的可运行 G 队列已空，那么抢夺过来也没有用。又例如，存在自旋的 M，就说明它们正在进行全力查找可运行的 G 的流程。该 P 中的可运行 G 一定会被它们搜索到，无需系统监测程序插手。若经过一系列检查后确认该 P 满足抢夺的条件，程序就会在递增相关计数后，把该 P 抢夺过来并转给其他 M。顺便说一句，判断距上次同步该 P 的系统调用时间是否不足 10 ms 用到了该 P 的描述对象的 syscallwhen 字段，该字段的值会在系统调用计数不同步时被更新为 now（now 代表当次监测任务真正开始执行的时间）。

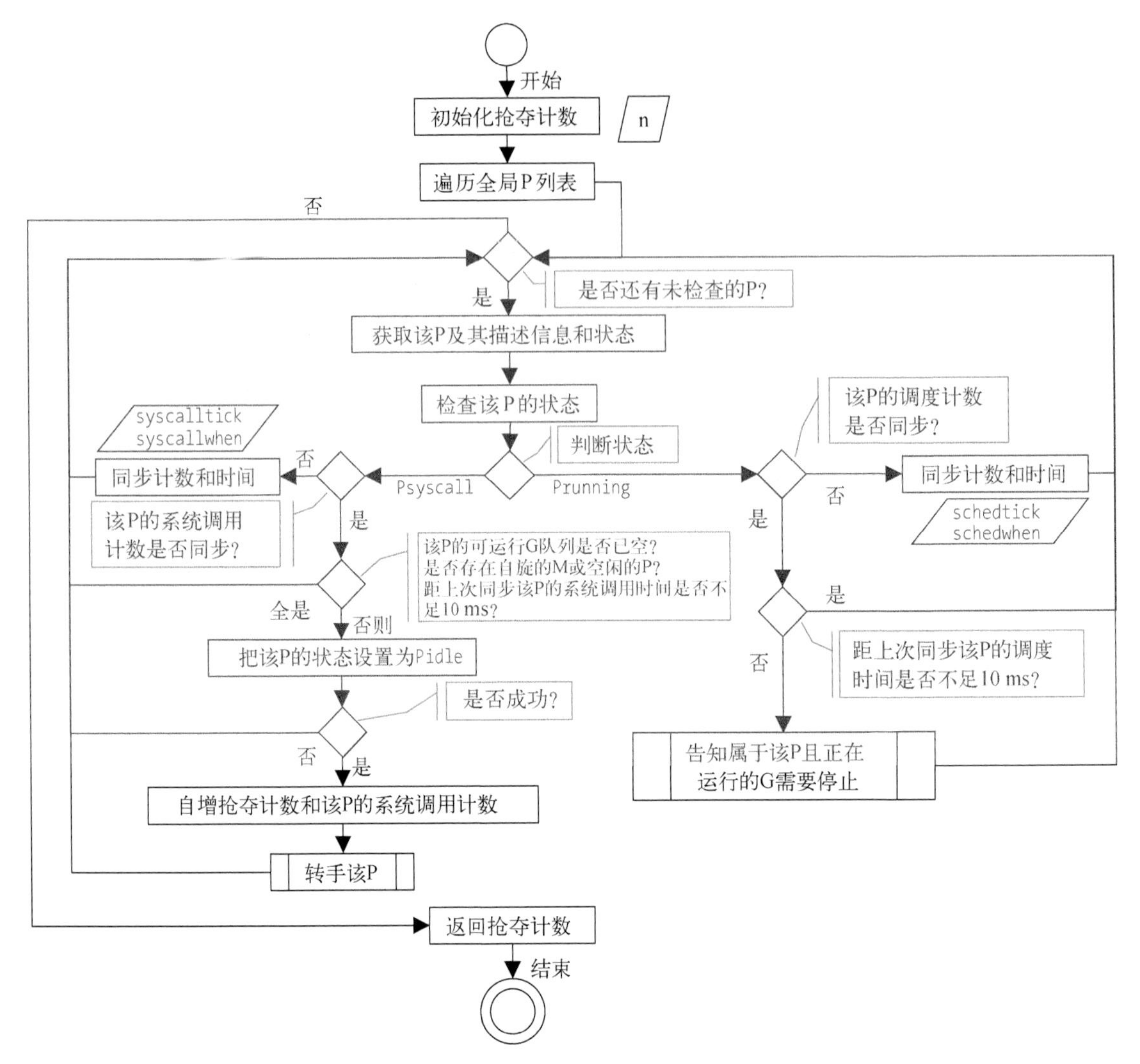

图 4-9　抢夺 P 和 G 的流程在抢夺 P 和 G 的子流程中，全局 P 列表中的所有 P 都会被检查。程序会先查看 P 的状态，如果为 Psyscall 或 Prunning，程序就会对它进行进一步检查，并在必要时进行相应的操作

如果该 P 的状态为 Prunning，程序就会检查它的调度计数是否同步。P 的调度计数由它的 schedtick 字段存储，只要它的可运行 G 队列中的某个 G 被取出运行了，该字段的值就会递增。同样的，系统监测程序也会持有一个调度计数的备份，由该 P 的描述对象的 schedtick 字段值代表。如果这个备份与该 P 的 schedtick 字段值不同，程序就更新这个备份，同时把该 P 的描述对象的 schedwhen 字段值更新为 now，然后忽略对该 P 的进一步检查。如果相同，就判断距上次同步该 P 的调度时间是否不足 10 ms，这个调度时间

正是由那个 schedwhen 字段值代表的。如果这里的判断为 false，就说明该 P 的 G 已经运行了太长时间，需要停止并把运行机会让给其他 G，这也是为了保证公平。不过，即使有一个 G 运行了过长时间，系统监测程序也因此告知它需要停止，它也不一定会停止。且不说这个告知不一定能够被正确地传递给这个 G，就算这个 G 及时地接收到了告知，也可能会将其忽略掉。因此，系统监测程序仅会也仅能履行告知义务，而既不保证告知的正确达到，也不保证那个 G 会作出响应。

说完“抢夺符合条件的 P 和 G”子流程，再简单介绍下强制 GC 和清扫堆。专用于强制 GC 的 G，其实在调度器初始化时就已经开始运行了，只不过它一般会处于暂停状态，只有系统监测程序可以恢复它。一旦判定 GC 当前未执行，且距上一次执行已超过 GC 最大间隔时间，系统监测程序就会恢复这个专用 G，把它放入调度器的可运行 G 队列。GC 最大间隔时间由 forcegcperiod 变量代表，其初始值为 2 min。清扫堆的工作仅在距上一次执行已超过清扫堆间隔时间时才会执行，而清扫堆的任务是把一段时间内未用的堆内存还给操作系统。清扫堆间隔时间与 scavengelimit 变量有关，为它所代表时间的一半。scavengelimit 的初始值为 5 min。

最后，是否打印调度器跟踪信息，是受当前操作系统的环境变量 GODEBUG 控制的。如果我们在 Go 程序运行之前，设置该环境变量的值并使其包含 schedtrace=X，那么系统监测程序就会适时地向标准输出打印调度器跟踪信息。这里的 X 需要替换，其含义是多少毫秒打印一次信息，系统监测程序也会依据此值控制打印频率。

顺便说一句，设置环境变量 GODEBUG 还可以缩短强制 GC 和清扫堆的间隔时间。只要其值包含 scavenge=1，就可使 scavengelimit 的值变为 20 ms，且 forcegcperiod 的值变为 10 ms。不过这相当于开启了 GC 的调试模式，仅应在调试时使用，千万不可用于 Go 程序的正式运行。另外，如果需要在 GODEBUG 的值中放置多个形如“Y=X”的名称–值对，就需要在两个名称–值对之间插入英文半角逗号以示分隔。

至此，我已经全面讲解了系统监测任务中的主要流程和重要细节，此任务是调度器的有力补充。最后提一句，系统监测程序是在 Go 程序启动之初由一个专用的 M 运行的，并且它运行在系统栈之上。

6. 变更 P 的最大数量

在 Go 的线程实现模型中，P 起到了承上启下的重要作用，P 最大数量的变更就意味着要改变 G 运行的上下文环境，这种变更也直接影响着 Go 程序的并发性能。下面就此流程作一下说明。

在默认情况下，P 的最大数量等于正在运行当前 Go 程序的逻辑 CPU（或称“CPU

核心”）的数量。一台计算机的逻辑 CPU 的数量，说明了它能够在同一时刻执行多少个程序指令。我们可以通过调用 runtime.GOMAXPROCS 函数改变这个最大数量，但是这样做有时有较大损耗。

当我们在Go程序中调用runtime.GOMAXPROCS函数的时候，它会先进行下面两项检查，以确保变更合法和有效。

(1) 如果传入的参数值（以下简称“新值”）比运行时系统为此设定的硬性上限值（即 256）大，那么前者会被后者替代。也就是说，无论传入的新值有多大，最终的值也不会超过 256。这也是运行时系统对自身的保护。

(2) 如果新值不是正整数，或者与存储在运行时系统中的 P 最大数量值（以下简称“旧值”）相同，那么该函数会忽略此变更而直接返回旧值。

一旦通过了这两项检查，该函数会先通过调度器停止一切调度工作，也就说前文所说的“Stop the world”。然后，它会暂存新值、重启调度工作（或称“Start the world”），最后将旧值作为结果返回。在调度工作真正被重启之前，调度器如果发现有新值暂存，那么就会进入 P 最大数量的变更流程。P 最大数量的变更流程由 runtime 包中的 procresize 函数实现。

在此变更流程中，旧值也会先被获取。如果发现旧值或新值不合法，程序就会发起一个运行时恐慌，流程和程序也都会随即终止。不过由于 runtime.GOMAXPROCS 函数已做过检查，此流程中的这个分支在这里永远不会被执行。在通过对旧值和新值的检查之后，程序会对全局 P 列表中的前 I 个 P 进行检查和必要的初始化。这里的 I 代表新值。如果全局 P 列表中的 P 数量不够，程序还会新建相应数量的 P，并把它们追加到全局 P 列表中。新 P 的状态为 Pgcstop，以表示它还不能使用。顺带说一下，全局 P 列表中所有 P 的可运行 G 队列的固定长度都会是 256。如果这个队列满了，程序就会把其中半数的可运行 G 转移到调度器的可运行 G 队列中。

在完成对前 I 个 P 的重新设置之后，程序会对全局 P 列表中的第 $I+1$ 个至第 J 个 P（如果有的话）进行清理。这里的 J 代表旧值。其中，最重要的工作就是把这些 P 的可运行 G 队列中的 G 及其 runnext 字段中的 G（如果有的话）全部取出，并依次放入调度器的可运行 G 队列中。程序也会试图获取这些 P 持有的 GC 标记专用 G，若取到，就放入调度器的可运行 G 队列。此外，程序还会把这些 P 的自由 G 列表中的所有 G，都转移到调度器的自由 G 列表中。最后，这些 P 都会被设置为 Pdead 状态，以便之后进行销毁。之所以不能直接销毁它们，是因为它们可能会被正在进行系统调用的 M 引用。如果某个 P 被这样的 M 引用但却被销毁了，就会在该 M 完成系统调用的时候造成错误。

至此，全局P列表中的所有P都已经被重新设置，这也包括了与执行 procresize 函数的当前M关联的那个P。当前M不能没有P,所以程序会试图把该M之前的P还给它，若发现那个P已经被清理，就把全局P列表中的第一个P给它。

最后，程序会再检查一遍前 *N* 个P。如果它的可运行G队列为空，就把它放入调度器的空闲P列表，否则就试图拿一个M与之绑定，然后把它放入本地的可运行P列表。这样就筛选出了一个拥有可运行G的P的列表，procresize 函数会把这个列表作为结果值返回。负责重启调度工作的程序会检查这个列表中的P，以保证它们一定能与一个M产生关联。随后，程序会让与这些P关联的M都运作起来。

以上就是变更P的最大数量时发生的事情，图4-10展示了其核心流程。

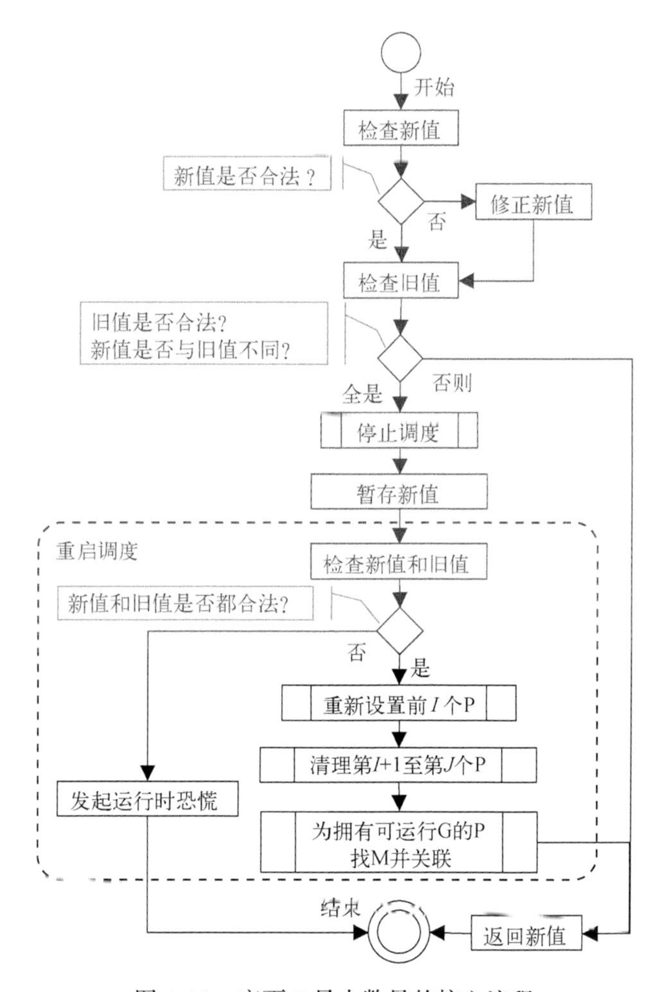

图4-10 变更P最大数量的核心流程

再次强调，虽然可以通过调用 runtime.GOMAXPROCS 函数改变运行时系统中 P 的最大数量，但是它会引起调度工作的暂停。对于对响应时间敏感的 Go 程序来说，这种暂停会给程序的性能带来一定影响。所以，请牢记使用此函数的正确方式（参见 4.1.1 节）。

4.1.3 更多细节

调度器是 Go 运行时系统中最重要的模块。不过，你还应该了解一些其他细节。

1. g0 和 m0

运行时系统中的每个 M 都会拥有一个特殊的 G，一般称为 M 的 g0。M 的 g0 管辖的内存称为 M 的调度栈。可以说，M 的 g0 对应于操作系统为相应线程创建的栈。因此，M 的调度栈也可以称为 OS 线程栈或系统栈（可参看 runtime.systemstack 函数）。

M 的 g0 不是由 Go 程序中的代码（更确切地说是 go 语句）间接生成的，而是由 Go 运行时系统在初始化 M 时创建并分配给该 M 的。M 的 g0 一般用于执行调度、垃圾回收、栈管理等方面的任务。顺便提一下，M 还会拥有一个专用于处理信号的 G，称为 gsignal。它的栈可称为信号栈。系统栈和信号栈不会自动增长，但一定会有足够的空间执行代码。

除了 g0 之外，其他由 M 运行的 G 都可以视作用户级别的 G，简称用户 G，而它们的 g0 和 gsignal 都可以称为系统 G。Go 运行时系统会进行切换，以使每个 M 都可以交替运行用户 G 和它的 g0。这就是我在前文中说“每个 M 都会运行调度程序”的原因。与用户 G 不同，g0 不会被阻塞，也不会包含在任何 G 队列或列表中。此外，它的栈也不会在垃圾回收期间被扫描。

除了每个 M 都有属于它自己的 g0 之外，还存在一个 runtime.g0。runtime.g0 用于执行引导程序，它运行在 Go 程序拥有的第一个内核线程中，这个内核线程也称为 runtime.m0。runtime.m0 和 runtime.g0 都是静态分配的，因此引导程序也无需为它们分配内存。runtime.m0 的 g0 即 runtime.g0。

2. 调度器锁和原子操作

其实，前面介绍的很多流程中都用到了调度器锁。但是为了描述的简洁性，我把对调度器锁的加锁和解锁操作都从流程中隐去了。

每个 M 都有可能执行调度任务，这些任务的执行在时间上可能会重叠，即并发的调度。因此，调度器会在读写一些全局变量以及它的字段的时候动用调度器锁进行保护。例如，在对核心元素容器（如 runtime.allp 和 runtime.sched.runqhead 等）中的元素进行存取，以及修改相应的计数器（如 sched.stopwait 和 sched.nmidle 等）时，都会锁定调度器锁。其中，sched.nmidle 用于对空闲的 M 进行计数。

此外，Go 运行时系统在一些需要保证并发安全的变量的存取上使用了原子操作。众所周知，原子操作要比锁操作轻很多，相比后者可以有效节约系统资源和提升系统性能。例如，在对 sched.nmspinning、sched.ngsys 等变量读写时会用到原子操作。又例如，在转换某个 G 的状态时也会用到原子操作。其中，sched.nmspinning 用于对正在自旋的 M 进行计数，sched.ngsys 用于对系统 G 进行计数。

调度器在自身的并发执行上做了很多有效的约束和控制，兼顾正确性与可伸缩性。这也是我在前文讲多线程编程时所提倡的。

3. 调整 GC

自 Go 1.4 起，Go 语言团队就致力于对 GC 相关算法的改进。随着每次版本的升级，Go 语言在 GC 方面都会有非常大的效能提升，尤其在减少因 GC 产生的响应延迟方面。目前，Go 的 GC 是基于 CMS（Concurrent Mark-Sweep，并发的标记-清扫）算法的，不过未来也有改用更高效 GC 算法的可能。同时，Go 的 GC 也是非分代的和非压缩的。

如前文所述，调度器会适时地调度 GC 相关任务的执行；系统监测任务在必要时也会进行强制 GC。不过，虽然都是 GC，执行模式却有所不同。当前的 GC 有 3 种执行模式，如下。

- **gcBackgroundMode**。并发地执行垃圾收集（也可称标记）和清扫。
- **gcForceMode**。串行地执行垃圾收集（即执行时停止调度），但并发地执行清扫。
- **gcForceBlockMode**。串行地执行垃圾收集和清扫。

调度器驱使的自动 GC 和系统监测任务中的强制 GC，都会以 gcBackgroundMode 模式执行。但是，前者会检查 Go 程序当前的内存使用量，仅当使用增量过大时才真正执行 GC。然而，后者会无视这个前提条件。

我们可以通过环境变量 GODEBUG 控制自动 GC 的并发性。只要使其值包含 gcstoptheworld=1 或 gcstoptheworld=2，就可以让 GC 的执行模式由 gcBackgroundMode 变为 gcForceMode 或 gcForceBlockMode。这相当于让并发的 GC 进入（易于）调试模式。

简单地讲，GC 会在为 Go 程序分配的内存翻倍增长时被触发。Go 运行时系统会在分配新内存时检查 Go 程序的内存使用增量。我们可以通过调用 runtime/debug.SetGCPercent 函数改变这个增量的阈值。SetGCPercent 函数接受一个 int 类型的参数，这个参数的含义是：在新分配的内存是上次记录的已分配内存的百分之几时触发 GC。显然，这个参数的值不应该是负数，否则会导致自动 GC 的关闭；Go 运行时系统对此的预设值是 100。SetGCPercent 函数在被调用之后会返回旧的增量阈值。设置环境变量 GOGC 也可以达到相同的效果，其值的含义和设置规则也与 SetGCPercent 函数相同。另外，把 GOGC 的值设置为 off 也会关闭自动 GC。不过要注意，与 GODEBUG 一样，对 GOGC 的设置需要在 Go 程序启动之前进行，否则不会生效。

关闭自动 GC 就意味着我们要在程序中手动 GC 了，否则程序占用的内存即使不再使用也不会被回收。调用 runtime.GC 函数可以手动触发一次 GC，不过这个 GC 函数会阻塞调用方直到 GC 完成。注意，这种情况下的 GC 会以 gcForceBlockMode 模式执行。此外，调用 runtime/debug 包的 FreeOSMemory 函数也可以手动触发一次完全串行的 GC，并且在 GC 完成后还会做一次清扫堆的操作。还要注意，这两者在执行时都不会检查 Go 程序的内存使用增量。

这里不再展开它的 GC 算法详情，感兴趣的读者可以自行查看 runtime 包中的 gcStart 等函数，也可以从 sysmon 函数中的强制 GC 和清扫堆相关代码看起。

4.2　goroutine

说到 goroutine（或称 G），就不得不提到 Go 语言特有的关键字 go，它是用户程序启用 goroutine 的唯一途径。

4.2.1　go 语句与 goroutine

一条 go 语句意味着一个函数或方法的并发执行。go 语句是由 go 关键字和表达式组成的。简单来说，表达式就是用于描述针对若干操作数的计算方法的式子。Go 的表达式有很多种，其中就包括调用表达式。调用表达式所表达的是针对函数或方法的调用，其中的函数可以是命名的，也可以是匿名的。能够称为表达式语句的调用表达式，是我们创建 go 语句时唯一合法的表达式。针对如下函数的调用表达式不能称为表达式语句：append、cap、complex、imag、len、make、new、real、unsafe.Alignof、unsafe.Offsetof 和 unsafe.Sizeof。前 8 个函数是 Go 语言的内建函数，而最后 3 个函数则是标准库代码包 unsafe 中的函数。

下面由 go 关键字和一个针对内建函数 println 的调用表达式组成了一条 go 语句：

```
go println("Go! Goroutine!")
```

如果 go 关键字后面的是针对匿名函数的调用表达式，那么 go 语句就会像这样：

```
go func() {
    println("Go! Goroutine!")
}()
```

注意，无论是否需要传递参数值给匿名函数，都不要忘了最后的那对圆括号，它们代表了对函数的调用行为，也是调用表达式的必要组成部分。另外，在go关键字后面的调用表达式是不能用圆括号括起来的。这些都与defer语句的构建规则相同。

Go运行时系统对go语句中的函数（以下简称go函数）的执行是并发的。更确切地说，当go语句执行的时候，其中的go函数会被单独放入一个goroutine中。在这之后，该go函数的执行会独立于当前goroutine运行。在一般情况下，位于go语句后面的那些语句并不会等到前者的go函数被执行完成才开始执行，甚至在该go函数真正执行之前，运行时系统可能就已经开始执行后面的语句了。一句话：go函数并发执行，但谁先谁后并不确定。

虽然go函数是可以有结果声明的，但是它们返回的结果值会在其执行完成时被丢弃。也就是说，即使它们返回了结果值，也不会产生任何意义。那么，如果想把go函数的计算结果传递给其他程序（或者说在其他goroutine中的程序）的话，应该怎样做呢？我在讲channel的时候会揭晓这个答案。

你现在已经基本知晓了Go运行时系统对go函数的执行方式，下面来看几个例子。首先，假设有一个命令源码文件包含如代码清单4-1所示的内容。

代码清单4-1 gobase1.go

```
package main

func main() {
    go println("Go! Goroutine!")
}
```

在使用go命令去运行这个源码文件之后，标准输出上会出现什么内容呢？读者可能认为该程序输出的内容会是：

```
Go! Goroutine!
```

但是，这行内容实际上并不会出现。这是为什么呢？我刚刚说过，运行时系统会并发地执行go函数。运行时系统会使用一个G封装go函数并把它放到可运行G队列中，但是至于这个新的G什么时候会运行，就要看调度器的实时调度情况了。在本例中，那条go语句之后没有任何语句。一旦main函数执行结束，就意味着该Go程序运行的结束。可是，这个时候那个新的G还没来得及执行。这种情况几乎总是会发生，所以我们不要对这种并发执行的先后顺序有任何假设，也不要指望main函数所在的G会最后一个运行完毕。如果我们确实希望如此，就必须通过额外的手段去实现。

在 Go 语言中，有很多种方法可以干预多个 G 的执行顺序。其中，最简陋的一种方法是使用 time 包中的 Sleep 函数，如代码清单 4-2 所示。

代码清单 4-2 gobase2.go

```
package main

import (
    "time"
)

func main() {
    go println("Go! Goroutine!")
    time.Sleep(time.Millisecond)
}
```

函数 time.Sleep 的作用是让调用它的 goroutine 暂停（进入 Gwaiting 状态）一段时间。在这里，我让 main 函数所在的 goroutine 暂停了 1 ms。在理想的情况下，运行该源码文件会如我所愿地在标准输出上打印 Go! Goroutine!。但是，真实情况并不总是这样的。调度器的实时调度是我们无法控制的，所以上例所示的方法非常不保险。我们不应该在这种情形下使用 time.Sleep 函数，这里把对 time.Sleep 函数的调用替换为 runtime.Gosched() 是一种更好的方式。上一节说过，runtime.Gosched 函数的作用是暂停当前的 G，好让其他 G 有机会运行。这里使用它是有效的，但实际的情况大都比这复杂，那时 runtime.Gosched 函数就会不适用。

下面来看更复杂一些的例子，如代码清单 4-3 所示。

代码清单 4-3 gobase3.go

```
package main

import (
    "fmt"
    "time"
)

func main() {
    name := "Eric"
    go func() {
        fmt.Printf("Hello, %s!\n", name)
    }()
    name = "Harry"
    time.Sleep(time.Millisecond)
}
```

请试验一下，在运行这个命令源码文件之后，在标准输出上将会打印出怎样的内容？是“Hello, Eric!”还是“Hello, Harry!”？试验过后，答案应多为后者。这进一步说明了这种执行的并发性。在赋值语句 name = "Harry"执行之后，它上面的 go 函数才得以执行，这是因为有最后那条语句。现在，我们把 main 函数中的最后两条语句互换一下位置，像这样：

```
time.Sleep(time.Millisecond))
name = "Harry"
```

那么，标准输出上会打印出内容吗？或者说，打印出的内容会与之前有什么不同？由 time.Sleep(time.Millisecond)的作用可知，打印出的内容会是：

```
Hello, Eric!
```

因为这里在改变变量 name 的值之前，就给那个 go 函数执行的机会了。

现在情况变得更复杂了。我要同时问候多个人，问候目标的名单如下：

```
names := []string{"Eric", "Harry", "Robert", "Jim", "Mark"}
```

要同时问候这 5 个人，最简单的方式就是连续编写 5 条 go 语句，不过这样好像水平有点儿低。既然我们把名单作为一个切片类型值呈现，那么用 for 语句来实现并发的问候应该会更好，如代码清单 4-4 所示。

代码清单 4-4 gobase4.go

```
package main

import (
    "fmt"
    "time"
)

func main() {
    names := []string{"Eric", "Harry", "Robert", "Jim", "Mark"}
    for _, name := range names {
        go func() {
            fmt.Printf("Hello, %s!\n", name)
        }()
    }
    time.Sleep(time.Millisecond)
}
```

请运行一下这个源码文件，标准输出上的内容可能会让你感到诧异，如下所示：

```
Hello, Mark!
Hello, Mark!
Hello, Mark!
```

4

```
Hello, Mark!
Hello, Mark!
```

我的朋友Mark可能要应接不暇了。这到底是怎么回事？要弄清楚这个问题，首先就要知道go函数中使用的标识符name到底代表了什么。在运用前面讲到的知识对此进行分析之后可知，这个标识符name其实就是在该go语句外层的for语句中声明的那个迭代变量name。这会有什么问题吗？这里的细节是：随着迭代的进行，每一次获取到的迭代值（这里是名单中的单个名字）都会被赋给相应的迭代变量（这里是name）。也就是说，迭代变量name会依次被赋予"Eric"、"Harry"、"Robert"、"Jim"和"Mark"这5个值。注意，"Mark"是最后一个被赋给变量name的值。隐约感觉出问题所在了吗？事实上，在这里并发执行的5个go函数（确切地讲，是由5个G分别封装的同一个函数）中，name的值都是"Mark"。这是因为它们都是在for语句执行完毕之后才执行的，而name在那时指代的值已经是"Mark"了。这也有该for语句非常简单、瞬间就可以执行完毕的原因在里面。不过，即使for语句很复杂，这种情况也有可能发生。还是那句话，不要对go函数的执行时机作任何假设，除非你自己确实能作出让这种假设成为绝对事实的保证。

现在，我们来考虑一下解决上面问题的方案。有两种思路。第一种思路是：让5个go函数在每次迭代完成之前执行完毕。照此看来，这里使用go语句发出问候有点儿画蛇添足了，因为顺序地执行这些“问候”代码就可以达到目的，而且会简单得多。不过，这样就算不上是并发的问候了，即使for语句的每次迭代都会以极快的速度完成。那么应该怎么办呢？其实很简单，在每次迭代完成之前给予之前的go函数一个执行机会就可以了。我们把上面的for修改成下面这样：

```go
for _, name := range names {
    go func() {
        fmt.Printf("Hello, %s.\n", name)
    }()
    time.Sleep(time.Millisecond)
}
```

使用这一方案解决上述问题简单而有效。但是，如果我的go函数比较复杂，并且在那条打印语句之前还有很多其他语句，那么这个方案就不一定会带来正确的结果。它的正确与否，会受到go函数以及for语句的执行时间的影响。当然，其根本在于Go的调度器未对此作出任何保证。

下面考虑第二种思路。如果我在go函数中使用的name的值不会受到外部变量变化的影响，就既可以保证go函数的独立执行，又不用担心它们的正确性受到破坏。若这个设想被实现了，该go函数就可以称作“可重入函数”。

go函数也和普通的函数一样可以有参数声明。如果把迭代变量name的值作为参数传递给 go 函数，那么也就可以实现上述设想。

其潜在原因是，name 变量的类型 string 是一个非引用类型。我在把一个值作为参数传递给函数的时候，该值会被复制。对于引用类型（比如切片类型或字典类型）的值来说，由于它类似于指向真正数据的指针，所以即使被复制了，之后在外部对该值的修改也会反映到该函数的内部。而对于非引用类型的值来说，这种修改就不会对函数内部产生影响，因为这时的两个值已经被完全分离了。

上述设想的实现如代码清单 4-5 所示。

代码清单 4-5　gobase5.go

```
package main

import (
    "fmt"
    "time"
)

func main() {
    names := []string{"Eric", "Harry", "Robert", "Jim", "Mark"}
    for _, name := range names {
        go func(who string) {
            fmt.Printf("Hello, %s!\n", who)
        }(name)
    }
    time.Sleep(time.Millisecond)
}
```

请注意，我为 go 函数添加了一个参数声明，该参数的名称为 who。相应地，我们在 go 函数中不再使用外部变量 name，而使用参数 who。因为有了这样一个参数声明，所以我们在编写对它的调用表达式时，就需要在最后的圆括号“(”和“)”中放入参数值。我把变量 name 的值作为参数值传递给了 go 函数。在每次迭代的起始，name 变量的值都会是 names 的某一个元素值，紧接着这个值会被传入 go 函数。在传入过程中，该值会被复制并在 go 函数中由参数 who 指代。此后，name 值的改变与 go 函数再无关系。因此，运行此源码文件就总会得到正确的结果了。

再次强调，上述方案最多只能保证 go 函数执行的正确性，却无法保证这些 go 函数总会先于 main 函数执行完毕，即使使用 time.Sleep 函数或 runtime.Gosched 函数也是如此。这需要保证多个 G 的执行顺序，属于同步的范畴。

通过这一系列的示例，你已经对 go 语句的基本使用方法有了足够的认识。作为理论补充，下面会简述封装 main 函数的 G 从“诞生”到“死亡”的全过程。

4.2.2　主 goroutine 的运作

封装 main 函数的 goroutine 称为主 goroutine。主 goroutine 会由 runtime.m0 负责运行。

主 goroutine 所做的事情并不是执行 main 函数那么简单。它首先要做的是：设定每一个 goroutine 所能申请的栈空间的最大尺寸。在 32 位的计算机系统中此最大尺寸为 250 MB，而在 64 位的计算机系统中此尺寸为 1 GB。如果有某个 goroutine 的栈空间尺寸大于这个限制，那么运行时系统就会发起一个栈溢出（stack overflow）的运行时恐慌。随即，这个 Go 程序的运行也会终止。

在设定好 goroutine 的最大栈尺寸之后，主 goroutine 会在当前 M 的 g0 上执行系统监测任务。已知，系统监测任务的作用就是为调度器查漏补缺。这也是让系统监测任务的执行先于 main 函数的原因之一。

此后，主 goroutine 会进行一系列的初始化工作，涉及的工作内容大致如下。

- 检查当前M是否是runtime.m0。如果不是，就说明之前的程序出现了某种问题。这时，主goroutine会立即抛出异常，这也意味着Go程序启动的失败。
- 创建一个特殊的defer语句，用于在主goroutine退出时做必要的善后处理。因为主goroutine也可能非正常地结束，所以这一点很有必要。
- 启用专用于在后台清扫内存垃圾的goroutine，并设置GC可用的标识。
- 执行main包中的init函数。

如果上述初始化工作成功完成，那么主 goroutine 就会去执行 main 函数。在执行完 main 函数之后，它还会检查主 goroutine 是否引发了运行时恐慌，并进行必要的处理。最后，主 goroutine 会结束自己以及当前进程的运行。

在 main 函数执行期间，运行时系统会根据 Go 程序中的 go 语句，复用或新建 goroutine 来封装 go 函数。这些 goroutine 都会放入相应 P 的可运行 G 队列中，然后等待调度器的调度。这样的等待时间通常会非常短暂，但是有时如此短的时间也不容忽视。就像前面举例说明的那样，它可能会使 goroutine 错过甚至永远失去运行时机。

4.2.3　runtime 包与 goroutine

Go 的标准库代码包 runtime 中的程序实体，提供了各种可以使用户程序与 Go 运行时系统交互的功能。我在前面已经提及过很多这样的 API，这里主要说明那些可以获得 goroutine 信息，或者能够直接或间接控制 goroutine 的运行的 API。为了进行汇总，我也会把一些已经讲过的函数罗列在这里。

1. runtime.GOMAXPROCS 函数

通过调用 runtime.GOMAXPROCS 函数，用户程序可以在运行期间，设置常规运行时系统中的 P 的最大数量。但因为这样做会引起“Stop the world”，所以我强烈建议应用程序尽量早地，并且更好的方式是设置环境变量 GOMAXPROCS。

Go 运行时系统中的 P 最大数量范围总会是 1~256。

2. runtime.Goexit 函数

调用 runtime.Goexit 函数之后，会立即使当前 goroutine 的运行终止，而其他 goroutine 并不会受此影响。runtime.Goexit 函数在终止当前 goroutine 之前，会先执行该 goroutine 中所有还未执行的 defer 语句。

该函数会把被终止的 goroutine 置于 Gdead 状态，并将其放入本地 P 的自由 G 列表，然后触发调度器的一轮调度流程。

请注意，千万不要在主 goroutine 中调用 runtime.Goexit 函数，否则会引发运行时恐慌。

3. runtime.Gosched 函数

runtime.Gosched 函数的作用是暂停当前 goroutine 的运行。当前 goroutine 会被置为 Grunnable 状态，并放入调度器的可运行 G 队列，这也是使用“暂停”这个词的原因。经过调度器的调度，该 goroutine 马上就会再次运行。

4. runtime.NumGoroutine 函数

runtime.NumGoroutine 函数在被调用后，会返回当前 Go 运行时系统中处于非 Gdead 状态的用户 G 的数量。这些 goroutine 被视为“活跃的”或者“可被调度运行的”。该函数的返回值总会大于等于 1。

5. runtime.LockOSThread 函数和 runtime.UnlockOSThread 函数

对前者的调用会使当前 goroutine 与当前 M 锁定在一起，而对后者的调用则会解除这样的锁定。多次调用前者不会造成任何问题，但是只有最后一次调用会生效，可以想象成对同一个变量的多次赋值。另一方面，即使在之前没有调用过前者，对后者的调用也不会产生任何副作用。

6. runtime/debug.SetMaxStack 函数

runtime/debug.SetMaxStack 函数的功能是约束单个 goroutine 所能申请栈空间的最大尺寸。已知，在 main 函数及 init 函数真正执行之前，主 goroutine 会对此数值进行默认设置。250 MB 和 1 GB 分别是在 32 位和 64 位的计算机系统下的默认值。

该函数接收一个 int 类型的参数,该参数的含义是欲设定的栈空间最大字节数。该函数在执行完毕的时候，会把之前的设定值作为结果返回。

如果运行时系统在为某个 goroutine 增加栈空间的时候，发现它的实际尺寸已经超过了设定值，就会发起一个运行时恐慌并终止程序的运行。

需要注意的是，该函数并不会像 runtime.GOMAXPROCS 函数那样对传入的参数值进行检查和纠正。所以，我们应该在调用它的时候保持足够的警惕。尤其是，即使我们设定了一个过小的值，相关的问题也一般不会在程序的运行初期就显现出来，因为运行时系统仅在增长 goroutine 的栈空间时，才会对它的实际尺寸进行检查。这样，错误设置就像给程序埋下了一颗定时炸弹，造成的后果也会很严重。

7. runtime/debug.SetMaxThreads 函数

runtime/debug.SetMaxThreads 函数的作用是对 Go 运行时系统所使用的内核线程的数量（也可以认为是 M 的数量）进行设置。在引导程序中，该数量被设置成了 10 000。这对于操作系统和 Go 程序来说，都已经是一个足够大的值了。

该函数接受一个 int 类型的值，也会返回一个 int 类型的值。前者代表欲设定的新值，而后者则代表之前设定的旧值。前面说过，如果调用此函数时给定的新值比运行时系统当前正在使用的 M 的数量还要小的话，就会引发一个运行时恐慌。另一方面，在对此函数的调用完成之后，我们设定的新值就会立即发挥作用。每当运行时系统新建一个 M 时，就会检查它当前所持 M 的数量。如果该数量大于 M 最大数量的设定，运行时系统就会发起一个同样的运行时恐慌。

8. 与垃圾回收有关的一些函数

我在讲怎样调整 GC 的时候提到过 3 个函数，即：runtime/debug.SetGCPercent、runtime.GC 和 runtime/debug.FreeOSMemory。前者用于设定触发自动 GC 的条件，而后两者用于发起手动 GC。注意，自动 GC 在默认情况下是并发运行的，而手动 GC 则总是串行运行的。这也意味着，在后两个函数的执行期间，调度是停止的。另外，runtime/debug.FreeOSMemory 函数比 runtime.GC 函数多做了一件事，那就是在 GC 之后还要清扫一次堆内存。

4.3 channel

本节会专门讲述 Go 语言所提倡的“应该以通信作为手段来共享内存”的最直接和最重要的体现——channel。channel 也就是前面多次提到过的通道类型,它是 Go 语言预定义的数据类型之一。

Go 语言鼓励使用与众不同的方法来共享值，这个方法就是使用一个通道类型值在不同的 goroutine 之间传递值。Go 语言的 channel 就像是一个类型安全的通用型管道。（实际上，channel 的设计灵感来源于 Tony Hoare 在 1985 年首次公开的专著 *Communicating Sequential Processes* 中的论述。）

channel 提供了一种机制。它既可以同步两个并发执行的函数，又可以让这两个函数通过相互传递特定类型的值来通信。虽然有些时候使用共享变量和传统的同步方法也可以实现上述用途,但是作为一个更高级的方法,使用 channel 可以让我们更容易编写清晰、正确的程序。

下面，我们就开始介绍与 channel 有关的各方面知识。

4.3.1 channel 的基本概念

在 Go 语言中，channel 既指通道类型，也指代可以传递某种类型的值的通道。通道即某一个通道类型的值，是该类型的一个实例。

1. 类型表示法

与切片类型和字典类型相同，通道类型也属于引用类型。一个泛化的通道类型的声明应该是这样的：

```
chan T
```

其中，关键字 chan 是代表了通道类型的关键字，而 T 则表示了该通道类型的元素类型。通道类型的元素类型，限制了可以经由此类通道传递的元素值的类型。例如，可以声明这样一个别名类型：

```
type IntChan chan int
```

别名类型 IntChan 代表了元素类型为 int 的通道类型。又例如,可以直接声明一个 chan int 类型的变量：

```
var intChan chan int
```

在初始化之后，变量 intChan 就可以用来传递 int 类型的元素值了。

上面展示了最简单的通道类型声明方式，如此声明意味着该通道类型是双向的。也就是说，我既可以向此类通道发送元素值，也可以从它那里接收元素值。还可以声明单向的通道类型，这需要用到接收操作符<-。下面是只能用于发送值的通道类型的泛化表示：

```
chan<- T
```

只能用于发送值的意思是，我只能向此类通道发送元素值，而不能从它那里接收元素值。接收操作符<-形象地表示了元素值的流向。我们可以把这样的单向通道类型简称为发送通道类型。当然，也可以声明只能从中接收元素值的通道类型，形如：

```
<-chan T
```

注意，这次接收操作符<-位于关键字 chan 的左边。这依然很形象，不是吗？相似地，此类单向通道类型可以简称为接收通道类型。

2. 值表示法

正因为通道类型是一个引用类型，所以一个通道类型的变量在被初始化之前，其值一定是 nil，这也是此类型的零值。

与其他类型不同，通道类型的变量是用来传递值的，而不是存储值的。所以，通道类型并没有对应的值表示法。它的值具有即时性，是无法用字面量来准确表达的。

3. 操作的特性

通道是在多个 goroutine 之间传递数据和同步的重要手段，而对通道的操作本身也是同步的。在同一时刻，仅有一个 goroutine 能向一个通道发送元素值，同时也仅有一个 goroutine 能从它那里接收元素值。在通道中，各个元素值都是严格按照发送到此的先后顺序排列的，最早被发送至通道的元素值会最先被接收。因此，通道相当于一个FIFO（先进先出）的消息队列。此外，通道中的元素值都具有原子性，是不可被分割的。通道中的每一个元素值都只可能被某一个 goroutine 接收，已被接收的元素值会立刻从通道中删除。

4. 初始化通道

已知，引用类型的值都需要使用内建函数 make 来初始化，通道类型也不例外。请看下面的调用表达式：

```
make(chan int, 10)
```

这个表达式初始化了一个通道类型的值。传递给 make 函数的第一个参数表明，此值的具体类型是元素类型为 int 的通道类型，而第二个参数则指出该通道值在同一时刻最多可以缓冲 10 个元素值。

当然，可以在初始化一个通道的时候省略第二参数值，像这样：

```
make(chan int)
```

一个通道值的缓冲容量总是固定不变的。如果第二个参数值被省略了，就表示被初始化的这个通道永远无法缓冲任何元素值。发送给它的元素值应该被立刻取走，否则发送方的 goroutine 就会被暂停（或者说阻塞），直到有接收方接收这个元素值。

我们可以把初始化时第二个参数值大于 0 的通道称为缓冲通道，而把初始化时未给定第二个参数值，或给定但值等于 0 的通道称为非缓冲通道。下面仅会讲解操作缓冲通道的方法，关于非缓冲通道的操作方法，将在后面专门说明。

5. 接收元素值

接收操作符<-不但可以作为通道类型声明的一部分，也可以用于通道操作（发送或接收元素值）。假如有这样一个通道类型的变量：

```
strChan := make(chan string, 3)
```

make 函数在被调用后，会返回一个已被初始化的通道值作为结果。所以，这样的赋值语句使变量 strChan 成为了一个双向通道，该通道的元素类型为 string、容量为 3。

如果要从该通道中接收元素值，那么应该这样编写代码：

```
elem := <-strChan
```

其中的接收操作符<-直截了当，我们可以立刻理解这条语句所代表的含义——把 strChan 中的一个元素值赋给变量 elem。不过，此时进行这类操作会使当前 goroutine 被阻塞在这里，因为现在通道 strChan 中还没有任何元素值。当前 goroutine 会被迫进入 Gwaiting 状态，直到 strChan 中有新的元素值可取时才会被唤醒。

像下面这样编码也是可以的：

```
elem, ok := <-strChan
```

与前面的写法相同，当该通道中没有任何元素值时，当前 goroutine 会被阻塞在此。如果在进行接收操作之前或过程当中该通道被关闭了，那么该操作会立即结束，并且变量 elem

会被赋予该通道的元素类型的零值。采用上述两种写法都会如此。由于相应元素类型的零值也可以发送到通道中，所以当接收到这样一个元素值的时候，就无从判断它确实是通道中缓冲的一个元素值，还是用来表示该通道已经关闭的标识。这时，第二种编写方法的优势就显现出来了。在特殊标记 := 左边的第二个变量（这里是变量 ok）被赋予的值会体现出实际的情况。在此，变量 ok 必定会是一个布尔类型的值。当接收操作因通道关闭而结束时，该值会为 false（代表了操作失败），否则会为 true。这样，我们就很容易做出上述判断了。

我们可以把这些在特殊标记 = 或 := 的右边仅能是接收表达式的赋值语句称为接收语句。在其中的接收操作符 <- 右边的不仅仅可以是代表通道的标识符，还可以是任意的表达式。只要这个表达式的结果类型是通道类型即可。我们可以把这样的表达式称为通道表达式。

最后，有一点需要特别注意：试图从一个未被初始化的通道值（即值为 nil 的通道）那里接收元素值，会造成当前 goroutine 的永久阻塞！

6. Happens before

为了能够从通道接收元素值，我们先向它发送元素值。理所当然，一个元素值在被接收方从通道中取出之前，必须先存在于该通道内。更加正式地讲，对于一个缓冲通道，有如下规则。

- 发送操作会使通道复制被发送的元素。若因通道的缓冲空间已满而无法立即复制，则阻塞进行发送操作的goroutine。复制的目的地址有两种。当通道已空且有接收方在等待元素值时，它会是最早等待的那个接收方持有的内存地址，否则会是通道持有的缓冲中的内存地址。
- 接收操作会使通道给出一个已发给它的元素值的副本，若因通道的缓冲空间已空而无法立即给出，则阻塞进行接收操作的goroutine。一般情况下，接收方会从通道持有的缓冲中得到元素值。
- 对于同一个元素值来说，把它发送给某个通道的操作，一定会在从该通道接收它的操作完成之前完成。换句话说，在通道完全复制一个元素值之前，任何goroutine都不可能从它那里接收到这个元素值的副本。

7. 发送元素值

发送语句由通道表达式、接收操作符<-和代表元素值的表达式（以下简称“元素表达式”）组成。其中，元素表达式的结果类型必须与通道表达式的结果类型中的元素类型

之间存在可赋予的关系。也就是说，前者的值必须可以赋给类型为后者的变量。

对接收操作符 <- 两边的表达式的求值会先于发送操作执行。在对这两个表达式的求值完成之前，发送操作一定会被阻塞。

如果我想向通道 strChan 发送一个元素值"a"的话，应该这样做：

```
strChan <- "a"
```

接收操作符 <- 左边是将要接纳元素值的通道，而右边则是欲发送给该通道的那个元素值。在此表达式被求值之后，通道 strChan 中就缓冲了元素值"a"。下面再向它发送两个元素值：

```
strChan <- "b"
strChan <- "c"
```

现在，strChan 中已经缓冲了 3 个元素值，这已经是它能够容纳的最大量了（依据对 strChan 的初始化可知）。在这之后，当某个 goroutine 再向 strChan 发送元素值的时候，该 goroutine 就会被阻塞。再从该通道中接收一个元素值之后，这个 goroutine 才会被唤醒并且完成发送操作。

代码清单 4-6 chanbase1.go

```
package main

import (
    "fmt"
    "time"
)

var strChan = make(chan string, 3)

func main() {
    syncChan1 := make(chan struct{}, 1)
    syncChan2 := make(chan struct{}, 2)
    go func() { // 用于演示接收操作
        <-syncChan1
        fmt.Println("Received a sync signal and wait a second... [receiver]")
        time.Sleep(time.Second)
        for {
            if elem, ok := <-strChan; ok {
                fmt.Println("Received:", elem, "[receiver]")
            } else {
                break
            }
        }
        fmt.Println("Stopped. [receiver]")
        syncChan2 <- struct{}{}
```

```
    }()
    go func() { // 用于演示发送操作
        for _, elem := range []string{"a", "b", "c", "d"} {
            strChan <- elem
            fmt.Println("Sent:", elem, "[sender]")
            if elem == "c" {
                syncChan1 <- struct{}{}
                fmt.Println("Sent a sync signal. [sender]")
            }
        }
        fmt.Println("Wait 2 seconds... [sender]")
        time.Sleep(time.Second * 2)
        close(strChan)
        syncChan2 <- struct{}{}
    }()
    <-syncChan2
    <-syncChan2
}
```

上面这份代码展示了对于同一个通道的发送和接收元素值的基本操作。为了让你看清通道在这里呈现出的特性，我在代码中加入了一些打印语句和延时语句。

在 main 函数中，先后启用了两个 goroutine，分别用于演示在 strChan 之上的发送操作和接收操作。首先来看用于演示发送操作的 go 函数，其中的 for 语句用于把切片中的 4 个元素值依次发送给 strChan。当发送完第 3 个值时，它向 syncChan1 发送了一个“信号”，这个“信号”会使接收方恢复执行。待 for 语句执行完毕后，它又让当前 goroutine “睡眠”了 2 s，这是为了等接收方把那 4 个值都接收完之后，再调用 close 函数关闭 strChan 通道。在这 2 s 里，接收方肯定会因 strChan 已空而等待片刻。

再看用于演示接收操作的 go 函数。我在开始处先试图从 syncChan1 接收“信号”。在发送方发送完这个“信号”之前，当前 goroutine 会一直等待。一旦当前 goroutine 因收到“信号”而恢复执行，就说明 strChan 中已经有了前 3 个值。不过，我要让当前 goroutine 先“睡眠” 1 s 再去接收。strChan 的容量是 3，所以发送方在这 1 s 里发送第 4 个值时会因 strChan 已满而等待，直到接收方从 strChan 取出第一个值。发送方调用 close 函数关闭 strChan 通道，使得接收方在取出 strChan 中的所有值之后中断 for 语句的执行；这依赖于对变量 ok 的判断。

在图 4-11 中，发送 G 指代用于演示发送操作的 goroutine，接收 G 指代用于演示接收操作的 goroutine。请注意图中的两种虚线箭头，它们分别展示了两个 goroutine 的等待和恢复运行的情况。在运行 chanbase1.go 文件之后，标准输出上打印出的内容也可以体现出这两个 goroutine 之间的协作：

```
Sent: a [sender]
```

```
Sent: b [sender]
Sent: c [sender]
Sent a sync signal. [sender]
Received a sync signal and wait a second... [receiver]
Received: a [receiver]
Sent: d [sender]
Wait 2 seconds... [sender]
Received: b [receiver]
Received: c [receiver]
Received: d [receiver]
Stopped. [receiver]
```

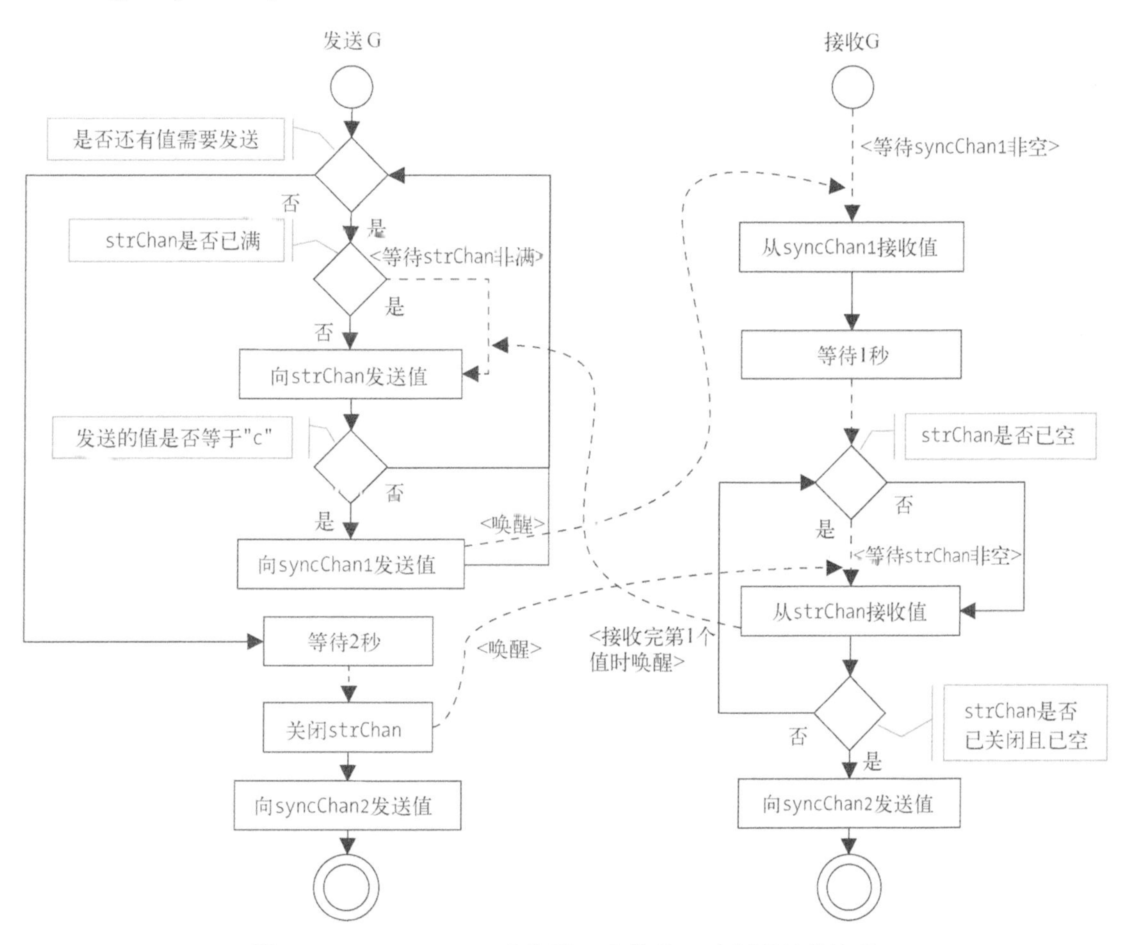

图 4-11　chanbase1.go 中发送 G 和接收 G 之间的协作流程

注意，由于在针对通道的发送/接收语句和打印语句之间的执行间隙很可能会插入 Go 运行时系统的调度，因此该程序打印出的内容每次都可能不同。这些内容并不一定能完全体现出真正的协作流程，甚至有时候会与真正的协作流程相悖，因此希望你不会被这种表象迷惑。请记住本节阐述的相关规则，它们是不会改变的。

再说一下 syncChan2，这个通道纯粹是为了不让主 goroutine 过早结束运行。一旦主 goroutine 运行结束，Go 程序的运行也就结束了。在 main 函数的最后试图从 syncChan2 接收值两次。在这两次接收都成功完成之前，主 goroutine 会阻塞于此。把 syncChan2 的容量设定为 2，这是因为 main 函数中启用了两个 goroutine，这样一来它们可以不受干扰地向 syncChan2 发送值。一旦那两个 goroutine 都向 syncChan2 发送了值，主 goroutine 就会恢复运行，但随后又会结束运行。

syncChan1 和 syncChan2 的元素类型都是 struct{}。struct{}代表的是不包含任何字段的结构体类型，也可称为空结构体类型。在 Go 语言中，空结构体类型的变量是不占用内存空间的，并且所有该类型的变量都拥有相同的内存地址。建议用于传递"信号"的通道都以 struct{}作为元素类型，除非需要传递更多的信息。

注意，与接收操作类似，当向一个值为 nil 的通道类型的变量发送元素值时，当前 goroutine 也会被永久地阻塞！另外，如果试图向一个已关闭的通道发送元素值，那么会立即引发一个运行时恐慌，即使发送操作正在因通道已满而被阻塞。为了避免这样的流程中断，我们可以在 select 代码块中执行发送操作；这会在后面专门说明。

除此之外，如果有多个 goroutine 因向同一个已满的通道发送元素值而被阻塞，那么当该通道中有多余空间的时候，最早被阻塞的那个 goroutine 会最先被唤醒。对于接收操作来说，也是如此，一旦已空的通道中有了新的元素值，那么最早因从该通道接收元素值而被阻塞的那个 goroutine 会最先被唤醒。并且，Go 运行时系统每次只会唤醒一个 goroutine。

还有一点需要注意：发送方向通道发送的值会被复制，接收方接收的总是该值的副本，而不是该值本身。经由通道传递的值至少会被复制一次，至多会被复制两次。例如，当向一个已空的通道发送值，且已有至少一个接收方因此等待时，该通道会绕过本身的缓冲队列，直接把这个值复制给最早等待的那个接收方。又例如，当从一个已满的通道接收值，且已有至少一个发送方因此等待时，该通道会把缓冲队列中最早进入的那个值复制给接收方，再把最早等待的发送方要发送的数据复制到那个值的原先位置上。通道的缓冲队列属于环形队列，所以这样做是没问题的。这种情况下，涉及的那两个值在传递到接收方之前都会被复制两次。

因此，当接收方从通道接收到一个值类型的值时，对该值的修改就不会影响到发送方持有的那个源值。但对于引用类型的值来说，这种修改会同时影响收发双方持有的值。

代码清单 4-7 chanval1.go

```
package main

import (
    "fmt"
    "time"
)

var mapChan = make(chan map[string]int, 1)

func main() {
    syncChan := make(chan struct{}, 2)
    go func() { // 用于演示接收操作
        for {
            if elem, ok := <-mapChan; ok {
                elem["count"]++
            } else {
                break
            }
        }
        fmt.Println("Stopped. [receiver]")
        syncChan <- struct{}{}
    }()
    go func() { // 用于演示发送操作
        countMap := make(map[string]int)
        for i := 0; i < 5; i++ {
            mapChan <- countMap
            time.Sleep(time.Millisecond)
            fmt.Printf("The count map: %v. [sender]\n", countMap)
        }
        close(mapChan)
        syncChan <- struct{}{}
    }()
    <-syncChan
    <-syncChan
}
```

如上述代码所示，mapChan的元素类型属于引用类型。因此，接收方对元素值的副本的修改会影响到发送方持有的源值。运行该程序会得到如下输出：

```
The count map: map[count:1]. [sender]
The count map: map[count:2]. [sender]
The count map: map[count:3]. [sender]
The count map: map[count:4]. [sender]
The count map: map[count:5]. [sender]
Stopped. [receiver]
```

不过，有时候被传递的值的类型不能简单地判定为值类型或引用类型。例如，一个结构体类型的值中包含了类型为切片的字段。在这些情况下，就要特别注意，要仔细检查对它们的修改的影响，以及这种影响是否符合预期。

代码清单 4-8　chanval2.go

```
package main

import (
    "fmt"
    "time"
)

// Counter 代表计数器的类型
type Counter struct {
    count int
}

var mapChan = make(chan map[string]Counter, 1)

func main() {
    syncChan := make(chan struct{}, 2)
    go func() { // 用于演示接收操作
        for {
            if elem, ok := <-mapChan; ok {
                counter := elem["count"]
                counter.count++
            } else {
                break
            }
        }
        fmt.Println("Stopped. [receiver]")
        syncChan <- struct{}{}
    }()
    go func() { // 用于演示发送操作
        countMap := map[string]Counter{
            "count": Counter{},
        }
        for i := 0; i < 5; i++ {
            mapChan <- countMap
            time.Sleep(time.Millisecond)
            fmt.Printf("The count map: %v. [sender]\n", countMap)
        }
        close(mapChan)
        syncChan <- struct{}{}
    }()
    <-syncChan
    <-syncChan
}
```

请自行运行代码清单 4-8 中的程序，查看输出的内容，并思考有如此内容的原因。然后，你可以把上述程序中的变量 mapChan 和 countMap 的声明分别改为：

```
var mapChan = make(chan map[string]*Counter, 1)
```

以及：

```go
countMap := map[string]*Counter{
    "count": &Counter{},
}
```

注意其中的符号*和&。这时再运行这个程序，看看会有什么不同。顺便说一句，为了清晰地看到 Counter 类型值的内部状态，你可以为它添加如下方法：

```go
func (counter *Counter) String() string {
    return fmt.Sprintf("{count: %d}", counter.count)
}
```

8. 关闭通道

前面已经演示过，调用 close 函数就可以关闭一个通道。不过，这样做的时候一定要特别注意：试图向一个已关闭的通道发送元素值，会让发送操作引发运行时恐慌。因此，你总是应该在保证安全的前提下关闭通道。这会涉及一些技巧，比如后面会讲到的 for 语句和 select 语句。这里先说明一点：无论怎样都不应该在接收端关闭通道。因为在接收端通常无法判断发送端是否还会向该通道发送元素值。另一方面，在发送端关闭通道一般不会对接收端的接收操作产生什么影响。如果通道在被关闭时其中仍有元素值，你依然可以用接收表达式取出，并根据该表达式的第二个结果值判断通道是否已关闭且已无元素值可取。来看代码清单 4-9 中的示例。

代码清单 4-9 chanclose.go

```go
package main

import "fmt"

func main() {
    dataChan := make(chan int, 5)
    syncChan1 := make(chan struct{}, 1)
    syncChan2 := make(chan struct{}, 2)
    go func() { // 用于演示接收操作
        <-syncChan1
        for {
            if elem, ok := <-dataChan; ok {
                fmt.Printf("Received: %d [receiver]\n", elem)
            } else {
                break
            }
        }
        fmt.Println("Done. [receiver]")
        syncChan2 <- struct{}{}
    }()
    go func() { // 用于演示发送操作
        for i := 0; i < 5; i++ {
            dataChan <- i
            fmt.Printf("Sent: %d [sender]\n", i)
```

```
        }
        close(dataChan)
        syncChan1 <- struct{}{}
        fmt.Println("Done. [sender]")
        syncChan2 <- struct{}{}
    }()
    <-syncChan2
    <-syncChan2
}
```

在发送方，我在向通道 dataChan 发送完所有元素值并关闭通道之后，才告知接收方开始接收。虽然通道已经关闭，但是对于接收操作并无影响，接收方依然可以在接收完所有元素值后自行结束。你可以运行这个程序，并通过打印内容进行验证。

最后，还有两点需要注意。第一，对于同一个通道仅允许关闭一次，对通道的重复关闭会引发运行时恐慌。第二，在调用 close 函数时，你需要把代表欲关闭的那个通道的变量作为参数传入。如果此时该变量的值为 nil，就会引发运行时恐慌。

9. 长度与容量

内建函数 len 和 cap 也是可以作用在通道之上的，它们的作用分别是获取通道中当前的元素值数量（即长度）和通道可容纳元素值的最大数量（即容量）。通道的容量是在初始化时已经确定的，并且之后不能改变，而通道的长度则会随着实际情况变化。

我们可以通过容量来判断通道是否带有缓冲。若其容量为 0，那么它肯定就是一个非缓冲通道，否则就是一个缓冲通道。

4.3.2　单向 channel

在讲通道的类型表示法时提到过单向通道这个概念，单向通道可分为发送通道和接收通道。需要注意的是，无论哪一种单向通道，都不应该出现在变量的声明中。请试想一下，如果我声明并初始化了这样一个变量：

```
var uselessChan chan<- int = make(chan<- int, 10)
```

那么应该怎样去使用它呢？显然，一个只进不出的通道没有任何意义。那么单向通道的应用场景又在哪里呢？

其实，单向通道应由双向通道变换而来。我们可以用这种变换来约束程序对通道的使用方式。例如，在上一章讲信号的时候介绍过，os/signal.Notify 函数的声明是这样的：

```
func Notify(c chan<- os.Signal, sig ...os.Signal)
```

该函数第一个参数的类型是发送通道类型。从表面上看，调用它的程序需要传入一个只能发送而不能接收的通道。然而并不应该如此，在调用该函数时，你应该传入一个双向通道。Go会依据该参数的声明，自动把它转换为单向通道。Notify函数中的代码只能向通道 c 发送元素值，而不能从它那里接收元素值。这是一个强约束。在该函数中从通道 c 接收元素值会造成编译错误。然而，在该函数之外却不存在此约束，只要你传入的通道是双向的。这就需要函数调用方自行遵守单向通道的规则了。既然 Notify 函数中的代码只能对它进行发送操作，那么函数外的代码就只应对它进行接收操作。函数外的发送操作只会造成干扰。

os/signal.Notify 函数用这样的声明方式向使用者传达了其首个参数的真正意义，并利用Go语言的语法规则做到了强约束，这也是“代码即注释”这种编程风格的一种体现。这种Go语言特有的代码编写手法是值得我们学习和效仿的。

请想象一下，如果一个接口声明包含了这样的声明，会起到什么样的作用？例如：

```
type SignalNotifier interface {
    Notify(c chan<- os.Signal, sig ...os.Signal)
}
```

接口类型 SignalNotifier 的声明中包含了与 os/signal.Notify 函数完全一样的方法声明。已知，接口类型的意义就在于可以有若干个自定义数据类型实现它。它是对某一类数据类型的归纳和抽象。因此，参数 c 的声明明确表达了一个实现规则：在该接口的所有实现类型的 Notify 方法内部只能向 c 发送元素值。这就相当于利用语法级别的约束避免实现类型对参数 c 进行错误的操作。

现在，对 SignalNotifier 接口的声明稍作改变，如下：

```
type SignalNotifier interface {
    Notify(sig ...os.Signal) <-chan os.Signal
}
```

可以看到，我把 Notify 方法中的第一个参数声明去掉了，然后为它添加了一个看起来与前者有些类似的结果声明。请注意接收操作符<-与关键字 chan 的位置关系。结果声明中是一个接收通道，而非发送通道。与前一个版本的 Notify 方法声明恰恰相反，此方法声明的约束目标是方法的调用方，而非方法的实现方。Notify 方法的调用方只能从作为结果的通道中接收元素值，而不能向其发送元素值。

这两个版本的 Notify 方法传递系统信号的方式相同——使用单向通道。并且，信号在其中的传递方向也相同——从方法内部传至方法调用方。这表明它们体现的功能是相同的。

这两个方法声明的真正不同点在于使用单向通道的方式。它们分别对单向通道一端进行了约束，这使得它们分别适用于不同的应用场景。前一个版本的方法声明更适合存在于接口类型中，因为它可以作为该接口的实现规则之一。后一个版本的声明更适用于函数或结构体的方法，原因是它可以约束对函数或方法的结果值的使用方式。但是这并不是绝对的。比如，在 os/signal.Notify 函数的声明中，参数 c 的类型就隐含了函数调用方对该通道的使用规则。虽然此规则是可以轻易破坏的，但是这对于函数调用方来说没有任何好处。因此，这样是可以达到约束目的的。

我重构了 chanbase1.go，用单向通道约束了用于发送或接收的函数，如代码清单 4-10 所示。

代码清单 4-10　chanbase2.go

```
package main

import (
    "fmt"
    "time"
)

var strChan = make(chan string, 3)

func main() {
    syncChan1 := make(chan struct{}, 1)
    syncChan2 := make(chan struct{}, 2)
    go receive(strChan, syncChan1, syncChan2) // 用于演示接收操作
    go send(strChan, syncChan1, syncChan2) // 用于演示发送操作
    <-syncChan2
    <-syncChan2
}

func receive(strChan <-chan string,
    syncChan1 <-chan struct{},
    syncChan2 chan<- struct{}) {
    <-syncChan1
    fmt.Println("Received a sync signal and wait a second... [receiver]")
    time.Sleep(time.Second)
    for {
        if elem, ok := <-strChan; ok {
            fmt.Println("Received:", elem, "[receiver]")
        } else {
            break
        }
    }
    fmt.Println("Stopped. [receiver]")
    syncChan2 <- struct{}{}
}

func send(strChan chan<- string,
```

```
    syncChan1 chan<- struct{},
    syncChan2 chan<- struct{}) {
    for _, elem := range []string{"a", "b", "c", "d"} {
        strChan <- elem
        fmt.Println("Sent:", elem, "[sender]")
        if elem == "c" {
            syncChan1 <- struct{}{}
            fmt.Println("Sent a sync signal. [sender]")
        }
    }
    fmt.Println("Wait 2 seconds... [sender]")
    time.Sleep(time.Second * 2)
    close(strChan)
    syncChan2 <- struct{}{}
}
```

receive 函数只能对 strChan 和 syncChan 通道进行接收操作，而 send 函数只能对这两个通道进行发送操作。另外，这两个函数都只能对 syncChan2 函数进行发送操作。顺便说一句，如果你试图在 receive 函数中关闭 strChan 通道，那么肯定不能通过编译，因为 Go 不允许程序关闭接收通道。这与我在前面建议的不要在双向通道的接收端关闭通道的缘由一样。

已知，单向通道通常由双向通道转换而来。那么，单向通道是否可以转换回双向通道呢？答案是否定的。请记住，通道允许的数据传递方向是其类型的一部分。对于两个通道类型而言，数据传递方向的不同就意味着它们类型的不同。来看代码清单 4-11 中的示例。

代码清单 4-11 chanconv.go

```
package main

import "fmt"

func main() {
    var ok bool
    ch := make(chan int, 1)
    _, ok = interface{}(ch).(<-chan int)
    fmt.Println("chan int => <-chan int:", ok)
    _, ok = interface{}(ch).(chan<- int)
    fmt.Println("chan int => chan<- int:", ok)

    sch := make(chan<- int, 1)
    _, ok = interface{}(sch).(chan int)
    fmt.Println("chan<- int => chan int:", ok)

    rch := make(<-chan int, 1)
    _, ok = interface{}(rch).(chan int)
    fmt.Println("<-chan int => chan int:", ok)
}
```

在上述程序中，每一个类型转换表达式的第二个结果值都会是 false。因此，利用函数声明将双向通道转换为单向通道的做法，只能算是 Go 语言的一个语法糖。而且，我们不能利用函数声明把单向通道转换成双向通道，这样做会得到一个编译错误。

4.3.3　for 语句与 channel

在讲 for 语句的时候已经提到过，使用其 range 子句可以持续地从一个通道接收元素值。首先我们来看一下这种用法的基本表现形式：

```
var ch chan int
// 省略若干条语句
for e := range ch {
    fmt.Printf("Element: %v\n", e)
}
```

我先声明了一个通道，然后试图使用 for 语句接收其中的元素值。在单次的迭代中，range 子句会尝试从通道 ch 中接收一个元素值，并把它赋给唯一的迭代变量 e。注意，range 子句的迭代目标不能是一个发送通道。与试图从发送通道接收元素值的情况一样，这会造成一个编译错误。

已知，从一个还未被初始化的通道中接收元素值会导致当前 goroutine 的永久阻塞，使用 for 语句时也不例外。同样，当通道中没有任何元素值时，for 语句所在的 goroutine 也会陷入阻塞，阻塞的具体位置会在其中的 range 子语句处。

for 语句会不断地尝试从通道中接收元素值，直到该通道关闭。在通道关闭时，如果通道中已无元素值，那么这条 for 语句的执行就会立即结束。而当此时的通道中还有遗留的元素值时，for 语句仍可以继续把它们取完。这与普通的接收操作行为一致。

我使用 range 子句重构了 chanbase2.go 中的 receive 函数，以使用于接收操作的代码更简洁。完整的代码如代码清单 4-12 所示。

代码清单 4-12　chanbase3.go

```
package main

import (
    "fmt"
    "time"
)

var strChan = make(chan string, 3)

func main() {
    syncChan1 := make(chan struct{}, 1)
```

```
    syncChan2 := make(chan struct{}, 2)
    go receive(strChan, syncChan1, syncChan2) // 用于演示接收操作
    go send(strChan, syncChan1, syncChan2) // 用于演示发送操作
    <-syncChan2
    <-syncChan2
}

func receive(strChan <-chan string,
    syncChan1 <-chan struct{},
    syncChan2 chan<- struct{}) {
    <-syncChan1
    fmt.Println("Received a sync signal and wait a second... [receiver]")
    time.Sleep(time.Second)
    for elem := range strChan {
        fmt.Println("Received:", elem, "[receiver]")
    }
    fmt.Println("Stopped. [receiver]")
    syncChan2 <- struct{}{}
}

func send(strChan chan<- string,
    syncChan1 chan<- struct{},
    syncChan2 chan<- struct{}) {
    for _, elem := range []string{"a", "b", "c", "d"} {
        strChan <- elem
        fmt.Println("Sent:", elem, "[sender]")
        if elem == "c" {
            syncChan1 <- struct{}{}
            fmt.Println("Sent a sync signal. [sender]")
        }
    }
    fmt.Println("Wait 2 seconds... [sender]")
    time.Sleep(time.Second * 2)
    close(strChan)
    syncChan2 <- struct{}{}
}
```

由此，receive 函数中的 for 语句由 7 行缩减为了 3 行。当需要持续地从一个通道接收元素值时，使用 for 语句及其 range 子句总是更便捷的。

4.3.4 select 语句

select 语句是一种仅能用于通道发送和接收操作的专用语句。一条 select 语句执行时，会选择其中的某一个分支并执行。在表现形式上，select 语句与 switch 语句非常类似，但是它们选择分支的方法完全不同。

1. 组成和编写方法

在 select 语句中，每个分支以关键字 case 开始。但与 switch 语句不同，跟在每个 case

后面的只能是针对某个通道的发送语句或接收语句。另外，在 select 关键字的右边并没有像 switch 语句那样的 switch 表达式，而是直接后跟左花括号。这也与它选择分支的方法有关。下面是 select 语句的典型用法示例：

```
var intChan = make(chan int, 10)
var strChan = make(chan string, 10)
// 省略若干条语句
select {
case e1 := <-intChan:
    fmt.Printf("The 1th case was selected. e1=%v.\n", e1)
case e2 := <-strChan:
    fmt.Printf("The 2nd case was selected. e2=%v.\n", e2)
default:
    fmt.Println("Default!")
}
```

这条 select 语句中有两个普通的 case，每个 case 都包含一条针对不同通道的接收语句。此外，该 select 语句也包含了一个 default case（也称默认分支）。如果 select 语句中的所有普通 case 都不满足选择条件，default case 就会被选中。

2. 分支选择规则

在开始执行 select 语句的时候，所有跟在 case 关键字右边的发送语句或接收语句中的通道表达式和元素表达式都会先求值（求值的顺序是从左到右、自上而下的），无论它们所在的 case 是否有可能被选择都会是这样。通过代码清单 4-13 所示的示例就可以证实这一点。

代码清单 4-13 selecteval.go

```
package main

import "fmt"

var intChan1 chan int
var intChan2 chan int
var channels = []chan int{intChan1, intChan2}

var numbers = []int{1, 2, 3, 4, 5}

func main() {
    select {
    case getChan(0) <- getNumber(0):
        fmt.Println("1th case is selected.")
    case getChan(1) <- getNumber(1):
        fmt.Println("The 2nd case is selected.")
    default:
        fmt.Println("Default!")
    }
```

```
}

func getNumber(i int) int {
    fmt.Printf("numbers[%d]\n", i)
    return numbers[i]
}

func getChan(i int) chan int {
    fmt.Printf("channels[%d]\n", i)
    return channels[i]
}
```

运行该程序会得到如下输出：

```
channels[0]
numbers[0]
channels[1]
numbers[1]
Default!
```

前 4 行输出表明了 select 语句中跟在 case 语句后面的那 4 个表达式的求值顺序。注意，通道 intChan1 和 intChan2 都未被初始化，向它们发送元素值的操作会被永久阻塞，这也是有第 5 行输出的缘由。select 语句被执行时选择了 default case，因为其他两个 case 走不通。

在执行 select 语句的时候，运行时系统会自上而下地判断每个 case 中的发送或接收操作是否可以立即进行。这里的"立即进行"，指的是当前 goroutine 不会因此操作而被阻塞。这个判断还需要依据通道的具体特性（缓冲或非缓冲）以及那一时刻的具体情况来进行。只要发现有一个 case 上的判断是肯定的，该 case 就会被选中。

当有一个 case 被选中时，运行时系统就会执行该 case 及其包含的语句，而其他 case 会被忽略。如果同时有多个 case 满足条件，那么运行时系统会通过一个伪随机的算法选中一个 case。例如，如代码清单 4-14 所示的代码会向一个通道随机地发送 5 个范围为[1,3]的整数。

代码清单 4-14 selectrandom.go

```
package main

import "fmt"

func main() {
    chanCap := 5
    intChan := make(chan int, chanCap)
    for i := 0; i < chanCap; i++ {
        select {
        case intChan <- 1:
```

```
        case intChan <- 2:
        case intChan <- 3:
        }
    }
    for i := 0; i < chanCap; i++ {
        fmt.Printf("%d\n", <-intChan)
    }
}
```

在多次运行该程序后你会发现，几乎每次输出的数字序列都不完全相同。这就是上述伪随机算法所起的作用了。

另一方面，如果 select 语句中的所有 case 都不满足选择条件，并且没有 default case，那么当前 goroutine 就会一直被阻塞于此，直到至少有一个 case 中的发送或接收操作可以立即进行为止。因此，你的程序中永远不要出现像下面这样的代码：

```
// 省略若干条语句
select {
case e1 := <-intChan:
    fmt.Printf("The 1th case was selected. e1=%v.\n", e1)
case e2 := <-strChan:
    fmt.Printf("The 2nd case was selected. e2=%v.\n", e2)
}
```

如果程序只有主 goroutine 且包含了这样代码，那么就会发生死锁！

一条 select 语句只能包含一个 default case，不过它可以放置在该语句的任何位置上。就像这样：

```
// 省略若干条语句
select {
default:
    fmt.Println("Default!")
case e1 := <-intChan:
    fmt.Printf("The 1th case was selected. e1=%v.\n", e1)
case e2 := <-strChan:
    fmt.Printf("The 2nd case was selected. e2=%v.\n", e2)
}
```

无论 default case 被放置在哪儿，上述分支选择规则都不会改变。

3. 与 for 语句的连用

已知，接收操作符 <- 可以从一个通道接收一个元素值，也可以通过与 = 或 := 联接把操作结果赋给一个或两个变量。如果同时对两个变量赋值，那么第二个变量便会指明当前通道是否已被关闭且已无元素值。case 中的接收语句当然也支持这种方式。请看下面的代码：

```
var strChan = make(chan string, 10)
// 省略若干条语句
select {
case e, ok := <-strChan:
    if !ok {
        fmt.Println("End.")
        break
    }
    fmt.Printf("Received: %v\n", e)
}
```

请注意其中的 break 语句，它的作用是立即结束当前 select 语句的执行。

在实际场景中，我们常常需要把 select 语句放到一个单独的 goroutine 中去执行。这样即使 select 语句阻塞了，也不会造成死锁。此外，select 语句也常常与 for 语句联用，以便持续操作其中的通道。来看代码清单 4-15。

代码清单 4-15 selectfor.go

```
package main

import "fmt"

func main() {
    intChan := make(chan int, 10)
    for i := 0; i < 10; i++ {
        intChan <- i
    }
    close(intChan)
    syncChan := make(chan struct{}, 1)
    go func() {
    Loop:
        for {
            select {
            case e, ok := <-intChan:
                if !ok {
                    fmt.Println("End.")
                    break Loop
                }
                fmt.Printf("Received: %v\n", e)
            }
        }
        syncChan <- struct{}{}
    }()
    <-syncChan
}
```

请注意其中的语句 break Loop。这是一条带标签的 break 语句，Loop 为标签的名字，意为中断紧贴于该标签之下的那条语句的执行。上述代码中的 Loop:指明了其下方的 for 语句就是那条语句。只有如此，break 语句才能够正确地结束外层 for 循环的执行。否则，如果该语句不带标签，那么就只能结束其所在的 select 语句的执行，而那个 for 循环就会一直执行下去，永远不会结束。顺便说一句，break Loop 和 Loop:必须是遥相呼应的，前者必须包含在后者下方紧邻的那条语句中。

通过上面这一系列的示例和讲解，你已经对 select 语句的编写方法和执行方式都有了一定的理解。注意，这其中的（以及之前的）很多规则都是只针对缓冲通道的。与非缓冲通道相关的各种使用方法和技巧，马上就会揭晓。

4.3.5　非缓冲的 channel

如果在初始化一个通道时将其容量设置成 0，或者直接忽略对容量的设置，就会使该通道成为一个非缓冲通道。与以异步的方式传递元素值的缓冲通道不同，非缓冲通道只能同步地传递元素值。

1. happens before

与缓冲通道相比，针对非缓冲通道的 happens before 原则有两个特别之处，具体如下。

- 向此类通道发送元素值的操作会被阻塞，直到至少有一个针对该通道的接收操作进行为止。该接收操作会先得到元素值的副本，然后在唤醒发送方所在的goroutine之后返回。也就是说，这时的接收操作会在对应的发送操作完成之前完成。
- 从此类通道接收元素值的操作会被阻塞，直到至少有一个针对该通道的发送操作进行为止。该发送操作会直接把元素值复制给接收方，然后在唤醒接收方所在的goroutine之后返回。也就是说，这时的发送操作会在对应的接收操作完成之前完成。

这两条规则都是源码级的。由于 Go 运行时系统的实时调度，你不一定能从程序的表象（比如输出）上验证它们。还是那句话，不要被表象迷惑。

请先牢记，只有在针对非缓冲通道的发送方和接收方“握手”之后，元素值的传递才会进行，然后双方的操作才能完成。另外，如果发送方或/和接收方有多个，它们就需要排队“握手”。

2. 同步的特性

单向的非缓冲通道在使用上并没有什么特别之处。非缓冲通道在与 for 语句或 select 语句连用时，也与用缓冲通道一般无二。不过，由于非缓冲通道会以同步的方式传递元素值，在其上收发元素值的速度总是与慢的那一方持平。请看代码清单 4-16。

代码清单 4-16 chan0cap.go

```
package main

import (
    "fmt"
    "time"
)

func main() {
    sendingInterval := time.Second
    receptionInterval := time.Second * 2
    intChan := make(chan int, 0)
    go func() {
        var ts0, ts1 int64
        for i := 1; i <= 5; i++ {
            intChan <- i
            ts1 = time.Now().Unix()
            if ts0 == 0 {
                fmt.Println("Sent:", i)
            } else {
                fmt.Printf("Sent: %d [interval: %d s]\n", i, ts1-ts0)
            }
            ts0 = time.Now().Unix()
            time.Sleep(sendingInterval)
        }
        close(intChan)
    }()
    var ts0, ts1 int64
Loop:
    for {
        select {
        case v, ok := <-intChan:
            if !ok {
                break Loop
            }
            ts1 = time.Now().Unix()
            if ts0 == 0 {
                fmt.Println("Received:", v)
            } else {
                fmt.Printf("Received: %d [interval: %d s]\n", v, ts1-ts0)
            }
        }
        ts0 = time.Now().Unix()
        time.Sleep(receptionInterval)
    }
    fmt.Println("End.")
}
```

在本示例中，我在发送操作和接收操作的循环中分别添加了延时语句。发送操作的间隔时间由 sendingInterval 变量代表，而接收操作的间隔时间则由 receptionInterval 变量代表。发送操作的循环由 go 函数包裹，所以它与接收操作是并发进行的。intChan 代表了一个非缓冲的通道。

运行该示例会得到如下内容：

```
Sent: 1
Received: 1
Received: 2 [interval: 2 s]
Sent: 2 [interval: 2 s]
Received: 3 [interval: 2 s]
Sent: 3 [interval: 2 s]
Received: 4 [interval: 2 s]
Sent: 4 [interval: 2 s]
Received: 5 [interval: 2 s]
Sent: 5 [interval: 2 s]
End.
```

可以看到，发送操作和接收操作的间隔时间都与 receptionInterval 变量的值一致。如果你把 sendingInterval 变量的值改为 time.Second * 4，那么运行程序后的打印内容就会显示发送操作和接收操作的间隔时间都变成了4 s，如此就验证了前文所述的表象。如果你再把通道的声明语句改为 intChan := make(chan int, 5)，那么运行程序后又会看到另一番景象。我想你一定可以解释为什么打印的内容又会不同。

你可以通过调用内建函数 cap 很轻松地判断一个通道是否带有缓冲。如果想异步地执行发送操作，但通道却是非缓冲的，那么就请另行异步化，比如：启用额外的goroutine执行此操作。在执行接收操作时通常无需关心通道是否带有缓冲，不过有时候也可以依据通道的容量实施不同的接收策略。

4.3.6　time包与channel

Go语言的标准库代码包time中的一些API是用通道辅助实现的，这些API可以帮助我们对通道的收发操作进行更有效的控制。

1. 定时器

我先介绍time包中的结构体类型 Timer。顾名思义，该类型的结构体会被作为定时器使用。你不应该直接使用复合字面量来初始化该类型的变量（因为 time.Timer 类型包含了一个包级私有的字段），且不能忽略对它的初始化。对于包级私有的字段，我们是无法在外进行初始化的。

time包中有两个函数可以帮助我们构建 time.Timer 类型的值，它们是 time.NewTimer 函数和 time.AfterFunc 函数。

time.NewTimer 函数的使用非常简单，调用它的时候只传给它一个 time.Duration 类型的值就可以了。这个唯一参数的含义是，从定时器被初始化的那一刻起，距到期时间需要多少纳秒（ns）。虽然这里的单位是“纳秒”，但是你可以很方便地拼出需要的时间。time 包已经包含了很多常用的 time.Duration 类型的常量。比如，你可以这样表示 3 小时 36 分钟：

```
3*time.Hour + 36*time.Minute
```

如果要声明并初始化一个到期时间距此时的间隔为 3 小时 36 分钟的定时器，可以这样编写代码：

```
timer := time.NewTimer(3*time.Hour + 36*time.Minute)
```

注意，这里的变量 timer 是*time.Timer 类型的，而不是 time.Timer 类型的。前者的方法集合包含了两个方法：Reset 和 Stop。Reset 方法用于重置定时器（也就是说，定时器是可以复用的），该方法会返回一个 bool 类型的值。Stop 方法用于停止定时器，也会返回一个 bool 类型的值作为结果。它们的结果值有着相同的含义：如果值为 false，就说明该定时器早已到期（或者说已经过期）或者已被停止，否则就说明该定时器刚刚由于方法的调用而被停止。不过，Reset 方法的返回值与当次重置操作是否成功无关。无论结果如何，一旦 Reset 方法调用完成，该定时器就已被重置。

我刚刚提到了定时器的到期。在 time.Timer 类型中，对外通知定时器到期的途径就是通道，由字段 C 代表。C 代表的是一个 chan time.Time 类型的带缓冲的接收通道，C 的值原先为双向通道，只不过在赋给字段 C 的时候被自动转换为了接收通道。定时器内部仍然持有该通道，且并未被转换，因此可以向它发送元素值。字段 C 的值可以视为该通道（或称为通知通道）的“变异副本”。一旦触及到期时间，定时器就会向它的通知通道发送一个元素值。这个元素值代表了该定时器的绝对到期时间。与之对应，我们在调用 time.NewTimer 函数时传入的那个 time.Duration 类型值就是该定时器的相对到期时间。这两者之间的关系一定是：

```
<初始化时的绝对时间> + <相对到期时间> == <绝对到期时间>
```

通过定时器的字段 C，我们可以及时得到定时器到期的通知，并对此作出响应。请看代码清单 4-17。

代码清单 4-17 timerbase.go

```
package main

import (
    "fmt"
```

```
    "time"
)

func main() {
    timer := time.NewTimer(2 * time.Second)
    fmt.Printf("Present time: %v.\n", time.Now())
    expirationTime := <-timer.C
    fmt.Printf("Expiration time: %v.\n", expirationTime)
    fmt.Printf("Stop timer: %v.\n", timer.Stop())
}
```

该程序被执行后，打印内容会类似于：

```
Present time: 2017-04-01 11:11:48.43861534 +0800 CST.
Expiration time: 2017-04-01 11:11:50.43980458 +0800 CST.
Stop timer: false.
```

程序中的接收操作`<-time.C`会一直阻塞，直到定时器到期。可以看到，即使我分别在定时器初始化和到期之后马上打印了时间，但它们与真实时间还是有少许偏差的。这个偏差在我的机器上是微秒级的，并且无法避免。最后，停止定时器的结果是 false，因为定时器那时已经过期了。

使用定时器，我们可以便捷地实现对接收操作的超时设定，如代码清单 4-18 所示。

代码清单 4-18　chantimeout1.go

```
package main

import (
    "fmt"
    "time"
)

func main() {
    intChan := make(chan int, 1)
    go func() {
        time.Sleep(time.Second)
        intChan <- 1
    }()
    select {
    case e := <-intChan:
        fmt.Printf("Received: %v\n", e)
    case <-time.NewTimer(time.Millisecond * 500).C:
        fmt.Println("Timeout!")
    }
}
```

我并发地在 intChan 通道进行发送和接收操作。发送操作的延时是 1 s。接收操作没有延时，但是有对操作超时的设定。关键在于 select 语句中的第二个 case 表达式，这里初始化了一个相对到期时间为500 ms的定时器,并试图立即从它的字段C中接收元素值。一旦定时器到期，该接收操作就会完成，select 语句的执行也就结束了。此时发送操作还未进行，因此第一个case失去了被选中的机会。如此就实现了操作超时。

你可能会觉得time.NewTimer(time.Millisecond * 500).C太烦琐了。这样的话，你可以用 time.After(time.Millisecond * 500)替换之。它与前者是等价的，都可以表示经转换的通知通道。time.After函数会新建一个定时器，并把它的字段C作为结果返回。此函数的作用相当简单，即：对超时的设定提供了一种快捷方式。

如前文所述，select语句与for语句连用可以持续地从一个通道接收元素值。但是，若每次接收时都初始化一个定时器显然有些浪费，好在定时器是可以复用的。

代码清单 4-19 chantimeout2.go

```
package main

import (
    "fmt"
    "time"
)

func main() {
    intChan := make(chan int, 1)
    go func() {
        for i := 0; i < 5; i++ {
            time.Sleep(time.Second)
            intChan <- i
        }
        close(intChan)
    }()
    timeout := time.Millisecond * 500
    var timer *time.Timer
    for {
        if timer == nil {
            timer = time.NewTimer(timeout)
        } else {
            timer.Reset(timeout)
        }
        select {
        case e, ok := <-intChan:
            if !ok {
                fmt.Println("End.")
                return
            }
            fmt.Printf("Received: %v\n", e)
        case <-timer.C:
            fmt.Println("Timeout!")
        }
    }

}
```

我改造了前一个程序，在用于接收操作的 for 语句的开始处做了一个额外处理，这使得 timer 总是在当前迭代开始时（再次）启动。在需要频繁使用相对到期时间相同的定时器的情况下，你总是应该尽量复用，而不是重新创建。

注意，如果你在定时器到期之前停止了它，那么该定时器的字段 C 也就没有机会缓冲任何元素值了。更具体地讲，若调用定时器的 Stop 方法的结果值为 true，那么在这之后再去试图从它的 C 字段中接收元素是不会有任何结果的。更重要的是，这样做还会使当前 goroutine 永远阻塞！因此，在重置定时器之前一定不要再次对它的 C 字段执行接收操作。

另一方面，如果定时器到期了，但由于某种原因你未能及时地从它的 C 字段中接收元素值，那么该字段就会一直缓冲着那个元素值，即使在该定时器重置之后也会是如此。由于 C（也就是通知通道）的容量总是 1，因此就会影响重置后的定时器再次发送到期通知。虽然这不会造成阻塞，但是后面的通知会被直接丢掉。因此，如果你想要复用定时器，就应该确保旧的通知已被接收。

另外，还有一点需要注意，那就是：你传入的代表相对到期时间的值应为一个正整数，否则定时器在被初始化或重置之时就会立即到期。在这之后，当你从它的字段 C 接收元素值时就会立即成功，而不会有任何延时。显然，这样一来定时器就失去了意义。

再说 time.AfterFunc 函数。它是另一种新建定时器的方法，接受两个参数，第一个参数代表相对到期时间，第二个参数指定到期时需要执行的函数。time.AfterFunc 函数同样会返回新建的定时器。不过，这样的定时器在到期时，并不会向它的通知通道发送元素值，取而代之的是新启用一个 goroutine 执行调用方传入的函数。无论它是否被重置以及被重置多少次都会是这样。

2. 断续器

time 包中另一个重要的结构体类型是 time.Ticker。它表示了断续器的静态结构，包含的字段与 time.Timer 一致，但行为却大不相同。定时器在重置之前只会到期一次，而断续器则会在到期后立即进入下一个周期并等待再次到期，周而复始，直到被停止。

断续器传达到期通知的默认途径也是它的字段 C。每隔一个相对到期时间，断续器就会向此通道发送一个代表了当次的绝对到期时间的元素值。这里的字段 C 的容量依然是 1。因此，如果断续器在向其通知通道发送新元素值的时候发现旧值还未被接收，就会取消当次的发送操作。这一点与定时器是一致的。

你可以像这样初始化一个断续器：

```
var ticker *time.Ticker = time.NewTicker(time.Second)
```

time.NewTicker 函数接受一个 time.Duration 类型的参数，该参数依然代表相对到期时间，单位也是“纳秒”。*time.Ticker 类型的方法集合中只有一个方法——Stop，它的功能是停止断续器。它与定时器的 Stop 方法功能相同。一旦断续器停止，它就不会再向其通知通道发送任何元素值了。但如果此时字段 C 中已经有了一个元素值，那么该元素值会一直在那里，直至被接收。

断续器与定时器的适用场景完全不同，把前者当作超时触发器来使用是不适合的。定时器需要依据初始化或重置时的时间来决定下一个绝对到期时间。然而，断续器一旦被初始化，所有的绝对到期时间就都已确定了。这也是二者的重要区别。固定不变的到期时间，恰恰使断续器非常适用于定时任务的触发器。来看代码清单 4-20 中的示例。

代码清单 4-20 tickercase.go

```go
package main

import (
    "fmt"
    "time"
)

func main() {
    intChan := make(chan int, 1)
    ticker := time.NewTicker(time.Second)
    go func() {
        for _ = range ticker.C {
            select {
            case intChan <- 1:
            case intChan <- 2:
            case intChan <- 3:
            }
        }
        fmt.Println("End. [sender]")
    }()
    var sum int
    for e := range intChan {
        fmt.Printf("Received: %v\n", e)
        sum += e
        if sum > 10 {
            fmt.Printf("Got: %v\n", sum)
            break
        }
    }
    fmt.Println("End. [receiver]")
}
```

4

在上述程序中，发送方会用断续器 ticker 每隔 1 s 向 intChan 通道发送一个范围为[1, 3]的伪随机数。这个发送操作并不会主动停止。接收方会一直累加接收到的数，直到其和大于 10 时停止。你可以多运行该程序几次，并思考一下为什么总是打印不出 End. [sender]。再想想如果在接收方停止接收时调用 ticker 的 Stop 方法是否可以解决此问题。

time 包中的定时器（time.Timer）和断续器（time.Ticker）都充分利用了缓冲通道的异步特性来传送到期通知。我们可以利用定时器设定某一个任务的超时时间，这相当于对它们的完成时间点进行控制。而断续器常用来设定任务的开始时间点。从这个角度看，它们面向的是两个看似对立又相互关联的方面。通过对它们的组合使用，我们可以有效控制对时间敏感的流程。

4.4　实战演练：载荷发生器

我用上一章和本章的部分篇幅讲解了当今主流的并发编程方式，以及 Go 语言并发编程模型的来龙去脉。现在，是时候利用这些知识动手编写一个完整和实用的并发程序了！

作为经历过全周期软件项目（尤其是互联网软件项目）的开发者而言，肯定不止一次地有过这样的需求：在开发完成一个可运行的软件并且通过基本的功能测试之后，我们会非常急迫地想获得这个软件的性能数值，或者说总是需要尽早地对软件进行性能评测。之所以有这样的需求，是因为我们在正式使用该软件之前往往需要搞清楚下面这几个问题。

- 这个软件到底能跑多快?
- 在高负载的情况下，该软件是否还能保证正确性。或者说，载荷数量与软件正确性之间的关系是怎样的？载荷数量是一个笼统的词，可以是HTTP请求的数量，也可以是API调用的次数。
- 在保证一定正确性的条件下，该软件的可伸缩性是怎样的?
- 在软件可以正常工作的情况下，负载与系统资源（包括CPU、内存和各种I/O资源等）使用率之间的关系是怎样的?

只有为这些问题找到了答案，我们才能够真正了解到软件的性能，也只有这样才会知道需要进行怎样的软件设计，以及提供怎样的系统资源，才能够让它在承受一定量的载荷的同时保证正确性。这也是分析和定位软件性能瓶颈所需的重要参考资料。其中，这个载荷的量是我们在对性能评测所得到的一系列数值进行统计和分析后得出的。通过对这些数值的掌握，我们也可以了解软件在给定运行环境下的性能。另外，正确性的比率应该满足软件使用者（客户端软件的开发者或者终端用户）对软件的刚性需求。所谓刚性需求，就是关乎软件质量和使用者体验的硬性指标，是软件必须满足的需求。

我将在本节带领你编写的载荷发生器可以作为软件性能评测的辅助工具，它可以向被测软件发送指定量的载荷，并记录下被测软件处理载荷的结果。这样，你就可以统计出被测软件在给定场景下的性能数值了。现在市面上已经有不少开源或商业的软件性能评测软件，它们大都功能完善、使用方便，也有很好的用户体验。但是，我希望你能通过本节的阐述深入了解怎样用 Go 并发程序实现此类软件的最核心功能。

我们编写的载荷发生器具有优良的可控性和可扩展性，同时还能够输出内含丰富的结果。为了做到这几点，应该首先对它的输入、输出和基本结构进行一番设计。

4.4.1 参数和结果

一个程序的输入、输出以及二者之间的对应关系，往往可以很好地体现出该程序的功能。本节，我们就从这方面着手设计载荷发生器。

1. 重要的参数

为了编写载荷发生器，需要先了解几个必需且重要的参数，这些参数可以帮助我们营造出一个有利于软件性能评测的负载环境。

首先，最重要的一点在于一个软件在给定运行环境下最多能够被多少个用户同时使用。在进行性能测试的时候，我们需要确定在同一时刻（或在某一时间段内）向软件发送载荷的数量。在这一方面存在两个专业术语：QPS（Query Per Second，每秒查询量）和 TPS（Transactions Per Second，每秒事务处理量）。这两者都是体现服务器软件性能的指标，其含义都是在 1 s 之内可以正常响应请求的数量的平均值。不同的是，前者针对的是对服务器上数据的读取操作，而后者针对的是对服务器上数据的写入或修改操作。由于载荷的多样性，我不打算在载荷发生器中区分这两个性能指标。但是，作为载荷发生器的使用者需要明确，在针对软件的某类 API 进行测试的时候，得出的结果对应的是哪一个性能指标。

这里可以把载荷和请求归为同一个事物，它们都代表了软件使用者为了获得某种结果而向为之服务的软件发送的一段数据。把每秒发送的载荷数量（以下称每秒载荷量）作为参数，其意义是控制载荷发生器向软件发送载荷的频率，这样就可以控制被测软件在一段时间之内的负载情况了。

其次，软件在承受一定量载荷的情况下对系统资源的消耗也是值得特别关注的，这与软件的可靠性息息相关。打个比方来说，有两个服务器软件 A 和 B。经性能评测，A 的 QPS 是 2000，B 的 QPS 是 2200。但是由于 B 对系统资源的消耗较大，以及对系统资源释放的不及时，导致其在接受每秒 2000 个载荷并持续了 200 小时之后宕机了。但是 A 在接受同样负载的情况下，可以无故障地运行 300 小时。这就可以说，虽然 B 的部分性能数值更佳，但是其可靠性不如 A。虽然实际的软件可靠性还需要通过一些专门的方法去衡量，并且与软件的实时性能并没有直接的关系，但还是应该积极地了解软件在持续接受一定量的载荷情况下，能够无差错地运行多久（也称“平均无故障时间”）。通过明确的设定持续发送载荷的时间（以下称“负载持续时间”），我们就可以评估这个时间段内软件性能的具体状况，同时也有机会使用一些方法获得软件对系统资源的使用情况，并以此推断出软件对各种系统资源的依赖情况，以及它们与软件性能之间的关系。这也有助于我们查找软件内部可能存在的设计缺陷。

第三个需要了解的参数是评判软件正确性的重要标准。这个参数就是载荷的处理超时时间（以下称“处理超时时间”），即：从向软件发出请求到接收到软件返回的响应的最大耗时。超过这个最大耗时就会被认为是不可接受的，当次处理就被认定为无效的处理。设置处理超时时间，可以让我们更加精确地计算出在给定每秒载荷量和负载持续时间的情况下软件的正确性比率。与软件处理载荷出错和响应内容错误一样，处理超时也代表了软件的运行错误。它与每秒载荷量和负载持续时间之间都存在着一定的关联。例如，在我曾经所在的互联网软件开发团队中有这样一条硬性的软件性能要求：对于面向终端用户的所有 API，其处理超时时间都是 200 ms。如果某个 API 在承受不高于最高每秒载荷量 80%的负载情况下造成了处理超时，那么这个 API 在性能上就是不合格的。这就强迫软件开发者在各个方面（包括但不限于 API 设计、处理流程设计和数据缓存设计）都要仔细斟酌。比如，若某 API 持续承受高负载的时间比例过大（比如一天中有 12 小时连续承受着较高负载），就应该考虑该 API 的设计是否合理、软件系统是否需要再被拆分，甚至与之关联的其他系统是否存在问题。

我们在初始化载荷发生器的时候就应该给定上述 3 个参数，即每秒载荷量、负载持续时间和处理超时时间。载荷发生器根据这些参数自行计算出载荷发生以及发送的频率，并控制好并发量。

2. 输出的结果

载荷发生器的输出有助于统计、分析和汇总出软件在承受给定负载的情况下所表现出的各个性能数值，以及像软件可以承受的最大载荷量，以及可以持续承受一定载荷量的最长时间这样的极限值。据此，我们应该在针对某一个载荷的结果中至少包含 3 块内容，即：请求（或者说载荷）和响应的内容、响应的状态以及请求处理耗时。其中，请求和响应的内容可以让我们精细地检查响应内容的正确性，响应的状态则反映出处理此请求过程中的绝大多数问题，而不仅仅是成功或失败那么简单。至于请求处理耗时，则需要真实地体现从向软件发送请求，到接收到软件响应的精准耗时，并且不夹杂任何其他操作的进行时间。

对于每一个载荷所产生的结果来说，都至少包含上述 3 块内容。那么，载荷发生器的输出就是按照响应的到达顺序排列的一个结果列表。根据这些结果，我们就可以计算出软件每秒处理载荷的数量（以下称“每秒载荷处理量”，每秒载荷处理量一定小于或等于预先设定的每秒载荷量）。软件在处理某些载荷的时候可能会出错、失败或超时。

4.4.2 基本结构

在做好足够的功课之后，就可以开始编写载荷发生器了。首先，根据前面的分析和设计，需要确定载荷发生器的基本结构，这里用结构体类型声明来表示它的基本结构。在这个声明中，肯定包含前面提到的那 3 个重要参数：

```
timeoutNS    time.Duration   // 响应超时时间，单位：ns
lps          uint32          // 每秒载荷量
durationNS   time.Duration   // 负载持续时间，单位：ns
```

其中两个表示时间的字段的类型均是 time.Duration，这是为了方便设定超时和定时任务。而 lps 则是 Loads per second 的缩写，沿用了 QPS 和 TPS 的命名规则。

前面说过，负载发生器的输出是一个结果列表。但是，这里不应该使用数组或切片作为收纳结果的容器。原因是，负载发生器需要并发地发送载荷，因此也并发地输出结果。已知，数组和切片都不是并发安全的。Go 原生的数据类型中只有通道是并发安全的，它是收纳结果的绝佳容器。因此，我将这样一个通道类型的字段也加入载荷发生器的类型声明中：

```
resultCh    chan *lib.CallResult  // 调用结果通道
```

其中，lib 为载荷发生器的一个子代码包，而 lib.CallResult 则是一个专用于承载结果的数据类型。“Call”意为我们对被测软件的 API 的调用。你也可以把针对单个载荷的处理结果视为一个调用结果。顺便说一句，本章的示例代码都放在本书示例项目的 gopcp.v2/chapter4/loadgen 代码包下。

lib.CallResult 类型的基本结构如下：

```
// 用于表示调用结果的结构
type CallResult struct {
    ID        int64              // ID
    Req       RawReq             // 原生请求
    Resp      RawResp            // 原生响应
    Code      RetCode            // 响应代码
    Msg       string             // 结果成因的简述
    Elapse    time.Duration      // 耗时
}
```

该声明中包含了前述的那3块内容。字段Req和Resp分别代表了请求内容和响应内容，字段Code和Msg用来描述响应的状态，而字段Elapse则用于表明请求处理耗时。最后，字段ID的作用是标识调用结果。

上述声明中又包含了两个自定义的类型：lib.RawReq和lib.RawResp。它们的声明如下：

```
// 用于表示原生请求的结构
type RawReq struct {
    ID    int64
    Req   []byte
}

// 用于表示原生响应的结构
type RawResp struct {
    ID      int64
    Resp    []byte
    Err     error
    Elapse  time.Duration
}
```

这两个类型声明也都包含了ID字段。对于同一个载荷而言，其请求、响应和调用结果中，ID字段的值都是一致的，这对于我们了解载荷处理的全过程会很有帮助。在实际软件开发场景中，尤其是开发分布式应用系统时，这样的信息非常重要。

lib.RawReq类型的Req字段用于容纳原生请求的数据。已知，数据的最底层表现形式就是若干字节，因此这里将[]byte作为Req字段的类型。相比之下，lib.RawResp类型中除了ID和代表原生响应数据的Resp字段之外，还包含Err和Elapse字段。Err字段的值会体现在载荷处理过程中发生的错误。如果没有发生错误，那么这个字段的值就会是nil。而Elapse字段则用来表示这个过程的耗时，单位是ns。lib.CallResult类型中的Elapse字段的含义与它一致。

前面提到，代表载荷发生器实现类型的resultCh字段是chan *lib.CallResult类型的。由于结构体类型的零值不是nil，因此如果这个通道的元素类型是lib.CallResult的话，就会给后面对其中元素值的零值判断带来小麻烦。我使用它的指针类型作为通道的元素类型，既可以消除麻烦，也可以减少元素值复制带来的开销。

根据响应超时时间和每秒载荷发送量，我们可以估算出所需的载荷发送的大致频率（或称“载荷并发量”），并以此指导实际的载荷发送操作。这个并发量也放在载荷发生器的结构内部，该字段声明如下：

```
concurrency uint32        // 载荷并发量
```

一旦确定了并发量，就有了控制载荷发生器使用系统资源的依据。另外，我们关心Go程序使用的goroutine的个数：过少的goroutine数量会使程序的并发程度不够，从而导致程序不能充分地利用系统资源；而过多的goroutine数量则可能会使程序的性能不升反降，因为这对于Go运行时系统及其依托的操作系统来说都会造成额外的负担。那么怎样合理地控制程序所启用的goroutine的数量呢？

这里可以用一个goroutine票池对此作出限定。此票池中票的数量就由concurrency字段的值决定。goroutine票池以一个缓冲通道作为载体。我们定义这个goroutine票池的接口类型名为GoTickets，它及其实现的声明都放在了lib子包中。我将在下一节对它们进行展示和讲解。

我会在载荷发生器中使用到goroutine票池，因此它也应该占用其中的一个字段：

```
tickets lib.GoTickets    // goroutine票池
```

在载荷发生器运行的过程中，应该可以随时停止它。同时，根据durationNS字段的值，载荷发生器也应该能够自动停止（这可以通过传递停止信号的方式实现）。可以这样声明代表该通道的字段：

```
stopSign chan struct{}    // 停止信号的传递通道
```

不过，还有一种更好的选择：可以使用在Go 1.7发布时成为标准库一员的context代码包。context包中的Context接口类型和一些函数，可以帮助我同时向多个goroutine通知载荷发生器需要停止。它既支持手动模式，也支持自动模式。在被通知对象的数量不定的情况下，context包更加好用。我不用担心因通道中的“信号”被误取而无法达到通知的目的。与context代码包有关的信息请查看Go官方文档网站（https://godoc.org）上的说明，或直接查看该包的源码。

载荷发生器中应有这样两个字段：

```
ctx          context.Context       // 上下文
cancelFunc   context.CancelFunc    // 取消函数
```

如上所述，ctx变量可以作为传递通知的载体。由cancelFunc字段代表的取消函数可用于手动通知停止。它们的值是在创建context.Context类型值时，由context包中的函数返回的，下一节会有说明。

至此，我又向载荷发生器的结构中加入了 4 个起控制作用的字段。不过，这还不算完。载荷发生器有不止一种的状态。状态字段是数值类型的，并且足够短小，还可以用并发安全的方式操作。Go 标准库中提供的原子操作方法（下一章会讲到）支持的最短数值类型为 int32 和 uint32。载荷发生器的状态值范围没必要包含负值，所以这里选定 uint32 类型。

我还声明了 5 个用于代表载荷发生器状态的常量，以便赋值和作判断，声明如下：

```
// 声明代表载荷发生器状态的常量
const (
    // 代表原始
    STATUS_ORIGINAL uint32 = 0
    // 代表正在启动
    STATUS_STARTING uint32 = 1
    // 代表已启动
    STATUS_STARTED uint32 = 2
    // 代表正在停止
    STATUS_STOPPING uint32 = 3
    // 代表已停止
    STATUS_STOPPED uint32 = 4
)
```

上述声明已放到了 lib 子包中。代表载荷发生器状态的字段声明如下：

```
status uint32     // 状态
```

最后，应该让载荷发生器的使用者可以根据具体需求对它进行适当的扩展和定制。为此，需要预先在其结构中添加一个字段，并以此作为载荷发生器的扩展接口。

不过，在添加这个字段之前，应该搞清楚载荷发生器需要提供哪些扩展支持。首先，载荷发生器的核心功能，肯定是控制和协调载荷的生成和发送、响应的接收和验证，以及最终结果的递交等一系列操作。既然由它来进行流程上的控制，那么一些具体的操作是否就可以由可定制的组件来做呢？这样就可以把核心功能与扩展功能（或者说组件功能）区分开了。如此既可以保证核心功能的稳定，又可以提供较高的可扩展性。

我已经确定了一定要作为核心功能的部分，现在看看有哪些操作可以作为组件功能。显然，我不知道或者无法预测被测软件提供 API 的形式。况且，载荷发生器不应该对此有所约束，它们可以是任意的。因此，与调用被测软件 API 有关的功能应该作为组件功能，这涉及请求的发送操作和响应的接收操作。并且，既然要组件化调用被测软件 API 的功能，那么请求的生成操作和响应的检查操作，也肯定无法由载荷发生器本身来提供。

根据上面的分析，我编写了这样一个接口类型来体现可组件化的功能：

```
// 用于表示调用器的接口
type Caller interface {
    // 构建请求
    BuildReq() RawReq
    // 调用
    Call(req []byte, timeoutNS time.Duration) ([]byte, error)
    // 检查响应
    CheckResp(rawReq RawReq, rawResp RawResp) *CallResult
}
```

该接口类型的声明依然放在lib子包中。虽然被视为非核心功能，但是该接口类型中的那几个方法所代表的操作，也都是载荷发生器在运行过程中不可或缺的。因此，我们应该确保在初始化载荷发生器时，持有一个 lib.Caller 接口类型的实现值。在载荷发生器的结构中存在一个该类型的字段，以便存放这个实现值。这个字段的声明如下：

```
caller lib.Caller    // 调用器
```

到这里，我根据一系列准备和设计而编写的载荷发生器结构就完成了。表示其结构的完整代码如下：

```
// 用于表示载荷发生器的实现类型
type myGenerator struct {
    caller      lib.Caller          // 调用器
    timeoutNS   time.Duration       // 处理超时时间，单位：ns
    lps         uint32              // 每秒载荷量
    durationNS  time.Duration       // 负载持续时间，单位：ns
    concurrency uint32              // 载荷并发量
    tickets     lib.GoTickets       // goroutine票池
    ctx         context.Context     // 上下文
    cancelFunc  context.CancelFunc  // 取消函数
    callCount   int64               // 调用计数
    status      uint32              // 状态
    resultCh    chan *lib.CallResult // 调用结果通道
}
```

这个结构体类型 myGenerator 放在了 loadgen 子包中，共包含11个字段。其中还包含一个未曾讲过的字段 callCount，用于记录调用计数。你可能会有一个疑问：该类型为什么是包级私有的？难道我们不想让 loadgen 子包之外的程序使用它吗？关于这个问题，稍后再作解释。

4.4.3 初始化

在完成基本结构的编写之后，我们就要考虑载荷发生器的初始化方式了。

对于简单、直接的结构体来说，使用复合字面量来初始化肯定是首选。但是对于稍微复杂一些的结构体来说却不是这样，因为其中一些字段的值需要通过某些计算步骤才能给出。

在 Go 中，一般会使用一类函数来创建和初始化较复杂的结构体。这类函数的名称通常会以“New”作为前缀，并后跟相关的名词，像这样：

```
func NewMyGenerator() *myGenerator
```

依据面向接口编程的原则，我们不应该直接将 myGenerator 或*myGenerator 作为上述函数的结果类型，因为这样会使该函数及其调用方与具体实现紧密地绑定在一起。如果要修改该结构体类型或者完全换一套载荷发生器的实现，那么调用该函数的所有代码都不得不经历被动的变化，这会造成散弹式的修改。我们应该尽力避免此类情况的发生。因此，让这类初始化函数返回一个接口类型的结果是很有必要的，这个接口类型可以充分地体现出载荷发生器的行为。声明这个接口类型相当容易，为了使载荷发生器更加易用，只需让它暴露寥寥几个方法。请看下面这个接口类型声明：

```
// 用于表示载荷发生器的接口
type Generator interface {
    // 启动载荷发生器
    // 结果值代表是否已成功启动
    Start() bool
    // 停止载荷发生器
    // 结果值代表是否已成功停止
    Stop() bool
    // 获取状态
    Status() uint32
    // 获取调用计数。每次启动会重置该计数
    CallCount() int64
}
```

好了，有了这样一个接口之后，那个用于创建和初始化载荷发生器的函数的声明应该改为：

```
func NewGenerator() lib.Generator
```

我打算让*myGenerator 类型成为接口类型 lib.Generator 的一个实现类型，这需要为*myGenerator 类型编写出与 lib.Generator 接口中声明的方法一一对应的 4 个方法。

不过，NewGenerator 函数的声明还不完善。为了实现其功能，还要为它添加若干个参

数声明。它的第二版声明应该是这样的：

```
// 新建一个载荷发生器
func NewGenerator(
    caller lib.Caller,
    timeoutNS time.Duration,
    lps uint32,
    durationNS time.Duration,
    resultCh chan *lib.CallResult) (lib.Generator, error)
```

该函数 5 个参数的名称、类型和含义分别与 myGenerator 类型中的相应字段对应。在该函数中，会根据它们的值对 myGenerator 类型进行部分初始化。不过，在这之前应该先对这几个参数的值的有效性进行检查，并在检查不通过时向函数调用方告知错误情况。这也是我为该函数添加第二个结果声明的原因。如果此处的检查通过了，就需要依据这几个参数值初始化一个 myGenerator 类型的值。当然，使用复合字面量是必需的，就像下面这样：

```
gen := &myGenerator{
    caller:         caller,
    timeoutNS:      timeoutNS,
    lps:            lps,
    durationNS:     durationNS,
    status:         lib.STATUS_ORIGINAL,
    resultCh:       resultCh,
}
```

我使用复合字面量对其中的 6 个字段进行了赋值。然后，把该值的指针赋给了变量 gen。还记得吗？在上述设计中，*myGenerator 类型会是接口类型 lib.Generator 的一个实现类型。所以，需要把 gen 的值作为 NewGenerator 函数的第一个结果值。这样能够编译通过的前提是，*myGenerator 类型的方法集合中要包含 lib.Generator 接口类型中声明的那 4 个方法。我会在下一节展示*myGenerator 类型的这 4 个公有方法的具体实现。

concurrency 字段的值代表相关调用过程的并发执行数量。一个调用过程总体上包含两个操作：一个是向被测软件发送一个载荷（或者说对被测软件的 API 进行一次调用）的操作，另一个是等待并从被测软件那里接收一个响应（或者说等待并获取被测软件 API 的返回结果）的操作。也可以说，一个调用过程代表了载荷发生器通过一个载荷与被测软件进行的一次交互。因此，这一过程的并发执行数量可以比较真实地反映出被测软件的负载程度。

调用过程的并发执行数量（以下简称并发量）需要根据 timeoutNS 字段和 lps 字段的值以及如下公式计算得出：

并发量 ≈ 单个载荷的响应超时时间 / 载荷的发送间隔时间

在此公式中，单个载荷的响应超时时间即timeoutNS字段的值所表示的时间。一旦操作一个载荷的耗时达到了响应超时时间，该载荷就会被判定为未被成功响应。在这之后，载荷发生器不会再去等待该载荷的响应。反过来讲，在达到这个响应超时时间之前，接收该载荷响应的操作是不会被强制结束的。假设响应超时时间是5 s，并且所有载荷响应接收操作都会用满这个时间，那么在此时间范围内开始的所有载荷响应接收操作都会并发执行。也就是说，如果在5 s之前开始计数，并在达到响应超时时间的此刻停止计数，那么在这个 5 s 的时间范围之内开始的载荷响应接收操作的数量，就约等于此刻的并发量。在响应超时时间为5 s的设定下，如果每隔1 s向被测软件发送一个载荷，那么这个并发量就是5。而如果每隔1 ms发送一个载荷，那么该并发量就是5000。以此类推。

这里所说的发送间隔时间可以由载荷发生器的lps字段的值计算得出。concurrency、timeoutNS和lps这3个字段的值之间的关系如下：

```
concurrency ≈ timeoutNS / (1e9 / lps) + 1
```

其中，表达式1e9 / lps表示的就是根据使用方对每秒载荷发送量的设定计算出的载荷发生器发送载荷的间隔时间，单位是ns。1e9代表了1 s对应的纳秒数。这样，表达式timeoutNS / (1e9 / lps)的含义就是：在响应超时时间代表的某一个时间周期内的并发量的最大值。而最后与之相加的1则代表了在某一个时间周期之初，向被测软件发送的那个载荷。

对于通用的性能测试软件来说，这已经算是比较准确的换算方式了。因为我无法得知被测软件对于每一个载荷的响应都需要多长时间才能返回。实际上，这个真实的载荷响应时间也是通过性能测试得到的数值之一。换句话说，性能测试软件要做的就是，先通过若干个预设的限定值模拟出一定程度的负载，然后再以此来测试并得到被测试软件实际能承受的最大负载。前面讲到的响应超时时间、每秒载荷发送量和负载持续时间，以及经过计算得出的并发量都属于预设的限定值。

计算并发量的最大意义是：为约束并发运行的goroutine的数量提供依据。我会依此数值确定载荷发生器的tickets字段所代表的那个goroutine票池的容量。这个容量也可以理解为goroutine票的总数量。goroutine票池的初始化工作是由lib.NewGoTickets函数完成的。对该函数的调用如下：

```
tickets, err := lib.NewGoTickets(gen.concurrency)
```

在讲述该函数的内部实现之前，先来看 tickets 字段的类型 lib.GoTickets，它也是lib.NewGoTicket函数的第一个结果的类型。此接口类型的声明如下：

```
// 用于表示goroutine票池的接口
type GoTickets interface {
```

```
    // 获得一张票
    Take()
    // 归还一张票
    Return()
    // 票池是否已被激活
    Active() bool
    // 票的总数
    Total() uint32
    // 剩余的票数
    Remainder() uint32
}
```

这个接口类型包含了 5 个方法声明。其中，方法 Take 和 Return 是对应的。前者的功能是从票池获得一张票，而后者的功能是向票池归还一张票。goroutine 票池既不会关心使用方从它那里获得的是哪一张票，也不需要知道使用方把哪一张票归还给了它。这里的“票”本身就是一个抽象的概念，它相当于程序为了启用一个 goroutine 而必须持有的令牌。goroutine 票池只负责增减票的数量，并以此真实地体现出正在运行的专用 goroutine 的数量。

你也可以把 goroutine 票池看成一个 POSIX 标准中描述的多值信号量。一个 POSIX 多值信号量的值代表了可用资源的数量，资源使用方获得或归还资源时会及时减小或增大该信号量的值，以便其他使用方实时了解资源的使用情况。在该值被减至 0 之后，所有试图减少该值的程序都会为此而阻塞。而当该值重新增至一个正整数的时候，这些程序就都会被唤醒。lib.GoTickets 接口的 Take 方法和 Return 方法分别对应了多值信号量上的减一操作和增一操作。

lib.GoTickets 接口中的后 3 个方法声明很好理解。一旦 goroutine 票池被正确地初始化，Active 方法返回的结果值就应该是 true。而 Total 方法和 Remainder 方法在被调用后，则会分别返回代表票的总数和剩余数的结果值。

根据 lib.GoTickets 接口的类型声明以及上面的描述，可以很容易编写出该接口的实现类型。与 lib.Generator 接口的实现类型一样，该类型也是一个指针类型，名为 *lib.myGoTickets。如果要让 lib.myGoTickets 成为接口类型 lib.GoTickets 的一个实现类型的话，就必须为 lib.myGoTickets 类型编写出与 lib.GoTickets 接口中声明的方法一一对应的 5 个指针方法。

首先编写 lib.myGoTickets 类型的基本结构：

```
// 用于表示goroutine票池的实现
type myGoTickets struct {
    total      uint32        // 票的总数
    ticketCh   chan struct{} // 票的容器
```

```
    active      bool            // 票池是否已被激活
}
```

total字段的含义是goroutine票的总数量，而ticketCh字段则代表了承载goroutine票的容器。第三个字段active，用来表示当前的goroutine票池是否已正确初始化。

编写lib.GoTickets类型的5个指针方法并不困难，请自己动手试一试。

希望你已经自己动手编写了lib.myGoTickets类型的所有方法。不知你是否考虑到了前面所说的正确地初始化的问题。在我编写的版本中，对lib.myGoTickets类型值的初始化工作都由它的包级私有的指针方法init来进行。这个方法的完整声明如下：

```
func (gt *myGoTickets) init(total uint32) bool {
    if gt.active {
        return false
    }
    if total == 0 {
        return false
    }
    ch := make(chan struct{}, total)
    n := int(total)
    for i := 0; i < n; i++ {
        ch <- struct{}{}
    }
    gt.ticketCh = ch
    gt.total = total
    gt.active = true
    return true
}
```

在该方法中，先做了参数值检查，并在最后对接收者值（即那个*lib.myGoTickets类型的当前值）中的字段进行了赋值。中间那几行代码最为关键，是以参数total的值作为容量，初始化了一个元素类型为struct{}的缓冲通道ch。前面说过，ticketCh字段的值会用作承载goroutine票的容器。这就意味着，该通道中缓冲的元素值的个数就代表了还没有被获得和已被归还的goroutine票的总和。那么，在goroutine票池被初始化的时候，其中所有的goroutine票都没有获得。因此，此时让该通道缓冲的元素值的个数与其容量相等。否则，之后所有试图从该goroutine票池中获得goroutine票的goroutine都会被阻塞，从而会使所有的载荷发送操作都无法进行下去。

在编写完这个init方法之后，lib.NewGoTickets函数就可以非常方便地创建并初始化一个lib.GoTickets类型的值了，像这样：

```
// 用于新建一个goroutine票池
func NewGoTickets(total uint32) (GoTickets, error) {
    gt := myGoTickets{}
    if !gt.init(total) {
```

```
        errMsg :=
            fmt.Sprintf("The goroutine ticket pool can NOT be initialized! (total=%d)\n", total)
        return nil, errors.New(errMsg)
    }
    return &gt, nil
}
```

好了，现在已经确定了 myGenerator 类型的所有字段的初始化方法，可以通过调用 NewGenerator 函数创建出一个立即可用的载荷发生器了。NewGenerator 函数的完成声明如下：

```
// 新建一个载荷发生器
func NewGenerator(pset ParamSet) (lib.Generator, error) {

    logger.Infoln("New a load generator...")
    if err := pset.Check(); err != nil {
        return nil, err
    }
    gen := &myGenerator{
        caller:      pset.Caller,
        timeoutNS:   pset.TimeoutNS,
        lps:         pset.LPS,
        durationNS:  pset.DurationNS,
        status:      lib.STATUS_ORIGINAL,
        resultCh:    pset.ResultCh,
    }
    if err := gen.init(); err != nil {
        return nil, err
    }
    return gen, nil
}
```

注意，NewGenerator 函数的参数声明列表与之前展示的不太一样，这里把所有参数都内置到了一个名为 ParamSet 的结构体类型中。如此一来，在需要变动 NewGenerator 函数的参数时，就无需改变它的声明了，变动只会影响 ParamSet 类型。另外，还为 ParamSet 类型添加了一个名为 Check 的指针方法，它会检查当前值中所有字段的有效性。一旦发现无效字段，它就会返回一个非 nil 的 error 类型值。这样做使得 NewGenerator 函数的调用方可以先行检查待传入的参数集合的有效性。当然，无论怎样，在 NewGenerator 函数内部还是需要调用这个方法。ParamSet 类型及其方法的声明就不展示了，你可以在 loadgen 子包中找到它们。

另外，在上述代码中出现的标识符 logger 代表的是 loadgen 子包中声明的一个变量。相关代码如下：

```
// 日志记录器
var logger = log.DLogger()
```

4

其中，限定符 log 代表的是本书示例项目中的 gopcp.v2/helper/log 代码包。它为载荷发生器以及后续的完整程序提供统一的日志记录支持。

顺便说一句，NewGenerator 函数的最后调用了载荷发生器的 init 方法。该方法初始化了另外两个载荷发生器启动前必需的字段——concurrency 和 tickets。前面已经讲过它们的初始化方法，在此就不再赘述了。

4.4.4　启动和停止

下面会实现启动和停止载荷发生器的功能，并完成对 myGenerator 类型的编写。

如前文所述，调用载荷发生器的 Start 方法就可以启动它了。然后，载荷发生器会按照给定的参数向被测软件发送一定量的载荷。在触达了指定的负载持续时间之后，载荷发生器会自动停止载荷发送操作。在从启动到停止的这个时间段内，载荷发生器还会将被测软件对各个载荷的响应，以及载荷发送操作的最终结果收集起来，并发送提供的调用结果通道。

这个流程看起来并不复杂，其实包含了很多细节。比较重要的是有效控制载荷发送的并发量，以及载荷发生器本身使用 goroutine 的数量。

1. 启动的准备

载荷发生器的 lps 字段值指明了它每秒向被测软件发送载荷的数量。根据此值，可以很容易得到发送间隔时间，表达式为 1e9 / lps。为了让发送间隔时间能够起到实质性的作用，需要使用缓冲通道和断续器。还记得上一节介绍过的断续器吗，它非常适合用作定时任务的触发器。请看下面的代码：

```
// 设定节流阀
var throttle <-chan time.Time
if gen.lps > 0 {
    interval := time.Duration(1e9 / gen.lps)
    logger.Infof("Setting throttle (%v)...", interval)
    throttle = time.Tick(interval)
}
```

我把用于触发定时任务的缓冲通道命名为节流阀。为了配合断续器的使用，将它的类型设定为<-chan time.Time。这是一个单向通道类型。之所以在这里进行通道方向上的限制不会有什么问题，是因为仅仅通过调用 time.Tick 函数为变量 throttle 赋值。已知，time.Tick 函数的结果值就是这个类型的，该结果值是一个可以周期性地传达到期通知的缓冲通道。作为约束，time.Tick 函数只允许它的调用方从该通道中接收元素值。

在真正使用节流阀之前，还有另外一个准备工作要做，即让载荷发生器能够在运行一段时间之后自己停下来。它的字段 ctx 和 cancelFunc 可以做这件事，context 包中有函数可以为它们赋值。请看如下代码。

```
// 初始化上下文和取消函数
gen.ctx, gen.cancelFunc = context.WithTimeout(
    context.Background(), gen.durationNS)
```

context.WithTimeout 函数会生成一个上下文和一个取消函数。它的第一个参数是一个空的上下文，这里由 context.Background 函数提供。后者返回的上下文一般用作上下文根，并用于生成子上下文。第二个参数需要传入一个相对的上下文超时时间，这里由负载持续时间 gen.durationNS 给定。如此一来，gen.ctx 就代表了一个有超时限制的上下文，它是上下文根的子上下文。当超时时间触达时，它会通过一个“信号”告知使用方上下文已超时。gen.cancelFunc 的作用是在触达超时时间之前用于取消该上下文。一旦上下文取消，gen.ctx 会使用同样的“信号”告知使用方。有了这两个字段，就为自动或手动停止载荷发生器提供了支持。我会在后面陆续展示它们的使用细节。

载荷发生器是可以重复使用的,所以每次启动的时候都必须重置它的 callCount 字段，这是启动前需要做的最后一步。之后，就可以变更载荷发生器的状态了。

```
// 初始化调用计数
gen.callCount = 0

// 设置状态为已启动
atomic.StoreUint32(&gen.status, lib.STATUS_STARTED)
```

注意，这里在改变状态时使用了原子操作。简单来说，原子操作就是一定会一次做完的操作。在操作过程中不允许任何中断，操作所在的 goroutine 和内核线程也绝不会被切换下 CPU。这是由 CPU、操作系统和 Go 运行时系统多级保证的。当然，从根本上讲，还是 CPU 的原语在起作用。Go 标准库中的 atomic 包提供了很多原子操作方法。

2. 控制流程

在进入已启动状态之后，载荷发生器才真正开始生成并发送载荷。包含了载荷发送操作和载荷响应接收操作的调用操作是异步执行的，因为只有这样载荷发生器才能做到并发运行。请看下面的这个函数：

```
// 产生载荷并向承受方发送
func (gen *myGenerator) genLoad(throttle <-chan time.Time) {
    for {
        select {
        case <-gen.ctx.Done():
            gen.prepareToStop(gen.ctx.Err())
```

```
            return
        default:
        }
        gen.asyncCall()
        if gen.lps > 0 {
            select {
            case <-throttle:
            case <-gen.ctx.Done():
                gen.prepareToStop(gen.ctx.Err())
                return
            }
        }
    }
}
```

这里用 genLoad 方法总体上控制调用流程的执行，该方法接受节流阀 throttle 作为参数。在方法中，使用了一个 for 循环周期性地向被测软件发送载荷，这个周期的长短由节流阀控制。在循环体的结尾处，如果 lps 字段的值大于 0，就表示节流阀是有效并需要使用的。这时，利用 select 语句等待节流阀的到期通知。一旦接收到了这样一个通知，就立即开始下一次迭代（即开始生成并发送下一个载荷）。当然，如果在等待节流阀到期通知的过程中接收到了上下文的“信号”，就需要立即为停止载荷发生器做准备。gen.ctx 字段的 Done 方法会返回一个接收通道，该通道会在上下文超时或取消时关闭，这时针对它的接收操作就会立即返回。这就是我一直说的上下文的“信号”。由于不会有程序向该通道发送元素值，因此保证了“信号”的有效性。像这样的停止条件判断在循环的开始处也有一个。由于 select 语句在多个满足条件的 case 之间做伪随机选择时的不确定性，当节流阀的到期通知和上下文的“信号”同时到达时，后者代表的 case 不一定会被选中。这也是为了保险起见，以使载荷发生器总能及时地停止。

prepareToStop 方法用于为停止载荷发生器做准备，代码如下：

```
// 用于为停止载荷发生器做准备
func (gen *myGenerator) prepareToStop(ctxError error) {
    logger.Infof("Prepare to stop load generator (cause: %s)...", ctxError)
    atomic.CompareAndSwapUint32(
        &gen.status, lib.STATUS_STARTED, lib.STATUS_STOPPING)
    logger.Infof("Closing result channel...")
    close(gen.resultCh)
    atomic.StoreUint32(&gen.status, lib.STATUS_STOPPED)
}
```

gen.ctx 字段的 Err 方法会返回一个 error 类型值，该值会体现“信号”被“发出”的缘由。所以，gen.prepareToStop 方法接受这样一个值，并把它作为日志的一部分记录下来，以便做调试和告知之用。该方法会先仅在载荷发生器的状态为已启动时，把它变为正在停止状态。atomic.CompareAndSwapUint32 函数实现了原子的 CAS 操作（CAS 又称比较并交换）。然后，该方法会关闭调用结果通道，最后再把状态变为已停止。至于这里变更两次状态的原因，我会在讲停止载荷发生器的时候解释。

3. 异步地调用

genLoad 方法在循环中调用了 gen.asyncCall 方法。后者让控制流程和调用流程分离开来，真正实现了载荷发送操作的异步性和并发性。

一个调用过程分为 5 个操作步骤，即生成载荷、发送载荷并接收响应、检查载荷响应、生成调用结果和发送调用结果。前 3 个操作步骤都会由使用方在初始化载荷发生器时传入的那个调用器来完成。

asyncCall 方法在一开始就会启用一个专用的 goroutine，因为对 asyncCall 方法的每一次调用都意味着会有一个专用 goroutine 被启用。这里的专用 goroutine 总数会由 goroutine 票池控制，后者由载荷发生器的 tickets 字段代表。因此，在该方法中，我们需要在适当的时候对 goroutine 票池中的票进行“获得”和“归还”操作，如下所示：

```
// 异步地调用承受方接口
func (gen *myGenerator) asyncCall() {
    gen.tickets.Take()
    go func() {
        defer func() {
            // 省略若干代码
            gen.tickets.Return()
        }()
        // 省略若干代码
    }()
}
```

在启用专用 goroutine 之前，从 goroutine 票池获得了一张 goroutine 票。当 goroutine 票池中已无票可拿时，asyncCall 方法所在的 goroutine 会被阻塞于此。只有存在多余的 goroutine 票时，专用 goroutine 才会被启用，从而当前的调用过程才会执行。另一方面，在这个 go 函数的 defer 语句中，会及时地把票归还给 goroutine 票池。这个归还的时机很重要，不可或缺，也要恰到好处。

好了，现在异步调用的框架已经有了，下面来看看专用 goroutine 需要执行的语句。第一个操作步骤当然是生成载荷。因为有了使用方传入的调用器，所以这里的代码相当简单：

```
rawReq := gen.caller.BuildReq()
```

关于发送载荷并接收响应的这个步骤，我详细说明一下。首先是对载荷发生器的 timeoutNS 字段的使用。已知，该字段起到辅助载荷发生器实时判断被测软件处理单一载荷是否超时的作用。我之前讲过，time包中的定时器可以用来设定某一个操作或任务的超时时间。要做到实时的超时判断，最好的方式就是与通道和select语句联用，不过这就需要再启用一个goroutine来封装调用操作。如此一来，前面提到的那个goroutine票池就收效甚微了。那么，可以在不额外启用goroutine的情况下实现实时的超时判断吗？答案是：可以，但是这需要一些技巧。

具体来说，先要声明代表调用状态的变量，并保证仅其上实施原子操作。声明如下：

```
// 调用状态：0-未调用或调用中；1-调用完成；2-调用超时
var callStatus uint32
```

然后，使用time包的AfterFunc函数设定超时以及后续处理：

```
timer := time.AfterFunc(gen.timeoutNS, func() {
    if !atomic.CompareAndSwapUint32(&callStatus, 0, 2) {
        return
    }
    result := &lib.CallResult{
        ID:     rawReq.ID,
        Req:    rawReq,
        Code:   lib.RET_CODE_WARNING_CALL_TIMEOUT,
        Msg:    fmt.Sprintf("Timeout! (expected: < %v)", gen.timeoutNS),
        Elapse: gen.timeoutNS,
    }
    gen.sendResult(result)
})
```

在作为第二个参数的匿名函数中，先用atomic.CompareAndSwapUint32函数检查并设置callStatus变量的值，该函数会返回一个bool类型值，用以表示比较并交换是否成功。如果未成功，就说明载荷响应接收操作已先完成，忽略超时处理。

相对地，实现调用操作的代码也应该这样使用callStatus变量：

```
rawResp := gen.callOne(&rawReq)
if !atomic.CompareAndSwapUint32(&callStatus, 0, 1) {
    return
}
timer.Stop()
```

无论何时，一旦代表调用操作的callOne方法返回，就要先检查并设置callStatus变量的值。如果CAS操作不成功，就说明调用操作已超时，前面传入time.AfterFunc函数的那个匿名函数已经先执行了，需要忽略后续的响应处理。当然，在响应处理之前先要停掉前面启动的定时器。

响应处理无非就是对原始响应进行再包装，然后再把包装后的响应发给调用结果通道。包装方式和响应发送方式都与那个匿名函数中的类似。不过，这里要先检查是否存在调用错误：

```
var result *lib.CallResult
if rawResp.Err != nil {
    result = &lib.CallResult{
        ID:     rawResp.ID,
        Req:    rawReq,
        Code:   lib.RET_CODE_ERROR_CALL,
        Msg:    rawResp.Err.Error(),
        Elapse: rawResp.Elapse}
} else {
    result = gen.caller.CheckResp(rawReq, *rawResp)
    result.Elapse = rawResp.Elapse
}
gen.sendResult(result)
```

载荷发生器的 sendResult 方法会向调用结果通道发送一个调用结果值。为了确保调用结果发送的正确性，sendResult 方法必须先检查载荷发生器的状态。如果它的状态不是已启动，就不能执行发送操作了。不过，虽然终止了发送，但仍需要记录调用结果。另外，若调用结果通道已满，也不能执行发送操作。由于该通道是载荷发生器的使用方传入的，因此无法保证没有这种情况发生。因此，这里需要把发送操作作为一条 select 语句中的一个 case，并添加 default 分支以确保不会发生阻塞。综上所述，实现 sendResult 方法的代码是这样的：

```
// 用于发送调用结果
func (gen *myGenerator) sendResult(result *lib.CallResult) bool {
    if atomic.LoadUint32(&gen.status) != lib.STATUS_STARTED {
        gen.printIgnoredResult(result, "stopped load generator")
        return false
    }
    select {
    case gen.resultCh <- result:
        return true
    default:
        gen.printIgnoredResult(result, "full result channel")
        return false
    }
}
```

在不能执行发送操作时，会通过调用 printIgnoredResult 方法记录未发送的结果。该方法的第二个参数的意义在于记录未能发送的缘由。

回看前面组装 lib.CallResult 的代码。为了更好地定义调用结果值中的响应代码，在 loadgen/lib 子包中声明了如下的常量：

```
// 保留 1 ~ 1000 给载荷承受方使用
```

```
const (
    RET_CODE_SUCCESS RetCode           = 0     // 成功
    RET_CODE_WARNING_CALL_TIMEOUT      = 1001  // 调用超时警告
    RET_CODE_ERROR_CALL                = 2001  // 调用错误
    RET_CODE_ERROR_RESPONSE            = 2002  // 响应内容错误
    RET_CODE_ERROR_CALEE               = 2003  // 被调用方（被测软件）的内部错误
    RET_CODE_FATAL_CALL                = 3001  // 调用过程中发生了致命错误!
)
```

其中，lib.RESULT_CODE_WARNING_CALL_TIMEOUT 表示在调用操作已超时情况下的响应代码。由于这个超时时间是由载荷发生器的使用者指定的，因此此类情况并不算是严格意义上的错误。这里把该响应代码归为警告级别。另一个值得说明的响应代码常量是RESULT_CODE_FATAL_CALL。该常量表示调用过程中的致命错误，即调用器未预料到的错误。这很可能是调用器自身的错误，当然也不排除由调用器引发的运行时恐慌所致的错误。

为了把调用器可能引发的运行时恐慌转变为错误，需要确保在 asyncCall 方法中的 go 函数的开始处有一条 defer 语句。如前文所示，该条语句包含了 gen.tickets.Return()。完整的 defer 语句如下：

```
defer func() {
    if p := recover(); p != nil {
        err, ok := interface{}(p).(error)
        var errMsg string
        if ok {
            errMsg = fmt.Sprintf("Async Call Panic! (error: %s)", err)
        } else {
            errMsg = fmt.Sprintf("Async Call Panic! (clue: %#v)", p)
        }
        logger.Errorln(errMsg)
        result := &lib.CallResult{
            ID:   -1,
            Code: lib.RET_CODE_FATAL_CALL,
            Msg:  errMsg}
        gen.sendResult(result)
    }
    gen.tickets.Return()
}()
```

我在讲异常处理的时候详细探讨过运行时恐慌的处理方法。由此可知，recover 函数结果值的实际类型是未知的（其静态类型是 interface{}）。因此，先使用类型断言表达式判断变量 p 的实际类型是否为 error，然后再根据判断结果生成不同的错误消息。最后，把这个描述了致命错误的调用结果值发送给了调用结果通道。

至此，asyncCall 方法已经拼接完整。其中调用的 callOne 方法的具体实现包括：原子地递增载荷发生器的 callCount 字段值、检查参数、执行调用、记录调用时长、组装并返回原始响应值。代码如下：

```
// 向载荷承受方发起一次调用
func (gen *myGenerator) callOne(rawReq *lib.RawReq) *lib.RawResp {
    atomic.AddInt64(&gen.callCount, 1)
    if rawReq == nil {
        return &lib.RawResp{ID: -1, Err: errors.New("Invalid raw request.")}
    }
    start := time.Now().UnixNano()
    resp, err := gen.caller.Call(rawReq.Req, gen.timeoutNS)
    end := time.Now().UnixNano()
    elapsedTime := time.Duration(end - start)
    var rawResp lib.RawResp
    if err != nil {
        errMsg := fmt.Sprintf("Sync Call Error: %s.", err)
        rawResp = lib.RawResp{
            ID:     rawReq.ID,
            Err:    errors.New(errMsg),
            Elapse: elapsedTime}
    } else {
        rawResp = lib.RawResp{
            ID:     rawReq.ID,
            Resp:   resp,
            Elapse: elapsedTime}
    }
    return &rawResp
}
```

其中的调用表达式 `time.Now().UnixNano()`会返回一个代表了当前时刻的纳秒数，这个纳秒数是从 1970 年 1 月 1 日的零时整开始算起的。

4. 启动和停止

再次回到启动载荷发生器的话题上来。在一切准备工作完成之后，载荷发生器的 `Start` 方法会调用前面展示 `genLoad` 方法以执行控制流程。`genLoad` 方法一旦从 `gen.ctx` 字段那里得到需停止的“信号”，就会立即作出响应。此时，`prepareToStop` 方法会被调用，该方法会在关闭调用结果通道之后把载荷发生器的状态设置为已停止。在载荷发生器的 `Start` 方法的最后，有这样一段代码：

```
go func() {
    // 生成载荷
    logger.Infoln("Generating loads...")
    gen.genLoad(throttle)
    logger.Infof("Stopped. (call count: %d)", gen.callCount)
}()
return true
```

由于这里启用另一个 goroutine 来执行生成并发送载荷的流程，因此 `Start` 方法是非阻塞的，不会在完成启动准备工作之后直接返回。一旦载荷发生器停止，`genLoad` 方法也会返回。这时它的 `callCount` 字段会准确表示调用总次数。

上述 goroutine 主要为了满足载荷发生器的自动停止，下面再来看载荷发生器的手动停止。可以通过调用载荷发生器的 Stop 方法来手动地停止它，Stop 方法的实现如下：

```
func (gen *myGenerator) Stop() bool {
    if !atomic.CompareAndSwapUint32(
        &gen.status, lib.STATUS_STARTED, lib.STATUS_STOPPING) {
        return false
    }
    gen.cancelFunc()
    for {
        if atomic.LoadUint32(&gen.status) == lib.STATUS_STOPPED {
            break
        }
        time.Sleep(time.Microsecond)
    }
    return true
}
```

Stop 方法首先需要检查载荷发生器的状态，若状态不对就直接返回 false。执行 cancelFunc 字段所代表的方法可以让 ctx 字段发出停止“信号”。而后，Stop 方法需要不断检查状态的变更。如果状态变为已停止，就说明 prepareToStop 方法已执行完毕，这时就可以返回了。

到此为止，实现载荷发生器的所有代码几乎都已展示。结构体类型 myGenerator 及其方法充分利用了 goroutine 和 channel，以及标准库的 time 包和 context 包中提供的功能。另外，自制的 goroutine 票池也起到了控制并发规模的作用。实际上这种限制 goroutine 数量的方式已被很多知名第三方库所用，Go 语言对面向对象编程的优秀特性都是有支持的。对于载荷发生器、调用器以及 goroutine 票池，都使用了接口类型定义其行为，而后才是编写实现。通常情况下，暴露于包外的附带方法的类型都是接口类型，而不是作为实现的具体类型。此外，当你需要把某个函数暴露在包外时，就要考虑它的参数列表在可预见的未来是否有变化的可能。如果答案是肯定的，就把参数列表封装成一个结构体类型，就像 ParamSet 类型那样。

特别提示，channel 的玩儿法有很多，需要根据具体情况选择和组合。不过，channel 并不是银弹，它最大的使用场景是作为 goroutine 之间的数据传输通道，不要为了使用而使用。有时候，同步方法更加直截了当，并且更快，就像我在载荷发生器实现中多次用到的原子操作那样。

下一节会为载荷发生器编写测试代码，为此我还会编写一个 lib.Caller 接口的实现类型，并借助该类型完成对载荷发生器的功能测试。

4.4.5 调用器和功能测试

载荷发生器的调用器由使用者给定，这样才能够让载荷发生器具有良好的可扩展性。使用者知道怎样生成可以施加于被测软件的载荷、怎样向被测软件发送载荷，以及怎样验证被测软件对载荷作出的响应。这 3 个行为的声明就组成了我们先前提到的调用器接口 lib.Caller。

载荷发生器的使用者先开发出调用器的实现，然后再使用载荷发生器为被测软件做性能测试。下面会简单展示并描述一个调用器的实现过程，然后通过它初始化一个载荷发生器，并对被测软件进行测试。注意，进行此测试的目的并不是测试被测软件，而是以此检验载荷发生器的功能。因此，除了要编写出一个完整的调用器实现，还要开发出一个简单的被测软件。只有形成了这样一个闭环，才能真正地让载荷发生器运行起来，并以此检验其体现的功能是否完全符合我的设计初衷。

假设有这样一个被测软件，它提供了一个基于网络的 API，该 API 的功能就是根据请求中的参数进行简单且有限的算术运算（针对整数的加减乘除运算），并将结果作为响应返回给请求方。这个被测软件相当简单，所以我的调用器实现也不会太复杂。读过上一章，你可能立刻想到使用 Go 标准库中提供的 socket 编程 API 来实现它们。

我并不想在被测软件的具体实现上耗费笔墨。但是，既然调用器需要与它通信，我还是有必要对请求和响应的结构作些介绍。为了简化对它们的组装和解析，我会使用标准库的 encoding/json 代码包中的 API，这些 API 可以实现 JSON 文本与结构体类型实例之间的双向转换。之后，需要声明两个分别代表请求和响应的结构体类型。请看下面的代码：

```
// 用于表示服务器请求的结构
type ServerReq struct {
    ID          int64
    Operands    []int
    Operator    string
}

// 用于表示服务器响应的结构
type ServerResp struct {
    ID         int64
    Formula    string
    Result     int
    Err        error
}
```

结构体类型 ServerReq 包含 3 个字段。其中，字段 ID 的值会唯一标识一个请求，而字段 Operands 和 Operator 则分别代表了多个运算数和一个运算符。根据 Operands 字段的类型，你可以得知这里只允许针对整数的算术运算。虽说 Operator 字段的类型是 string，但是它允许的值只限于+、-、*和/（加、减、乘、除）。如果请求中实际给定的运算符不在此范围之内，那么被测软件肯定不会返回预期的响应。

再来看 ServerResp 类型。它的字段 ID 的值唯一标识一个响应。它的值和与之对应的请求的 ID 字段的值一致。Result 字段的值是请求要求的算术运算的结果值。已知，在 Go 中，两个整数经由“/”运算之后得到的结果值也会是一个整数。因此，该字段的类型是适当的。Formula 字段的值会代表相应的运算式子，例如 2 + 4 + 5 = 11。最后，Err 是一个 error 类型的字段。如果被测软件在处理请求的过程中出现了错误，该字段的值就会表示它。

我把上述两个结构体类型的声明，以及用于测试载荷发生器的调用器和被测软件的实现代码都放到了代码包 gopcp.v2/chapter4/loadgen/testhelper 中。这些代码需要用到 gopcp.v2/chapter4/loadgen/lib 包中的 API。为了不引起混淆和编写方便，我在导入语句中把后者的别名设定为了 loadgenlib。

1. 调用器实现的基本结构

在了解了请求和响应的结构之后，现在开始着手编写调用器的实现。调用器需要通过 TCP 协议与被测软件通信。因此，我将这个调用器接口的实现类型命名为 TCPComm（TCP Communicator 的一种缩写形式）。TCPComm 类型的结构非常简单，其中只需要存储被测软件的网络地址：

```
// 用于表示TCP通信器的结构
type TCPComm struct {
    addr string
}
```

字段 addr 的值一般由 IP 地址（或主机名）和端口号组成，形如“127.0.0.1:8080”。TCPComm 类型需要拥有 3 个公开的指针方法，它们与 loadgenlib.Caller 接口中的方法声明一一对应。先来看 BuildReq 方法。

2. BuildReq 方法

该方法负责生成并返回一个 loadgenlib.RawReq 类型的值。从该方法的签名上来看，这个生成规则是需要调用器的编写者自己定义的。读者还记得 loadgenlib.RawReq 类型的声明吗？它包含了两个字段——int64 类型的 ID 和[]byte 类型的 Req。注意，这个 Req 字段的值代表与某个 ServerReq 类型值对应的 JSON 格式的普通文本数据。下面是*TCPComm 类型的 BuildReq 方法的具体实现：

```
// 构建一个请求
func (comm *TCPComm) BuildReq() loadgenlib.RawReq {
    id := time.Now().UnixNano()
    sreq := ServerReq{
        ID: id,
        Operands: []int{
            int(rand.Int31n(1000) + 1),
            int(rand.Int31n(1000) + 1)},
        Operator: func() string {
            return operators[rand.Int31n(100)%4]
        }(),
    }
    bytes, err := json.Marshal(sreq)
    if err != nil {
        panic(err)
    }
    rawReq := loadgenlib.RawReq{ID: id, Req: bytes}
    return rawReq
}
```

已知，ServerReq 类型和 loadgenlib.RawReq 类型的 ID 字段的类型都是 int64。因此，它们可以用来存储非常大的有符号整数。为了保持 ID 的唯一性，将使用纳秒级的时间戳作为它的值。在高并发的情况下，同 1 s 中甚至同 1 ms 内，都可能有很多原始请求生成。

怎样用复合字面量来初始化结构体类型的值，你已经相当熟悉了。但是，这里比较特别的是，应该尽可能地体现出 ServerReq 类型值的随机性，这样才能提供更高的测试覆盖度。因此，对于 Operands 和 Operator 这两个字段的赋值，都使用了伪随机的算法。

首先，原则上来说，可以为 Operands 字段赋予一个任意长度的[]int 类型值。但是，这里偷了一点懒，只是初始化了一个包含两个元素值的[]int 类型值。不过，使用了 math/rand 包中的 Int31n 函数来生成其中的元素值。math/rand.Int31n 函数可以在给定的范围内生成一个伪随机数。在这里，这个范围是[1,1000]。

对于 Operator 字段的值，使用一个匿名函数调用表达式来代表，这个匿名函数的唯一结果的类型是 string。由于 Operator 字段值的允许范围非常有限，所以可以很容易就此进行随机的选择。这里依然使用了 math/rand.Int31n 函数。其中，operators 变量的声明为：

```
// 用于表示操作符切片
var operators = []string{"+", "-", "*", "/"}
```

在生成好一个 ServerReq 类型值之后，需要把它转换为 JSON 格式的普通文本，这样才能够用它给 loadgenlib.RawReq 类型的 Req 字段赋值。encoding/json 代码包的函数 Marshal 可以实现这种转换，只要在调用时把一个结构体类型值作为参数传给它就可以了。

4

encoding/json.Marshal 函数返回两个结果，第一个结果会是代表了转换后的文本的[]byte类型值，而第二个结果则是代表了可能发生的错误的 error 类型值。如果第二个结果值为 nil，就说明转换是成功的。在转换失败的情况下引发了一个运行时恐慌，因为这种情况不应该发生。在载荷发生器中，这个运行时恐慌会被转换为一个代表了调用致命错误的调用结果。还记得*myGenerator 类型的 asyncCall 方法中那条 defer 语句吗？它会负责这一转换。

至于 BuildReq 方法的最后两条语句就很好理解了。我在前面准备工作的基础上生成了一个 loadgenlib.RawReq 类型值，并将它作为该方法的结果值返回。

3. Call 方法

调用器的 Call 方法接受两个参数。参数 req 代表了请求内容，其类型为[]byte。而 time.Duration 类型的参数 timeoutNS 则代表了超时时间，它的值与载荷发生器的 timeoutNS 字段值一致。把它传给 Call 方法的含义是：告诉调用器要进行超时判断。不过，这并不是强制的，因为载荷发生器本身已经采取了相应的措施来实时判断调用超时。

下面就来看看*TCPComm 的 Call 方法的具体实现：

```
// 发起一次通信
func (comm *TCPComm) Call(req []byte, timeoutNS time.Duration) ([]byte, error) {
    conn, err := net.DialTimeout("tcp", comm.addr, timeoutNS)
    if err != nil {
        return nil, err
    }
    _, err = write(conn, req, DELIM)
    if err != nil {
        return nil, err
    }
    return read(conn, DELIM)
}
```

代码包 net 的方法 DialTimeout 用于建立网络通信，它的特点是可以设定超时时间，这使参数 timeoutNS 有了用武之地。当触达超时时间但还未完成通信的建立时，该方法的第二个结果值就会是一个代表了操作超时的 error 类型值。如果该方法的第二个结果值是 nil，那么它的第一个结果值就会是一个代表了通信连接的 net.Conn 类型值。在这里需要判断第二个结果值并作出相应的处理。如果通信建立成功，就先将请求数据写入连接，然后在成功后再等待并试着从连接中读取响应数据；这两个操作分别由 write 函数和 read 函数负责。我在讲 socket 的时候已经详细讲解了相关细节，所以这里就不展开这两个函数的实现了。

还有一点需要注意。已知，基于 TCP 协议的通信是使用字节流来传递上层给予的消息的。它会根据具体情况为消息分段，但却无法感知消息的分界。因此，需要显式地为请求数据添加结束符，而传给 write 方法和 read 方法的参数 DELIM 就代表了这个结束符，这两个方法会用它来切分出单个的请求或响应。

4. CheckResp 方法

类型*TCPComm 的方法 CheckResp 的声明如下：

```
// 检查响应内容
func (comm *TCPComm) CheckResp(
    rawReq loadgenlib.RawReq, rawResp loadgenlib.RawResp) *loadgenlib.CallResult {
```

调用 CheckResp 方法的地方是载荷发生器接收到被测软件的响应之后。如果原始响应中没有携带任何错误，那么载荷发生器就会调用它对原始响应进行进一步的检查，并根据检查结果设置其返回的调用结果的 Code 字段值和 Msg 字段值。

在开始处，需要先对调用结果进行必要的初始化，像这样：

```
var commResult loadgenlib.CallResult
commResult.ID = rawResp.ID
commResult.Req = rawReq
commResult.Resp = rawResp
```

并且，在开始检查原始响应之前，必须把参数 rawReq 的 Req 字段值和 rawResp.Resp 字段值转换为相应的结构体类型值，这需要用到 encoding/json 包的 Unmarshal 函数。若以前者为例，则代码如下：

```
var sreq ServerReq
err := json.Unmarshal(rawReq.Req, &sreq)
```

需要把 rawReq.Req 的值和刚刚声明的 ServerReq 类型的变量的指针值作为参数传给 json.Unmarshal 函数，该函数在执行完成之后会返回一个 error 类型值。如果在转换过程中发生了错误，那么代表结果的变量 err 的值将会是非 nil 的。若发生这种情况，就要这样做：

```
if err != nil {
    commResult.Code = loadgenlib.RET_CODE_FATAL_CALL
    commResult.Msg =
        fmt.Sprintf("Incorrectly formatted Req: %s!\n", string(rawReq.Req))
    return &commResult
}
```

可以看到，在对 commResult 的一些字段进行必要的设置后，就直接将它作为结果返回了。注意，因为 rawReq.Req 的值就是由相应的 ServerReq 类型值经转换得来的，所以此处的转换不应该发生任何错误。所以，如果发生了错误，就会视它为一个致命的调用错误。

对于 rawResp.Resp 值的转换，会使用同样的方法。只不过在出错时，将为 commResult 的字段 Code 和 Msg 赋予了不同的值。代码如下：

```
var sresp ServerResp
err = json.Unmarshal(rawResp.Resp, &sresp)
if err != nil {
    commResult.Code = loadgenlib.RET_CODE_ERROR_RESPONSE
    commResult.Msg =
        fmt.Sprintf("Incorrectly formatted Resp: %s!\n", string(rawResp.Resp))
    return &commResult
}
```

限定标识符 loadgenlib.RESULT_CODE_ERROR_RESPONSE 代表了响应内容错误时的响应代码。

在上述工作完成之后，就需要开始对 sresp 变量的正确性进行检查。具体的检查项目如下。

- 检查sresp的ID字段值是否与sreq的ID字段值相等。也就是说，这个原始响应是否与该原始请求相对应；如果不是，该项检查未通过。
- 检查sresp的Err字段值是否非nil。如果是，就说明被测软件在处理请求的过程中发生了错误。该项检查未通过。
- 检查变量sresp的Result字段值是否正确，即它是否为正确的运算结果。我在这里用到的方法与被测软件采用的运算方法等效。若该字段的值不正确，则不能通过该项检查。

只要某一项检查未通过，后续的检查就会被忽略。该方法会立即根据实际情况设置 commResult 的字段，并将其作为结果值返回。若上述检查都通过了，则说明原始响应 sresp 是完全正确的。这时，该方法同样会设置调用结果的相应字段：

```
commResult.Code = loadgenlib.RET_CODE_SUCCESS
commResult.Msg = fmt.Sprintf("Success. (%s)", sresp.Formula)
```

设置完成后，CheckResp 方法同样会把 commResult 变量的值作为其结果值返回。

至此，完成了对结构体类型 TCPComm 及其指针方法的编写，下面就使用这个调用器实现来测试载荷发生器。

5. 测试

为了测试载荷发生器，要首先建立一个测试源码文件。与 myGenerator 类型相关的代码都放到了 loadgen 子包的库源码文件 gen.go 中，因此与之相对应的测试源码文件就应命名为 gen_test.go，且同在 loadgen 子包中。

若要编写用于测试的代码，就需要用到 testing 代码包中的 API。并且，在测试源码文件中，用来进行功能测试的函数的名称以“Test”为前缀，并接受一个*testing.T 类型的参数。因此，在 gen_test.go 文件中声明了这样一个函数：

```
func TestStart(t *testing.T)
```

下面编写该函数的函数体。在测试载荷发生器之前，需要先行启动被测软件，代码如下：

```
// 初始化服务器
server := helper.NewTCPServer()
defer server.Close()
serverAddr := "127.0.0.1:8080"
t.Logf("Startup TCP server(%s)...\n", serverAddr)
err := server.Listen(serverAddr)
if err != nil {
    t.Fatalf("TCP Server startup failing! (addr=%s)!\n", serverAddr)
    t.FailNow()
}
```

申明一下，我在导入代码包的时候把 gopcp.v2/chapter4/loadgen/testhelper 和 gopcp.v2/chapter4/loadgen/lib 的别名分别设定成了 helper 和 loadgenlib。

函数 helper.NewTCPServer 的功能是创建并初始化一个 TCP 服务器（即被测软件），紧随其后的 defer 语句保证了在该功能测试方法结束之前会关闭该 TCP 服务器。我指定该服务器的监听 IP 为 127.0.0.1，监听端口为 8080，并以此网络地址来启动这个服务器。如果它在启动过程中有错误发生，就调用 t.Fatalf 函数打印出错误信息并使当前测试立即失败。

在这个 TCP 服务器启动成功之后，就需要着手调用器的初始化工作了。首先，使用 helper.NewTCPComm 函数来创建和初始化一个基于 TCP 协议的调用器。该函数极其简单，声明如下：

```
// 新建一个 TCP 通信器
func NewTCPComm(addr string) loadgenlib.Caller {
    return &TCPComm{addr: addr}
}
```

注意，helper.NewTCPComm 函数的结果类型为 loadgenlib.Caller，这是为了确保*TCPComm 是该接口的一个实现类型。

下面是初始化一个载荷发生器的完整代码：

```
// 初始化载荷发生器
```

```
pset := ParamSet{
    Caller:     helper.NewTCPComm(serverAddr),
    TimeoutNS:  50 * time.Millisecond,
    LPS:        uint32(1000),
    DurationNS: 10 * time.Second,
    ResultCh:   make(chan *loadgenlib.CallResult, 50),
}
t.Logf("Initialize load generator (timeoutNS=%v, lps=%d, durationNS=%v)...",
    pset.TimeoutNS, pset.LPS, pset.DurationNS)
gen, err := NewGenerator(pset)
if err != nil {
    t.Fatalf("Load generator initialization failing: %s\n", err)
    t.FailNow()
}
```

这里把参数都塞进了一个 ParamSet 类型的实例中，然后把后者传入了 NewGenerator 函数。这里设定的响应超时时间为 50 ms，每秒载荷量为 1000，负载持续时间为 10 s。另外，调用结果通道的容量为 50。注意，如果对载荷发生器的初始化不成功，就必须终止当前测试；否则，就可以启动它以开始真正的测试。相关代码如下：

```
// 开始!
t.Log("Start load generator...")
gen.Start()

// 显示结果
countMap := make(map[loadgenlib.RetCode]int)
for r := range pset.ResultCh {
    countMap[r.Code] = countMap[r.Code] + 1
    if printDetail {
        t.Logf("Result: ID=%d, Code=%d, Msg=%s, Elapse=%v.\n", r.ID, r.Code, r.Msg, r.Elapse)
    }
}
```

载荷发生器的 Start 方法会很快返回。在这之后，开始用 for 语句不断尝试从调用结果通道接收结果，并按照响应代码分类对响应计数。其中 printDetail 为一个 bool 类型的全局变量，表示是否需要打印调用结果。

一旦载荷发生器停止，上述 for 语句的执行就会结束，这时要做的就是展示对调用结果的统计：

```
t.Logf("Total: %d.\n", total)
successCount := countMap[loadgenlib.RET_CODE_SUCCESS]
tps := float64(successCount) / float64(pset.DurationNS/1e9)
t.Logf("Loads per second: %d; Treatments per second: %f.\n", pset.LPS, tps)
```

这里的 tps 含义是被测软件平均每秒有效的处理（或称响应）载荷的数量。

现在来看看该测试的实际输出。这里的 printDetail 为 false。通过 go test -v -run=

TestStart 命令执行 TestStart 函数，标准输出上会出现如下内容：

```
=== RUN   TestStart
INFO[2016-11-01T18:12:05.956] New a load generator...
INFO[2016-11-01T18:12:05.956] Checking the parameters...Passed. (timeoutNS=50ms, lps=1000,
durationNS=10s)
INFO[2016-11-01T18:12:05.956] Initializing the load generator...Done. (concurrency=51)
INFO[2016-11-01T18:12:05.956] Starting load generator...
INFO[2016-11-01T18:12:05.956] Setting throttle (1ms)...
INFO[2016-11-01T18:12:05.956] Generating loads...
INFO[2016-11-01T18:12:15.956] Prepare to stop load generator (cause: context deadline exceeded)...
INFO[2016-11-01T18:12:15.956] Closing result channel...
INFO[2016-11-01T18:12:15.956] Stopped. (call count: 9274)
--- PASS: TestStart (10.00s)
    gen_test.go:21: Startup TCP server(127.0.0.1:8080)...
    gen_test.go:37: Initialize load generator (timeoutNS=50ms, lps=1000, durationNS=10s)...
    gen_test.go:46: Start load generator...
    gen_test.go:60: RetCode Count:
    gen_test.go:64:   Code plain: Success (0), Count: 9272.
    gen_test.go:64:   Code plain: Call Timeout Warning (1001), Count: 1.
    gen_test.go:68: Total: 9273.
    gen_test.go:71: Loads per second: 1000; Treatments per second: 927.200000.
PASS
ok      gopcp.v2/chapter4/loadgen     10.017s
```

以上测试是在我的 Macbook 上进行的，所以测出来的数值稀松平常。在服务器级别的机器上，如此简单的调用器和被测软件肯定不会产生这样的结果。

细看输出，最后一行说明该测试成功完成。输出前半段以“INFO”开头的内容展示了载荷发生器自身的日志输出。后面以“gen_test.go:”开头的内容展示了我在测试函数中通过 t.log 等函数输出的测试日志。从测试日志上看，一共收集到了 9273 个调用结果，其中有 9272 个表示调用成功，有 1 个表示调用超时。另外，TPS 比预设的 LPS 要小一些，这也说明了被测软件的实际性能。

注意，对收集到的调用结果的计数值可能会比实际的载荷发送总数量少。原因是在载荷发生器停止的时候，可能会有一些调用已开始但还未来得及发送调用结果的调用操作，不过这样的调用应该很少。

好了，在 TestStart 函数中，主要对载荷发生器的启动流程、控制和调用流程以及自动停止流程进行了测试。从测试日志上看，载荷发生器表现良好。

另一方面，载荷发生器还可以手动停止。下面在 gen_test.go 文件中添加 TestStop 函数，以进行这方面的测试。TestStop 函数与 TestStart 函数非常相似，只不过前者在启动载荷发生器之后需要为手动停止操作定时。代码如下：

```
// 开始!
```

```
t.Log("Start load generator...")
gen.Start()
timeoutNS := 2 * time.Second
time.AfterFunc(timeoutNS, func() {
    gen.Stop()
})
```

这里设定的手动停止定时为2 s，少于预设的负载持续时间10 s。使用 `go test -v -run=TestStop` 命令执行 `TestStop` 函数，得到如下输出：

```
=== RUN   TestStop
INFO[2016-11-01T18:38:50.513] New a load generator...
INFO[2016-11-01T18:38:50.513] Checking the parameters...Passed. (timeoutNS=50ms, lps=1000,
durationNS=10s)
INFO[2016-11-01T18:38:50.513] Initializing the load generator...Done. (concurrency=51)
INFO[2016-11-01T18:38:50.513] Starting load generator...
INFO[2016-11-01T18:38:50.513] Setting throttle (1ms)...
INFO[2016-11-01T18:38:50.513] Generating loads...
INFO[2016-11-01T18:38:52.514] Prepare to stop load generator (cause: context canceled)...
INFO[2016-11-01T18:38:52.514] Closing result channel...
INFO[2016-11-01T18:38:52.514] Stopped. (call count: 1981)
--- PASS: TestStop (2.00s)
    gen_test.go:79: Startup TCP server(127.0.0.1:8081)...
    gen_test.go:95: Initialize load generator (timeoutNS=50ms, lps=1000, durationNS=10s)...
    gen_test.go:104: Start load generator...
    gen_test.go:124: RetCode Count:
    gen_test.go:128:   Code plain: Success (0), Count: 1981.
    gen_test.go:132: Total: 1981.
    gen_test.go:135: Loads per second: 1000; Treatments per second: 990.500000.
PASS
ok      gopcp.v2/chapter4/loadgen    2.021s
```

注意，其中的

```
INFO[2016-11-01T18:38:52.514] Prepare to stop load generator (cause: context canceled)...
```

与执行 `TestStart` 函数后输出中的

```
INFO[2016-11-01T18:12:15.956] Prepare to stop load generator (cause: context deadline exceeded)...
```

它们最右边括号中的内容表明了致使载荷发生器停止的原因不同。

好了，现在可以说前面实现的载荷发生器，以及本节自定义的调用器在功能上是正确的。当然，至于这个载荷发生器是否可以完全正确地模拟并发量极高的负载，我还没有进行深入的测试。如果你有兴趣的话，可以为这个载荷发生器编写性能测试。

虽然此载荷发生器的实现非常简单，但是已经具备了性能测试软件的最核心功能。或许为它添加面向命令行或GUI（Graphical User Interface，图形用户界面）的用户接口，这可以大大增强其易用性；或许，还应该为它添加一些API以使其对扩展更加开放。由于篇幅所限，这些或许只能由你来实现了。

总之，本节实现的程序可以用于简单的性能测试，它展现了很多 goroutine 和 channel 的常规用法和小技巧。从这个角度讲，它非常具有参考意义。

4.5 小结

本章，首先详解了 Go 语言的并发模型、调度机制和一些内部细节。而后，细致阐述了 goroutine 和 channel 的各种特性和使用方法。最后，通过带你编写一个完整的 Go 程序来实际应用前面讲到的重点知识。希望你能通过阅读本章真正理解 Go 并发编程的真谛，并在编写 Go 并发程序时胸有成竹、游刃有余。

第5章 同 步

5

Go 语言除了为我们提供特有的并发编程模型和工具之外，还提供了传统的同步工具。它们都在 Go 的标准库代码包 sync 和 sync/atomic 中。如果你仔细阅读过上一章的话，应该还会记得互斥量、条件变量等名词，以及载荷发生器中用到的原子操作。在 Go 中，除了原子操作也有互斥量和条件变量，请看下面的介绍。

5.1 锁的使用

本节，我将介绍 Go 提供的与锁有关的 API，包括互斥锁和读写锁。上一章讲到了互斥锁，但没有提到读写锁，其实这两种锁对于传统的并发程序来说同等重要。

5.1.1 互斥锁

互斥锁是传统并发程序对共享资源进行访问控制的主要手段，它由标准库代码包 sync 中的 Mutex 结构体类型表示。sync.Mutex 类型只有两个公开的指针方法——Lock 和 Unlock。顾名思义，前者用于锁定当前的互斥量，而后者则用于对当前的互斥量进行解锁。

sync.Mutex 类型的零值表示未被锁定的互斥量。也就是说，它是一个开箱即用的工具，我们只需对它进行简单声明，就像这样：

```
var mutex sync.Mutex
```

在使用其他编程语言（比如 C 或 Java）的锁类工具时，我们可能会犯一个低级错误：忘记及时解开已被锁住的锁，从而导致诸如流程执行异常、线程执行停滞，甚至程序死锁等一系列问题。然而，在 Go 中，这个低级错误的发生率极低，其主要原因是存在 defer 语句。

关于此的惯用法是在锁定互斥锁后，紧接着就用 defer 语句保证该互斥锁的及时解锁。请看下面的代码片段：

```
var mutex sync.Mutex

func write() {
    mutex.Lock()
    defer mutex.Unlock()
    // 省略若干代码
}
```

write 函数中的这条 defer 语句保证了在该函数执行结束之前互斥锁 mutex 一定会被解锁，因此省去了在所有 return 语句之前以及异常发生之时重复的附加解锁操作。在函数的内部执行流程很复杂的情况下，这个工作量不容忽视，并且极易出现遗漏。

对于同一个互斥锁的锁定操作和解锁操作应该成对出现。如果锁定了一个已锁定的互斥锁，那么进行重复锁定操作的 goroutine 将被阻塞，直到该互斥锁回到解锁状态。请看代码清单 5-1 中的代码。

代码清单 5-1 repeatedlylock.go

```
package main

import (
    "fmt"
    "sync"
    "time"
)

func main() {
    var mutex sync.Mutex
    fmt.Println("Lock the lock. (main)")
    mutex.Lock()
    fmt.Println("The lock is locked. (main)")
    for i := 1; i <= 3; i++ {
        go func(i int) {
            fmt.Printf("Lock the lock. (g%d)\n", i)
            mutex.Lock()
            fmt.Printf("The lock is locked. (g%d)\n", i)
        }(i)
    }
    time.Sleep(time.Second)
    fmt.Println("Unlock the lock. (main)")
    mutex.Unlock()
    fmt.Println("The lock is unlocked. (main)")
    time.Sleep(time.Second)
}
```

该示例存放在示例项目的 gopcp.v2/chapter5/lock/repeat/lock 代码包下。

我把执行 main 函数的 goroutine 简称为 main。在该函数中，又启用了 3 个 goroutine，并分别命名为 g1、g2 和 g3。可以看到，在启用这 3 个 goroutine 之前就已经对互斥锁 mutex 进行了锁定，并且在那 3 个 go 函数的开始处加入了对 mutex 的锁定操作。这样做的意义在于模拟并发地对同一个互斥锁进行锁定的情形。当 for 语句执行完毕后，先让 main 小睡 1 s，以使运行时系统有充足的时间开始运行 g1、g2 和 g3。在这之后，我们解锁 mutex。为了让你更加清晰地了解这些 goroutine 的运行情况，我在这些锁定和解锁操作的前后添加了一些打印语句，并在打印内容的最后附上了这几个 goroutine 的名字。最后，在 main 函数的最后再次添加了一条“睡眠”语句，以此为可能出现的其他打印内容再等待一小会儿。

经过执行该源码文件，标准输出上会出现如下内容：

```
Lock the lock. (main)
The lock is locked. (main)
Lock the lock. (g1)
Lock the lock. (g2)
Lock the lock. (g3)
Unlock the lock. (main)
The lock is unlocked. (main)
The lock is locked. (g1)
```

从这 8 行打印内容看，在 main 函数执行伊始，对互斥锁的第一次锁定操作顺利完成，这由第 1 行和第 2 行打印内容可以看出。而后，在 main 函数中启用的那 3 个 goroutine 在该函数第一次“睡眠”期间开始运行。当那些 go 函数对互斥锁进行锁定的时候，它们都被阻塞住了，原因是该互斥锁已处于锁定状态。正因此，从打印内容的第 3 行开始只有 3 个连续的 Lock the lock. (g<i>)，而没有 The lock is locked. (g<i>)。随后，main“睡醒”并解锁互斥锁。这使正在被阻塞的 g1、g2 和 g3 都有机会重新锁定该互斥锁，但只有一个 goroutine 会成功。成功完成锁定操作的某一个 goroutine 会继续执行该操作之后的语句，而其他 goroutine 将继续阻塞，直到有新的机会到来。这也就是上述打印内容中的最后 3 行所表达的含义。显然，g1 抢到了这次机会并成功锁定了互斥锁。

实际上，之所以能够通过互斥锁对共享资源的访问唯一性进行控制，正是因为它的这一特性。这有效地消除了竞态条件。

互斥锁锁定操作的逆操作并不会引起任何 goroutine 的阻塞，但是它的进行有可能引发一个无法恢复的运行时恐慌。更确切地讲，当对一个未锁定的互斥锁进行解锁操作时，就会引发一个运行时恐慌。避免这种情况发生的最简单、有效的方式依然是使用 defer 语句。这样更容易保证解锁操作的唯一性。再来看代码清单 5-2 中的代码。

代码清单 5-2 repeatedlyunlock.go

```
package main

import (
    "fmt"
    "sync"
)

func main() {
    defer func() {
        fmt.Println("Try to recover the panic.")
        if p := recover(); p != nil {
            fmt.Printf("Recovered the panic(%#v).\n", p)
        }
    }()
    var mutex sync.Mutex
    fmt.Println("Lock the lock.")
    mutex.Lock()
    fmt.Println("The lock is locked.")
    fmt.Println("Unlock the lock.")
    mutex.Unlock()
    fmt.Println("The lock is unlocked.")
    fmt.Println("Unlock the lock again.")
    mutex.Unlock()
}
```

该程序存放在示例项目的 gopcp.v2/chapter5/lock/repeat/unlock 代码包下。运行它后你会发现，虽然我试图恢复由重复解锁互斥锁而引发的运行时恐慌，但却是徒劳的。在 Go 1.8 之前，这类运行时恐慌是可以恢复的。但由于这会导致一些严重问题（比如进行重复解锁操作的 goroutine 会永久阻塞），所以从 Go 1.8 开始此类运行时恐慌才变为不可恢复。正因此，在解锁互斥锁时要特别小心，避免程序异常结束。

虽然互斥锁可以被多个 goroutine 共享，但我还是强烈建议把对同一个互斥锁的锁定和解锁操作放在同一个层次的代码块中。例如，在同一个函数或方法中对某个互斥锁进行锁定和解锁。又例如，把互斥锁作为某一个结构体类型中的字段，以便在该类型的多个方法中使用它。此外，还应该使代表互斥锁的变量的作用域尽量小，这样可以尽量避免它在不相关流程中被误用，从而导致程序不正确的行为。

互斥锁是 Go 提供的众多同步工具中最简单的一个。只要遵循前面提及的几个小技巧，你就可以正确、高效地使用它，并用它确保对共享资源的访问唯一性。下面要讲的是稍微复杂一些的锁实现——读写锁。

5.1.2 读写锁

读写锁即针对读写操作的互斥锁。它与普通的互斥锁最大的不同，就是可以分别针对读操作和写操作进行锁定和解锁操作。读写锁遵循的访问控制规则与互斥锁有所不同。读写锁控制下的多个写操作之间都是互斥的，并且写操作与读操作之间也都是互斥的。但是，多个读操作之间却不存在互斥关系。在这样的互斥策略之下，读写锁可以在大大降低因使用锁而造成的性能损耗的情况下，完成对共享资源的访问控制。

Go中的读写锁由结构体类型 sync.RWMutex 表示。与互斥锁一样，sync.RWMutex 类型的零值就已经是可用的读写锁实例了。此类型的方法集合中包含两对方法，即：

```
func (*RWMutex) Lock()
func (*RWMutex) Unlock()
```

和

```
func (*RWMutex) RLock()
func (*RWMutex) RUnlock()
```

前一对方法的名称和签名与互斥锁的那两个方法完全一致，它们分别代表了对写操作的锁定和解锁，以下简称它们为“写锁定”和“写解锁”。而后一对方法则分别表示了对读操作的锁定和解锁，以下简称它们为“读锁定”和“读解锁”。

写解锁会试图唤醒所有因欲进行读锁定而被阻塞的goroutine，而读解锁只会在已无任何读锁定的情况下，试图唤醒一个因欲进行写锁定而被阻塞的goroutine。若对一个未被写锁定的读写锁进行写解锁，就会引发一个不可恢复的运行时恐慌，而对一个未被读锁定的读写锁进行读解锁同样会如此。

无论锁定针对的是写操作还是读操作，都应该尽快解锁。对于写解锁自不必多说，而读解锁往往更容易被忽视。虽说读解锁的进行并不会对其他正在进行的读操作产生任何影响，但它却与写锁定的进行关系紧密。注意，对于同一个读写锁来说，施加于其上的读锁定可以有多个，因此只有对互斥锁进行等量的读解锁，才能够让某一个写锁定获得进行的机会，否则就会使欲进行写锁定的 goroutine 一直处于阻塞状态。由于 sync.RWMutex 类型并没有用于获得已进行的读锁定数量的方法，因此这里很容易出现问题，还好可以使用 defer 语句尽量避免。请看代码清单5-3中的代码。

代码清单5-3　rlock.go

```
package main

import (
    "fmt"
```

```
    "sync"
    "time"
)

func main() {
    var rwm sync.RWMutex
    for i := 0; i < 3; i++ {
        go func(i int) {
            fmt.Printf("Try to lock for reading... [%d]\n", i)
            rwm.RLock()
            fmt.Printf("Locked for reading. [%d]\n", i)
            time.Sleep(time.Second * 2)
            fmt.Printf("Try to unlock for reading... [%d]\n", i)
            rwm.RUnlock()
            fmt.Printf("Unlocked for reading. [%d]\n", i)
        }(i)
    }
    time.Sleep(time.Millisecond * 100)
    fmt.Println("Try to lock for writing...")
    rwm.Lock()
    fmt.Println("Locked for writing.")
}
```

该程序已存放到示例项目的 gopcp.v2/chapter5/lock/rlock 代码包下。其中，我另启用了 3 个 goroutine 用于对读写锁 rwm 的读锁定和读解锁操作。其中，读解锁操作会延迟 2 s 进行以模拟真实的情况。先让主 goroutine“睡眠”100 ms，以使那 3 个 go 函数有足够的时间执行。之后对 rwm 的写锁定操作必会让主 goroutine 阻塞，因为此时那些 go 函数中的读锁定已经进行且还未进行读解锁操作。经过 2 s 之后，当 go 函数中的读解锁操作都已完成时，main 函数中的写锁定操作才会成功完成。

该程序中有很多条打印语句，这样你就可以从输出内容上感受到写锁与读锁之间的关系了。输出内容类似于：

```
Try to lock for reading... [1]
Try to lock for reading... [2]
Locked for reading. [1]
Try to lock for reading... [0]
Locked for reading. [2]
Locked for reading. [0]
Try to lock for writing...
Try to unlock for reading... [1]
Try to unlock for reading... [2]
Try to unlock for reading... [0]
Unlocked for reading. [1]
Unlocked for reading. [2]
Unlocked for reading. [0]
Locked for writing.
```

运行该程序并观察输出你会发现，“Try to lock for writing...”下面的内容在经过一个短暂的时间间隙后才会出现，而“Locked for writing.”总会出现在最后一行。请体会它们的含义。

除上述那两对方法，sync.RWMutex类型还拥有一个指针方法——RLocker，该方法会返回一个实现了sync.Locker接口类型的值。sync.Locker接口包含两个方法：Lock和Unlock。其实，*sync.Mutex类型和*sync.RWMutex类型都是该接口类型的实现类型。而在调用读写锁的RLocker方法之后，得到的结果值其实就是读写锁本身，只不过这个结果值的Lock方法和Unlock方法分别对应了针对该读写锁的读锁定操作和读解锁操作。换句话说，在调用RLocker方法的结果值的Lock方法或Unlock方法时，实际上就是在调用该读写锁的RLock方法或RUnlock方法。这样做的实际意义在于，可以使我们在之后以相同的方式操作该读写锁中的写锁和读锁。这在一些场景下会提供不少便利。

5.1.3　锁的完整示例

下面来看一个与上述锁实现有关的示例。Go的标准库代码包os中有一个名为File的结构体类型，os.File类型的值可以代表文件系统中的某个文件或目录。它的方法集合中包含了很多方法，其中的一些方法用来对相应文件进行写操作和读操作。

假设需要创建一个文件存放数据，同一个时刻可能会有多个goroutine分别对该文件进行写操作和读操作。每一次写操作都应该向该文件写入若干字节的数据，这若干个字节的数据应该作为一个独立的数据块存在。这就意味着，写操作之间不能彼此干扰，数据块之间也不能出现穿插和混淆的情况。另一方面，每一次读操作都从这个文件读取一个独立、完整的数据块。它们读取的数据块不能重复，且需要按顺序读取。例如，第一个读操作读取了数据块1，那么第二个读操作读取数据块2，而第三个读操作读取数据块3，以此类推。对于这些读操作是否可以并发进行，这里并不作要求。即使它们并发进行，程序也应该分辨出它们的先后顺序。

为了避免一些额外工作量，我规定每个数据块的长度都相同，该长度在读写操作进行前给定。若写操作实际欲写入数据的长度超过了该值，则超出部分将会被截掉。

os.File类型为操作文件系统提供了底层的支持。不过，该类型的方法并没有对并发操作的安全性作出保证。也就是说，这些方法都不是并发安全的，只能通过额外的同步手段来保证这一点。鉴于这里需要分别对两类操作（即写操作和读操作）进行访问控制，所以读写锁会比普通的互斥锁更加适用。不过，关于多个读操作要按顺序且不能重复读取这个问题，我还要使用其他辅助手段来解决。

为了实现上述需求，我创建了一个了接口类型：

```
// 用于表示数据文件的接口类型
type DataFile interface {
    // 读取一个数据块
    Read() (rsn int64, d Data, err error)
    // 写入一个数据块
    Write(d Data) (wsn int64, err error)
    // 获取最后读取的数据块的序列号
    RSN() int64
    // 获取最后写入的数据块的序列号
    WSN() int64
    // 获取数据块的长度
    DataLen() uint32
    // 关闭数据文件
    Close() error
}
```

其中，类型 Data 被声明为一个[]byte 的别名类型：

```
// 用于表示数据的类型
type Data []byte
```

WSN 和 RSN 分别是 Writing Serial Number 和 Reading Serial Number 的缩写形式，分别代表了最后写入的数据块的序列号和最后读取的数据块的序列号。这里所说的序列号相当于一个计数值，它会从 1 开始。因此，可以通过调用 RSN 方法和 WSN 方法，分别得到当前已读取和已写入的数据块的数量。

下面来编写 DataFile 接口的实现类型，将其命名为 myDataFile，它的基本结构如下：

```
// 用于表示数据文件的实现类型
type myDataFile struct {
    f          *os.File       // 文件
    fmutex     sync.RWMutex   // 用于文件的读写锁
    woffset    int64          // 写操作需要用到的偏移量
    roffset    int64          // 读操作需要用到的偏移量
    wmutex     sync.Mutex     // 写操作需要用到的互斥锁
    rmutex     sync.Mutex     // 读操作需要用到的互斥锁
    dataLen    uint32         // 数据块长度
}
```

myDataFile 类型共有 7 个字段，前面已经讲过其中前两个字段的含义。由于对数据文件的写操作和读操作需要各自独立，因此需要两个字段来存储两类操作的进度。这个进度由偏移量代表，我把 woffset 字段称为写偏移量，并把 roffset 字段称为读偏移量。注意，在进行写操作和读操作的时候，会分别增加这两个字段的值。当有多个写操作同时要增加 woffset 字段的值时，就会产生竞态条件。因此，需要互斥锁 wmutex 对其加以保护。类似地，互斥锁 rmutex 用来消除多个读操作同时增加 roffset 字段值时产生的竞态条件。最后，由上述需求可知，数据块的长度在初始化 myDataFile 类型时给定。该长度会存储在 dataLen 字段中，它与 DataFile 接口中声明的 DataLen 方法是对应的。

下面讲一下用于创建和初始化 DataFile 类型值的函数 NewDataFile。关于这类函数的编写，你已经驾轻就熟了。NewDataFile 函数会返回一个 DataFile 类型的值，但是实际上它会创建并初始化一个*myDataFile 类型的值，并把它作为其结果值返回。这样可以通过编译的，因为后者需要是前者的一个实现类型。NewDataFile 函数的完整声明如下：

```
// 新建一个数据文件的实例
func NewDataFile(path string, dataLen uint32) (DataFile, error) {
    f, err := os.Create(path)
    if err != nil {
        return nil, err
    }
    if dataLen == 0 {
        return nil, errors.New("Invalid data length!")
    }
    df := &myDataFile{f: f, dataLen: dataLen}
    return df, nil
}
```

可以看到，在创建*myDataFile 类型的值时，只需要对其中的字段 f 和 dataLen 进行初始化。这是因为 woffset 字段和 roffset 字段的零值都是 0，而在开始写操作和读操作之前它们的值理应如此。至于字段 fmutex、wmutex 和 rmutex，它们的零值即可用的锁。所以也不用再对它们进行显式初始化。

把变量 df 的值作为 NewDataFile 函数的第一个结果值，这体现了我的设计意图。但要想使*myDataFile 类型真正成为 DataFile 类型的一个实现类型，还需要为*myDataFile 编写 DataFile 接口类型包含的所有方法，其中最重要的当属 Read 方法和 Write 方法。

先来看*myDataFile 类型的 Read 方法，该方法应该按照如下步骤实现：

(1) 获取并更新读偏移量；

(2) 根据读偏移量从文件中读取一块数据；

(3) 把该数据块封装成一个 Data 类型值并将其作为结果值返回。

其中，步骤(1)在执行的时候应该由互斥锁 rmutex 保护起来，因为我要求多个读操作不能读取同一个数据块，并且它们应该按顺序读取文件中的数据块。而步骤(2)也会用读写锁 fmutex 加以保护。下面是这个 Read 方法的第一个版本：

```
func (df *myDataFile) Read() (rsn int64, d Data, err error) {
    // 读取并更新读偏移量
    var offset int64
    df.rmutex.Lock()
    offset = df.roffset
    df.roffset += int64(df.dataLen)
```

```
        df.rmutex.Unlock()

        //读取一个数据块
        rsn = offset / int64(df.dataLen)
        df.fmutex.RLock()
        defer df.fmutex.RUnlock()
        bytes := make([]byte, df.dataLen)
        _, err = df.f.ReadAt(bytes, offset)
        if err != nil {
            return
        }
        d = bytes
        return
    }
```

可以看到，在读取并更新读偏移量的时候，我用到了 rmutex 字段。这保证了可能同时运行在多个 goroutine 中的代码

```
offset = df.roffset
df.roffset += int64(df.dataLen)
```

的执行是互斥的。这是我为了获取到不重复且正确的读偏移量所必须采取的措施。

另一方面，在读取一个数据块的时候，我适时地进行了 fmutex 字段的读锁定和读解锁操作，这可以保证在这里读取到的是完整的数据块。不过，这个完整的数据块却并不一定是正确的。为什么这么说呢？

请想象这样一个场景。在这个程序中，有 3 个 goroutine 并发地执行某个*myDataFile类型值的 Read 方法，并有 2 个 goroutine 并发地执行该值的 Write 方法。通过前 3 个 goroutine 的运行，数据文件中的数据块被依次读取出来。但是，由于进行写操作的 goroutine 比进行读操作的 goroutine 少，因此过不了多久，读偏移量 roffset 的值就会等于甚至大于写偏移量 woffset 的值。也就是说，读操作很快就会没有数据可读了。这种情况会使上面的 df.f.ReadAt 方法返回的第二个结果值为 io.EOF。io.EOF 是一个变量，代表无更多数据可读的状态。（EOF 实为 End of File 的缩写。）该变量虽然是 error 类型的，但是我们不应该把它视为一种错误的代表，而应该看成一种边界情况。

在这个版本的 Read 方法中并没有对这种边界情况作出正确的处理，该方法在遇到这种情况时会直接把错误值返回给调用方。调用方会得到读取出错的数据块的序列号，但却无法再次尝试读取这个数据块。由于其他正在或后续执行的 Read 方法会继续增加读偏移量 roffset 的值，因此当该调用方再次调用这个 Read 方法的时候，只可能读取到在此数据块后面的其他数据块。注意，执行 Read 方法时遇到这种情况的次数越多，被漏读的数据块也就会越多。为了解决这个问题，我编写了 Read 方法的第二个版本：

```
func (df *myDataFile) Read() (rsn int64, d Data, err error) {
    // 读取并更新读偏移量
    // 省略若干代码

    // 读取一个数据块
    rsn = offset / int64(df.dataLen)
    bytes := make([]byte, df.dataLen)
    for {
        df.fmutex.RLock()
        _, err = df.f.ReadAt(bytes, offset)
        if err != nil {
            if err == io.EOF {
                df.fmutex.RUnlock()
                continue
            }
            df.fmutex.RUnlock()
            return
        }
        d = bytes
        df.fmutex.RUnlock()
        return
    }
}
```

在此省略了一些无变化的代码。为了进一步节省篇幅,后文也会遵循这样的省略规则。

第二个版本的Read方法使用for语句是为了达到这样一个目的:在其中的df.f.ReadAt方法返回 io.EOF 的时候，继续尝试获取同一个数据块，直到获取成功为止。注意，如果在该 for 代码块执行期间一直让读写锁 fmutex 处于读锁定状态，那么针对它的写锁定操作将永远不会成功，且相应的 goroutine 也会一直阻塞。所以，我不得不在该循环中的每条 return 语句和 continue 语句前都加入一个针对 fmutex 的读解锁操作，并在每次迭代开始时都对 fmutex 进行一次读锁定。显然，这样的代码看起来有些丑陋。冗余的代码会使代码的维护成本和出错概率大大增加。并且，当 for 代码块中的代码引发运行时恐慌时，并不会及时对读写锁 fmutex 进行读解锁。因为要处理一种边界情况，而去掉了第一版中的 defer df.fmutex.RUnlock()语句。这种做法利弊参半。

其实，这里可以做得更好，但这涉及了其他同步工具。后面再来对 Read 方法进行进一步的改造。顺便提一句，当 df.f.ReadAt 方法返回一个非 nil，且不等于 io.EOF 的错误值时，我们总是放弃再次获取目标数据块的尝试，而立即将该错误值返回给 Read 方法的调用方。因为这样的错误很可能很严重（比如，f 字段代表的文件被删除了），需要交由上层程序去处理。

现在，来考虑*myDataFile类型的 Write 方法。与 Read 方法相比，Write 方法的实现会简单一些，因为后者不会涉及边界情况。在该方法中，需要进行两个步骤：获取并更新写偏移量和向文件写入一个数据块。直接给出 Write 方法的实现：

```
func (df *myDataFile) Write(d Data) (wsn int64, err error) {
    // 读取并更新写偏移量
    var offset int64
    df.wmutex.Lock()
    offset = df.woffset
    df.woffset += int64(df.dataLen)
    df.wmutex.Unlock()

    // 写入一个数据块
    wsn = offset / int64(df.dataLen)
    var bytes []byte
    if len(d) > int(df.dataLen) {
        bytes = d[0:df.dataLen]
    } else {
        bytes = d
    }
    df.fmutex.Lock()
    defer df.fmutex.Unlock()
    _, err = df.f.Write(bytes)
    return
}
```

这里需要注意的是，当参数 d 的长度大于数据块的最大长度时，会先进行截短处理再将数据写入文件。如果没有这个截短处理，后面计算的已读数据块的序列号和已写数据块的序列号就会不正确。

有了编写前面两个方法的经验，很容易编写出*myDataFile类型的 RSN 方法和 WSN 方法：

```
func (df *myDataFile) RSN() int64 {
    df.rmutex.Lock()
    defer df.rmutex.Unlock()
    return df.roffset / int64(df.dataLen)
}

func (df *myDataFile) WSN() int64 {
    df.wmutex.Lock()
    defer df.wmutex.Unlock()
    return df.woffset / int64(df.dataLen)
}
```

这两个方法的实现分别涉及了对互斥锁 rmutex 和 wmutex 的锁定操作和解锁操作。此处对已读数据块的序列号 rsn 和已写数据块的序列号 wsn 的计算方法，与前面示例中的方法相同。它们都是用相关的偏移量除以数据块长度，然后得到的商用作相应的序列号（或者说计数）的值。

至于*myDataFile 类型的 DataLen 方法和 Close 方法的实现，非常简单，因此略过不讲。

编写上面这个完整示例的主要目的是：展示互斥锁和读写锁在实际场景中的应用。由于还没有讲到 Go 语言提供的其他同步工具，因此相关方法中所有需要同步的地方都是用锁来实现的。实际上，其中的一些问题用锁来解决是不足够或不合适的；我会在后面逐步对它们进行改进。

从互斥锁和读写锁的源码可以看出，它们是同源的。读写锁的内部用互斥锁来实现写锁定操作之间的互斥。可以把读写锁看作互斥锁的一种扩展。顺便说一句，这两种锁实现在内部都用到了另一种同步机制——信号量。

上述完整的锁示例放在了示例项目的 gopcp.v2/chapter5/datafile/v1 代码包中。

5.2　条件变量

上一章详细说明过条件变量的概念、原理和适用场景。因此，本节仅对 sync 代码包中与条件变量相关的 API 进行简单介绍，并使用它们来改造之前实现的*myDataFile 类型的相关方法。

Go 标准库中的 sync.Cond 类型代表了条件变量。与互斥锁和读写锁不同，简单的声明无法创建出一个可用的条件变量，这需要用到 sync.NewCond 函数。该函数的声明如下：

```
func NewCond(l Locker) *Cond
```

我已讲过，条件变量总要与互斥量组合使用。sync.NewCond 函数的唯一参数是 sync.Locker 类型的，而具体的参数值既可以是一个互斥锁，也可以是一个读写锁。sync.NewCond 函数在被调用之后，会返回一个*sync.Cond 类型的结果值，我们可以调用该值拥有的几个方法来操纵这个条件变量。

*sync.Cond 类型的方法集合中有 3 个方法，即：Wait、Signal 和 Broadcast。它们分别代表了等待通知、单发通知和广播通知的操作。

Wait 方法会自动地对与该条件变量关联的那个锁进行解锁，并且使它所在的 goroutine 阻塞。一旦接收到通知，该方法所在的 goroutine 就会被唤醒，并且该方法会立即尝试锁定该锁。方法 Signal 和 Broadcast 的作用都是发送通知，以唤醒正在为此阻塞的 goroutine。不同的是，前者的目标只有一个，而后者的目标则是所有。

在上一节，我在*myDataFile 类型的 Read 方法和 Write 方法中用到了读写锁 fmutex。在 Read 方法中，我对一种边界情况进行了特殊处理，即：如果*os.File 类型的 f 字段的 ReadAt 方法在被调用后返回了 io.EOF，那么 Read 方法就忽略这个错误，并再次尝试读取相同位置的数据块，直到读取成功为止。从这个特殊处理的流程上看，似乎使用条件变量作为辅助手段会带来一些好处。下面我们就来动手试验一下。

先在结构体类型 myDataFile 上增加一个类型为*sync.Cond 的字段 rcond。为了快速实现想法，暂时不考虑怎样初始化这个字段，而直接去改造 Read 方法和 Write 方法。

在 Read 方法里，使用一个 for 循环来达到重新尝试获取数据块的目的。为此，不得不在多处添加 df.fmutex.RUnlock()语句，并且还造成了一个潜在的问题——在某种情况下 fmutex 不会被读解锁。为了进一步优化，我使用代表条件变量的字段 rcond 改造了 Read 方法：

```
func (df *myDataFile) Read() (rsn int64, d Data, err error) {
    // 读取并更新读偏移量
    // 省略若干代码

    // 读取一个数据块
    rsn = offset / int64(df.dataLen)
    bytes := make([]byte, df.dataLen)
    df.fmutex.RLock()
    defer df.fmutex.RUnlock()
    for {
        _, err = df.f.ReadAt(bytes, offset)
        if err != nil {
            if err == io.EOF {
                df.rcond.Wait()
                continue
            }
            return
        }
        d = bytes
        return
    }
}
```

这里假设条件变量 rcond 与读写锁 fmutex 中的读锁相关联。可以看到，让 defer df.fmutex.RUnlock()语句回归了，并删除了所有 return 语句和 continue 语句前面的 df.fmutex.RUnlock()语句。这都得益于新增在 continue 语句前面的 df.rcond.Wait()语句，添加这条语句的意义在于：当出现 EOF 错误时，让当前 goroutine 暂时“放弃”fmutex 的读锁并等待通知的到来。“放弃”fmutex 的读锁，也就意味着 Write 方法中的数据块写操作不会受它的阻碍了。一旦有新的写操作完成，应该及时向条件变量 rcond 发送通知，以唤醒为此而等待的 goroutine。请注意，在某个 goroutine 被唤醒之后，应该再次检查需要满足的条件。在这里，这个需要满足的条件是：在进行文件内容读取时不会出现 EOF 错误。如果该条件满足，就可以进行后续的操作了；否则，再次“放弃”读锁并等待通知。这也是我依然保留 for 循环的原因。

这里有两点需要特别注意，如下。

- 一定要在调用rcond的Wait方法之前锁定与之关联的读锁，否则调用rcond.Wait方法时就会引发不可恢复的运行时恐慌。
- 一定不要忘记在读取数据块之后及时解锁与条件变量rcond关联的那个读锁，否则对读写锁的写锁定操作将会阻塞相关的goroutine。其根本原因是，条件变量rcond的Wait方法在返回之前会重新锁定与之关联的那个读锁。因此，应该确保在Read方法返回之前调用df.fmutex.RUnLock方法。for语句上面的那条defer语句就起到了这个作用。

对 Read 方法的这次改进使它的实现更加简洁和清晰了。不过，要想使其中的条件变量 rcond 真正发挥作用，还需要 Write 方法的配合。也就是说，为了让 rcond.Wait 方法的行为符合预期，还要在向文件写入一个数据块之后及时向 rcond 发送通知。添加了这一操作的 Write 方法如下：

```
func (df *myDataFile) Write(d Data) (wsn int64, err error) {
    // 省略若干代码
    var bytes []byte
    // 省略若干代码
    df.fmutex.Lock()
    defer df.fmutex.Unlock()
    _, err = df.f.Write(bytes)
    df.rcond.Signal()
    return
}
```

由于一个数据块只能由某个读操作读取，所以只是使用条件变量的 Signal 方法去通知某个为此等待的 Wait 方法，并以此唤醒某一个相关的 goroutine。这可以免去其他处于等待的 goroutine 中的一些无谓操作。

与 Wait 方法不同，在调用条件变量的 Signal 方法和 Broadcast 方法之前，无需锁定与之关联的锁。Write 方法中的锁定操作和解锁操作，与 df.rcond.Signal()语句之间并没有联系。

我一直在说，条件变量 rcond 是与读写锁 fmutex 的读锁关联的。这是怎样做到的呢？读者还记得上一节提到读写锁的 RLocker 方法吗？它会返回当前读写锁中的读锁。该读锁同时也是 sync.Locker 接口的实现。因此，可以把它作为参数值传给 sync.NewCond 函数。所以，在 NewDataFile 函数中声明 df 变量的语句后面加入了这样一条语句：

```
df.rcond = sync.NewCond(df.fmutex.RLocker())
```

随着对*myDataFile 类型和 NewDataFile 函数改造的完成，本节也将结束了。Go 提供的互斥锁、读写锁和条件变量，都基本遵循了 POSIX 标准中描述的对应同步工具的行为规范。它们简单且高效，可以用来为复杂的类型提供并发安全的保证。在一些情况下，它们比通道更加适用。在只需对一个或多个临界区进行保护的时候，使用锁往往会使程序的性能损耗更小。

在下一节中，将介绍使程序性能损耗更小的同步工具——原子操作。我会使用这一工具进一步改造*myDataFile 类型及其方法。

5.3 原子操作

已知，原子操作即执行过程不能被中断的操作。在针对某个值的原子操作执行过程当中，CPU 绝不会再去执行其他针对该值的操作，无论这些其他操作是否为原子操作。

Go 语言提供的原子操作都是非侵入式的。它们由标准库代码包 sync/atomic 中的众多函数代表，我可以通过调用这些函数对几种简单类型的值执行原子操作。这些类型包括 6 种：int32、int64、uint32、uint64、uintptr 和 unsafe.Pointer。这些函数提供的原子操作共有 5 种：增或减、比较并交换、载入、存储和交换。它们分别提供了不同的功能，且适用的场景也有所区别。下面逐一讲解。

5.3.1 增或减

用于增或减的原子操作（以下简称“原子增/减操作”）的函数名称都以“Add”为前缀，后跟针对具体类型的名称。例如，实现针对 uint32 类型的原子增/减操作的函数名称为 AddUint32。事实上，sync/atomic 包中所有函数的命名都遵循此规则。

顾名思义，原子增/减操作即可实现被操作值的增大或减小。因此，被操作值的类型只能是数值类型，即：int32、int64、uint32、uint64 和 uintptr 类型。例如，如果想原子地把一个 int32 类型的变量 i32 的值增大 3，可以这样做：

```
newi32 := atomic.AddInt32(&i32, 3)
```

这里将指向 i32 变量的指针值和代表增减的差值 3 作为参数传递给了 atomic.AddInt32 函数。之所以要求第一个参数值必须是指针类型的值，是因为该函数需要获得被操作值在内存中的存放位置，以便施加特殊的 CPU 指令。也就是说，对于不能被取址的数值是无法进行原子操作的。此外，这类函数第二个参数的类型与被操作值的类型总是相同的。因此，在前面那个调用表达式求值的时候，字面量 3 会被自动转换为一个 int32 类型的值。函数 atomic.AddInt32 在执行结束时，会返回经过原子操作后的新值。不过，这里无需把这个新值再赋给原先的变量 i32，因为它的值已经在 atomic.AddInt32 函数返回之前被原子地修改了。

与该函数类似的还有 atomic.AddInt64、atomic.AddUint32、atomic.AddUint64 和 atomic.AddUintptr 这些函数，它们也可以用于原子地增/减对应类型的值。例如，如果要原子地将 int64 类型的变量 i64 的值减小 3，可以这样编写代码：

```
var i64 int64
atomic.AddInt64(&i64, -3)
```

不过，由于 atomic.AddUint32 函数和 atomic.AddUint64 函数的第二个参数的类型分别是 uint32 和 uint64，因此无法通过传递一个负的数值来减小被操作值。但是，这并不意味着无法原子地减小 uint32 或 uint64 类型的值；Go 语言为我们提供了一个可以迂回达到此目的办法。

如果想原子地把 uint32 类型的变量 ui32 的值增加 NN（NN 代表了一个负整数），可以这样调用 atomic.AddUint32 函数：

```
atomic.AddUint32(&ui32, ^uint32(-NN-1))
```

对于 uint64 类型的值来说与此类似。调用表达式：

```
atomic.AddUint64(&ui64, ^uint64(-NN-1))
```

这表示原子地把 uint64 类型的变量 ui64 的值增加 NN（或者说减小-NN）。

这种方式之所以可以奏效，是因为它利用了二进制补码的特性。已知，一个负整数的补码可以通过对它按位（除了符号位之外）求反码并加一得到。另外，一个负整数可以由对它的绝对值减一并求补码后得到的数值的二进制形式表示。例如，如果 NN 是一个 int 类型的变量且其值为-35，那么表达式

```
uint32(int32(NN))
```

和

```
^uint32(-NN-1)
```

的结果值就都会是 11111111111111111111111111011101。由此，使用^uint32(-NN-1)和^uint64(-NN-1)来分别表示 uint32 类型和 uint64 类型的 NN 就顺理成章了。如此一来，就合理地绕过了 uint32 类型和 uint64 类型对值的限制。

注意，并不存在名为 atomic.AddPointer 的函数，因为 unsafe.Pointer 类型的值无法被加减。

5.3.2 比较并交换

比较并交换即“Compare And Swap”，简称CAS。在sync/atomic包中，这类原子操作由名称以“CompareAndSwap”为前缀的若干函数代表。

我依然以针对int32类型值的函数为例，该函数名为CompareAndSwapInt32。其声明如下：

```
func CompareAndSwapInt32(addr *int32, old, new int32) (swapped bool)
```

可以看到，CompareAndSwapInt32函数接受3个参数。第一个参数的值是指向被操作值的指针值，该值的类型为*int32。而后两个参数的类型都是int32，并且它们的值分别代表被操作值的旧值和新值。CompareAndSwapInt32函数在被调用之后，会先判断参数addr指向的被操作值与参数old的值是否相等。仅当此判断得到肯定的结果之后，该函数才会用参数new代表的新值替换旧值；否则，后面的替换操作就会被忽略。这正是“比较并交换”这个短语的由来。CompareAndSwapInt32函数的结果swapped用来表示是否进行了值的替换操作。

与前面讲到的锁相比，CAS操作有明显的不同。它总是假设被操作值未曾改变（即与旧值相等），并一旦确认这个假设的真实性就立即进行值替换。而使用锁则是更加谨慎的做法。我们总是先假设会有并发的操作修改被操作值，并需要使用锁将相关操作放入临界区中加以保护。可以说，使用锁的做法趋于悲观，而CAS操作的做法则趋于乐观。

CAS操作的优势是：可以在不创建互斥量和不形成临界区的情况下，完成并发安全的值替换操作。这可以大大地减少同步对程序性能的损耗。当然，CAS操作也有劣势：在被操作值被频繁变更的情况下，CAS操作并不那么容易成功。有些时候，我们可能不得不利用for循环来进行多次尝试。代码片段如下：

```
var value int32
func addValue(delta int32) {
    for {
        v := value
        if atomic.CompareAndSwapInt32(&value, v, (v + delta)) {
            break
        }
    }
}
```

可以看到，为了保证CAS操作成功完成，仅在CompareAndSwapInt32函数的结果值为true时才退出循环。这种做法与自旋锁的自旋行为相似。addValue函数会不断尝试原子地更新value值，直到这一操作成功为止。操作失败的缘由总是value的值已不与v的值相等了。如果value的值会被并发地修改，就很有可能发生这种情况。

CAS 操作虽然不会让 goroutine 阻塞，但是仍可能使流程的执行暂时停滞。不过，这种停滞大都极其短暂。

请记住，如果想并发安全地更新一些类型（更具体地讲是前文所述的那 6 个类型）的值，我们应该总是优先选择 CAS 操作。

与此对应，用来进行原子的 CAS 操作的函数共有 6 个。除了我们已经讲过的 CompareAndSwapInt32 函数，还有 CompareAndSwapInt64、CompareAndSwapPointer、CompareAndSwapUint32、CompareAndSwapUint64 和 CompareAndSwapUintptr 函数。这些函数的结果声明列表与 CompareAndSwapInt32 函数的完全一致，而它们的参数声明列表与后者也非常类似。虽然其中的那 3 个参数的类型不同，但其遵循的规则是一致的。

5.3.3 载入

在前面展示的 for 循环中，我使用语句 v := value 为变量 v 赋值。但是要注意，在读取 value 的过程中，并不能保证没有对此值的并发读写操作。

之前举过这样一个例子：在 32 位计算架构的计算机上写入一个 64 位的整数。如果在这个写操作完成前，有一个读操作被并发地进行了，这个读操作就可能会读取到一个只被修改了一半的数据。这种结果是相当糟糕的。

为了原子地读取某个值，sync/atomic 代码包同样提供了一系列的函数，这些函数的名称都以“Load”（意为“载入”）为前缀。这里依然以针对 int32 类型值的那个函数为例。

我利用 LoadInt32 函数对上一个代码片段稍作修改：

```
func addValue(delta int32) {
    for {
        v := atomic.LoadInt32(&value)
        if atomic.CompareAndSwapInt32(&value, v, (v + delta)) {
            break
        }
    }
}
```

函数 atomic.LoadInt32 接受一个*int32 类型的指针值，并会返回该指针值指向的那个值。在该示例中，通过调用表达式 atomic.LoadInt32(&value)替换了标识符 value。替换后，那条赋值语句的含义就变为：原子地读取变量 value 的值并把它赋给变量 v。这样一来，在读取 value 的值时，当前计算机中的任何 CPU 都不会进行其他针对此值的读写操作。这样的约束受到底层硬件的支持。

注意,虽然这里使用 atomic.LoadInt32 函数原子地载入 value 的值,但是其后面的 CAS 操作仍然是有必要的。因为，那条赋值语句和后面的 if 语句并不会原子地执行：在它们执行期间，CPU 仍然可能进行其他针对 value 的读写操作。也就是说，value 的值仍然有可能被并发地改变。

与 atomic.LoadInt32 类似的函数有：atomic.LoadInt64、atomic.LoadPointer、atomic.LoadUint32、atomic.LoadUint64 和 atomic.LoadUintptr。

5.3.4 存储

与读取操作相对应的是写入操作。而 sync/atomic 包也提供了对应的存储函数，这些函数的名称均以“Store”为前缀。

在原子地存储某个值的过程中，任何 CPU 都不会进行针对同一个值的读写操作。如果把所有针对此值的写操作都改为原子操作，就绝不会出现针对此值的读操作因被并发地进行，而读到修改了一半的值的情况。

原子的值存储操作总会成功，因为它并不关心被操作值的旧值是什么。显然，这与前面讲到的 CAS 操作有着明显的区别。因此，不能把前面 addValue 函数中对 atomic.CompareAndSwapInt32 函数的调用替换为对 atomic.StoreInt32 函数的调用。

函数 atomic.StoreInt32 会接受两个参数。第一个参数的类型是*int 32，它同样是指向被操作值的指针值。而第二个参数则是 int32 类型的，它的值是欲存储的新值。其他同类函数也会有类似的参数声明列表。

5.3.5 交换

在 sync/atomic 代码包中还存在着一类函数，它们的功能与前文所讲的 CAS 操作和原子载入操作都有相似之处。这里的功能可以称为“原子交换操作”，这类函数的名称都以“Swap”为前缀。

与 CAS 操作不同，原子交换操作不会关心被操作值的旧值，而是直接设置新值。但它又比原子存储操作多做了一步：它会返回被操作值的旧值。此类操作比 CAS 操作的约束更少，同时又比原子载入操作的功能更强。

这里以 atomic.SwapInt32 函数为例。它接受两个参数，其中第一个参数是代表了被操作值的内存地址的*int32 类型值，而第二个参数用来表示新值。注意，该函数是有结果值的，该值即被新值替换掉的旧值。atomic.SwapInt32 函数被调用后，会把第二个参数值置于第一个参数值所表示的内存地址上，并将之前在该地址上的那个值作为结果返回。其他同类函数的声明和作用都与此类似。

至此，我快速且简要地介绍了 sync/atomic 代码包中所有函数的功能和用法，这些函数都用来对特定类型的值进行原子性操作。如果想以并发安全的方式操作特定的简单类型值，应该首先考虑使用这些函数来实现。请注意，原子地减小 uint32 类型或 uint64 类型的值，其实现方式并不那么直观。我们应该按照 Go 语言官方提供的特定方法进行此类操作。

5.3.6　原子值

sync/atomic.Value 是一个结构体类型，暂且称为“原子值类型”。它用于存储需要原子读写的值。与 sync/atomic 包中的其他函数不同，sync/atomic.Value 可接受的被操作值的类型不限。此外，简单声明即可得到一个可用的原子值实例，如：

```
var atomicVal atomic.Value
```

该类型有两个公开的指针方法——Load 和 Store。前者用于原子地读取原子值实例中存储的值，它会返回一个 interface{}类型的结果且不接受任何参数。后者用于原子地在原子值实例中存储一个值，它接受一个 interface{}类型的参数而没有任何结果。在未曾通过 Store 方法向原子值实例存储值之前，它的 Load 方法总会返回 nil。

对于原子值实例的 Store 方法有两个限制。第一，作为参数传入该方法的值不能为 nil。第二，作为参数传入该方法的值必须与之前传入的值（如果有的话）的类型相同。也就是说，一旦原子值实例存储了某一个类型的值，那么它之后存储的值就都必须是该类型的。如果违反了任意一个限制，对该方法的调用都会引发一个运行时恐慌。

另外还要注意，严格来说，sync/atomic.Value 类型的变量一旦声明，其值就不应该被复制到它处。已知，作为源值赋给别的变量、作为参数值传入函数、作为结果值从函数返回、作为元素值通过通道传递等都会造成值的复制，所以这类变量之上不应该实施这些操作。虽然这不会造成编译错误，但 Go 标准工具 go vet 却会报告此类不正确（或者说有安全隐患）的用法。不过，sync/atomic.Value 类型的指针类型的变量却不存在这个问题。根本原因是，对结构体值的复制不但会生成该值的副本，还会生成其中字段的副本。如此一来，本应施加于此的并发安全保护也就失效了。甚至，向副本存储值的操作都已与原值无关了。请看代码清单 5-4 中的代码。

代码清单 5-4 copiedvalue.go

```
package main

import (
    "fmt"
    "sync/atomic"
)

func main() {
    var countVal atomic.Value
    countVal.Store([]int{1, 3, 5, 7})
    anotherStore(countVal)
    fmt.Printf("The count value: %+v \n", countVal.Load())
}

func anotherStore(countVal atomic.Value) {
    countVal.Store([]int{2, 4, 6, 8})
}
```

上述代码存放在示例项目的 gopcp.v2/chapter5/value/copy 代码包的 copiedvalue.go 文件中。请运行该源码文件，观察输出的内容并思考原因；然后，再在该代码包目录下运行 go vet 命令，并查看它报告的问题。

其实，对于 sync 包中的 Mutex、RWMutex 和 Cond 类型，go vet 命令同样会检查此类复制问题，其原因也是相似的。一个比较彻底的解决方案是，避免直接使用它们，而使用它们的指针值。

说了这么多使用禁忌，再讲一下原子值类型的经典使用场景。

由于对原子值的读写操作必是原子的，同时又不受操作值类型的限制，因此它比原子函数的适用场景大很多。有些时候，它可以完美替换锁。

下面，我会带领你编写一个并发安全的整数数组类型，其中的无锁化方案会使用原子值实现，相关代码会放在示例项目的 gopcp.v2/chapter5/value/cow 代码包中。在这里，依然先定义接口。为了尽量减小不必要的复杂度，这个接口的声明相当简单：

```
// 并发安全的整数数组接口
type ConcurrentArray interface {
    // 用于设置指定索引上的元素值
    Set(index uint32, elem int) (err error)
    // 用于获取指定索引上的元素值
    Get(index uint32) (elem int, err error)
    // 用于获取数组的长度
    Len() uint32
}
```

我规定，这个整型数组的长度是固定的并且必须在初始化时给定。对该数组的变更仅限于对其中某个元素值的修改。下面是该接口的实现类型的基本声明：

```
// 用于表示ConcurrentArray接口的实现类型
type concurrentArray struct {
    length    uint32
    val       atomic.Value
}
```

可以看到，这个结构体类型的字段只有两个，分别代表数组长度和支持原子操作的值。用于创建整型数组值的 NewConcurrentArray 函数如下：

```
// 创建一个ConcurrentArray类型值
func NewConcurrentArray(length uint32) ConcurrentArray {
    array := concurrentArray{}
    array.length = length
    array.val.Store(make([]int, array.length))
    return &array
}
```

注意，存储在字段 val 中的是一个切片值，而不是数组值。这主要是因为切片值在初始化时更加灵活。虽然这里是切片值，但是它的长度却永远不会改变。

为了使 NewConcurrentArray 函数通过编译，我必须为 concurrentArray 类型添加几个指针方法。注意，这里必须是指针方法，否则 go vet 命令就会提示你复制了不该复制的原子值。该类型的指针方法 Set 和 Get 是这样的：

```
func (array *concurrentArray) Set(index uint32, elem int) (err error) {
    if err = array.checkIndex(index); err != nil {
        return
    }
    if err = array.checkValue(); err != nil {
        return
    }
    newArray := make([]int, array.length)
    copy(newArray, array.val.Load().([]int))
    newArray[index] = elem
    array.val.Store(newArray)
    return
}

func (array *concurrentArray) Get(index uint32) (elem int, err error) {
    if err = array.checkIndex(index); err != nil {
        return
    }
    if err = array.checkValue(); err != nil {
        return
    }
    elem = array.val.Load().([]int)[index]
    return
}
```

其中的 checkIndex 方法和 checkValue 方法分别用于检查给定索引和原子值的有效性。只要有一个无效，读写操作就无法正常进行。至于另外一个需要实现的指针方法 Len，则非常简单，只是简单地返回 concurrentArray 类型值的 length 字段而已。

这里需要特别说明的是，在修改原子值实例存储的值时，一定不要在得到旧值之后直接在上面修改。比如，如果把上面展示的 Set 方法中的倒数第 5 行至倒数第 2 行的代码改成这样：

```
oldArray := array.val.Load().([]int)
oldArray[index] = elem
array.val.Store(oldArray) // 这行代码可有可无
```

那就大错特错了！因为这样就相当于绕过了原子值提供的并发安全保护！切片类型属于引用类型，所以对它的值的复制并不会复制其底层的数组。在多个被并发调用的函数中读取或修改同一个切片值，必定会产生竞态条件。如果把存储值的类型由切片改为数组，这里就没有问题了。不过，无论在原子值中存储什么类型的值，只要新值需要根据旧值计算得出，那么在有并发写操作的时候就可能出现问题。比如：

```
newArray := make([]int, array.length)
copy(newArray, array.val.Load().([]int))
newArray[index] = elem + newArray[index]
array.val.Store(newArray)
```

注意倒数第 2 行代码，这是一个累加操作。这虽然不会产生竞态条件，但可能无法得出我们想要的结果。试想一下，两个包含此段代码的 goroutine 被并发地运行。当一个 goroutine 中的代码刚执行到倒数 2 行时，另一个 goroutine 中的代码已执行完第 2 行。在参数 index 和 elem 的值均相同的情况下，两个 goroutine 中的 newArray[index]的新值就会是相同的。此时，本该经历两次累加的数组元素值，却因并发且重复的操作只相当于累加了一次。你可以想想怎样解决此问题。

本示例中的 Set 方法实际上利用原子值实现了 COW（Copy-On-Write，写时复制）算法，也就是当要修改值时生成并修改副本，然后再用副本完全替换原值。该算法借鉴了读写分离的思想，是一种比较常用的无锁化编程方案。不过它也有明显的缺点，那就是：如果值占用的内存空间很大，比如非常长的数组值，那么 COW 算法将会耗费可观的计算机资源，同时失去性能方面的优势。另外，此示例中的 COW 实现方案非常简单，使得它只在串行写、并行读的场景下才绝对可用。因为如果 Set 方法被并发调用，那么就有可能会出现新元素值设置不成功的情况。

最后，顺便说一句，如果要检测程序是否存在竞态条件，可以在运行或测试程序的时候追加-race 标记。检测结果会被打印到输出中。你可以在 ConcurrentArray 类型声明所在的代码包中运行 go test -race 命令达到此目的。

5.3.7 应用于实际

下面使用刚刚介绍的原子操作再次对前面示例中的*myDataFile 类型进行改造。在*myDataFile类型的第二个版本中，我仍然使用了两个互斥锁对操作 roffset 字段和 woffset 字段的代码进行保护。*myDataFile类型的绝大多数方法都包含了这类操作。

首先来看对 roffset 字段的操作。在*myDataFile类型的 Read 方法中有这样一段代码：

```
// 读取并更新读偏移量
var offset int64
df.rmutex.Lock()
offset = df.roffset
df.roffset += int64(df.dataLen)
df.rmutex.Unlock()
```

其含义是读取读偏移量的值并把它存入局部变量中，然后增加读偏移量的值以使其他并发的读操作能够正确进行。为了使程序能在并发环境下有序地对 roffset 字段进行操作，我给这段代码加上了互斥锁 rmutex。

字段 roffset 和变量 offset 都是 int64 类型的，后者代表了前者的旧值。而字段 roffset 的新值即其旧值与 dataLen 字段值的和。实际上，这正是 CAS 操作的适用场景。现在用 CAS 操作实现该段代码的功能：

```
// 读取并更新读偏移量
var offset int64
for {
    offset = df.roffset
    if atomic.CompareAndSwapInt64(&df.roffset, offset,
        (offset + int64(df.dataLen))) {
        break
    }
}
```

根据 roffset 和 offset 的类型，选用 atomic.CompareAndSwapInt64 实现 CAS 操作。我不断地尝试以 dataLen 字段值为步长递增读偏移量的值，直到操作成功为止。如果 CAS 操作不成功，就说明在从读取到更新的期间，有其他并发操作对该值进行了更改。

前面讲过，在 32 位计算架构的计算机上写入一个 64 位的整数，这也会存在并发安全方面的隐患。因此，还应该将这段代码中的

```
offset = df.roffset
```

修改为：

```
offset = atomic. LoadInt64(&df.roffset)
```

除了这里，在*myDataFile类型的RSN方法中也有针对roffset字段的读操作：

```
df.rmutex.Lock()
defer df.rmutex.Unlock()
return df.roffset / int64(df.dataLen)
```

现在去掉施加在上面的锁定和解锁操作，并用原子操作来实现它。修改后的代码如下：

```
offset := atomic.LoadInt64(&df.roffset)
return offset / int64(df.dataLen)
```

这样就在仍然保证并发安全的前提下去除了对互斥锁 rmutex 的使用。对于字段woffset和互斥锁wmutex，也可以如法炮制。你可以试着按照上面的方法，修改与之相关的Write方法和WSN方法。

修改完成之后，就可以把rmutex字段和wmutex字段从*myDataFile类型的基本结构中去掉了。

通过本次改造，我减少了*myDataFile 类型使用的大部分互斥锁。这对该程序的性能和可伸缩性都会有一定的提升，其原因是原子操作往往比锁更加高效。你可以为前面展示的这3个版本的*myDataFile类型编写性能测试，并加以验证。

总之，我们要善用原子操作，因为它比锁更加简单和高效。不过，由于原子操作自身的限制，锁依然常用且重要。

5.4 只会执行一次

现在，再次聚焦sync代码包。除了介绍过的互斥锁、读写锁和条件变量，该代码包还提供了几个非常有用的API，其中一个比较有特色的就是结构体类型sync.Once和它的Do方法。

与互斥锁和读写锁一样，sync.Once也是开箱即用的，就像这样：

```
var once sync.Once
once.Do(func() { fmt.Println("Once!") })
```

这里声明了一个名为once的sync.Once类型的变量，然后立刻就可以调用它的指针方法Do了。Do方法接受一个无参数、无结果的函数值作为其参数。该方法一旦被调用，就会去调用作为参数的那个函数。

对同一个sync.Once类型值的Do方法的有效调用次数永远会是1。也就是说，无论调用这个方法多少次，也无论在多次调用时传递给它的参数值是否相同，都仅有第一次调用是有效的。无论怎样，只有第一次调用该方法时传递给它的那个函数会执行。请看代码清单5-5中的示例。

代码清单5-5　once.go

```
package main

import (
    "fmt"
    "math/rand"
    "sync"
)

func main() {
    var count int
    var once sync.Once
    max := rand.Intn(100)
    for i := 0; i < max; i++ {
        once.Do(func() {
            count++
        })
    }
    fmt.Printf("Count: %d.\n", count)
}
```

上述程序放在示例项目的gopcp.v2/chapter5/once代码包中。无论你运行它多少次，标准输出上出现的内容都只会是“Count: 1.”。

sync.Once类型的典型应用场景就是执行仅需执行一次的任务。这样的任务并不是都适合在init函数中执行，这时sync.Once类型就派上用场了。例如，数据库连接池的建立、全局变量的延迟初始化，等等。

在一探sync.Once类型的内部实现之后，我发现：它提供的功能正是由前面讲到的互斥锁和原子操作实现的。这个实现并不复杂，其中使用的技巧包括卫述语句、双重检查锁定，以及对共享标记的原子读写操作。在熟知本章讲述的同步工具之后，你应该很容易理解它们。

5.5　WaitGroup

sync.WaitGroup类型的值是并发安全的，也是开箱即用的。例如，在声明var wg sync.WaitGroup之后，就可以直接使用wg变量了。该类型有3个指针方法，即：Add、Done和Wait。

sync.WaitGroup 是一个结构体类型。其中有一个代表计数的字节数组类型的字段，该字段用 4 字节表示给定计数，另用 4 字节表示等待计数。当一个 sync.WaitGroup 类型的变量被声明之后，其中的这两个计数都会是 0。可以通过该值的 Add 方法增大或减少其中的给定计数，例如：

```
wg.Add(3)
```

或

```
wg.Add(-3)
```

虽然 Add 方法接受一个 int 类型的值，并且也可以通过该方法减少计数值，但是你一定不要让给定计数变为负数，因为这样会立即引发一个运行恐慌。这意味着对 sync.WaitGroup 类型值的错误使用。

除了调用 sync.WaitGroup 类型值的 Add 方法并传入一个负数，你还可以通过调用该值的 Done 方法使其中的给定计数值减一。下面这 3 条语句与 wg.Add(-3)的执行效果是一致的：

```
wg.Done()
wg.Done()
wg.Done()
```

使用该方法的禁忌与 Add 方法的一样——不要让给定计数变为负数。例如，下面这段代码会引发一个运行时恐慌：

```
var wg sync.WaitGroup
wg.Add(2)
wg.Done()
wg.Done()
wg.Done()
```

现在我们已经知道，使用 sync.WaitGroup 类型值的 Add 方法和 Done 方法可以变更其中的给定计数。那么，变更这个计数有什么用呢？

当你调用 sync.WaitGroup 类型值的 Wait 方法时，它会去检查给定计数。如果该计数为 0，那么该方法会立即返回，且不会对程序的运行产生任何影响。但是，如果这个计数大于 0，该方法调用所在的那个 goroutine 就会阻塞，同时等待计数会加 1。直到在该值的 Add 方法或 Done 方法被调用时发现给定计数变回 0，该值才会去唤醒因此而阻塞的所有 goroutine，同时清零等待计数。

sync.WaitGroup 类型值一般用于协调多个 goroutine 的运行。假设程序中启用了 4 个 goroutine，分别是 g1、g2、g3 和 g4。其中，g2、g3 和 g4 是由 g1 中的代码启用，并用于执行某些特定任务的。g1在启用这3个goroutine之后要等待这些特定任务的完成。在这种情况下，有两个方案。

第一个方案是使用前文讲到的通道来传递任务完成信号。例如，我们在启用g2、g3和g4之前声明这样一个通道：

```
sign := make(chan byte, 3)
```

然后，在g2、g3和g4执行的任务完成之后，立即向该通道发送一个元素值：

```
go func() { // g2
    // 省略若干代码
    sign <- 2
}()

go func() { // g3
    // 省略若干代码
    sign <- 3
}()

go func() { // g4
    // 省略若干代码
    sign <- 4
}()
```

最后，在启用这几个goroutine之后，还要在g1执行的函数中添加如下代码，以等待相关的任务完成信号：

```
for i := 0; i < 3; i++ {
    fmt.Printf("g%d is ended.\n", <-sign)
}
```

这样的方法固然有效。上面的这条for语句会等到g2、g3和g4都运行结束，然后才会执行结束。sign通道起到了协调这4个goroutine运行的作用。

不过，对于这样一个简单的协调工作来说，使用通道是否过重了？或者说，通道sign是否被大材小用了？通道的实现中拥有专为并发安全地传递数据而编写的数据结构和算法。原则上说，我们不应该把通道当作互斥锁或信号量来使用。在上述场景下使用它并没有体现出它的优势，反而会在代码易读性和程序性能方面打一些折扣。

该需求的第二个方案就是使用sync.WaitGroup类型值，对应的代码如下：

```
var wg sync.WaitGroup
wg.Add(3)

go func() { // g2
    // 省略若干代码
```

```
        wg.Done()
    }()

    go func() { // g3
        // 省略若干代码
        wg.Done()
    }()

    go func() { // g4
        // 省略若干代码
        wg.Done()
    }()

    wg.Wait()
    fmt.Println("g2, g3 and g4 are ended.")
```

可以看到，在启用 g2、g3 和 g4 之前先声明了一个 sync.WaitGroup 类型的变量 wg，并调用其值的 Add 方法，以使其中的给定计数等于将要额外启用的 goroutine 的个数。然后，在 g2、g3 和 g4 的运行即将结束之前，我分别通过调用 wg.Done 方法将其中的给定计数减 1。最后，在 g1 中通过调用 wg.Wait 方法，等待 g2、g3 和 g4 中的那 3 条调用 wg.Done 方法的语句执行完成。待这 3 个调用完成之时，在 wg.Wait()处阻塞的 g1 就会被唤醒，它后面的那条语句也会立即执行。

显然，第二个方案更加适合这里的应用场景，它在代码的清晰度和性能损耗方面都会更胜一筹。

请注意，不论是 Add 方法还是 Done 方法，它们唤醒的 goroutine 就是在从给定计数最近一次从 0 变为正整数到此时（给定计数重新变为 0 之时）的时间段内，执行当前值的 Wait 方法的 goroutine。

在这里，可以总结出一些使用 sync.WaitGroup 类型值的方法和规则，如下。

- 对一个sync.WaitGroup类型值的Add方法的第一次调用，发生在调用该值的Done之前。
- 对一个sync.WaitGroup类型值的Add方法的第一次调用，同样发生在调用该值的Wait方法之前。
- 在一个sync.WaitGroup类型值的生命周期内，其中的给定计数总是由起初的0变为某个正整数（或先后变为某几个正整数），然后再回归为0。我把完成这样一个变化曲线所用的时间称为一个计数周期，如图5-1所示。
- 如图5-1所示，给定计数的每次变化都是由对Add方法或Done方法的调用引起的。一个计数周期总是从对Add方法的调用开始的，并且也总是以对Add方法或Done方法的调用为结束标志的。我们若在一个计数周期之内（不包含给定计数为0的两端）调用Wait方法，就会使调用所在的goroutine阻塞，直至该计数周期结束的那一刻。

5

- sync.WaitGroup类型值是可以复用的。也就是说，此类值的生命周期可以包含任意个计数周期。一旦一个计数周期结束，我们在前面对该值的方法调用所产生的作用就会消失，它们不会影响该值的后续计数周期。换句话讲，一个sync.WaitGroup类型值在其每个计数周期中的状态和作用都是独立的。

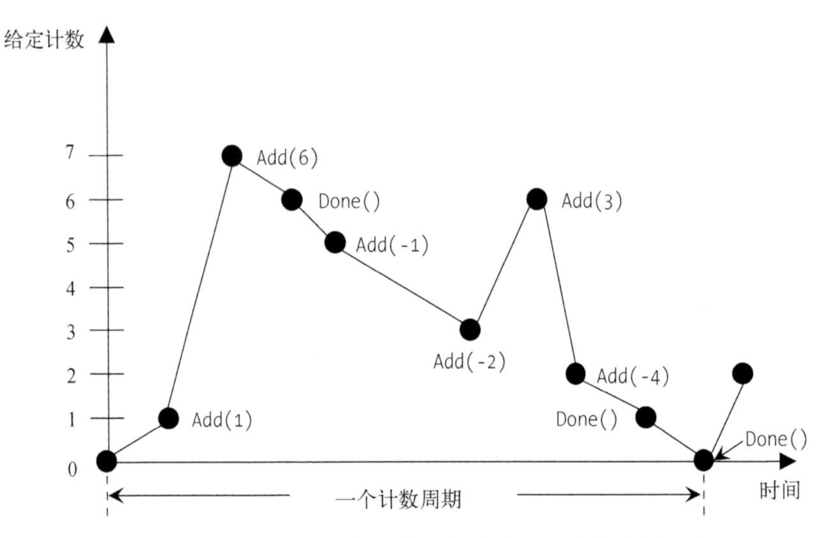

图 5-1　sync.WaitGroup 类型值的给定计数的变化曲线示意

最后特别提示一下，对于 sync.WaitGroup 类型的值，也是不应该复制的。请在必要时使用 go vet 命令检查你使用此类值的方式是否正确。

5.6　临时对象池

下面讲解 sync.Pool 类型。我们可以把 sync.Pool 类型值看作存放临时值的容器。此类容器是自动伸缩的、高效的，同时也是并发安全的。为了描述方便，把 sync.Pool 类型的值称为“临时对象池”，而把存于其中的值称为“对象值”。至于为什么要加“临时”这两个字，稍后再解释。

在用复合字面量初始化一个临时对象池的时候，可以为它唯一的公开字段 New 赋值。该字段的类型是 func() interface{}，即一个函数类型。赋给该字段的函数会被临时对象池用来创建对象值。不过，该函数一般仅在池中无可用对象值的时候才被调用。我把这个函数称为“对象值生成函数”。

sync.Pool 类型有两个公开的指针方法：Get 和 Put。前者的功能是从池中获取一个

interface{}类型的值，而后者的作用则是把一个 interface{}类型的值放置于池中。

通过 Get 方法获取到的值是任意的。如果一个临时对象池的 Put 方法未被调用过，且它的 New 字段也未曾被赋予一个非 nil 的函数值，那么它的 Get 方法返回的结果就一定会是 nil。稍后会讲到，Get 方法返回的不一定就是存在于池中的值。不过，如果这个结果值是池中的，那么在该方法返回它之前，就一定会把它从池中删除。

这样一个临时对象池在功能上与一个通用的缓存池有几分相似。但是实际上，临时对象池本身的特性决定了它是一个很独特的同步工具。下面讲一下它的两个非常突出的特性。

第一个特性，临时对象池可以把由其中的对象值产生的存储压力进行分摊。更进一步说，它会专门为每一个与操作它的 goroutine 相关联的 P 建立本地池。在临时对象池的 Get 方法被调用时，它一般会先尝试从与本地 P 对应的那个本地私有池和本地共享池中获取一个对象值。如果获取失败，它就会试图从其他 P 的本地共享池中偷一个对象值并直接返回给调用方。如果依然未果，它就只能把希望寄托于当前临时对象池的对象值生成函数了。注意，这个对象值生成函数产生的对象值永远不会被放置到池中，而是会被直接返回给调用方。另一方面，临时对象池的 Put 方法会把它的参数值存放到本地 P 的本地池中。每个相关 P 的本地共享池中的所有对象值，都是在当前临时对象池的范围内共享的。也就是说，它们随时可能会被偷走。

临时对象池的第二个突出特性是对垃圾回收友好。垃圾回收的执行一般会使临时对象池中的对象值全部被移除。也就是说，即使我们永远不会显式地从临时对象池取走某个对象值，该对象值也不会永远待在临时对象池中，它的生命周期取决于垃圾回收任务下一次的执行时间。请看代码清单 5-6 中的代码。

代码清单 5-6 pool.go

```
package main

import (
    "fmt"
    "runtime"
    "runtime/debug"
    "sync"
    "sync/atomic"
)

func main() {
    // 禁用 GC，并保证在 main 函数执行结束前恢复 GC
    defer debug.SetGCPercent(debug.SetGCPercent(-1))
    var count int32
```

```
    newFunc := func() interface{} {
        return atomic.AddInt32(&count, 1)
    }
    pool := sync.Pool{New: newFunc}

    // New 字段值的作用
    v1 := pool.Get()
    fmt.Printf("Value 1: %v\n", v1)

    // 临时对象池的存取
    pool.Put(10)
    pool.Put(11)
    pool.Put(12)
    v2 := pool.Get()
    fmt.Printf("Value 2: %v\n", v2)

    // 垃圾回收对临时对象池的影响
    debug.SetGCPercent(100)
    runtime.GC()
    v3 := pool.Get()
    fmt.Printf("Value 3: %v\n", v3)
    pool.New = nil
    v4 := pool.Get()
    fmt.Printf("Value 4: %v\n", v4)
}
```

这里使用 runtime/debug.SetGCPercent 函数禁用、恢复 GC，以及设置触发垃圾收集的内存使用增量比例，以保证演示能够如愿进行。

把这段代码存放在示例项目的 gopcp.v2/chapter5/pool 代码包中。使用 go run 命令运行它之后会得到如下输出：

```
Value 1: 1
Value 2: 10
Value 3: 2
Value 4: <nil>
```

在该程序的开始处，我把代表对象值生成函数的变量 newFunc 赋给了临时对象池的 New 字段。该函数每次被调用时，都会原子地把 count 变量的值加 1 并返回。程序的第一行输出就是由于间接调用了它。然后，调用 pool 的 Put 函数向该池放入了 3 个值。再从中获取值时得到的是 10，也就是刚刚放入的其中一个值。注意，获取值的先后顺序与放入时的顺序毫无关系。

在这之后，我在设置了垃圾收集触发比率后，手动进行了一次垃圾收集。这会把之前放入临时对象池的那 3 个值都回收掉。如此一来，再从池中获取值就会得到 2，该值是由 newFunc 函数产生的。当把临时对象池的 New 字段设置为 nil 后，就只能从池中取出 nil 了。

到这里你应该能感觉到，在使用临时对象池的时候依照一些方式方法，否则就很容易迈入陷坑。再次强调，你不应该对从池中获取的值有任何假设，因为它可能是池中的任何一个值，也可能是对象值生成函数产生的值。

最后提一句，临时对象池的实例也不应该被复制，否则 go vet 命令将报告此问题。

5.7 实战演练——Concurrent Map

在本节，我将带领你构造一个并发安全的字典（Map）类型。本节展示的所有代码都存于示例项目的 gopcp.v2/chapter5/cmap 代码包中，你可以在阅读本节时对照查看。

Go 语言提供的字典类型并不是并发安全的，因此需要使用一些同步方法对它进行扩展。这看起来好像并不困难，貌似只要用读写锁把读操作和写操作保护起来就可以了。确实，读写锁是我们首先想到的同步工具。不过，使用锁进行并发访问控制太重了。不管怎样，让我们先来编写并发安全的字典类型的第一个版本。

先要确定并发安全的字典类型的行为。这显然需要一个接口类型，它的声明如下：

```
// 用于表示并发安全的字典的接口
type ConcurrentMap interface {
    // 用于返回并发量
    Concurrency() int
    // Put 会推送一个键-元素对
    // 注意！参数 element 的值不能为 nil
    // 第一个返回值表示是否新增了键-元素对，
    // 若键已存在，新元素值会替换旧的元素值
    Put(key string, element interface{}) (bool, error)
    // Get 会获取与指定键关联的那个元素
    // 若返回 nil，则说明指定的键不存在
    Get(key string) interface{}
    // Delete 会删除指定的键-元素对
    // 若结果值为 true，则说明键已存在且已删除，否则说明键不存在
    Delete(key string) bool
    // Len 会返回当前字典中键-元素对的数量
    Len() uint64
}
```

为了保持行为上的简约，我只在 ConcurrentMap 接口中声明了 5 个方法，其中的 Concurrency 方法用于获取初始化 ConcurrentMap 类型值时给定的并发量。另外，ConcurrentMap 类型只接受 string 类型的键和空接口类型的元素，这也是出于对简约和通用性的考虑。

下面开始编写该接口类型的实现类型。这里使用结构体类型，并把它命名为

myConcurrentMap，其基本结构如下：

```
// 用于表示 ConcurrentMap 接口的实现类型
type myConcurrentMap struct {
    concurrency int
    segments    []Segment
    total       uint64
}
```

concurrency 字段表示并发量，同时也代表了 segments 字段的长度。在这个并发安全字典的实现类型中，一个 Segment 类型值代表一个散列段。每个散列段都提供对其包含的键-元素对的读写操作。这里的读写操作需要由互斥锁保证其并发安全性。有多少个散列段就有多少个互斥锁分别加以保护。这样的加锁方式常称为“分段锁”，是一种非常流行的并发访问控制实现。分段锁可以在适当降低互斥锁带来的开销的同时保护共享资源。在同一时刻，同一个散列段中的键-元素对只能有一个 goroutine 进行读写。但是，不同散列段中的键-元素对是可以并发访问的，并且是安全的。若 concurrency 字段的值为 16，就可以有 16 个 goroutine 同时访问同一个并发安全字典，只要它们访问的散列段都是不同的。这就是分段锁的意义和优势所在。你可以想象一下，若不在并发安全字典中分段会怎样？

segments 字段的长度在初始化并发安全字典时就要确定，并且之后不可更改。改变它的长度属于对并发安全字典内部结构的变更，这种变更会让我不得不用额外的互斥锁加以保护。如果是这样，那么我加入的分段设计就基本没有意义了。键-元素对总数的增加只影响各个散列段的容量，而不影响它们的数量。散列段数量的固定可能会使键-元素对分布不均，但是这从总体上看并不是什么大问题。因为它可以通过良好的段定位算法和设置足够多的并发量来缓解，而且我还会在散列段中做键-元素对的负载均衡。总之，这样的设计利大于弊。其中的段定位算法是指，根据键来决定该键-元素对应该放入字典中的哪个散列段的计算方法。后面讲 Put 方法的实现时会进一步说明。

最后，total 字段用于实时反映当前字典中键-元素对的实际数量，目的是让对字典容量的获取更加直接、简单和快速。uint64 的类型让我可以对它实施原子操作。

用于创建并初始化一个并发安全字典实例的函数是这样的：

```
// 创建一个 ConcurrentMap 类型的实例
// 参数 pairRedistributor 可以为 nil
func NewConcurrentMap(
    concurrency int,
    pairRedistributor PairRedistributor) (ConcurrentMap, error) {
    if concurrency <= 0 {
        return nil, newIllegalParameterError("concurrency is too small")
    }
    if concurrency > MAX_CONCURRENCY {
```

```
        return nil, newIllegalParameterError("concurrency is too large")
    }
    cmap := &myConcurrentMap{}
    cmap.concurrency = concurrency
    cmap.segments = make([]Segment, concurrency)
    for i := 0; i < concurrency; i++ {
        cmap.segments[i] =
            newSegment(DEFAULT_BUCKET_NUMBER, pairRedistributor)
    }
    return cmap, nil
}
```

在这个函数的声明中有一些你没见过的标识符。首先是 PairRedistributor，代表一个接口类型。刚才说了，我会在散列段中做键–元素对的负载均衡。而且，我认为负载均衡的策略和实现是可定制的，这有利于对并发安全字典性能的调优。由于它的声明会涉及一些更底层的实现细节，因此后面再展示它，你现在只要知道它的用途就可以了。

concurrency 字段不能小于 0，也不能大于 MAX_CONCURRENCY。MAX_CONCURRENCY 是一个常量，代表允许的最大并发量。

segments 字段值中的每一个元素都会被设置妥当。其中的 DEFAULT_BUCKET_NUMBER 常量代表一个散列段中默认包含的散列桶的数量。关于散列桶，同样放到后面再讲。

myConcurrentMap 的指针类型是 ConcurrentMap 接口的实现类型。前者的指针方法 Put 的声明如下：

```
func (cmap *myConcurrentMap) Put(key string, element interface{}) (bool, error) {
    p, err := newPair(key, element)
    if err != nil {
        return false, err
    }
    s := cmap.findSegment(p.Hash())
    ok, err := s.Put(p)
    if ok {
        atomic.AddUint64(&cmap.total, 1)
    }
    return ok, err
}
```

在该方法中，先将两个参数值封装成了一个表示键–元素对的 Pair 类型值。Pair 类型实际上是一个接口，其声明如下：

```
// 用于表示并发安全的键-元素对的接口
type Pair interface {
    // 单链键-元素对接口
    linkedPair
    // 返回键的值
    Key() string
```

```go
    // 返回键的散列值
    Hash() uint64
    // 返回元素的值
    Element() interface{}
    // 设置元素的值
    SetElement(element interface{}) error
    // 生成一个当前键-元素对的副本并返回
    Copy() Pair
    // 返回当前键-元素对的字符串表示形式
    String() string
}

// 用于表示单向链接的键-元素对的接口
type linkedPair interface {
    // Next 用于获得下一个键-元素对
    // 若返回值为 nil，则说明当前已在单链表的末尾
    Next() Pair
    // SetNext 用于设置下一个键-元素对
    // 这样就可以形成一个键-元素对的单链表
    SetNext(nextPair Pair) error
}
```

Pair 接口首先嵌入了 linkedPair 接口，后者是包级私有的，这主要是为了保护一些需要接口化的方法，使之不被包外代码访问。实现 linkedPair 接口，可以让多个键-元素对形成一个单链表。至于为什么这样做，讲散列桶的时候再说明。

这两个接口中方法的用途都写在了注释里，都很好理解。之所以有 Hash 方法，原因是：一个键-元素对值的键不可改变。因此，其键的散列值也是永远不变的。因此，在创建键-元素对值的时候，先计算出这个散列值并存储起来以备后用。这样可以节省一些后续计算，提高效率。

newPair 函数会产生一个 Pair 类型值，并在参数值不符合要求时返回错误。*pair 类型是 Pair 接口的实现类型，它包含用于存储键值、键的散列值、元素值以及链向的下一个键-元素对值。

```go
// 用于表示键-元素对的类型
type pair struct {
    key string
    // 用于表示键的散列值
    hash    uint64
    element unsafe.Pointer
    next    unsafe.Pointer
}
```

注意，element 和 next 字段都是 unsafe.Pointer 类型的。后者的实例可以代表一个可寻址的值的指针值。关于指针的一些知识，你可以通过阅读 unsafe 包的文档获取。前面讲过，对 unsafe.Pointer 类型的值是可以实施原子操作的。这里的设计也是出于此目的。

有了 pair 类型的基本结构，newPair 函数就可以这样创建 Pair 类型值了：

```
// 用于创建一个 Pair 类型的实例
func newPair(key string, element interface{}) (Pair, error) {
    p := &pair{
        key:  key,
        hash: hash(key),
    }
    if element == nil {
        return nil, newIllegalParameterError("element is nil")
    }
    p.element = unsafe.Pointer(&element)
    return p, nil
}
```

当然，pair 类型的指针类型需要实现 Pair 接口，这样才能使该函数通过编译。为此，需要再为 pair 类型编写一些指针方法。不过这些方法的实现相当简单，就不在这里展示了，你可以直接查看 gopcp.v2/chapter5/cmap 代码包中的 pair.go 文件。另外，像 newIllegal-ParameterError 这样的错误类型的声明，你在该代码包的 errors.go 文件中可以看到。

请注意 newPair 函数中调用的函数 hash，其功能是生成给定字符串的散列值。hash 函数的优劣会影响到键-元素对是否能够均匀地分布到多个散列段以及散列桶中。分布越均匀，并发安全字典的读写操作耗时也就越稳定，也就意味着整体性能会更好。同时，散列值计算在读写操作耗时中占比也比较大。所以，在对并发安全字典进行性能调优的时候，你应该优先考虑对 hash 函数的优化。实际上，在存放 hash 函数声明的 utils.go 文件中有两个 hash 函数，只不过其中一个已被注释掉了。你可以进行替换，并观察它们对字典性能的影响。

让我们再回到 myConcurrentMap 的指针方法 Put 的实现上来。s := cmap.findSegment (p.Hash())的含义是根据键-元素，对实例 p 的键散列值在 myConcurrentMap 的 segments 字段中找到一个存储 p 的散列段。findSegment 方法实现的就是前面提到的段定位算法。它的声明是这样的：

```
// 用于根据给定参数寻找并返回对应散列段
func (cmap *myConcurrentMap) findSegment(keyHash uint64) Segment {
    if cmap.concurrency == 1 {
        return cmap.segments[0]
    }
    var keyHashHigh int
        if keyHash > math.MaxUint32 {
            keyHashHigh = int(keyHash >> 48)
    } else {
        keyHashHigh = int(keyHash >> 16)
    }
    return cmap.segments[keyHashHigh%cmap.concurrency]
}
```

可以看到，该算法的核心思想就是使用高位的几个字节来决定散列段的索引。这样可以让键–元素对在 segments 中分布得更广、更均匀一些。

一旦定位到了散列段，就可以调用该散列段的 Put 方法放入当前的键–元素对实例。只要散列段的 Put 方法返回的第一个结果值是 true，就需要用原子操作对 myConcurrentMap 的 total 字段加 1，这表示添加了一个新的键–元素对实例。可以说，并发安全字典的 Put 方法的核心功能主要是靠相应散列段的 Put 方法实现的。Get 方法、Delete 方法其实也都是这样的，它们的声明如下：

```
func (cmap *myConcurrentMap) Get(key string) interface{} {
    keyHash := hash(key)
    s := cmap.findSegment(keyHash)
    pair := s.GetWithHash(key, keyHash)
    if pair == nil {
        return nil
    }
    return pair.Element()
}

func (cmap *myConcurrentMap) Delete(key string) bool {
    s := cmap.findSegment(hash(key))
    if s.Delete(key) {
        atomic.AddUint64(&cmap.total, ^uint64(0))
        return true
    }
    return false
}
```

这实际上是把复杂度留给了散列段，也理应如此。因为一个散列段就相当于一个并发安全的字典，只不过我又在上面封装了一层，以求把互斥锁的开销分摊并降低。在散列段中，我使用互斥锁对键–元素对的读写操作进行全面保护。

散列段的接口声明是这样的：

```
// 用于表示并发安全的散列段的接口
type Segment interface {
    // Put 会根据参数放入一个键-元素对
    // 第一个返回值表示是否新增了键-元素对
    Put(p Pair) (bool, error)
    // Get 会根据给定参数返回对应的键-元素对
    // 该方法会根据给定的键计算散列值
    Get(key string) Pair
    // GetWithHash 会根据给定参数返回对应的键-元素对
    // 注意！参数 keyHash 是基于参数 key 计算得出的散列值
    GetWithHash(key string, keyHash uint64) Pair
    // Delete 会删除指定键的键-元素对
    // 若返回值为 true 则说明已删除，否则说明未找到该键
    Delete(key string) bool
```

```
    // 获取当前段的尺寸（其中包含的散列桶的数量）
    Size() uint64
}
```

它与 ConcurrentMap 接口的声明很相似。其中的 GetWithHash 方法，纯粹是为了在某些情况下避免重复计算键的散列值而声明的。Segment 接口的实现类型 segment 的基本结构如下：

```
// 用于表示并发安全的散列段的类型
type segment struct {
    // 用于表示散列桶切片
    buckets []Bucket
    // 用于表示散列桶切片的长度
    bucketsLen int
    // 用于表示键-元素对总数
    pairTotal uint64
    // 用于表示键-元素对的再分布器
    pairRedistributor PairRedistributor
    lock sync.Mutex
}
```

buckets 字段的元素类型 Bucket 表示散列桶类型。bucketsLen 和 pairTotal 字段存在的意义与 myConcurrentMap 的 total 字段类似。pairRedistributor 字段用于存储使用者通过 NewConcurrentMap 函数传入的键-元素对的再分布器，用于把散列段中所有键-元素对均匀地分布到所有散列桶中。

在 NewConcurrentMap 函数中，我使用 newSegment 函数创建所需的散列段。后者做了 3 件事：检查并在必要时修正参数值、创建所需的散列桶，以及创建并初始化一个散列段实例：

```
// 用于创建一个 Segment 类型的实例
func newSegment(
    bucketNumber int, pairRedistributor PairRedistributor) Segment {
    if bucketNumber <= 0 {
        bucketNumber = DEFAULT_BUCKET_NUMBER
    }
    if pairRedistributor == nil {
        pairRedistributor =
            newDefaultPairRedistributor(
                DEFAULT_BUCKET_LOAD_FACTOR, bucketNumber)
    }
    buckets := make([]Bucket, bucketNumber)
    for i := 0; i < bucketNumber; i++ {
        buckets[i] = newBucket()
    }
    return &segment{
        buckets:           buckets,
        bucketsLen:        bucketNumber,
        pairRedistributor: pairRedistributor,
```

```
    }
}
```

其中 DEFAULT_BUCKET_NUMBER 常量前面已经解释过了，这里着重看第二条 if 语句。当使用者未传入有效的键-元素对再分布器时，就使用一个默认的实现。这个实现需要两个参数，一个是散列桶装载因子，一个是当前散列段中的散列桶数量。我会用当前散列段中的键-元素对的总数和散列桶数量计算出一个平均值，这个平均值表示在均衡的情况下每个散列桶应该包含多少个键-元素对。不会直接使用这个平均值，而是用它计算出一个单个散列桶可包含的键-元素对的数量的上限，即阈值。这个阈值对触发键-元素对的再分布操作非常有用。这里用到了散列桶装载因子。我用 DEFAULT_BUCKET_LOAD_FACTOR 常量代表其默认值。平均值乘以装载因子就可以得到阈值。这就是 newDefaultPairRedistributor 函数对其新建的再分布器的初始化。

我会在散列段的一些方法中用到 pairRedistributor 字段，所以这里先展示一下 PairRedistributor 接口的声明：

```
// 用于表示针对键-元素对的再分布器，
// 当散列段内的键-元素对分布不均时进行重新分布
type PairRedistributor interface {
    // 根据键-元素对总数和散列桶总数计算并更新阈值
    UpdateThreshold(pairTotal uint64, bucketNumber int)
    // 检查散列桶的状态
    CheckBucketStatus(pairTotal uint64, bucketSize uint64) (bucketStatus BucketStatus)
    // 用于实施键-元素对的再分布
    Redistribe(bucketStatus BucketStatus, buckets []Bucket) (newBuckets []Bucket, changed bool)
}
```

至于该接口的实现类型以及 newDefaultPairRedistributor 函数的完整声明，就不在这里展示了。你可以在 gopcp.v2/chapter5/cmap 包的 redistributor.go 文件中找到。

下面继续讲散列段的实现。请看下面的几个方法声明：

```
func (s *segment) Put(p Pair) (bool, error) {
    s.lock.Lock()
    b := s.buckets[int(p.Hash()%uint64(s.bucketsLen))]
    ok, err := b.Put(p, nil)
    if ok {
        newTotal := atomic.AddUint64(&s.pairTotal, 1)
        s.redistribute(newTotal, b.Size())
    }
    s.lock.Unlock()
    return ok, err
}

func (s *segment) Get(key string) Pair {
    return s.GetWithHash(key, hash(key))
}
```

```
func (s *segment) GetWithHash(key string, keyHash uint64) Pair {
    s.lock.Lock()
    b := s.buckets[int(keyHash%uint64(s.bucketsLen))]
    s.lock.Unlock()
    return b.Get(key)
}

func (s *segment) Delete(key string) bool {
    s.lock.Lock()
    b := s.buckets[int(hash(key)%uint64(s.bucketsLen))]
    ok := b.Delete(key, nil)
    if ok {
        newTotal := atomic.AddUint64(&s.pairTotal, ^uint64(0))
        s.redistribute(newTotal, b.Size())
    }
    s.lock.Unlock()
    return ok
}
```

可以看到，这些方法的核心功能实际上是靠相应散列桶的对应方法实现的。这与并发安全字典和散列段之间的协作方式类似。我使用一种非常简单、通用的方式，寻找与键散列值对应的散列桶。在成功添加/删除一个键-元素对之后，我还会原子地增/减 pairTotal 字段的值，然后调用 segment 的 redistribute 方法。若使用默认的键-元素对再分布器，redistribute 方法就会做这样的事情：先根据散列段中键-元素对的总数和散列桶的总数更新阈值，再以阈值为依据判断当前散列桶的状态（过轻、过重或正常），最后在必要时对散列段中的所有键-元素对进行再分布。下面是它的声明：

```
// 用于检查给定参数并设置相应的阈值和计数，
// 并在必要时重新分配所有散列桶中的所有键-元素对
// 注意！必须在互斥锁的保护下调用本方法！
func (s *segment) redistribute(pairTotal uint64, bucketSize uint64) (err error) {
    defer func() {
        if p := recover(); p != nil {
            if pErr, ok := p.(error); ok {
                err = newPairRedistributorError(pErr.Error())
            } else {
                err = newPairRedistributorError(fmt.Sprintf("%s", p))
            }
        }
    }()
    s.pairRedistributor.UpdateThreshold(pairTotal, s.bucketsLen)
    bucketStatus := s.pairRedistributor.CheckBucketStatus(pairTotal, bucketSize)
    newBuckets, changed := s.pairRedistributor.Redistribe(bucketStatus, s.buckets)
    if changed {
        s.buckets = newBuckets
        s.bucketsLen = len(s.buckets)
    }
    return nil
}
```

请注意开始处的 defer 语句。既然 redistribute 字段的值有可能是使用者传入的，所以这里不能保证它不会引发运行时恐慌。强调一下，对于任何一个外来的组件，都做这样的异常预防和处理。

好了，我阐述了散列段的实现类型 segment 的绝大部分代码，下面开始讲解散列桶。

字典通常是依据键散列值存取键-元素对的，并且同一个键在一个字典中只能存有一份，后存入的键-元素对会替代先存入的拥有相同键的键-元素对。你应该知道，不同字符串的散列值是有可能相同的，这取决于使用的散列函数。这种现象称为“散列值碰撞”。那么碰撞发生后应该怎样解决呢?

你可以想象有一个桶，桶中装有且只装有键散列值相同的键-元素对。这些键-元素对之间由单向链相连。只要获取到桶中的第一个键-元素对，就可以顺藤摸瓜地查出桶中所有的键-元素对，因此通常只记录下前者即可。这样的桶通常称为“散列桶”。如此一来，在查找一个键-元素对的时候就需要进行两次对比。第一次是对比键散列值，从而找到对应的散列桶；这在前文所述的散列段实现中已经有所体现。第二次是通过单链遍历桶中所有的键-元素对，逐一对比键本身。由于第一次对比已经极大地缩小了查找范围，因此有效减少了时间复杂度为 $O(n)$的第二次对比的实际耗时。这也是散列桶的价值所在。

现在扩展一下，一个散列段包含若干个散列桶。但是，我会为每个散列桶指定一个散列值的集合，而不是单一的散列值。只要一个键-元素对的键散列值在某个集合中，就会被放入对应的那个散列桶。这也是前面的代码 s.buckets[int(p.Hash()%uint64(s.bucketsLen))]所遵循的规则。它可以大大减少散列桶的数量，同时不失散列的本质。

实际上，很多使用不同编程语言实现的并发安全的字典都基于上述这几点。

再看散列桶接口的声明：

```
// 用于表示并发安全的散列桶的接口
type Bucket interface {
    // Put 会放入一个键-元素对
    // 第一个返回值表示是否新增了键-元素对
    // 若在调用此方法前已经锁定 lock，则不要把 lock 传入！否则必须传入对应的 lock!
    Put(p Pair, lock sync.Locker) (bool, error)
    // 获取指定键的键-元素对
    Get(key string) Pair
    // 返回第一个键-元素对
    GetFirstPair() Pair
    // Delete 会删除指定的键-元素对
    // 若在调用此方法前已经锁定 lock，则不要把 lock 传入！否则必须传入对应的 lock!
    Delete(key string, lock sync.Locker) bool
    // Clear 会清空当前散列桶
    // 若在调用此方法前已经锁定 lock，则不要把 lock 传入！否则必须传入对应的 lock!
```

```
    Clear(lock sync.Locker)
    // 返回当前散列桶的尺寸
    Size() uint64
    // 返回当前散列桶的字符串表示形式
    String() string
}
```

其中的方法 Put、Delete 和 Clear 都接受一个 sync.Locker 类型的参数。这也就意味着对这些方法的调用需要由锁保护：使用者要么传入一个锁，要么自行加锁。在 segment 类型的相关方法中，我采用了自行加锁的方式。为什么散列桶的 Get 方法和 GetFirstPair 方法不用加锁？这是因为其中使用了一些小技巧，在无锁的情况下消除了散列桶的读操作之间，以及读操作与写操作之间的竞态条件。你马上就会看到这些技巧。

实现 Bucket 接口的是 bucket 类型。它的基本结构非常简单：

```
// 用于表示并发安全的散列桶的类型
type bucket struct {
    // firstValue 存储的是键-元素对列表的表头
    firstValue    atomic.Value
    size          uint64
}
```

注意，其中的 firstValue 字段是原子值类型的，用于存储桶中第一个键-元素对。用于创建和初始化 Bucket 类型值的函数 newBucket 同样简单：

```
// 用于创建一个 Bucket 类型的实例
func newBucket() Bucket {
    b := &bucket{}
    b.firstValue.Store(placeholder)
    return b
}
```

注意，这里向 firstValue 存入了一个由 placeholder 代表的值。原子值实例不能存储 nil，否则会引发运行时恐慌。所以为了操作的统一，我声明了一个全局的变量 placeholder：

```
// 占位符
// 由于原子值不能存储 nil，所以当散列桶空时用此符占位
var placeholder Pair = &pair{}
```

只要 firstValue 存有该值，就说明它是空的，同时说明当前散列桶中没有任何键-元素对。这体现在 bucket 的 GetFirstPair 方法中：

```
func (b *bucket) GetFirstPair() Pair {
    if v := b.firstValue.Load(); v == nil {
        return nil
    } else if p, ok := v.(Pair); !ok || p == placeholder {
        return nil
    } else {
```

```
        return p
    }
}
```

GetFirstPair 方法的调用频率相当高。因为不论存、取、删，都需要先判断给定的键–元素对是否存在。

Put 方法会先调用 GetFirstPair 方法，以获取桶中的第一个键–元素对。如果后者的返回结果为 nil，那么前者就直接把参数值作为第一个键–元素对存入 firstValue，否则就利用键–元素对实例的 Next 方法遍历桶中所有的键–元素对，并判断该键是否存在。若已存在，则直接替换与该键对应的元素值。（这里的替换操作是原子的。）若不存在，则调用参数值的 SetNext 方法，把当前的第一个键–元素对指定为参数值的单链目标，然后把参数值存入 firstValue。Put 方法的完整声明如下：

```
func (b *bucket) Put(p Pair, lock sync.Locker) (bool, error) {
    if p == nil {
        return false, newIllegalParameterError("pair is nil")
    }
    if lock != nil {
        lock.Lock()
        defer lock.Unlock()
    }
    firstPair := b.GetFirstPair()
    if firstPair == nil {
        b.firstValue.Store(p)
        atomic.AddUint64(&b.size, 1)
        return true, nil
    }
    var target Pair
    key := p.Key()
    for v := firstPair; v != nil; v = v.Next() {
        if v.Key() == key {
            target = v
            break
        }
    }
    if target != nil {
        target.SetElement(p.Element())
        return false, nil
    }
    p.SetNext(firstPair)
    b.firstValue.Store(p)
    atomic.AddUint64(&b.size, 1)
    return true, nil
}
```

注意倒数第 5 行至倒数第 2 行的代码！它们处理的就是当前桶未包含参数 p 的键的情况，是无锁化的关键。即使在 Put 方法执行期间 Get 方法被调用了，也不会产生竞态条件。请看图 5-2。

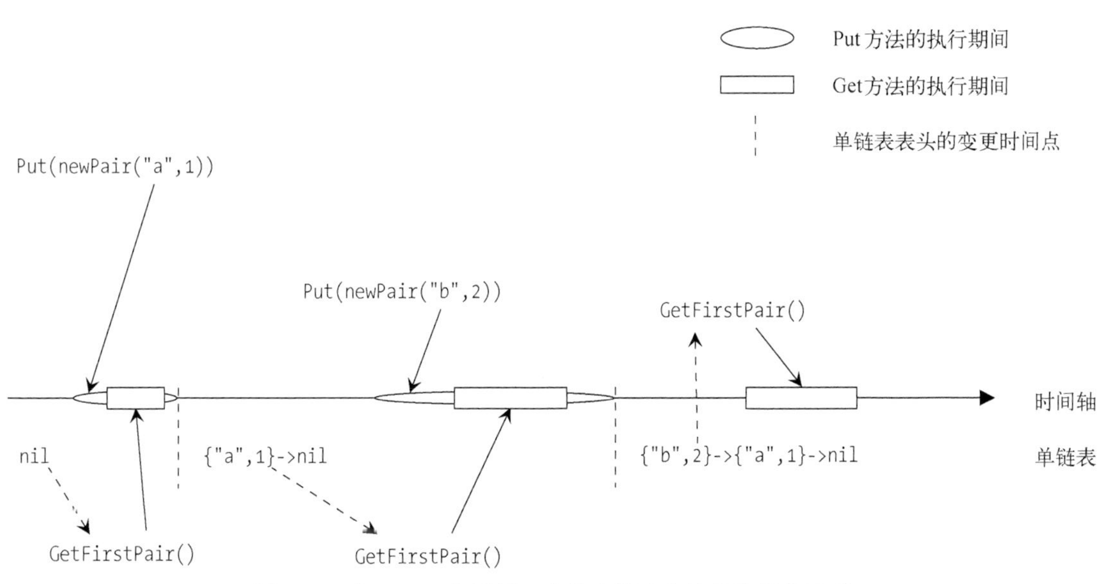

图 5-2 对 bucket 中的键-元素对单链表的存取操作示意

对由 firstValue 字段表示的键-元素对单链表表头的变更总是原子的。键-元素对添加操作只会把参数 p 的值链向原有的表头，并把它变为新的表头，而新表头后面的原有单链表中的每个键-元素对，以及它们的链接关系都会原封不动。如此一来，键-元素对获取操作无论何时都可以原子地获取到一个表头，并可以并发安全地向表尾遍历。

与之相对应，Delete 方法从散列桶中删除与给定键对应的键-元素对。它同样实现了无锁化。它先遍历桶中的所有键-元素对，同时记录下遍历过的所有键-元素对（以下称“前导键-元素对”）。一旦发现要删除的键-元素对，就再记录一下该键-元素对（以下称“目标键-元素对”）及其后面的那个键-元素对（以下称“后续键-元素对”）。然后，它会复制每一个前导键-元素对，并在后续键-元素对的前面逐一链接上这些副本。这同样丝毫不会改动已存在的那个单链表。最后，Delete 方法会把新的表头原子地存储在 firstValue 字段中，替换旧表头。下面是该方法的完整声明：

```
func (b *bucket) Delete(key string, lock sync.Locker) bool {
    if lock != nil {
        lock.Lock()
        defer lock.Unlock()
    }
    firstPair := b.GetFirstPair()
    if firstPair == nil {
        return false
    }
    var prevPairs []Pair
```

5

```go
        var target Pair
        var breakpoint Pair
        for v := firstPair; v != nil; v = v.Next() {
            if v.Key() == key {
                target = v
                breakpoint = v.Next()
                break
            }
            prevPairs = append(prevPairs, v)
        }
        if target == nil {
            return false
        }
        newFirstPair := breakpoint
        for i := len(prevPairs) - 1; i >= 0; i-- {
            pairCopy := prevPairs[i].Copy()
            pairCopy.SetNext(newFirstPair)
            newFirstPair = pairCopy
        }
        if newFirstPair != nil {
            b.firstValue.Store(newFirstPair)
        } else {
            b.firstValue.Store(placeholder)
        }
        atomic.AddUint64(&b.size, ^uint64(0))
        return true
    }
```

为了让你更好地理解这一操作，我还画了示意图（如图 5-3 所示）。

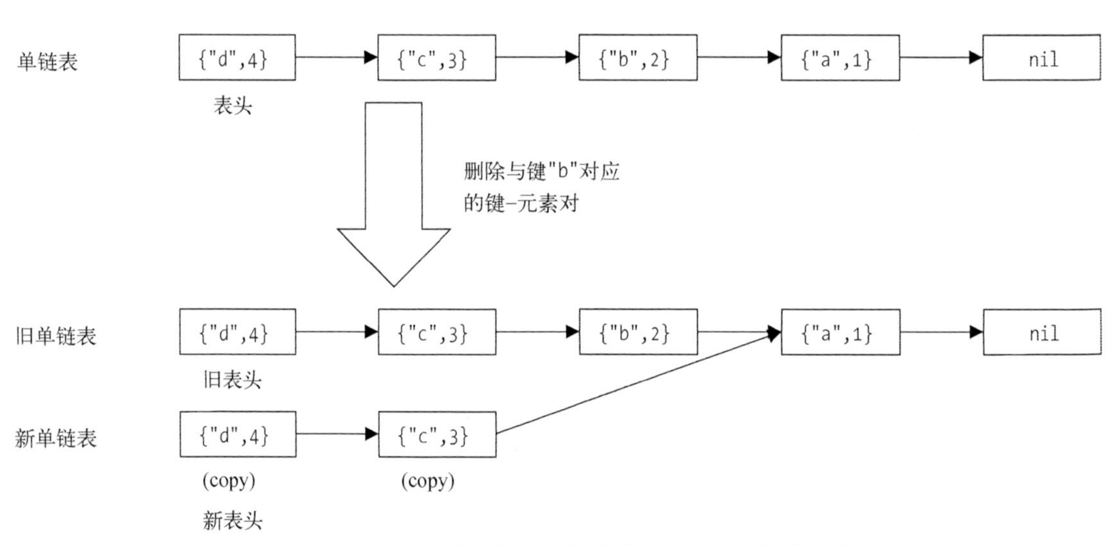

图 5-3　对 bucket 中的键-元素对单链表的删除操作示意

在 Delete 方法原子地替换单链表表头之前，任何读取操作仍然会访问旧的单链表。一旦替换完成，所有读取操作就会访问新的单链表。即使这时还有早先开始的读取操作正在遍历旧表，也不会受到任何影响。它们都是并发安全的。

与刚刚讲过的这几个方法相比，Get 方法的实现就非常简单了。因为它建立在前者共同建立的并发访问机制之上：

```
func (b *bucket) Get(key string) Pair {
    firstPair := b.GetFirstPair()
    if firstPair == nil {
        return nil
    }
    for v := firstPair; v != nil; v = v.Next() {
        if v.Key() == key {
            return v
        }
    }
    return nil
}
```

在 Clear 方法中有一点需要注意，那就是要用 placeholder 变量值代表空的键-元素对单链表：

```
func (b *bucket) Clear(lock sync.Locker) {
    if lock != nil {
        lock.Lock()
        defer lock.Unlock()
    }
    atomic.StoreUint64(&b.size, 0)
    b.firstValue.Store(placeholder)
}
```

到此为止，我展示并说明了一个并发安全的字典的实现方法。其中有 4 层封装，从下至上为：封装键-元素对的 Pair 接口的实现、封装 Pair 的单链表的 Bucket 接口的实现、封装 Bucket 切片的 Segment 接口的实现，以及封装 Segment 切片的 ConcurrentMap 接口的实现。

第 1 层封装的意义是检查键值和元素值的有效性，并先行计算键的散列值以备后用。同时，在需要对键-元素对的元素值（由 element 字段表示）或链接（由 next 字段表示）进行替换时实施原子操作。这比使用互斥锁要快得多。

第 2 层封装主要的功能是存储键散列值在同一范围内的键-元素对，并使用单链表和原子值消除读操作之间以及读操作与写操作之间的竞态条件。这一方案是无锁化的，大大提高了操作的性能。不过，写操作之间的竞态条件只能用互斥锁来消除了。因为它们都可能建立新的单链表并替换旧表，如果任由它们并发进行就很可能出现混乱。

第 3 层封装是为了让单个散列桶集合能够自动伸缩，并承担字典内部的负载均衡。

正因此，这一层上的读写操作都需要加锁。对于读操作来讲，仅需要在依据键散列值定位散列桶的这一步上加锁。当成功地向散列段添加或删除一个键–元素对的时候，就会触发对其中所有键–元素对的负载均衡。当然，真正执行负载均衡还需要满足一系列条件。负载均衡的频率不能过低也不能过高，否则就会影响性能。负载均衡的先决条件判定和执行是由字典使用者传入的，或由默认的键–元素对再分布器负责。

第 4 层封装，也就是最上层的封装，会根据使用者的需要初始化若干个散列段。散列段的数量会影响并发安全字典在当前应用场景下的整体性能，所以需要根据实际情况去设定。本层完全把对并发安全的保证和键–元素对的负载均衡下放到了第 3 层，而只负责根据键散列值找到对应的散列段并下达操作指令。这样就可以分摊同步方法的使用以及负载均衡的执行带来的开销，消除了重量级的全局锁，大幅提升了性能。

本节实现的并发安全字典中的每一层都各司其职，组合起来就形成了一个有机的整体。经测试，此并发安全字典的读写操作耗时一般为 Go 原生字典的 10 倍左右，且大都小于 10 倍，最好时仅为 3 倍。同时，它的操作耗时远远小于一些其他 Go 语言实现的并发安全字典（你可以在 GitHub 上找到它们），且大都仅为后者的 1/10。

你可以在 gopcp.v2/chapter5/cmap 代码包下运行命令 `go test -v`，对此并发安全字典做全面的功能测试，或使用命令 `go test -v -run=^$ -bench . -benchmem` 启动对它的性能测试。

最后还有一个问题。不知道你发现没有，本节设计实现的并发安全字典并没有用于获取（或迭代获取）全部键–元素对的方法。我将它留作练习题，请认真思考并编写这样一个方法。

5.8 小结

本章讲述了 Go 语言提供的各种同步工具的使用方法。虽然它们都不是 Go 官方首推的并发编程方法，但是在一些应用场景下却更加轻快和适用，可以让你在需要保证程序的并发安全时多几种选择。它们是你的 Go 并发编程工具箱中不可或缺的一部分。

第 6 章

网络爬虫框架设计和实现

在前面几章，我介绍了 Go 语言的特性、语法以及各种编程方式和技巧。在并发编程方面，我还从历史背景、底层原理和编程模型出发，对 Go 运行时系统中的各种调度任务以及异步和同步的并发编程方法进行了详尽的阐述。我相信，你在仔细阅读这些文字和配套示例并进行必要的练习后，一定能够编写出正确且高效的 Go 程序。

作为本书的最后一章，我将完整地展示一个应用程序的设计、编写和简单试用的全过程，从而把前面讲到的所有 Go 知识贯穿起来。在这个过程中，我会设法增强你对它们的记忆和理解，以及再次说明怎样把它们用到实处。读过本章之后，我们会得到一个开箱即用且易于扩展的工具类程序。由本章的标题可知，它是一个网络爬虫（或称网络内容爬取程序）的框架。

之所以选择这个题目，是因为它不会掺杂太多与本书主题不相关的逻辑和功能。例如，一些面向某一个领域的数据结构和通信协议的定义，或者其他一些用于构建复杂的应用系统的细枝末节。

默认情况下，基于这个框架编写的网络爬虫程序是单机版的，也就是说，它仅会在一台计算机上运行。不过，我在框架中留有一些易于扩展的接口，你可以很方便地利用它们编写出一个分布式程序。当然，在这之前，你需要先搞懂什么是分布式计算。Go 语言的特点是通过内部调度可以最大限度地利用单机的计算能力。然而，在分布式计算方面，它本身其实并没有提供什么现成的东西，还需要使用一些第三方的框架或工具，或者自己编写和搭建。所以，关于怎样编写分布式网络爬虫程序，本章就不详述了。

好了，让我们立即开启这次 Go 并发编程实战之旅吧。

6.1 网络爬虫与框架

简单来说，网络爬虫是互联网终端用户的模仿者。它模仿的主要对象有两个，一个是坐在计算器前使用网络浏览器访问网络内容的人类用户，另一个就是网络浏览器。网络爬虫会模仿人类用户输入某个网站的网络地址，并试图访问该网站上的内容，还会模仿网络浏览器根据给定的网络地址去下载相应的内容。这里所说的内容可以是HTML页面、图片文件、音视频数据流，等等。在下载到对应的内容之后，网络爬虫会根据预设的规则对它进行分析和筛选。这些筛选出的部分会马上得到特定的处理。与此同时，网络爬虫还会像人类用户点击网页中某个他感兴趣的链接那样，继续访问和下载相关联的其他内容，然后再重复上述步骤，直到满足停止的条件。

如上所述，网络爬虫应该根据使用者的意愿自动下载、分析、筛选、统计以及存储指定的网络内容。注意，这里的关键词是“自动”和“根据意愿”。“自动”的含义是，网络爬虫在启动后自己完成整个爬取过程而无需人工干预，并且还能够在过程结束之后自动停止。而“根据意愿”则是说，网络爬虫最大限度地允许使用者对其爬取过程进行定制。

乍一看，要做到自动爬取貌似并不困难。我们只需让网络爬虫根据相关的网络地址不断地下载对应的内容即可。但是，窥探其中就可以发现，这里有很多细节需要我们进行特别处理，如下。

- 有效网络地址的发现和提取。
- 有效网络地址的边界定义和检查。
- 重复的网络地址的过滤。

在这些细节当中，有的是比较容易处理的，而有的则需要额外的解决方案。例如，我们都知道，基于HTML的网页中可以包含代表按钮的button标签。让网络浏览器在终端用户点击按钮的时候加载并显示另一个网页可以有很多种方法，其中，非常常用的一种方法就是为该标签添加onclick属性并把一些JavaScript语言的代码作为它的值。虽然这个方法如此常用，但是我们要想让网络爬虫可以从中提取出有效的网络地址却是比较困难的，因为这涉及对JavaScript程序的理解。JavaScript代码的编写方法繁多，要想让网络爬虫完全理解它们，恐怕就需要用到某个JavaScript程序解析器的Go语言实现了。

另一方面，由于互联网对人们生活和工作的全面渗透，我们可以通过各种途径找到各式各样的网络爬虫实现，它们几乎都有着复杂而又独特的逻辑。这些复杂的逻辑主要针对如下几个方面。

- 在根据网络地址组装HTTP请求时，需要为其设定各种各样的头部（Header）和主体（Body）。
- 对网页中的链接和内容进行筛选时需要用到的各种条件，这里所说的条件包括提取条件、过滤条件和分类条件，等等。

- 处理筛选出的内容时涉及的各种方式和步骤。

这些逻辑绝大多数都与网络爬虫使用者当时的意愿有关。换句话说，它们都与具体的使用目的有着紧密的联系。也许它们并不应该是网络爬虫的核心功能，而应该作为扩展功能或可定制的功能存在。

因此，我想我们更应该编写一个容易被定制和扩展的网络爬虫框架，而非一个满足特定爬取目的的网络爬虫，这样才能使这个程序成为一个可适用于不同应用场景的通用工具。既然如此，接下来我们就要搞清楚该程序应该或可以做哪些事，这也能够让我们进一步明确它的功能、用途和意义。别担心，作为一个可开箱即用的工具类程序，我会编写出那些扩展功能的默认实现。

6.2 功能需求和分析

概括来讲，网络爬虫框架会反复执行如下步骤直至触碰到停止条件。

(1)“下载器”下载与给定网络地址相对应的内容。其中，在下载“请求”的组装方面，网络爬虫框架为使用者尽量预留出定制接口。使用者可以使用这些接口自定义“请求”的组装方法。

(2)“分析器”分析下载到的内容，并从中筛选出可用的部分（以下称为“条目”）和需要访问的新网络地址。其中，在用于分析和筛选内容的规则和策略方面，应该由网络爬虫框架提供灵活的定制接口。换句话说，由于只有使用者自己才知道他们真正想要的是什么，所以应该允许他们对这些规则和策略进行深入的定制。网络爬虫框架仅需要规定好定制的方式即可。

(3)“分析器”把筛选出的“条目”发送给“条目处理管道”。同时，它会把发现的新网络地址和其他一些信息组装成新的下载“请求”，然后把这些请求发送给“下载器”。在此步骤中，我们会过滤掉一些不符合要求的网络地址，比如忽略超出有效边界的网络地址。

你可能已经注意到，在这几个步骤中，我使用引号突出展示了几个名词，即下载器、请求、分析器、条目和条目处理管道，其中，请求和条目都代表了某类数据，而其他 3 个名词则代表了处理数据的子程序（可称为处理模块或组件）。它们与前面已经提到过的网络内容（或称对请求的响应）共同描述了数据在网络爬虫程序中的流转方式。图 6-1 演示了起始于首次请求的数据流程图。

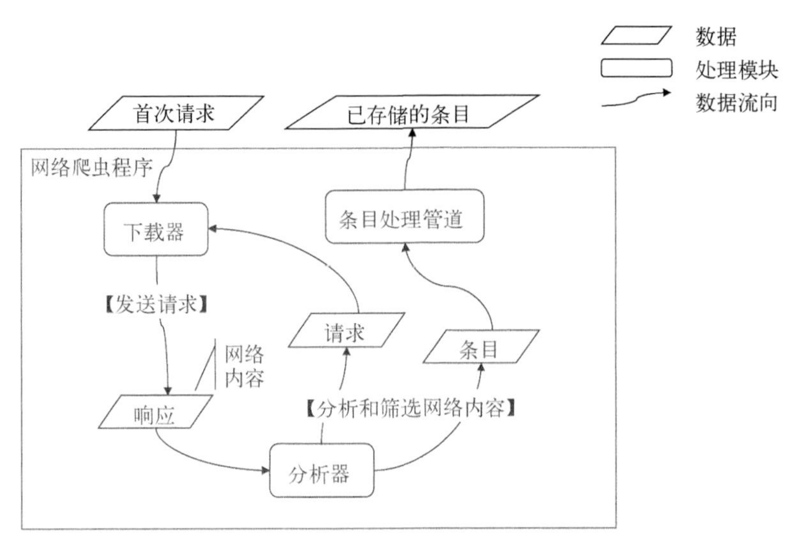

图 6-1　起始于首次请求的数据流程图

从图 6-1 中，我们可以清晰地看到每一个处理模块能够接受的输入和可以产生的输出。实际上，我们将要编写的网络爬虫框架就会以此为依据形成几个相对独立的子程序。当然，为了维护它们的运行和协作的有效性，框架中还会存在其他一些子程序。关于它们，我会在后面陆续予以说明。

这里，我再次强调一下网络爬虫框架与网络爬虫实现的区别。作为一个框架，该程序在每个处理模块中给予使用者尽量多的定制方法，而不去涉及各个处理步骤的实现细节。另外，框架更多地考虑使用者自定义的处理步骤在执行期间可能发生的各种情况和问题，并注意对这些问题的处理方式，这样才能在易于扩展的同时保证框架的稳定性。这方面的思考和策略会体现在该网络爬虫框架的各阶段设计和编码实现之中。

下面我就根据上述分析对这一程序进行总体设计。

6.3　总体设计

参看图 6-1 可知，网络爬虫框架的处理模块有 3 个：下载器、分析器和条目处理管道。再加上调度和协调这些处理模块运行的控制模块，我们就可以明晰该框架的模块划分了。我把这里提到的控制模块称为调度器。下面是这 4 个模块各自承担的职责。

- **下载器**。接受请求类型的数据，并依据该请求获得HTTP请求；将HTTP请求发送至与指定的网络地址对应的远程服务器；在HTTP请求发送完毕之后，立即等待相应的HTTP响应的到来；在收到HTTP响应之后，将其封装成响应并作为输出返回给下载器的调用方。其中，HTTP客户端程序可以由网络爬虫框架的使用方自行定义。另外，若在该子流程执行期间发生了错误，应该立即以适当的方式告知使用方。对于其他模块来讲，也是这样。

- **分析器**。接受响应类型的数据，并依据该响应获得HTTP响应；对该HTTP响应的内容进行检查，并根据给定的规则进行分析、筛选以及生成新的请求或条目；将生成的请求或条目作为输出返回给分析器的调用方。在分析器的职责中，我可以想到的能够留给网络爬虫框架的使用方自定义的部分并不少。例如，对HTTP响应的前期检查、对内容的筛选，以及生成请求和条目的方式，等等。不过，我在后面会对这些可以自定义的部分进行一些取舍。
- **条目处理管道**。接受条目类型的数据，并对其执行若干步骤的处理；条目处理管道中可以产出最终的数据；这个最终的数据可以在其中的某个处理步骤中被持久化（不论是本地存储还是发送给远程的存储服务器）以备后用。我们可以把这些处理步骤的具体实现留给网络爬虫框架的使用方自行定义。这样，网络爬虫框架就可以真正地与条目处理的细节脱离开来。网络爬虫框架丝毫不关心这些条目怎样被处理和持久化，它仅仅负责控制整体的处理流程。我把负责单个处理步骤的程序称为条目处理器。条目处理器接受条目类型的数据，并把处理完成的条目返回给条目处理管道。条目处理管道会紧接着把该条目传递给下一个条目处理器，直至给定的条目处理器列表中的每个条目处理器都处理过该条目为止。
- **调度器**。调度器在启动时仅接受首次请求，并且不会产生任何输出。调度器的主要职责是调度各个处理模块的运行。其中包括维护各个处理模块的实例、在不同的处理模块实例之间传递数据（包括请求、响应和条目），以及监控所有这些被调度者的状态，等等。有了调度器的维护，各个处理模块得以保持其职责的简洁和专一。由于调度器是网络爬虫框架中最重要的一个模块，所以还需要再编写出一些工具来支撑起它的功能。

在弄清楚网络爬虫框架中各个模块的职责之后，你知道它是以调度器为核心的。此外，为了并发执行的需要，除调度器之外的其他模块都可以是多实例的，它们由调度器持有、维护和调用。反过来讲，这些处理模块的实例会从调度器那里接受输入，并在进行相应的处理后将输出返回给调度器。最后，与另外两个处理模块相比，条目处理管道是比较特殊的。顾名思义，它是以流式处理为基础的，其设计灵感来自于我之前讲过的Linux系统中的管道。我们可以不断地向该管道发送条目，而该管道则会让其中的若干个条目处理器依次处理每一个条目。我们可以很轻易地使用一些同步方法来保证条目处理管道的并发安全性，因此即使调度器只持有该管道的一个实例，也不会有任何问题。

图 6-2 展示了调度器与各个处理模块之间的关系，图中加入了一个新的元素——工具箱，之前所说的用于支撑调度器功能的那些工具就是工具箱的一部分。顾名思义，工具箱不是一个完整的模块，而是一些工具的集合，这些工具是调度器与所有处理模块之间的桥梁。

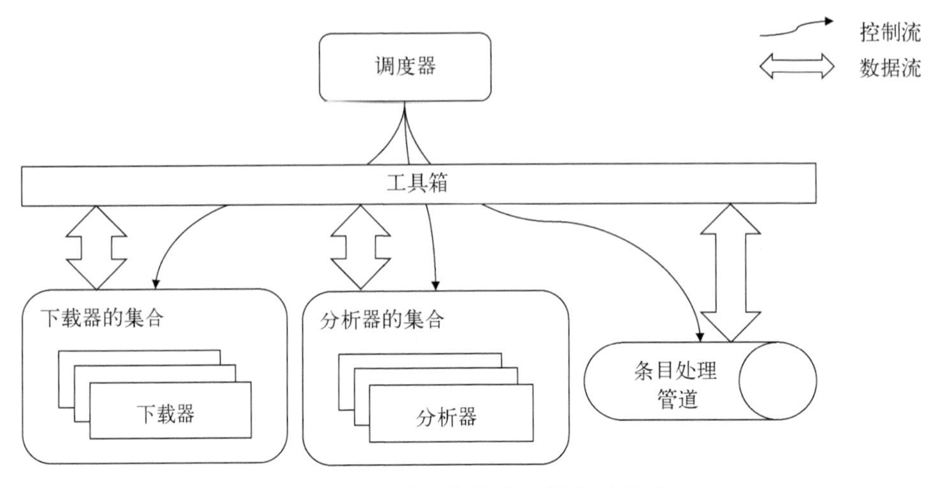

图 6-2　调度器与各处理模块的关系

至此，你对网络爬虫框架的设计有了一个宏观上的认识。不过，我还未提及在这个总体设计之下包含的大量设计技巧和决策。这些技巧和决策不但与一些通用的程序设计原则有关，还涉及很多依赖于 Go 语言的编程风格和方式方法。这也从侧面说明，由于几乎所有语言都有着非常鲜明的特点和比较擅长的领域，所以在设计一个需要由特定语言实现的软件或程序时，多多少少会考虑到这门语言自身的特性。也就是说，软件设计不是与具体的语言毫不相关的。反过来讲，总会有一门或几门语言非常适合实现某一类软件或程序。

后面会看到，就本章所讲的网络爬虫框架而言，Go 是非常适合作为其实现语言的。动手实现这个框架之前，我会先讲一讲其中各个模块的设计方案。

6.4　详细设计

在本节中，我会逐一讲解网络爬虫框架中各个处理模块所涉及的数据结构和接口。在这个过程中，你还会了解控制和调度这些处理模块需要用到的工具。

6.4.1　基本数据结构

为了承载和封装数据，需要先声明一些基本的数据结构。网络爬虫框架中的各个模块都会用到这些数据结构，所以可以说它们是这一程序的基础。

在分析网络爬虫框架的需求时，提到过这样几类数据——请求、响应、条目，下面我们逐个讲解它们的声明和设计理念。

请求用来承载向某一个网络地址发起的 HTTP 请求，它由调度器或分析器生成并传递给下载器，下载器会根据它从远程服务器下载相应的内容。因此，它有一个 net/http.Request 类型的字段。不过，为了减少不必要的零值生成（http.Request 是一个结构体类型，它的零值不是 nil）和实例复制，我们把*http.Request 作为该字段的类型。下面是 base.Request 类型的声明的第一个版本：

```
// 数据请求的类型
type Request struct {
    // HTTP 请求
    httpReq *http.Request
}
```

我把基本数据结构的声明都放到了示例项目下的代码包 gopcp.v2/chapter6/webcrawler/module 中。因此，其他代码包中的代码在访问这些类型时一般会用到限定符 module。

从已经提到的相关需求来看，这样的声明已经足够了。不过，我也说过网络爬虫能够在爬取过程结束之后自动停止。那么，网络爬虫在对一个网站上的内容爬取到什么程度才结束呢？量化内容爬取程度的一个比较常用的方法，是计算每个下载的网络内容的深度。网络爬虫可以根据最大深度的预设值忽略掉对“更深”的网络内容的下载。当所有在该最大深度范围内的网络内容都下载完成时，就意味着爬取过程即将结束。待这些内容分析和处理完成后，就能够判定网络爬虫对爬取过程的执行是否真正结束了。因此，为了记录网络内容的深度，我们还应该在 Request 类型的声明中加入一个字段，它的第二个版本如下：

```
// 数据请求的类型
type Request struct {
    // HTTP 请求
    httpReq *http.Request
    // 请求的深度
    depth uint32
}

// 用于创建一个新的请求实例
func NewRequest(httpReq *http.Request, depth uint32) *Request {
    return &Request{httpReq: httpReq, depth: depth}
}

// 用于获取 HTTP 请求
func (req *Request) HTTPReq() *http.Request {
```

```
    return req.httpReq
}

// 用于获取请求的深度
func (req *Request) Depth() uint32 {
    return req.depth
}
```

我希望这个类型的值是不可变的。也就是说，在该类型的一个值创建和初始化之后，当前代码包之外的任何代码都不能更改它的任何字段值。对于这样的需求，一般会通过以下 3 个步骤来实现。

(1) 把该类型的所有字段的访问权限都设置为包级私有。也就是说，要保证这些字段的名称首字母均为小写。

(2) 编写一个创建和初始化该类型值的函数。由于该类型的所有字段均不能被当前代码包之外的代码直接访问，所以它们自然也就无法为这样的字段赋值。这也是需要编写这样一个函数的原因。这类函数的名称一般都以“New”为前缀，它们会接受一些参数值，然后以此为基础初始化一个目标类型的值并将其作为函数结果返回。

(3) 编写必要的用来获取字段值的方法。这一步骤并不是必需的。不编写这样的方法的原因可能是想要完全隐藏字段值，也可能是字段的类型导致不宜公开其值。比如，如果字段是引用类型的，那么只要它的值可以被外部获取，就等于让外部有了修改权限。

注意，NewRequest 函数的结果类型是*Request，而不是 Request。这样做的主要原因是要为 Request 类型编写指针方法而非值方法，并以此让*Request 成为某个接口类型的实现类型。更深层次的原因是，值在作为参数传递给函数或者作为结果由函数返回时会被复制一次。指针值往往更能减小复制的开销。

这里再说明一下 Request 类型的 depth 字段。理论上，uint32 类型已经可以使 depth 字段的值足够大了。由于深度值不可能是负数，所以也不需要为此牺牲正整数的部分取值范围。传递给调度器的首次请求的深度值是 0，这也是首次请求的一个标识。那么，后续请求的深度值应该怎样计算和传递呢？假设下载器发出了首次请求“A”并成功接收到了响应，经过分析器的分析，其中找到了两个新的网络地址并生成了新的请求“B”和“C”，那么这两个新请求的深度值就为 1。如果在接收并分析了请求“B”的响应之后又生成了一个新请求“D”，那么后者的深度值就是 2，以此类推。我们可以把首次请求看作请求“B”和请求“C”的父请求，反过来讲，可以把请求“B”和请求“C”视作首次请求的子请求。因此，就有了这样一条规则：一个请求的深度值等于对它的父请求的深度值递增一次后的结果。

理解了刚刚对请求深度值计算方法的描述之后，你可能会发现：只有对某个请求的响应内容进行分析之后，才可能需要生成新的请求。并且，调度器并不会直接把请求作为参数传递给分析器。这样不符合我们先前对数据流转方式的设计，同时也会使这两个处理模块之间的交互变得混乱。显然，响应也携带深度值。一方面，这可以算作标示响应深度的一种方式。另一方面，也是更重要的一方面，它可以作为新请求的深度值的计算依据。因此，Response 类型的声明如下：

```
// 数据响应的类型
type Response struct {
    // HTTP 响应
    httpResp *http.Response
    // 响应的深度
    depth uint32
}

// 用于创建一个新的响应实例
func NewResponse(httpResp *http.Response, depth uint32) *Response {
    return &Response{httpResp: httpResp, depth: depth}
}

// 用于获取 HTTP 响应
func (resp *Response) HTTPResp() *http.Response {
    return resp.httpResp
}

// 用于获取响应深度
func (resp *Response) Depth() uint32 {
    return resp.depth
}
```

这个类型的声明不用我再做解释了，其各部分的含义与 Request 类型类似。

除了请求和响应这两个有着对应关系的数据结构之外，还需要定义条目的结构。条目的实例需要存储的内容比请求和响应复杂得多。因为对响应的内容进行筛选并生成出条目的规则也是由网络爬虫框架的使用者自己制定的。因此，条目的结构足够灵活，其实例可以容纳所有可能从响应内容中筛选出的数据。基于此，我这样定义条目的类型声明：

```
// 条目的类型
type Item map[string]interface{}
```

我把 Item 类型声明为字典类型 map[string]interface{}的别名类型，这样就可以最大限度地存储多样的数据了。由于条目处理器也是由网络爬虫框架的使用者提供，所以这里并不用考虑字典中的各个元素值是否可以被条目处理器正确理解的问题。

好了，我们需要的 3 个基本数据类型都在这里了。为了能够用一个类型从整体上标识这 3 个基本数据类型，我们又声明了 Data 接口类型：

```
// 数据的接口类型
type Data interface {
    // 用于判断数据是否有效
    Valid() bool
}
```

这个接口类型只有一个名为 Valid 的方法，可以通过调用该方法来判断数据的有效性。显然，Data 接口类型的作用更多的是作为数据类型的一个标签，而不是定义某种类型的行为。为了让表示请求、响应或条目的类型都实现 Data 接口，又在当前的源码文件中添加了这样几个方法：

```
// 用于判断请求是否有效
func (req *Request) Valid() bool {
    return req.httpReq != nil && req.httpReq.URL != nil
}

// 用于判断响应是否有效
func (resp *Response) Valid() bool {
    return resp.httpResp != nil && resp.httpResp.Body != nil
}

// 用于判断条目是否有效
func (item Item) Valid() bool {
    return item != nil
}
```

这样一来，这 3 个类型因 Data 接口类型而被归为一类。在后面，你会了解到这样做还有另外的功效。

至此，实现网络爬虫框架需要用到的基本数据类型均已编写完成。不过，这里我们还需要一个额外的类型，这个类型是作为 error 接口类型的实现类型而存在的。它的主要作用是封装爬取过程中出现的错误，并以统一的方式生成字符串形式的描述。我们知道，只要某个类型的方法集合中包含了下面这个方法，就等于实现了 error 接口类型：

```
func Error() string
```

为此，首先声明了一个名为 CrawlerError 的接口类型：

```
// 爬虫错误的接口类型
type CrawlerError interface {
    // 用于获得错误的类型
    Type() ErrorType
    // 用于获得错误提示信息
    Error() string
}
```

我把它放在了 gopcp.v2/chapter6/webcrawler/errors 代码包中，其中 Type 方法的结果类型 ErrorType 只是一个 string 类型的别名类型而已。另外，由于 CrawlerError 类型的声明中也包含了 Error 方法，所以只要某个类型实现了它，就等于实现了 error 接口类型。先编写这样一个接口类型而不是直接编写出 error 接口类型的实现类型的原因有两个。第一，我们在编程过程中应该遵循面向接口编程的原则，这个原则我已经提过多次了。第二是为了扩展 error 接口类型。网络爬虫框架拥有多个处理模块，错误类型值可以表明该错误是哪一个处理模块产生的，这也是 Type 方法起到的作用。

下面就让我们来实现这个接口类型。遵照本书中对实现类型的命名风格，我们声明了结构体类型 myCrawlerError：

```
// 爬虫错误的实现类型
type myCrawlerError struct {
    // 错误的类型
    errType ErrorType
    // 错误的提示信息
    errMsg string
    // 完整的错误提示信息
    fullErrMsg string
}
```

字段 errMsg 的值由初始化 myCrawlerError 类型值的一方给出，这与传递给 errors.New 函数的参数值的含义类似。作为附加信息，errType 字段的值就是该类型的 Type 方法的结果值，它代表了错误类型。为了便于使用者为该字段赋值，还声明了一些常量：

```
// 错误类型常量
const (
    // 下载器错误
    ERROR_TYPE_DOWNLOADER ErrorType = "downloader error"
    // 分析器错误
    ERROR_TYPE_ANALYZER ErrorType = "analyzer error"
    // 条目处理管道错误
    ERROR_TYPE_PIPELINE ErrorType = "pipeline error"
    // 调度器错误
    ERROR_TYPE_SCHEDULER ErrorType = "scheduler error"
)
```

可以看到，这 4 个常量的类型都是 ErrorType，它们分别与网络爬虫框架中的主要模块相对应。当某个模块在运行过程中出现了错误，程序就会使用对应的 ErrorType 类型的常量来初始化一个 CrawlerError 类型的错误值。具体的初始化方法就是使用 NewCrawlerError 函数，其声明如下：

```
// 用于创建一个新的爬虫错误值
func NewCrawlerError(errType ErrorType, errMsg string) CrawlerError {
    return &myCrawlerError{
        errType: errType,
```

```
        errMsg:  strings.TrimSpace(errMsg),
    }
}
```

从该函数的函数体可以看出，*myCrawlerError 类型是 CrawlerError 类型的一个实现类型。*myCrawlerError 类型的方法集合中包含 CrawlerError 接口类型中的 Type 方法和 Error 方法：

```
func (ce *myCrawlerError) Type() ErrorType {
    return ce.errType
}

func (ce *myCrawlerError) Error() string {
    if ce.fullErrMsg == "" {
        ce.genFullErrMsg()
    }
    return ce.fullErrMsg
}
```

你可能已经发现，Error 方法中用到了 myCrawlerError 类型的 fullErrMsg 字段。并且，它还调用了一个名为 genFullErrMsg 的方法，该方法的实现如下：

```
// 用于生成错误提示信息，并给相应的字段赋值
func (ce *myCrawlerError) genFullErrMsg() {
    var buffer bytes.Buffer
    buffer.WriteString("crawler error: ")
    if ce.errType != "" {
        buffer.WriteString(string(ce.errType))
        buffer.WriteString(": ")
    }
    buffer.WriteString(ce.errMsg)
    ce.fullErrMsg = fmt.Sprintf("%s", buffer.String())
    return
}
```

genFullErrMsg 方法同样是 myCrawlerError 类型的指针方法，它的功能是生成 Error 方法需要返回的结果值。可以看到，这里没有直接用 errMsg 字段的值，而是以它为基础生成了一条更完整的错误提示信息。在这条信息中，明确显示出它是一个网络爬虫的错误，也给出了错误的类型和详情。注意，这条错误提示信息缓存在 fullErrMsg 字段中。回顾该类型的 Error 方法的实现，只有当 fullErrMsg 字段的值为""时，才会调用 genFullErrMsg 方法，否则会直接把 fullErrMsg 字段的值作为 Error 方法的结果值返回。这也是为了避免频繁地拼接字符串给程序性能带来的负面影响。在 genFullErrMsg 方法的实现中使用了 bytes.Buffer 类型值作为拼接错误信息的手段。虽然这样做确实可以大大减小这一负面影响，但是由于 myCrawlerError 类型的值是不可变的，所以缓存错误提示信息还是很有必要的。其根本原因是，对这样的不可变值的缓存永远不会失效。

前面展示的这些类型对于承载数据（不论是正常数据还是错误信息）来说已经足够了，它们是网络爬虫框架中最基本的元素。

6.4.2 接口的设计

这里所说的接口是指网络爬虫框架中各个模块的接口。与先前描述的基本数据结构不同，它们的主要职责是定义模块的行为。在定义行为的过程中，我会对它们应有的功能作进一步的审视，同时也会更多地思考它们之间的协作方式。

下面就开始逐一设计网络爬虫框架中的这类接口，以及相关的其他类型。为了更易于理解，先从那几个处理模块的接口开始，然后再去考虑怎样定义调度器以及它会用到的各种工具的行为。

1. 下载器

下载器的功能就是从网络中的目标服务器上下载内容。内容在网络中的唯一标识是网络地址，但是它只能起到定位的作用，并不是成功下载内容的充分条件。

HTTP 协议是基于 TCP/IP 协议栈的应用层协议，它是互联网世界的根基之一。因此，互联网时代诞生的绝大多数语言都会使用不同的方式提供针对该协议的 API。当然，Go 也不例外。Go 的标准库代码包 net/http 就提供了这类 API。在编写网络爬虫框架的基本数据结构时，就用过其中的两个类型：http.Request 和 http.Response。实际上，我们将要构建的网络爬虫框架就是以 HTTP 协议和 net/http 代码包中的 API 为基础的。

从下载器充当的角色来讲，它的功能只有两个：发送请求和接收响应。因此，我可以设计出这样一个方法声明：

```
// 用于根据请求获取内容并返回响应
Download(req *Request) (*Response, error)
```

Download 的签名完全体现出了下载器应有的功能。但是作为处理模块，下载器还应该拥有一些方法以供统计、描述之用。不过正因为这些方法是所有处理模块都应具备的，所以要编写一个更加抽象的接口类型。请看下面的声明：

```
// Module 代表组件的基础接口类型。
// 该接口的实现类型必须是并发安全的
type Module interface {
    // 用于获取当前组件的 ID
    ID() MID
    // 用于获取当前组件的网络地址的字符串形式
    Addr() string
    // 用于获取当前组件的评分
```

```
    Score() uint64
    // 用于设置当前组件的评分
    SetScore(score uint64)
    // 用于获取评分计算器
    ScoreCalculator() CalculateScore
    // 用于获取当前组件被调用的计数
    CalledCount() uint64
    // 用于获取当前组件接受的调用的计数,
    // 组件一般会由于超负荷或参数有误而拒绝调用
    AcceptedCount() uint64
    // 用于获取当前组件已成功完成的调用的计数
    CompletedCount() uint64
    // 用于获取当前组件正在处理的调用的数量
    HandlingNumber() uint64
    // 用于一次性获取所有计数
    Counts() Counts
    // 用于获取组件摘要
    Summary() SummaryStruct
}
```

处理模块之所以又称为组件，是因为它们实现的都是扩展功能，可组装到网络爬虫框架上。但同时它们又是重要的，因为如果没有它们，就无法使用这个框架编写出一个可以运转起来的网络爬虫。

Module 接口定义了组件的基本行为。其中，MID 是 string 的别名类型，它的值一般由 3 部分组成：标识组件类型的字母、代表生成顺序的序列号和用于定位组件的网络地址。网络地址是可选的，因为组件实例可以和网络爬虫的主程序处于同一个进程中。下面的模版声明可以很好地说明 MID 类型值的构成：

```
// 组件 ID 的模板
var midTemplate = "%s%d|%s"
```

说到标识组件类型的字母，就要先介绍一下组件的类型。请看下面的声明：

```
// 组件的类型
type Type string

// 当前认可的组件类型的常量
const (
    // 下载器
    TYPE_DOWNLOADER Type = "downloader"
    // 分析器
    TYPE_ANALYZER Type = "analyzer"
    // 条目处理管道
    TYPE_PIPELINE Type = "pipeline"
)
```

组件类型常量的值已经直白地表达了其含义。基于此，我可以明确它们与字母之间的对应关系：

```
// 合法的组件类型-字母的映射
var legalTypeLetterMap = map[Type]string{
    TYPE_DOWNLOADER: "D",
    TYPE_ANALYZER:   "A",
    TYPE_PIPELINE:   "P",
}
```

组件ID中的序列号可以由网络爬虫框架的使用方提供。这就需要我们在框架内提供一个工具，以便于统一序列号的生成和获取。序列号原则上是不能重复的，也是顺序给出的。但是如果序列号超出了给定范围，就可以循环使用。据此，我编写了一个序列号生成器的接口类型：

```
// 序列号生成器的接口类型
type SNGenertor interface {
    // 用于获取预设的最小序列号
    Start() uint64
    // 用于获取预设的最大序列号
    Max() uint64
    // 用于获取下一个序列号
    Next() uint64
    // 用于获取循环计数
    CycleCount() uint64
    // 用于获得一个序列号并准备下一个序列号
    Get() uint64
}
```

其中最小序列号和最大序列号都可以由使用方在初始化序列号生成器时给定。循环计数代表了生成器生成的序列号在前两者指定的范围内循环的次数。

网络地址在MID中的格式是"<IP>:<port>"，例如"127.0.0.1:8080"，这类字符串其实就是Module接口的Addr方法返回的。

图6-3展示和总结了组件ID的构成及生成方法。

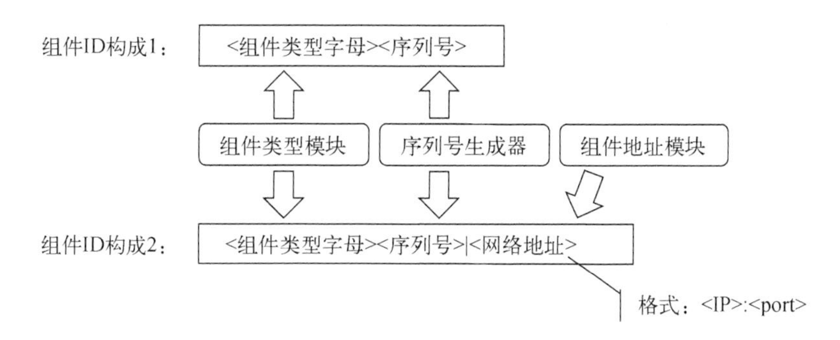

图6-3 组件ID的构成及生成方法

这里涉及的模块以及其他与组件有关的所有基础接口和模块都放到了代码包

gopcp.v2/chapter6/webcrawler/module 中。

Module 接口中的第 3 个至第 5 个方法是关于组件评分的，这又涉及组件注册方面的设计。按照我的设想，在网络爬虫程序真正启动之前，应该先向组件注册器注册足够的组件实例。只有如此，程序才能正常运转。组件注册器可以注册、注销以及获取某类组件的实例，并且还可以清空所有组件实例。所以，它的接口类型这样声明：

```
// 组件注册器的接口
type Registrar interface {
    // 用于注册组件实例
    Register(module Module) (bool, error)
    // 用于注销组件实例
    Unregister(mid MID) (bool, error)
    // 用于获取一个指定类型的组件的实例，
    // 该函数基于负载均衡策略返回实例
    Get(moduleType Type) (Module, error)
    // 用于获取指定类型的所有组件实例
    GetAllByType(moduleType Type) (map[MID]Module, error)
    // 用于获取所有组件实例
    GetAll() map[MID]Module
    // 清除所有的组件注册记录
    Clear()
}
```

这个接口的 Get 方法用于获取一个特定类型的组件实例，它实现某种负载均衡策略，使得同一类型的多个组件实例有相对平均的机会作为结果返回。这里所说的负载均衡策略就是基于组件评分的。组件评分可以通过 Module 接口定义的 Score 方法获得。相对地，SetScore 方法用于设置评分。这个评分的计算方法抽象为名为 CalculateScore 的函数类型，其声明如下：

```
// 用于计算组件评分的函数类型
type CalculateScore func(counts Counts) uint64
```

其参数类型 Counts 是一个结构体类型，包含了代表组件相关计数的字段。通过 Module 接口定义的 ScoreCalculator 方法，可以获得当前组件实例使用的评分计算器。Module 接口之所以没有包含设置评分计算器的方法，是因为评分计算器在初始化组件实例时给定，并且之后不能变更。

组件实例的评分的获取、设置及其计算方法完全由它自己实现（或者由网络爬虫框架的使用方自行确定），所以调度器以及网络爬虫框架无须插手评分的具体过程，仅仅确定评分的制度就好了。

再回到 Module 接口的声明，其中第 6 个至第 10 个方法用于获取各种计数，并且第

10 个方法的结果的类型就是 Counts。这就形成了一个闭环，让组件的评分机制在接口层面变得完整。

Module 接口中的最后一个方法 Summary，用于获取组件实例的摘要信息。注意，这个摘要信息并不是字符串形式的，而是 SummaryStruct 类型的。这种结构化的摘要信息对于控制模块和监控工具都更加友好，同时也有助于组装和嵌入。SummaryStruct 类型的声明是这样的：

```
// 组件摘要结构的类型
type SummaryStruct struct {
    ID        MID         `json:"id"`
    Called    uint64      `json:"called"`
    Accepted  uint64      `json:"accepted"`
    Completed uint64      `json:"completed"`
    Handling  uint64      `json:"handling"`
    Extra     interface{} `json:"extra,omitempty"`
}
```

如果你使用过标准库中的 encoding/json 包的话，就一定知道这个类型的值可以序列化为 JSON 格式的字符串。实际上，网络爬虫框架中的所有摘要类信息都是如此。当今主流的日志收集系统大都可以直接解析 JSON 格式的日志文本。另外，你可以顺便注意一下 SummaryStruct 类型中的 Extra 字段，该字段的作用是为额外的组件信息的纳入提供支持。

讲完了 Module 接口的声明以及相关的各种类型定义和设计理念，让我们再回过头去接着设计下载器的接口。有了上述的一系列铺垫，组件实例的基本结构和方法以及对它们的管理规则都已经比较明确了。下载器的接口声明反而变得简单了，如下：

```
// Downloader 代表下载器的接口类型。
// 该接口的实现类型必须是并发安全的
type Downloader interface {
    Module
    // 根据请求获取内容并返回响应
    Download(req *Request) (*Response, error)
}
```

可以看到，Downloader 接口中仅仅包含了一个 Module 接口的嵌入和前面提到的那个 Download 方法。

2. 分析器

分析器的职责是根据给定的规则分析响应，下面就是其接口类型的声明：

```
// Analyzer 代表分析器的接口类型。
// 该接口的实现类型必须是并发安全的
```

```
type Analyzer interface {
    Module
    // 用于返回当前分析器使用的响应解析函数的列表
    RespParsers() []ParseResponse
    // 根据规则分析响应并返回请求和条目，
    // 响应需要分别经过若干响应解析函数的处理，然后合并结果
    Analyze(resp *Response) ([]Data, []error)
}
```

Analyzer接口与下载器的接口一样，都嵌入了Module接口，并且都声明了一个简单明了的方法用于执行属于自己的任务。这里多出的RespParsers方法用于获取分析器示例使用的响应解析器（也称HTTP响应解析函数），它的结果类型是元素类型为ParseResponse的切片类型。

ParseResponse是一个函数类型，它的声明如下：

```
// 用于解析HTTP响应的函数的类型
type ParseResponse func(httpResp *http.Response, respDepth uint32) ([]Data, []error)
```

声明这样一个函数类型的意义在于让网络爬虫框架的使用者可以自定义响应的分析过程，以及生成相应的请求和条目的方式。该函数类型的参数httpResp表示目标服务器返回的HTTP响应，而参数respDepth则代表了该响应的深度。

我实际上把整个响应分析、筛选和结果生成的过程都寄托于使用者提供的ParseResponse函数类型的实现。而在Analyze方法的实现中，我只想把若干个此类HTTP响应解析函数的结果合并起来返回而已。

这里体现了多层定制接口的设计理念。第一层接口就是Downloader、Analyzer这类，你可以完全实现自己的下载器和分析器。第二层就是诸如ParseResponse的函数类型。如果你想使用框架提供的默认组件实现，就可以只编写这类函数，这同样也可以达到高度定制的目的。

3. 条目处理管道

条目处理管道的功能就是为条目的处理提供环境，并控制整体的处理流程，具体的处理步骤由网络爬虫框架的使用者提供。实现单一处理步骤的程序称为条目处理器。它的类型同样由单一的函数类型代表，所以也可以称为条目处理函数。这又会是一组双层定制接口，下面我们来看看相关的类型声明：

```
// Pipeline代表条目处理管道的接口类型。
// 该接口的实现类型必须是并发安全的
type Pipeline interface {
    Module
    // 用于返回当前条目处理管道使用的条目处理函数的列表
```

```
    ItemProcessors() []ProcessItem
    // Send 会向条目处理管道发送条目。
    // 条目需要依次经过若干条目处理函数的处理
    Send(item Item) []error
    // FailFast 方法会返回一个布尔值，该值表示当前条目处理管道是否是快速失败的。
    // 这里的快速失败是指：只要在处理某个条目时在某一个步骤上出错，
    // 那么条目处理管道就会忽略掉后续的所有处理步骤并报告错误
    FailFast() bool
    // 设置是否快速失败
    SetFailFast(failFast bool)
}

// 用于处理条目的函数的类型
type ProcessItem func(item Item) (result Item, err error)
```

Pipeline 接口中最重要的方法就是 Send 方法，该方法使条目处理管道的使用方可以向它发送条目，以使其中的条目处理器（也称条目处理函数）对这些条目进行处理。FailFast 方法和 SetFailFast 对应于条目处理管道的“快速失败”特性。方法的注释对这一特性已有清晰的描述。至于 ItemProcessors 方法，我就不多说了。

函数类型 ProcessItem 接受一个需要处理的条目，并把处理后的条目和可能发生的错误作为结果值返回。如果第二个结果值不为 nil，就说明在这个处理过程中发生了一个错误。

最后，一定要注意，与下载器和分析器一样，条目处理管道的实现也一定要是并发安全的。也就是说，它们的任何方法在同时调用时都不能产生竞态条件。这主要是因为调度器会在任何需要的时候从组件注册器中获取一个组件实例并使用。同一个组件实例可能会用来并发处理多个数据。组件实例不能成为调度器执行并发调度的阻碍。此外，与之有关的各种计数和摘要信息的读写操作同样要求组件本身具有并发安全性。

4. 调度器

调度器属于控制模块而非处理模块，它需要对各个处理模块的运作进行调度和控制。可以说，调度器是网络爬虫框架的心脏。因此，我需要由它来启动和停止爬取流程。另外，出于监控整个爬取流程的目的，还应该在这里提供获取实时状态和摘要信息的方法。依照这样的思路，我编写了这样一个接口类型声明：

```
// 调度器的接口类型
type Scheduler interface {
    // Init 用于初始化调度器。
    // 参数 requestArgs 代表请求相关的参数。
    // 参数 dataArgs 代表数据相关的参数。
    // 参数 moduleArgs 代表组件相关的参数
    Init(requestArgs RequestArgs,
        dataArgs DataArgs,
```

```
        moduleArgs ModuleArgs) (err error)
    // Start 用于启动调度器并执行爬取流程
    // 参数 firstHTTPReq 代表首次请求，调度器会以此为起始点开始执行爬取流程
    Start(firstHTTPReq *http.Request) (err error)
    // Stop 用于停止调度器的运行
    // 所有处理模块执行的流程都会被中止
    Stop() (err error)
    // 用于获取调度器的状态
    Status() Status
    // ErrorChan 用于获得错误通道。
    // 调度器以及各个处理模块运行过程中出现的所有错误都会被发送到该通道。
    // 若结果值为 nil，则说明错误通道不可用或调度器已停止
    ErrorChan() <-chan error
    // 用于判断所有处理模块是否都处于空闲状态
    Idle() bool
    // 用于获取摘要实例
    Summary() SchedSummary
}
```

Scheduler 接口类型的声明及相关代码都放在 gopcp.v2/chapter6/webcrawler/scheduler 代码包中。

Scheduler 接口的 Init 方法用于调度器的初始化。初始化调度器需要一些参数，这些参数分为 3 类：请求相关参数、数据相关参数和组件相关参数。这 3 类参数分别封装在了 RequestArgs、DataArgs 和 ModuleArgs 类型中。RequestArgs 类型的声明如下：

```
// 请求相关的参数容器的类型
type RequestArgs struct {
    // AcceptedDomains 代表可以接受的 URL 的主域名的列表。
    // URL 主域名不在列表中的请求都会被忽略
    AcceptedDomains []string `json:"accepted_primary_domains"`
    // MaxDepth 代表需要爬取的最大深度。
    // 实际深度大于此值的请求都会被忽略
    MaxDepth uint32 `json:"max_depth"`
}
```

该类型中的两个字段都是用来定义爬取范围的。AcceptedDomains 用于指定可以接受的 HTTP 请求的 URL，用其主域名作为限定条件。因为几乎没有一个非个人的网站不存在指向其他网站的链接。所以，如果不加以控制，随着爬取深度的增加，爬取范围会不断地急剧扩大。这对于网络爬虫程序可能会是一个灾难。导致的结果就是，新的爬取目标越来越多，爬取过程总也无法结束。所以，我们一定要在爬取广度方面有所约束。而最大爬取深度则是另外一方面的约束，我在前面已经描述过它的计算方法。有了这两个方面的约束，我们就为爬取明确了一个范围，爬取的目标不会也不应该超出这个范围。

DataArgs 类型中包括的是与数据缓冲池相关的字段，这些字段的值用于初始化对应的数据缓冲池。调度器使用这些数据缓冲池传递数据。具体来说，调度器使用的数据缓冲

池有 4 个——请求缓冲池、响应缓冲池、条目缓冲池和错误缓冲池，它们分别用来传输请求类型、响应类型、条目类型和 error 类型的数据。根据我对缓冲池的接口类型的定义（至此还未讲过），每个缓冲池需要两个参数，包括：缓冲池中单一缓冲器的容量，以及缓冲池包含的缓冲器的最大数量。这样算来，DataArgs 类型中字段的总数就是 8，下面是该类型的声明：

```
// 数据相关的参数容器的类型
type DataArgs struct {
    // 请求缓冲器的容量
    ReqBufferCap uint32 `json:"req_buffer_cap"`
    // 请求缓冲器的最大数量
    ReqMaxBufferNumber uint32 `json:"req_max_buffer_number"`
    // 响应缓冲器的容量
    RespBufferCap uint32 `json:"resp_buffer_cap"`
    // 响应缓冲器的最大数量
    RespMaxBufferNumber uint32 `json:"resp_max_buffer_number"`
    // 条目缓冲器的容量
    ItemBufferCap uint32 `json:"item_buffer_cap"`
    // 条目缓冲器的最大数量
    ItemMaxBufferNumber uint32 `json:"item_max_buffer_number"`
    // 错误缓冲器的容量
    ErrorBufferCap uint32 `json:"error_buffer_cap"`
    // 错误缓冲器的最大数量
    ErrorMaxBufferNumber uint32 `json:"error_max_buffer_number"`
}
```

关于缓冲池和缓冲器的接口定义，后面会专门介绍，这里只需要知道一个缓冲池会包含若干个缓冲器，两者都实现了并发安全的、队列式的数据传输功能，但前者是可伸缩的。

ModuleArgs 类型的参数是最重要的，它可以提供 3 种组件的实例列表，其结构如下：

```
// 组件相关的参数容器的类型
type ModuleArgs struct {
    // 下载器列表
    Downloaders []module.Downloader
    // 分析器列表
    Analyzers []module.Analyzer
    // 条目处理管道管道列表
    Pipelines []module.Pipeline
}
```

有了这些参数，网络爬虫程序就可以正常启动了。不过，拿到这些参数时，需要做的第一件事就必须是检查它们的有效性。为了让这类参数容器必须提供检查的方法，我编写了一个接口类型，并让上述 3 个类型都实现它：

```
// 参数容器的接口类型
type Args interface {
```

```
    // Check 用于自检参数的有效性。
    // 若结果值为 nil，则说明未发现问题，否则就意味着自检未通过
    Check() error
}
```

对于 RequestArg 类型的值来说，若 AcceptedDomains 字段的值为 nil，就说明参数无效。对于 DataArgs 类型的值来说，任何字段的值都不能为 0。而对于 ModuleArgs 类型的值来说，3 种组件的实例都必须至少提供一个。

Scheduler 接口的实现实例需要通过上述这些参数正确设置自己的状态，并为启动做好准备。一旦初始化成功，就可以调用它的 Start 方法以启动调度器。Start 方法只接受一个参数——首次请求。一旦满足了这最后一个必要条件，调度器就可以按照既定流程运转起来了。

Scheduler 接口的 Stop 方法可以停止调度器的运行。调度器的启动和停止都可能失败。更具体地说，如果代表错误的方法的结果值不为 nil，就说明调用没有成功。对于启动来说，失败的原因可能是有无效的参数，也可能是调度器当时的状态不能启动。对于停止来说，状态不对应该是唯一的失败原因。因为停止的方式是向调度器内部和各个组件异步发出停止信号，所以即使有什么问题，也不会反映在 Stop 方法的结果值上。

Scheduler 接口的 Status 方法用于获取调度器当时的状态。它的返回结果是 Status 类型的，该类型是一个 uint8 类型的别名类型。调度器的状态值会被限定在一个很有限的范围内。下面通过一系列常量来表示这一范围：

```
const (
    // 未初始化的状态
    SCHED_STATUS_UNINITIALIZED Status = 0
    // 正在初始化的状态
    SCHED_STATUS_INITIALIZING Status = 1
    // 已初始化的状态
    SCHED_STATUS_INITIALIZED Status = 2
    // 正在启动的状态
    SCHED_STATUS_STARTING Status = 3
    // 已启动的状态
    SCHED_STATUS_STARTED Status = 4
    // 正在停止的状态
    SCHED_STATUS_STOPPING Status = 5
    // 已停止的状态
    SCHED_STATUS_STOPPED Status = 6
)
```

调度器在状态转换方面需要有一套规则，具体如下。

- 当调度器处于正在初始化、正在启动或正在停止状态时，不能由外部触发状态的变化。也就是说，这时的调度器不能被初始化、启动或停止。

- 处于未初始化状态时，调度器不能被启动或停止。理所应当，没有必要的参数设置，调度器是无法运作的。
- 处于已启动状态时，调度器不能被初始化或启动。调度器是可以被再初始化的，但是必须在未启动的情况下才能这样做。另外，调用运行中的调度器的Start方法是不会成功的。
- 仅当调度器处于已启动状态时，才能被停止。换句话说，对不在运行中的调度器调用Stop方法肯定会失败。

纵观这些规则可以看出，调度器的初始化、启动和停止是需要按照次序进行的。只有已初始化的调度器才能被启动，只有已启动的调度器才能被停止。另一方面，允许重新初始化操作使得调度器可被复用。调度器处于未初始化、已初始化或已停状态时，都可以重新初始化。图 6-4 展示了调度器的状态转换。

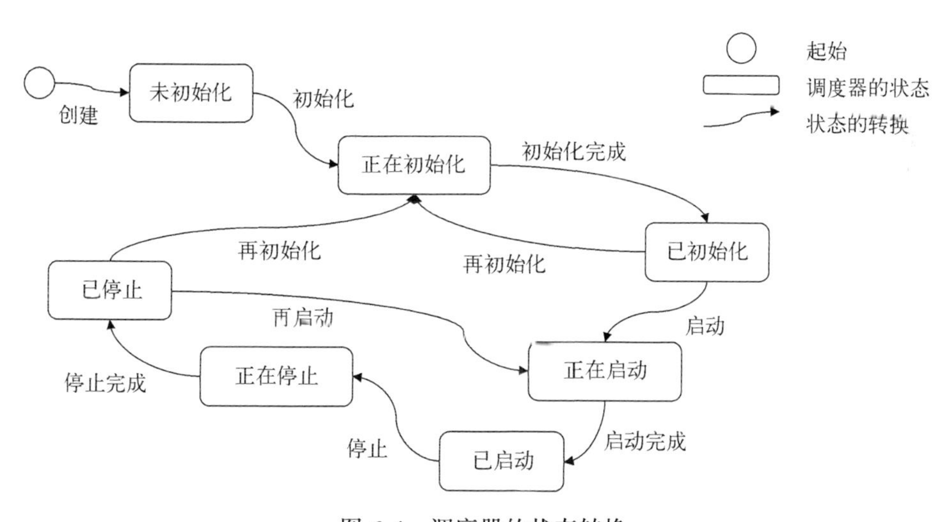

图 6-4 调度器的状态转换

Scheduler 接口中声明的最后 3 个方法——ErrorChan、Idle 和 Summary——都是用于获取调度器的运行状况的。调度器一旦启动，它的内部状态会随具体情况不断变化。对于调度器的使用方来说，只能也只应该通过这 3 个方法获取其运行状况。

ErrorChan 方法用于获得错误通道。注意，其结果类型是<-chan error，一个只允许接收操作的单向通道类型。调度器会把运行期间发生的绝大部分错误都封装成错误值并放入这个错误通道。调度器的使用方在启动它之后立即调用 ErrorChan 方法并不断地尝试从其结果值中获取错误值，就像这样：

```
// 省略部分代码
```

```
sched := NewScheduler()
err := sched.Init(requestArgs, dataArgs, moduleArgs)
if err != nil {
    logger.Fatalf("An error occurs when initializing scheduler: %s", err)
}
err = sched.Start(firstHTTPReq)
if err != nil {
    logger.Fatalf("An error occurs when starting scheduler: %s", err)
}
// 观察错误
go func() {
    errChan := sched.ErrorChan()
    for {
        err, ok := <-errChan
        if !ok {
            break
        }
        logger.Errorf("An error occurs when running schedule: %s", err)
    }
}()
// 省略部分代码
```

Idle 方法的作用是判断调度器当前是否是空闲的。判断标准是调度器使用的所有组件都正处于空闲，并且那 4 个缓冲池中也已经没有任何数据。这样的判断可以依靠组件和缓冲池提供的方法来实现。

最后，Summary 方法会返回描述调度器当时的内部状态的摘要。与组件接口的 Summary 方法相同，这里返回的也不是字符串形式的摘要信息，而是会返回承载了调度器摘要信息的 SchedSummary 类型值。SchedSummary 类型是一个接口类型，它包含两个方法，如下所示：

```
// 调度器摘要的接口类型
type SchedSummary interface {
    // 用于获得摘要信息的结构化形式
    Struct() SummaryStruct
    // 用于获得摘要信息的字符串形式
    String() string
}
```

该类型的值本身并不是摘要，但可以用两种方式输出摘要。结构化的摘要信息可供调度器的使用方再加工，而字符串形式的摘要信息可供直接打印。该接口中的 Struct 方法会返回 SummaryStruct 类型的值。它与组件接口 Module 的 Summary 方法的结果类型同名，但却不是同一个类型，也不在同一个代码包内。我是这样声明这里的 SummaryStruct 类型的：

```
// 表示调度器摘要的结构
type SummaryStruct struct {
    RequestArgs     RequestArgs            `json:"request_args"`
```

```
    DataArgs          DataArgs                 `json:"data_args"`
    ModuleArgs        ModuleArgsSummary        `json:"module_args"`
    Status            string                   `json:"status"`
    Downloaders       []module.SummaryStruct   `json:"downloaders"`
    Analyzers         []module.SummaryStruct   `json:"analyzers"`
    Pipelines         []module.SummaryStruct   `json:"pipelines"`
    ReqBufferPool     BufferPoolSummaryStruct  `json:"request_buffer_pool"`
    RespBufferPool    BufferPoolSummaryStruct  `json:"response_buffer_pool"`
    ItemBufferPool    BufferPoolSummaryStruct  `json:"item_buffer_pool"`
    ErrorBufferPool   BufferPoolSummaryStruct  `json:"error_buffer_pool"`
    NumURL            uint64                   `json:"url_number"`
}
```

从其中字段的命名和类型上，你就可以猜出它们的含义。它们用于描述调度器接受的参数、调度器的状态，及其使用的各个组件和缓冲池的状态等。理想情况下，调度器的使用方定时收集这样的摘要，并在必要时予以展现。顺便提一下，调用包级私有函数 newSchedSummary 可以创建一个 SchedSummary 类型值，只要你传给它必要的参数值。

至此，我详细阐述了调度器接口 Scheduler 的声明以及各种相关的小部件（包括参数、状态、摘要等）的设计，并且还提到了缓冲池和缓冲器。后者属于较重的工具，在设计和实现上都相对烦琐，需要另行描述。

5. 工具箱简述

我把像缓冲池这样的工具都放到了被称作工具箱的 src/gopcp.v2/chapter6/webcrawler/toolkit 代码包中，每个工具独占一个子包。从上一节展示的图 6-2 可以看到，工具箱中的工具在程序运作过程中会起到承上启下的作用，这些工具会帮助调度器或组件更好地完成功能，包括：缓冲池、缓冲器和多重读取器。下面就从接口层面介绍它们。

6. 缓冲池和缓冲器

缓冲池和缓冲器是一对程序实体。缓冲器是缓冲池的底层支持，缓冲池是缓冲器的再封装。缓冲池利用它持有的缓冲器实现数据存取的功能，并可以根据情况自动增减它持有的缓冲器的数量。下面先来看缓冲池的接口声明：

```
// 数据缓冲池的接口类型
type Pool interface {
    // 用于获取池中缓冲器的统一容量
    BufferCap() uint32
    // 用于获取池中缓冲器的最大数量
    MaxBufferNumber() uint32
    // 用于获取池中缓冲器的数量
    BufferNumber() uint32
    // 用于获取缓冲池中数据的总数
    Total() uint64
```

```
    // Put 用于向缓冲池放入数据。
    // 注意！本方法是阻塞的。
    // 若缓冲池已关闭，则会直接返回非 nil 的错误值
    Put(datum interface{}) error
    // Get 用于从缓冲池获取数据。
    // 注意！本方法是阻塞的。
    // 若缓冲池已关闭，则会直接返回非 nil 的错误值
    Get() (datum interface{}, err error)
    // Close 用于关闭缓冲池。
    // 若缓冲池之前已关闭则返回 false，否则返回 true
    Close() bool
    // 用于判断缓冲池是否已关闭
    Closed() bool
}
```

前面讲调度器的数据相关参数时，提到过缓冲池中单一缓冲器的容量和缓冲池包含的缓冲器的最大数量。Pool 接口中的 BufferCap 和 MaxBufferNumber 方法分别用于获得这两个数值。实际上，调度器在拿到 DataArgs 类型的参数值并确认有效之后，就会用其中字段的值去初始化对应的缓冲池。缓冲池会在内部记录下这两个参数值，并在存取数据的时候使用它们。

BufferNumber 方法用于获取缓冲池实例在当下实际持有的缓冲器的数量，这个数量总会大于等于 1 且小于等于上述的缓冲器最大数量。

Total 方法用于获取缓冲池实例在当下实际持有的数据的总数，这个总数总会小于等于单一缓冲器容量和缓冲器最大数量的乘积。

Put 方法和 Get 方法需要实现缓冲池最核心的功能——数据的存入和读出。对于这样的操作，在缓冲池关闭之后是不成功的。这时总是返回非 nil 的错误值。另外，这两个方法都是阻塞的。当缓冲池已满时，对 Put 方法的调用会产生阻塞。当缓冲池已空时，对 Get 方法的调用会产生阻塞。这遵从通道类型的行为模式。

最后，Close 方法会关闭当前的缓冲池实例。如果后者已关闭，就会返回 false，否则返回 true。Closed 方法用于判断当前的缓冲池实例是否已关闭。

如果缓冲池只持有固定数量的缓冲器，那么它的实现会变得非常简单，基本上只利用缓冲器的方法实现功能就可以了。不过这样的话，再封装一层就没什么意义了。缓冲池这一层的核心功能恰恰就是动态伸缩。

对于一个固定容量的缓冲来说，缓冲器可以完全胜任，用不着缓冲池。并且，缓冲器只需做到这种程度。这样可以足够简单。更高级的功能全部留给像缓冲池那样的高层类型去做。缓冲器的接口是这样的：

```
// FIFO的缓冲器的接口类型
type Buffer interface {
    // 用于获取本缓冲器的容量
    Cap() uint32
    // 用于获取本缓冲器中数据的数量
    Len() uint32
    // Put 用于向缓冲器放入数据。
    // 注意！本方法是非阻塞的。
    // 若缓冲器已关闭，则会直接返回非 nil 的错误值
    Put(datum interface{}) (bool, error)
    // Get 用于从缓冲器获取器。
    // 注意！本方法是非阻塞的。
    // 若缓冲器已关闭，则会直接返回非 nil 的错误值
    Get() (interface{}, error)
    // Close 用于关闭缓冲器。
    // 若缓冲器之前已关闭，则返回 false，否则返回 true
    Close() bool
    // 用于判断缓冲器是否已关闭
    Closed() bool
}
```

Cap 方法和 Len 方法分别用于获取当前缓冲器实例的容量和长度。容量代表可以容纳的数据的最大数量，而长度则代表当前容纳的数据的实际数量。

注意，这里的 Put 和 Get 方法与缓冲池的对应方法在行为上有一点不同，即前者是非阻塞的。当缓冲器已满时，Put 方法的第一个结果值就会是 false。当缓冲器已空时，Get 方法的第一个结果值一定会是 nil。这样做也是为了让缓冲器的实现保持足够简单。

你可能会有一个疑问，缓冲器的功能看似用通道类型就可以满足，为什么还要再造一个类型出来呢？在讲通道类型的时候，强调过两个会引发运行时恐慌的操作：向一个已关闭的通道发送值和关闭一个已关闭的通道。实际上，缓冲器接口及其实现就是为了解决这两个问题而存在的。在 Put 方法中，我会先检查当前缓冲器实例是否已关闭，并且保证只有在检查结果是否的时候才进行存入操作。在 Close 方法中，我仅会在当前缓冲器实例未关闭的情况下进行关闭操作。另外，我们无法知道一个通道是否已关闭。这也是导致上述第二个引发运行时恐慌的情况发生的最关键的原因。有了 Closed 方法，我们就可以知道缓冲器的关闭状态，问题也就迎刃而解了。

缓冲池和缓冲器的诞生都是为了扩展通道类型的功能，其实我梦想中的通道类型就是这个样子。

7. 多重读取器

如果你知道 io.Reader 接口并且使用过它的实现类型（bytes.Reader、bufio.Reader 等）的话，就肯定会知道通过这类读取器只能读取一遍它们持有的底层数据。当读完底层数

据时，它们的 Read 方法总会把 io.EOF 变量的值作为错误值返回。另外，如果你使用 net/http 包中的程序实体编写过 Web 程序的话，还应该知道 http.Response 类型的 Body 字段是 io.ReadCloser 接口类型的，而且该接口的类型声明中嵌入了 io.Reader 接口。前者只是比后者多声明了一个名为 Close 的方法。相同的是，当 HTTP 响应从远程服务器返回并封装成*http.Response 类型的值后，你只能通过它的 Body 字段的值读取 HTTP 响应体。

这种特性本身没有什么问题，但是在我对分析器的设计中，这样的读取器会造成一些小麻烦。还记得吗？一个分析器实例可以持有多个响应解析函数。由于 Body 字段值的上述特性，如果第一个函数通过它读取了 HTTP 响应体，那么之后的函数就再也读不到这个 HTTP 响应体了。响应解析函数一个很重要的职责就是分析 HTTP 响应体并从中筛选出可用的部分。所以，如此一来，后面的函数就无法实现主要的功能了。

你也许会想到，分析器可以先读出 HTTP 响应体并赋给一个[]byte 类型的变量，然后把它作为参数直接传给多个响应解析函数。这是可行的，但是我认为这样做会让代码变得丑陋，因为这个值在内容方面与 ParseResponse 函数类型的第一个参数有所重叠。更为关键的是，这会改变 ParseResponse 函数类型的声明，这并不值得。

我的做法是，设计一个可以多次提供基于同一底层数据（可以是[]byte 类型的）的 io.ReadCloser 类型值的类型。我把这个类型命名为 MultipleReader，意为多重读取器，它的接口声明很简单：

```
// 多重读取器的接口
type MultipleReader interface {
    // Reader 用于获取一个可关闭读取器的实例。
    // 后者会持有该多重读取器中的数据
    Reader() io.ReadCloser
}
```

在创建这个类型的值时，我们可以把 HTTP 响应的 Body 字段的值作为参数传入。作为产出，我们可以通过它的 Reader 方法多次获取基于同一个 HTTP 响应体的读取器。这些读取器除了基于同一底层数据之外毫不相干。这样一来，我们就可以让多个响应解析函数中的分析筛选操作完全独立、互不影响了。

之所以让这个 Reader 方法返回 io.ReadCloser 类型的值，是因为我们要用这个值替换 HTTP 响应原有的 Body 字段值，这样做是为了让这一改进对响应解析函数透明。也就是说，不让响应解析函数感知到分析器中所作的改变。

多重读取器的接口相当简单（它的实现类型同样简单），但确实解决掉了一个痛点。

6.5 工具的实现

趁热打铁，我们先讲讲工具箱中那些实用工具的实现方法，后面会按照自下而上的顺序阐释各种接口的实现。

6.5.1 缓冲器

缓冲器的基本结构如下：

```
// 缓冲器接口的实现类型
type myBuffer struct {
    // 存放数据的通道
    ch chan interface{}
    // 缓冲器的关闭状态：0-未关闭；1-已关闭
    closed uint32
    // 为了消除因关闭缓冲器而产生的竞态条件的读写锁
    closingLock sync.RWMutex
}
```

显然，缓冲器的实现就是对通道类型的简单封装，只不过增加了两个字段用于解决前面所说的那些问题。字段 closed 用于标识缓冲器的状态。缓冲器自创建之后只有两种状态：未关闭和已关闭。注意，我们需要用原子操作访问该字段的值。closingLock 字段代表了读写锁。如果你在程序中并发地进行向通道发送值和关闭该通道的操作的话，会产生竞态条件。通过在使用 go 命令（比如 go test）时加入标记-race，可以检测到这种竞态条件。后面你会看到使用读写锁消除它的正确方法。

NewBuffer 函数用于创建一个缓冲器：

```
// NewBuffer 用于创建一个缓冲器。
// 参数 size 代表缓冲器的容量
func NewBuffer(size uint32) (Buffer, error) {
    if size == 0 {
        errMsg := fmt.Sprintf("illegal size for buffer: %d", size)
        return nil, errors.NewIllegalParameterError(errMsg)
    }
    return &myBuffer{
        ch: make(chan interface{}, size),
    }, nil
}
```

它先检验参数值，然后构造一个*myBuffer 类型的值并返回。显然，在实现接口方法时，接收者的类型都是*myBuffer。

注意，errors.NewIllegalParameterError 用于生成一个代表参数错误的错误值，其中 errors 代表的并不是标准库中的 errors 包，而是我编写的 gopcp.v2/chapter6/webcrawler/

errors包。

Buffer接口的Cap方法和Len方法实现起来都相当简单，只需把内建函数cap或len应用在字段ch上就好了。这里也无需使用额外的保证并发安全的措施。

对于Put方法，需要注意的是对读写锁的运用和对缓冲器状态的判断。在Put方法中，我们应该使用读锁。因为“向通道发送值”的操作会受到“关闭通道”操作的影响。如果不关闭通道，根本无需在进行发送操作时使用锁。另外，如果在进行发送操作前就已经发现通道关闭，就不应该再去尝试发送值了。下面来看Put方法的实现：

```
func (buf *myBuffer) Put(datum interface{}) (ok bool, err error) {
    buf.closingLock.RLock()
    defer buf.closingLock.RUnlock()
    if buf.Closed() {
        return false, ErrClosedBuffer
    }
    select {
    case buf.ch <- datum:
        ok = true
    default:
        ok = false
    }
    return
}
```

我会在写锁的保护下关闭通道。对应地，我会在Put方法的起始处锁定读锁，然后再去做状态判断。如果反过来，那么通道就有可能在状态判断之后且锁定读锁之前关闭。这时，Put方法会以为通道未关闭，然后在读锁的所谓保护下向通道发送值，引发运行时恐慌。

接下来的select语句主要是为了让Put方法永远不会阻塞在发送操作上。在default分支中把结果变量ok的值设置为false，加之这时的结果变量err必为nil，就可以告知调用方放入数据的操作未成功，且原因并不是缓冲器已关闭，而是缓冲器已满。

Get方法的实现要简单一些。因为从通道接收值的操作可以丝毫不受到通道关闭的影响，所以无需加锁。其实现如下：

```
func (buf *myBuffer) Get() (interface{}, error) {
    select {
    case datum, ok := <-buf.ch:
        if !ok {
            return nil, ErrClosedBuffer
        }
        return datum, nil
    default:
        return nil, nil
```

```
    }
}
```

这里同样使用 select 语句让它变成非阻塞的。顺便提一句，ErrClosedBuffer 是一个变量，表示缓冲器已关闭的错误，它的声明是这样的：

```
// 表示缓冲器已关闭的错误
var ErrClosedBuffer = errors.New("closed buffer")
```

这遵从了 Go 程序中的惯用法。标准库中的类似变量有 io.EOF、bufio.ErrBufferFull 等。

再来说 Close 方法。在关闭通道之前，先要避免重复操作。因为重复关闭一个通道也会引发运行时恐慌。避免措施就是先检查 closed 字段的值。当然，必须使用原子操作。下面是它的实现：

```
func (buf *myBuffer) Close() bool {
    if atomic.CompareAndSwapUint32(&buf.closed, 0, 1) {
        buf.closingLock.Lock()
        close(buf.ch)
        buf.closingLock.Unlock()
        return true
    }
    return false
}
```

最后，在 Closed 方法中读取 closed 字段的值时，也一定要使用原子操作：

```
func (buf *myBuffer) Closed() bool {
    if atomic.LoadUint32(&buf.closed) == 0 {
        return false
    }
    return true
}
```

千万不要假设读取共享资源就是并发安全的，除非资源本身做出了这种保证。

6.5.2 缓冲池

缓冲池的基本结构如下：

```
// 数据缓冲池接口的实现类型
type myPool struct {
    // 缓冲器的统一容量
    bufferCap uint32
    // 缓冲器的最大数量
    maxBufferNumber uint32
    // 缓冲器的实际数量
    bufferNumber uint32
    // 池中数据的总数
```

```
    total uint64
    // 存放缓冲器的通道
    bufCh chan Buffer
    // 缓冲池的关闭状态：0-未关闭；1-已关闭
    closed uint32
    // 保护内部共享资源的读写锁
    rwlock sync.RWMutex
}
```

前两个字段用于记录创建缓冲池时的参数，它们在缓冲池运行期间用到。bufferNumber 和 total 字段用于记录缓冲数据的实时状况。

注意，bufCh 字段的类型是 chan Buffer，一个元素类型为 Buffer 的通道类型。这与缓冲器中同样是通道类型的 ch 字段联合起来看，就是一个双层通道的设计。在放入或获取数据时，我会先从 bufCh 拿到一个缓冲器，再向该缓冲器放入数据或从该缓冲器获取数据，然后再把它发送回 bufCh。这样的设计有如下几点好处。

- bufCh中的每个缓冲器一次只会被一个goroutine中的程序（以下简称并发程序）拿到。并且，在放回bufCh之前，它对其他并发程序都是不可见的。一个缓冲器每次只会被并发程序放入或取走一个数据。即使同一个程序连续调用多次Put方法或Get方法，也会这样。缓冲器不至于一下被填满或取空。
- 更进一步看，bufCh是FIFO的。当把先前拿出的缓冲器归还给bufCh时，该缓冲器总会被放在队尾。也就是说，池中缓冲器的操作频率可以降到最低，这也有利于池中数据的均匀分布。
- 在从bufCh拿到缓冲器后，我可以判断是否需要缩减缓冲器的数量。如果需要并且该缓冲器已空，就可以直接把它关掉，并且不还给bufCh。另一方面，如果在放入数据时发现所有缓冲器都已满并且在一段时间内都没有空位，就可以新建一个缓冲器并放入bufCh。总之，这让缓冲池自动伸缩功能的实现变得简单了。
- 最后也最重要的是，bufCh本身就提供了对并发安全的保障。

你可能会想到，基于标准库的 container 包中的 List 或 Ring 类型也可以编写出并发安全的缓冲器队列。确实可以。不过，用它们来实现会让你不得不编写更多的代码，因为原本一些现成的操作和功能都需要我们自己去实现，尤其是在保证并发安全性方面。并且，这样的缓冲器队列的运行效率可不一定高。

注意，上述设计会导致缓冲池中的数据不是 FIFO 的。不过，对于网络爬虫框架以及调度器来说，这并不会造成问题。

再看最后一个字段 rwlock。之所以不叫它 closingLock，是因为它不仅仅为了消除缓冲器中的那个与关闭通道有关的竞态条件而存在。你可以思考一下，怎样并发地向 bufCh

放入新的缓冲器，同时避免池中的缓冲器数量超过最大值。

NewPool 函数用于新建一个缓冲池。它会先检查参数的有效性，再创建并初始化一个 *myPool 类型的值并返回。在为它的 bufCh 字段赋值后，我们需要先向该值放入一个缓冲器。这算是对缓冲池的预热。关于该函数的具体实现，你可以直接查看示例项目中的对应代码。

对于 Pool 接口的 BufferCap、MaxBufferNumber、BufferNumber 和 Total 方法的实现，我也不多说了。myPool 类型中都有相对应的字段。不过需要注意的是，对 bufferNumber 和 total 字段的访问需要使用原子操作。

Put 方法有两个主要的功能。第一个功能显然是向缓冲池放入数据。第二个功能是，在发现所有的缓冲器都已满一段时间后，新建一个缓冲器并将其放入缓冲池。当然，如果当前缓冲池持有的缓冲器已达最大数量，就不能这么做了。所以，这里我们首先需要建立一个发现和触发追加缓冲器操作的机制。我规定当对池中所有缓冲器的操作的失败次数都达到 5 次时，就追加一个缓冲器入池。其实这方面的控制可以做得很细，也可以新增参数并把问题抛给使用方。不过这里先用这个简易版本。如果你觉得这确实有必要，可以自己编写一个改进的版本。

以下是我编写的 Put 方法的实现：

```
func (pool *myPool) Put(datum interface{}) (err error) {
    if pool.Closed() {
        return ErrClosedBufferPool
    }
    var count uint32
    maxCount := pool.BufferNumber() * 5
    var ok bool
    for buf := range pool.bufCh {
        ok, err = pool.putData(buf, datum, &count, maxCount)
        if ok || err != nil {
            break
        }
    }
    return
}
```

实际上，放入操作的核心逻辑在 myPool 类型的 putData 方法中。Put 方法本身做的主要是不断地取出池中的缓冲器，并持有一个统一的“已满”计数。请注意 count 和 maxCount 变量的初始值，并体会它们的关系。

下面来看 putData 方法，其声明如下：

```
// 用于向给定的缓冲器放入数据，并在必要时把缓冲器归还给池
func (pool *myPool) putData(
    buf Buffer, datum interface{}, count *uint32, maxCount uint32) (ok bool, err error) {
    // 省略部分代码
}
```

由于这个方法比较长，所以会分段讲解。第一段，putData 为了及时响应缓冲池的关闭，需要在一开始就检查缓冲池的状态。并且在方法执行结束前还要检查一次，以便及时释放资源。请看：

```
if pool.Closed() {
    return false, ErrClosedBufferPool
}
defer func() {
    pool.rwlock.RLock()
    if pool.Closed() {
        atomic.AddUint32(&pool.bufferNumber, ^uint32(0))
        err = ErrClosedBufferPool
    } else {
        pool.bufCh <- buf
    }
    pool.rwlock.RUnlock()
}()
```

在 defer 语句中，我用到了 rwlock 的读锁，因为这其中包含了向 bufCh 发送值的操作。如果在方法即将执行结束时，发现缓冲池已关闭，那么就不会归还拿到的缓冲器，同时把对应的错误值赋给结果变量 err。注意，不归还缓冲器时，一定要递减 bufferNumber 字段的值。

第二段，执行向拿到的缓冲器放入数据的操作，并在必要时增加“已满”计数：

```
ok, err = buf.Put(datum)
if ok {
    atomic.AddUint64(&pool.total, 1)
    return
}
if err != nil {
    return
}
// 若因缓冲器已满而未放入数据，就递增计数
(*count)++
```

请注意那两条 return 语句以及最后的(*count)++。在试图向缓冲器放入数据后，我们需要立即判断操作结果。如果 ok 的值是 true，就说明放入成功，此时就可以在递增 total 字段的值后直接返回。如果 err 的值不为 nil，就是说缓冲器已关闭，这时就不需要再执行后面的语句了。除了这两种情况，我们就需要递增 count 的值。因为这时说明缓冲器已满。如果你忘了 myBuffer 的 Put 方式是怎样实现的，可以现在回顾一下。

这里的 count 值递增操作与第三段代码息息相关，这涉及对追加缓冲器的操作的触发。下面是第三段代码：

```
// 如果尝试向缓冲器放入数据的失败次数达到阈值，
// 并且池中缓冲器的数量未达到最大值，
// 那么就尝试创建一个新的缓冲器，先放入数据再把它放入池
if *count >= maxCount &&
    pool.BufferNumber() < pool.MaxBufferNumber() {
    pool.rwlock.Lock()
    if pool.BufferNumber() < pool.MaxBufferNumber() {
        if pool.Closed() {
            pool.rwlock.Unlock()
            return
        }
        newBuf, _ := NewBuffer(pool.bufferCap)
        newBuf.Put(datum)
        pool.bufCh <- newBuf
        atomic.AddUint32(&pool.bufferNumber, 1)
        atomic.AddUint64(&pool.total, 1)
        ok = true
    }
    pool.rwlock.Unlock()
    *count = 0
}
return
```

在这段代码中，我用到了双检锁。如果第一次条件判断通过，就会立即再做一次条件判断。不过这之前，我会先锁定 rwlock 的写锁。这有两个作用：第一，防止向已关闭的缓冲池追加缓冲器。第二，防止缓冲器的数量超过最大值。在确保这两种情况不会发生后，我就会把一个已放入那个数据的缓冲器追加到缓冲池中。

同样，及时更新计数也很重要。一旦第一次条件判断通过，即使最后没有追加缓冲器也应该清零 count 的值。及时清零“已满”计数可以有效减少不必要的操作和资源消耗。另外，一旦追加缓冲器成功，就一定要递增 bufferNumber 和 total 的值。

Get 方法的总体流程与 Put 方法基本一致：

```
func (pool *myPool) Get() (datum interface{}, err error) {
    if pool.Closed() {
        return nil, ErrClosedBufferPool
    }
    var count uint32
    maxCount := pool.BufferNumber() * 10
    for buf := range pool.bufCh {
        datum, err = pool.getData(buf, &count, maxCount)
        if datum != nil || err != nil {
            break
        }
    }
```

```
        return
    }
```

我把"已空"计数的上限 maxCount 设为缓冲器数量的 10 倍。也就是说，若在遍历所有缓冲器 10 次之后仍无法获取到数据，Get 方法就会从缓冲池中去掉一个空的缓冲器。getData 方法的声明如下：

```
// 用于从给定的缓冲器获取数据，并在必要时把缓冲器归还给池
func (pool *myPool) getData(
    buf Buffer, count *uint32, maxCount uint32) (datum interface{}, err error) {
    // 省略部分代码
}
```

getData 方法的实现稍微简单一些，可分为两段。第一段代码的关键仍然是状态检查和资源释放：

```
if pool.Closed() {
    return nil, ErrClosedBufferPool
}
defer func() {
    // 如果尝试从缓冲器获取数据的失败次数达到阈值，
    // 同时当前缓冲器已空且池中缓冲器的数量大于1，
    // 那么就直接关掉当前缓冲器，并不归还给池
    if *count >= maxCount &&
        buf.Len() == 0 &&
        pool.BufferNumber() > 1 {
        buf.Close()
        atomic.AddUint32(&pool.bufferNumber, ^uint32(0))
        *count = 0
        return
    }
    pool.rwlock.RLock()
    if pool.Closed() {
        atomic.AddUint32(&pool.bufferNumber, ^uint32(0))
        err = ErrClosedBufferPool
    } else {
        pool.bufCh <- buf
    }
    pool.rwlock.RUnlock()
}()
```

defer 语句中第一条 if 语句的作用是，当不归还当前缓冲器的所有条件都已满足时，我们就在关掉当前缓冲器和更新计数后直接返回。只有条件不满足时，才在确认缓冲池未关闭之后再把它归还给缓冲池。注意，这时候需要锁定 rwlock 的读锁，以避免向已关闭的 bufCh 发送值。

第二段代码的作用是试图从当前缓冲器获取数据。在成功取出数据时，必须递减 total 字段的值。同时，如果取出失败且没有发现错误，就会递增"已空"计数。相关代

码如下：

```
datum, err = buf.Get()
if datum != nil {
    atomic.AddUint64(&pool.total, ^uint64(0))
    return
}
if err != nil {
    return
}
// 若因缓冲器已空未取出数据，就递增计数
(*count)++
return
```

putData 和 getData 方法中对 rwlock 的读锁或写锁的锁定就是为了预防关闭 bufCh 可能引发的运行时恐慌。显然，这些操作能够起作用的前提是 Close 方法对 rwlock 的合理使用，该方法的代码如下：

```
func (pool *myPool) Close() bool {
    if !atomic.CompareAndSwapUint32(&pool.closed, 0, 1) {
        return false
    }
    pool.rwlock.Lock()
    defer pool.rwlock.Unlock()
    close(pool.bufCh)
    for buf := range pool.bufCh {
        buf.Close()
    }
    return true
}
```

以上就是对缓冲池实现主要部分的展示和说明。

6.5.3 多重读取器

相比缓冲器和缓冲池，多重读取器的实现就简单多了。首先是基本结构：

```
// 多重读取器的实现类型
type myMultipleReader struct {
    data []byte
}
```

非常简单和直接，多重读取器只保存要读取的实际数据。NewMultipleReader 用于新建一个多重读取器的实例：

```
// 用于新建并返回一个多重读取器的实例
func NewMultipleReader(reader io.Reader) (MultipleReader, error) {
    var data []byte
    var err error
```

```
    if reader != nil {
        data, err = ioutil.ReadAll(reader)
        if err != nil {
            return nil, fmt.Errorf("multiple reader: couldn't create a new one: %s", err)
        }
    } else {
        data = []byte{}
    }
    return &myMultipleReader{
        data: data,
    }, nil
}
```

标准库代码包 ioutil 中有一些非常实用的函数。这里用到的 ReadAll 函数的功能是，通过作为参数的读取器读取所有底层数据，并忽略 io.EOF 错误。实际上，当碰到 io.EOF 错误时，该函数就会返回读到的所有数据，这正是 data 字段所代表的数据。另外，*myMultipleReader 应该作为 MultipleReader 接口的实现类型。对于后者声明的唯一方法，其实现极其简单：

```
func (rr *myMultipleReader) Reader() io.ReadCloser {
    return ioutil.NopCloser(bytes.NewReader(rr.data))
}
```

bytes.NewReader 函数的作用是根据参数生成并返回一个*bytes.Reader 类型的值。*bytes.Reader类型是io.Reader接口的一个实现类型，不过我们这里需要的是io.ReadCloser 接口类型的值。所以，需要使用 ioutil.NopCloser 函数对这个*bytes.Reader 类型的值进行简单的包装。ioutil.NopCloser 函数会返回一个 io.ReadCloser 类型的值。之前说过，io.ReadCloser 接口只比 io.Reader 多声明了一个 Close 方法，这个 Close 方法没有参数声明，但有一个 error 类型的结果声明。然而，ioutil.NopCloser 函数的结果值的 Close 方法永远只会返回 nil。也正因为如此，我们常常用这个函数包装无需关闭的读取器，这就是 NopCloser 的含义。

多重读取器的 Reader 方法总是返回一个新的可关闭读取器。因此，我可以利用它多次读取底层数据，并可以用该方法的结果值替代原先的 HTTP 响应的 Body 字段值很多次，这也是“多重”的真正含义。

6.6 组件的实现

网络爬虫框架中的组件有 3 个：下载器、分析器和条目处理管道。它们有很多共同点，比如：处理计数的记录、摘要信息的生成和评分及其计算方式的设定。我似乎应该在组件接口和实现类型之间再抽出一层，用以实现组件的这些通用功能。

6.6.1 内部基础接口

首先要做的是，先为组件通用功能定义一个内部接口，这里把它叫做组件的内部基础接口。内部基础接口及其实现类型存放在了代码包 gopcp.v2/chapter6/webcrawler/module/stub 中，该接口内嵌了之前讲过的 Module 接口，其声明如下：

```
// 组件的内部基础接口的类型
type ModuleInternal interface {
    module.Module
    // 把调用计数增1
    IncrCalledCount()
    // 把接受计数增1
    IncrAcceptedCount()
    // 把成功完成计数增1
    IncrCompletedCount()
    // 把实时处理数增1
    IncrHandlingNumber()
    // 把实时处理数减1
    DecrHandlingNumber()
    // 用于清空所有计数
    Clear()
}
```

Module 接口中声明的更多的是获取内部状态的方法，比如：获取组件 ID、组件地址、各种计数值，等等。而在 ModuleInternal 接口中，我添加的方法都是改变内部状态的方法。由于通常情况下外部不应该直接改变组件的内部状态，所以该接口的名字才以“Internal”为后缀，以起到提示的作用。并且，在 gopcp.v2/chapter6/webcrawler/module 包中公开的程序实体并没有涉及该接口。ModuleInternal 接口及其实现类型只是为了方便自行编写组件的人而准备的。我自己在编写组件时也用到了它们。

ModuleInternal 接口是 Module 接口的扩展，前者的实现类型自然也是后者的实现类型。我把这个实现类型命名为 myModule，它的基本结构如下：

```
// 组件内部基础接口的实现类型
type myModule struct {
    // 组件ID
    mid module.MID
    // 组件的网络地址
    addr string
    // 组件评分
    score uint64
    // 评分计算器
    scoreCalculator module.CalculateScore
    // 调用计数
    calledCount uint64
    // 接受计数
    acceptedCount uint64
    // 成功完成计数
```

```
    completedCount uint64
    // 实时处理数
    handlingNumber uint64
}
```

这些字段都是理所应当存在的，它们分别与Module接口（以及ModuleInternal接口）中声明的方法有直接的对应关系。按照惯例，NewModuleInternal 用于新建一个ModuleInternal类型的实例，它的声明如下。

```
// 创建一个组件内部基础类型的实例
func NewModuleInternal(
    mid module.MID,
    scoreCalculator module.CalculateScore) (ModuleInternal, error) {
    parts, err := module.SplitMID(mid)
    if err != nil {
        return nil, errors.NewIllegalParameterError(
            fmt.Sprintf("illegal ID %q: %s", mid, err))
    }
    return &myModule{
        mid:             mid,
        addr:            parts[2],
        scoreCalculator: scoreCalculator,
    }, nil
}
```

myModule 类型中的字段有几个是需要显式初始化的，包括：组件 ID、组件的网络地址（下面简称组件地址）和组件评分计算器。参数 mid 提供了组件 ID，同时也提供了组件地址。因为组件 ID 中可以包含组件地址。如果组件地址为空，就说明该组件与网络爬虫程序同处在一个进程中。这时的 addr 字段自然就是""。module 包的 SplitMID 函数用于分离出组件 ID 的各个部分，并在组件 ID 不符合规范时报错，它是 module 包中众多工具类函数中的一个。

与之相对应，module 包中还有一个 GenMID 函数，用它可以生成组件 ID。调用 GenMID 函数时，需要给定一个序列号。你可以通过调用 module 包中的 NewSNGenertor 函数创建出一个序列号生成器。强烈建议把序列号生成器的实例赋给一个全局变量。

组件评分计算器理应由外部提供，并且一般会为同一类组件实例设置同一种组件评分计算器，而且一旦设置就不允许更改。所以，即使是 ModuleInternal 接口也没有提供改变它的方法。

再强调一下，NewIllegalParameterError 是 gopcp.v2/chapter6/webcrawler/errors 包中的函数。该包中还有 NewCrawlerError 和 NewCrawlerErrorBy 函数，用于生成爬虫程序运作过程中抛出的错误值。

有了上述的那些字段，实现 ModuleInternal 接口的方法就相当简单了，唯一要注意的就是充分利用原子操作保证它们的并发安全。这里就不展示了。或许你可以试着编写出来，然后对比看看。

6.6.2 组件注册器

在讲解下载器接口设计时，我们介绍过组件注册方面的设计和组件注册器接口 Registrar，它声明在 module 包中。根据前面的接口描述，我们会让组件注册器按照类型存储已注册的组件。该接口的声明如下：

```
// 组件注册器的实现类型
type myRegistrar struct {
    // 组件类型与对应组件实例的映射
    moduleTypeMap map[Type]map[MID]Module
    // 组件注册专用读写锁
    rwlock sync.RWMutex
}
```

在组件注册器的实现类型 myRegistrar 中只有两个字段，一个用于分类存储组件实例，另一个用于读写保护。由于注册和注销组件实例的动作肯定不会太频繁，所以这里简单地使用读写锁实施保护就足够了。moduleTypeMap 表示一个双层的字典结构，其中第一层提供了分类型注册和获取组件实例集合的能力，而第二层则负责存储组件实例集合。

Registrar 接口的 Register 方法只需做两件事：检查参数和注册组件实例。在检查参数时，Register 方法用到了 module 包中的一些工具类方法和变量。该方法的实现如下：

```
func (registrar *myRegistrar) Register(module Module) (bool, error) {
    if module == nil {
        return false, errors.NewIllegalParameterError("nil module instance")
    }
    mid := module.ID()
    parts, err := SplitMID(mid)
    if err != nil {
        return false, err
    }
    moduleType := legalLetterTypeMap[parts[0]]
    if !CheckType(moduleType, module) {
        errMsg := fmt.Sprintf("incorrect module type: %s", moduleType)
        return false, errors.NewIllegalParameterError(errMsg)
    }
    // 省略部分代码
}
```

前面已经介绍过 NewIllegalParameterError 和 SplitMID 函数。legalLetterTypeMap 变量是一个以组件类型字母为键、以组件类型为元素的字典，是前面介绍的 legalTypeLetterMap

的反向映射。CheckType 函数的功能是检查从组件 ID 解析出来的组件类型与组件实例的实际类型是否相符。

如果所有检查都通过了，那么 Register 方法就会把组件实例存储在 moduleTypeMap 中。当然，我肯定会在 rwlock 的保护之下操作 moduleTypeMap。

Unregister 方法会把与给定的组件 ID 对应的组件实例从 moduleTypeMap 删除掉。在真正进行查找和删除操作前，它会先通过调用 SplitMID 函数检查那个组件 ID 的合法性。

Get 方法的实现包含负载均衡的策略，并返回最“空闲”的那个组件实例：

```
// Get 用于获取一个指定类型的组件的实例。
// 本函数会基于负载均衡策略返回实例
func (registrar *myRegistrar) Get(moduleType Type) (Module, error) {
    modules, err := registrar.GetAllByType(moduleType)
    if err != nil {
        return nil, err
    }
    minScore := uint64(0)
    var selectedModule Module
    for _, module := range modules {
        SetScore(module)
        score := module.Score()
        if minScore == 0 || score < minScore {
            selectedModule = module
            minScore = score
        }
    }
    return selectedModule, nil
}
```

该方法先调用注册器的 GetAllByType 方法以获得指定类型的组件实例的集合，然后在遍历它们时计算其评分，并找到评分最低者，最后返回。其中 SetScore 是一个工具类函数，它通过组件实例的 ScoreCalculator 方法获得它的评分计算器。若该方法返回 nil，则使用默认的计算函数。计算其评分后，再通过组件实例的 SetScore 方法设置评分。

为了让 *myRegistrar 类型成为 Registrar 接口的实现类型，还需要实现它的 GetAllByType、GetAll 和 Clear 方法。不过这几个方法的实现都非常简单，这里就不展示了。这里需要注意的是对 rwlock 字段的合理运用。

一旦把所有方法都编写好，下面这个函数就可以编译通过了：

```
// 用于创建一个组件注册器的实例
func NewRegistrar() Registrar {
    return &myRegistrar{
```

```
        moduleTypeMap: map[Type]map[MID]Module{},
    }
}
```

6.6.3 下载器

与 ModuleInternal 接口一样，下载器接口 Downloader 也内嵌了 Module 接口，它额外声明了一个 Download 方法。有了 ModuleInternal 接口及其实现类型，实现下载器时只需关注它的特色功能，其他的都交给内嵌的 stub.ModuleInternal 就可以了。下载器的实现类型名为 myDownloader，其声明如下：

```
// 下载器的实现类型
type myDownloader struct {
    // 组件基础实例
    stub.ModuleInternal
    // 下载用的HTTP客户端
    httpClient http.Client
}
```

可以看到，我匿名地嵌入了一个 stub.ModuleInternal 类型的字段，这种只有类型而没有名称的字段称为匿名字段。如此一来，myDownloader 类型的方法集合中就包含了 stub.ModuleInternal 类型的所有方法。因而，*myDownloader 类型已经实现了 Module 接口。

另一个 http.Client 类型的字段用于对目标服务器发送 HTTP 请求并接收响应。http.Client 类型是做 HTTP 客户端程序的必选，它开箱即用，同时又很开放，有很多可定制的地方。

myDownloader 类型的这两个字段的值都需要使用方直接或间接提供。关于第一个字段的值，可以很容易通过 stub.NewModuleInternal 函数生成。而第二个字段的值，可以直接通过复合字面量 http.Client{}生成。不过，我强烈建议你对它进行一些定制，如果你想让下载器跑得更快的话。后面讲网络爬虫程序示例的时候，我们会给出一些建议。

代码包 gopcp.v2/chapter6/webcrawler/module/local/downloader 中存放了所有与下载器实现有关的代码，为了方便使用方创建下载器的实例，我在其中编写了一个名为 New 的函数：

```
// 用于创建一个下载器实例
func New(
    mid module.MID,
    client *http.Client,
    scoreCalculator module.CalculateScore) (module.Downloader, error) {
    moduleBase, err := stub.NewModuleInternal(mid, scoreCalculator)
    if err != nil {
```

```
        return nil, err
    }
    if client == nil {
        return nil, genParameterError("nil http client")
    }
    return &myDownloader{
        ModuleInternal: moduleBase,
        httpClient:     *client,
    }, nil
}
```

上述代码中，stub.NewModuleInternal 函数需要组件 ID 和组件评分计算器来生成组件内部基础类型的值，那我就让 New 函数的参数声明列表包含它们。对这两个参数的校验由 stub.NewModuleInternal 函数全权负责。

注意，这里还隐藏着一个 Go 语言的命名惯例。由于下载器的实现代码独占一个代码包，所以可以让这个函数的名称足够简单，只有一个单词 New。这不同于前面提到的函数 NewPool 和 NewMultipleReader，这两个函数所创建的实例的含义无法由其所在代码包的名称 buffer 和 reader 表达。另外，虽然函数 NewBuffer 所创建的实例的含义可以由其所在的代码包 buffer 表达，但是该包中用于创建实例的函数不止它一个。如果把它们的名称简化为 New，恐怕会造成表达上的不清晰。而 downloader 包中唯一用于创建实例的函数 New，可以让你马上明白它就是用于创建下载器实例的，并不需要过多解释。这就是命名方面的惯用法，也是一种技巧。

下面来看下载器的 Download 方法的实现：

```
func (downloader *myDownloader) Download(req *module.Request) (*module.Response, error) {
    downloader.ModuleInternal.IncrHandlingNumber()
    defer downloader.ModuleInternal.DecrHandlingNumber()
    downloader.ModuleInternal.IncrCalledCount()
    if req == nil {
        return nil, genParameterError("nil request")
    }
    httpReq := req.HTTPReq()
    if httpReq == nil {
        return nil, genParameterError("nil HTTP request")
    }
    downloader.ModuleInternal.IncrAcceptedCount()
    logger.Infof("Do the request (URL: %s, depth: %d)... \n", httpReq.URL, req.Depth())
    httpResp, err := downloader.httpClient.Do(httpReq)
    if err != nil {
        return nil, err
    }
    downloader.ModuleInternal.IncrCompletedCount()
    return module.NewResponse(httpResp, req.Depth()), nil
}
```

这个方法的功能实现起来很简单，不过要注意对那 4 个组件计数的操作。在方法的开始处，要递增实时处理数，并利用 defer 语句保证方法执行结束时递减这个计数。同时，还要递增调用计数。在所有参数检查都通过后，要递增接受计数以表明该方法接受了这次调用。一旦目标服务器发回了 HTTP 响应并且未发生错误，就可以递增成功完成计数了。这代表当前组件实例又有效地为使用者提供了一次服务。

6.6.4 分析器

分析器的接口包含两个额外的方法——RespParsers 和 Analyze，其中前者会返回当前分析器使用的 HTTP 响应解析函数（以下简称解析函数）的列表。因此，分析器的实现类型有用于存储此列表的字段。另外，与下载器的实现类型相同，它也有一个 stub.ModuleInternal 类型的匿名字段。相关代码如下：

```
// 分析器的实现类型
type myAnalyzer struct {
    // 组件基础实例
    stub.ModuleInternal
    // 响应解析器列表
    respParsers []module.ParseResponse
}
```

该类型及其方法存放在 gopcp.v2/chapter6/webcrawler/module/local/analyzer 代码包中。当然，还有 New 函数：

```
// 用于创建一个分析器实例
func New(
    mid module.MID,
    respParsers []module.ParseResponse,
    scoreCalculator module.CalculateScore) (module.Analyzer, error) {
    moduleBase, err := stub.NewModuleInternal(mid, scoreCalculator)
    if err != nil {
        return nil, err
    }
    if respParsers == nil {
        return nil, genParameterError("nil response parsers")
    }
    if len(respParsers) == 0 {
        return nil, genParameterError("empty response parser list")
    }
    var innerParsers []module.ParseResponse
    for i, parser := range respParsers {
        if parser == nil {
            return nil, genParameterError(fmt.Sprintf("nil response parser[%d]", i))
        }
        innerParsers = append(innerParsers, parser)
    }
    return &myAnalyzer{
```

```
        ModuleInternal: moduleBase,
        respParsers:    innerParsers,
    }, nil
}
```

该函数中的大部分代码都用于参数检查。对参数 respParsers 的检查要尤为仔细，因为它们一定是网络爬虫框架的使用方提供的，属于外来代码。

分析器的 Analyze 方法的功能是，先接收响应并检查，再把 HTTP 响应依次交给它持有的若干解析函数处理，最后汇总并返回从解析函数那里获得的数据列表和错误列表。

由于 Analyze 方法的实现比较长，这里分段讲解。先来看看检查响应的代码：

```
func (analyzer *myAnalyzer) Analyze(
    resp *module.Response) (dataList []module.Data, errorList []error) {
    analyzer.ModuleInternal.IncrHandlingNumber()
    defer analyzer.ModuleInternal.DecrHandlingNumber()
    analyzer.ModuleInternal.IncrCalledCount()
    if resp == nil {
        errorList = append(errorList,
            genParameterError("nil response"))
        return
    }
    httpResp := resp.HTTPResp()
    if httpResp == nil {
        errorList = append(errorList,
            genParameterError("nil HTTP response"))
        return
    }
    httpReq := httpResp.Request
    if httpReq == nil {
        errorList = append(errorList,
            genParameterError("nil HTTP request"))
        return
    }
    var reqURL = httpReq.URL
    if reqURL == nil {
        errorList = append(errorList,
            genParameterError("nil HTTP request URL"))
        return
    }
    analyzer.ModuleInternal.IncrAcceptedCount()
    respDepth := resp.Depth()
    logger.Infof("Parse the response (URL: %s, depth: %d)... \n",
        reqURL, respDepth)
    // 省略部分代码
}
```

这里的检查非常细，要像庖丁解牛一样检查参数值的内里。因为任何异常都有可能造成解析函数执行失败。我们一定不要给它们造成额外的困扰。一旦检查通过，就可以递增接受计数了。然后打印出一行日志，代表分析器已经开始解析某个响应了。

还记得前面讲的多重读取器吗？现在该用到它了：

```
func (analyzer *myAnalyzer) Analyze(
    resp *module.Response) (dataList []module.Data, errorList []error) {
    // 省略部分代码
    // 解析 HTTP 响应
    originalRespBody := httpResp.Body
    if originalRespBody != nil {
        defer originalRespBody.Close()
    }
    multipleReader, err := reader.NewMultipleReader(originalRespBody)
    if err != nil {
        errorList = append(errorList, genError(err.Error()))
        return
    }
    dataList = []module.Data{}
    for _, respParser := range analyzer.respParsers {
        httpResp.Body = multipleReader.Reader()
        pDataList, pErrorList := respParser(httpResp, respDepth)
        if pDataList != nil {
            for _, pData := range pDataList {
                if pData == nil {
                    continue
                }
                dataList = appendDataList(dataList, pData, respDepth)
            }
        }
        if pErrorList != nil {
            for _, pError := range pErrorList {
                if pError == nil {
                    continue
                }
                errorList = append(errorList, pError)
            }
        }
    }
    if len(errorList) == 0 {
        analyzer.ModuleInternal.IncrCompletedCount()
    }
    return dataList, errorList
}
```

这里先依据 HTTP 响应的 Body 字段初始化一个多重读取器，然后在每次调用解析函数之前先从多重读取器那里获取一个新的读取器并对 HTTP 响应的 Body 字段重新赋值，这样就解决了 Body 字段值的底层数据只能读取一遍的问题。每个解析函数都可以顺利读出 HTTP 响应体。在所有解析都完成之后，如果错误列表为空，就递增成功完成计数。最后，我会返回收集到的数据列表和错误列表。

由于我们把解析 HTTP 响应的任务都交给了解析函数，所以 Analyze 方法的实现还是比较简单的，代码逻辑也很清晰。

6.6.5　条目处理管道

条目处理管道的接口拥有额外的 ItemProcessors、Send、FailFast 和 SetFailFast 方法，因此其实现类型 myPipeline 的基本结构是这样的：

```
// 条目处理管道的实现类型
type myPipeline struct {
    // 组件基础实例
    stub.ModuleInternal
    // 条目处理器的列表
    itemProcessors []module.ProcessItem
    // 处理是否需要快速失败
    failFast bool
}
```

代码包 gopcp.v2/chapter6/webcrawler/module/local/pipeline 是存放该类型的位置，其中 New 函数与 analyzer 包中的 New 函数在参数声明列表和参数检查方式方面都很类似，这里就省略不讲了。除此之外，分析器中有 HTTP 响应解析函数的列表，而条目处理管道中有条目处理函数（以下简称处理函数）的列表。因此，后者的 Send 方法与前者的 Analyze 方法在实现流程方面也大体一致。只不过由于条目处理管道存在对快速失败的设定，所以在流程细节上它们仍有不同。另外，还要注意，条目处理管道需要让条目依次经过那几个处理函数的加工。也就是说，第一个处理函数的处理结果要作为第二个处理函数的参数，第二个处理函数的处理结果要作为第三个处理函数的参数，以此类推。这是由条目处理管道的设计决定的，也是"管道"一词要表达的含义。相比之下，分析器中的解析函数对 HTTP 响应的解析是相互独立的。下面是 Send 方法的代码片段，体现了上述不同：

```
func (pipeline *myPipeline) Send(item module.Item) []error {
    // 省略部分代码
    var errs []error
    // 省略部分代码
    var currentItem = item
    for _, processor := range pipeline.itemProcessors {
        processedItem, err := processor(currentItem)
        if err != nil {
            errs = append(errs, err)
            if pipeline.failFast {
                break
            }
        }
        if processedItem != nil {
            currentItem = processedItem
        }
```

```
    }
    // 省略部分代码
    return errs
}
```

ItemProcessors、FailFast 和 SetFailFast 方法的实现都非常简单，在此略过。

至此，我已经讲解了组件相关接口的绝大部分实现，同时阐述了一些我在 Go 程序编写和软件设计方面的经验，也展示了一些编码技巧。

6.7 调度器的实现

调度器的主要职责是对各个处理模块进行调度，以使它们能够进行良好的协作并共同完成整个爬取流程。调度器相关的实现代码都在 gopcp.v2/chapter6/webcrawler/scheduler 包中。

6.7.1 基本结构

依据调度器的职责及其接口声明，可以编写出调度器实现类型的基本结构，这个基本结构中的字段比较多，这里先把它们展示出来，然后再逐一说明：

```
// 调度器的实现类型
type myScheduler struct {
    // 爬取的最大深度，首次请求的深度为 0
    maxDepth uint32
    // 可以接受的 URL 的主域名的字典
    acceptedDomainMap cmap.ConcurrentMap
    // 组件注册器
    registrar module.Registrar
    // 请求的缓冲池
    reqBufferPool buffer.Pool
    // 响应的缓冲池
    respBufferPool buffer.Pool
    // 条目的缓冲池
    itemBufferPool buffer.Pool
    // 错误的缓冲池
    errorBufferPool buffer.Pool
    // 已处理的 URL 的字典
    urlMap cmap.ConcurrentMap
    // 上下文，用于感知调度器的停止
    ctx context.Context
    // 取消函数，用于停止调度器
    cancelFunc context.CancelFunc
    // 状态
    status Status
    // 专用于状态的读写锁
```

```
    statusLock sync.RWMutex
    // 摘要信息
    summary SchedSummary
}
```

下面简要介绍各个字段的含义。

- 字段maxDepth和acceptedDomainMap分别用于限定爬取目标的深度和广度。在分析器解析出新的请求后，我会用它们逐一过滤那些请求，不符合要求的请求会直接扔掉。这两个字段的值会从RequestArgs类型的参数值中提取。
- registrar字段代表组件注册器。如前文所述，其值可由module包的NewRegistrar函数直接生成。需要注册到该组件注册器的所有组件实例都由ModuleArgs类型的参数值提供。
- 字段reqBufferPool、respBufferPool、itemBufferPool和errorBufferPool分别代表针对请求、响应、条目和错误的缓冲池。前面讲调度器接口时介绍过DataArgs类型，也提到过这4个缓冲池。初始化它们所需的参数自然要从一个DataArgs类型的参数值中得到。调度器使用这些缓冲池在各类组件实例之间传递数据。也正因为如此，调度器才能让数据真正流转起来，各个组件实例才能发挥出应有的作用。
- urlMap字段的类型是cmap.ConcurrentMap。还记得我们在第5章最后编写的那个并发安全字典吗？它的代码就在gopcp.v2/chapter5/cmap代码包中。由于urlMap字段存在的目的是防止对同一个URL的重复处理，并且必会并发地操作它，所以把它声明为cmap.ConcurrentMap类型再合适不过。在后面，你会看到调度器对它的简单使用。
- ctx字段和cancelFunc字段是一对。两者都是由同一个context.Context类型值生成出来的。我们在第4章编写载荷发生器的时候用到过它们，现在只是如法炮制。cancelFunc字段代表的取消函数用于让所有关注ctx并会调用其Done方法的代码都感知到调度器的停止。
- status字段是Status类型的。关于Status类型以及调度器状态的转换规则，前面讲调度器接口时已经详细说明过。而statusLock字段则代表专门为调度器状态的转换保驾护航的读写锁。
- summary字段是为存储调度器摘要而准备的。与调度器接口中的Summary方法的结果一样，它的类型是SchedSummary，该类型的值可提供两种格式的摘要信息输出。

虽然上述字段大都需要显式赋值，但是用于创建调度器实例的 NewScheduler 函数仍然非常简单：

```
// 创建调度器实例
func NewScheduler() Scheduler {
```

```
    return &myScheduler{}
}
```

一切初始化调度器的工作都交给 Init 方法去做。

6.7.2 初始化

调度器接口中声明的第一个方法就是 Init 方法，它的功能是初始化当前调度器。

关于 Init 方法接受的那 3 个参数，前面已经提到多次。Init 方法会对它们进行检查。不过在这之前，它必须先检查调度器的当前状态，请看下面的代码片段：

```
func (sched *myScheduler) Init(
    requestArgs RequestArgs,
    dataArgs DataArgs,
    moduleArgs ModuleArgs) (err error) {
    // 检查状态
    logger.Info("Check status for initialization...")
    var oldStatus Status
    oldStatus, err =
        sched.checkAndSetStatus(SCHED_STATUS_INITIALIZING)
    if err != nil {
        return
    }
    defer func() {
        sched.statusLock.Lock()
        if err != nil {
            sched.status = oldStatus
        } else {
            sched.status = SCHED_STATUS_INITIALIZED
        }
        sched.statusLock.Unlock()
    }()
    // 省略部分代码
}
```

这里有对状态的两次检查。第一次是在开始处，用于确认当前调度器的状态允许我们对它进行初始化，这次检查由调度器的 checkAndSetStatus 方法执行。该方法会在检查通过后按照我们的意愿设置调度器的状态（这里是“正在初始化”状态），它的声明如下：

```
// 用于状态检查，并在条件满足时设置状态
func (sched *myScheduler) checkAndSetStatus(
    wantedStatus Status) (oldStatus Status, err error) {
    sched.statusLock.Lock()
    defer sched.statusLock.Unlock()
    oldStatus = sched.status
    err = checkStatus(oldStatus, wantedStatus, nil)
    if err == nil {
        sched.status = wantedStatus
    }
```

```
    return
}
```

下面是其中调用的 checkStatus 方法声明的片段：

```
// checkStatus 用于状态检查。
// 参数 currentStatus 代表当前状态。
// 参数 wantedStatus 代表想要的状态。
// 检查规则：
//     1. 处于正在初始化、正在启动或正在停止状态时，不能从外部改变状态。
//     2. 想要的状态只能是正在初始化、正在启动或正在停止状态中的一个。
//     3. 处于未初始化状态时，不能变为正在启动或正在停止状态。
//     4. 处于已启动状态时，不能变为正在初始化或正在启动状态。
//     5. 只要未处于已启动状态，就不能变为正在停止状态
func checkStatus(
    currentStatus Status,
    wantedStatus Status,
    lock sync.Locker) (err error) {
    // 省略部分代码
}
```

这个方法的注释详细描述了检查规则，这决定了调度器是否能够从当前状态转换到我们想要的状态。只要欲进行的转换违反了这些规则中的某一条，该方法就会直接返回一个可以说明状况的错误值，而 checkAndSetStatus 方法会检查 checkStatus 方法返回的这个错误值。只有当该值为 nil 时，它才会对调度器状态进行设置。

Init 方法对调度器状态的第二次检查是通过 defer 语句实施的。在该方法执行结束时，它会检查初始化是否成功完成。如果成功，就会把调度器状态设置为“已初始化”状态，否则就会让状态恢复原状。

实际上，在调度器实现类型的 Start 方法和 Stop 方法的开始处，也都有类似的代码，它们共同保证了调度器的动作与状态之间的协同。

如果当前状态允许初始化，那么 Init 方法就会开始做参数检查。这并不麻烦，因为那 3 个参数的类型本身都提供了检查自身的方法 Check。相关代码如下：

```
func (sched *myScheduler) Init(
    requestArgs RequestArgs,
    dataArgs DataArgs,
    moduleArgs ModuleArgs) (err error) {
    // 省略部分代码
    // 检查参数
    logger.Info("Check request arguments...")
    if err = requestArgs.Check(); err != nil {
        return err
    }
    logger.Info("Check data arguments...")
    if err = dataArgs.Check(); err != nil {
```

```
        return err
    }
    logger.Info("Data arguments are valid.")
    logger.Info("Check module arguments...")
    if err = moduleArgs.Check(); err != nil {
        return err
    }
    logger.Info("Module arguments are valid.")
    // 省略部分代码
}
```

在这之后，Init 方法就要初始化调度器内部的字段了。关于这些字段的初始化方法，之前都陆续讲过，这里就不再展示了。最后，我们来看一下用于组件实例注册的代码：

```
func (sched *myScheduler) Init(
    requestArgs RequestArgs,
    dataArgs DataArgs,
    moduleArgs ModuleArgs) (err error) {
    // 省略部分代码
    // 注册组件
    logger.Info("Register modules...")
    if err = sched.registerModules(moduleArgs); err != nil {
        return err
    }
    logger.Info("Scheduler has been initialized.")
    return nil
}
```

在 registerModules 方法中，我会利用已初始化的调度器的 registrar 字段注册使用方提供的所有组件实例，并在发现任何问题时直接返回错误值。Init 方法也是类似的，只要在初始化过程中发现问题，就忽略掉后面的步骤并把错误值返回给使用方。

综上所述，Init 方法做了 4 件事：检查调度器状态、检查参数、初始化内部字段以及注册组件实例。一旦这 4 件事都做完，调度器就为启动做好了准备。

6.7.3 启动

调度器接口中用于启动调度器的方法是 Start。它只接受一个参数，这个参数是 *http.Request 类型的，代表调度器在当次启动时需要处理的第一个基于 HTTP/HTTPS 协议的请求。

Start 方法首先要做的是防止启动过程中发生运行时恐慌。其次，它还需要检查调度器的状态和使用方提供的参数值，并把首次请求的主域名添加到可接受的主域名的字典。因此，它的第一个代码片段如下：

```
func (sched *myScheduler) Start(firstHTTPReq *http.Request) (err error) {
```

```
    defer func() {
        if p := recover(); p != nil {
            errMsg := fmt.Sprintf("Fatal scheduler error: %sched", p)
            logger.Fatal(errMsg)
            err = genError(errMsg)
        }
    }()
    logger.Info("Start scheduler...")
    // 检查状态
    logger.Info("Check status for start...")
    var oldStatus Status
    oldStatus, err =
        sched.checkAndSetStatus(SCHED_STATUS_STARTING)
    defer func() {
        sched.statusLock.Lock()
        if err != nil {
            sched.status = oldStatus
        } else {
            sched.status = SCHED_STATUS_STARTED
        }
        sched.statusLock.Unlock()
    }()
    if err != nil {
        return
    }
    // 检查参数
    logger.Info("Check first HTTP request...")
    if firstHTTPReq == nil {
        err = genParameterError("nil first HTTP request")
        return
    }
    logger.Info("The first HTTP request is valid.")
    // 获得首次请求的主域名，并将其添加到可接受的主域名的字典
    logger.Info("Get the primary domain...")
    logger.Infof("-- Host: %s", firstHTTPReq.Host)
    var primaryDomain string
    primaryDomain, err = getPrimaryDomain(firstHTTPReq.Host)
    if err != nil {
        return
    }
    logger.Infof("-- Primary domain: %s", primaryDomain)
    sched.acceptedDomainMap.Put(primaryDomain, struct{}{})
    // 省略部分代码
}
```

你可以把 Start 方法和 Init 方法中检查调度器状态的代码对照起来看，并想象这是一个状态机在运转。

我把首次请求的主域名添加到可接受主域名字典的原因是，网络爬虫程序最起码会爬取首次请求指向的那个网站中的内容。如果不添加这个主域名，那么所有请求（包括首次请求）都不会被调度器受理。

好了，Start 方法至此已经做好了准备，可以真正启动调度器了：

```
func (sched *myScheduler) Start(firstHTTPReq *http.Request) (err error) {
    // 省略部分代码
    // 开始调度数据和组件
    if err = sched.checkBufferPoolForStart(); err != nil {
        return
    }
    sched.download()
    sched.analyze()
    sched.pick()
    logger.Info("Scheduler has been started.")
    // 放入第一个请求
    firstReq := module.NewRequest(firstHTTPReq, 0)
    sched.sendReq(firstReq)
    return nil
}
```

我把激活各类组件和各类缓冲池的代码分别封装到了调度器的 download、analyze 和 pick 方法中。依次调用这些方法后，通过 sendReq 方法把首次请求发给了请求缓冲池。一旦发送成功，调度器就会运转起来。这些激活的操作以及调度器的运转都是异步的。Start 方法在启动调度器之后，就会立即返回。

以上就是 Start 方法的总体执行流程，下面我们详细介绍几个重要的内部方法。

1. 处理请求

处理请求需要下载器和请求缓冲池，下面先从调度器的 download 方法看起：

```
// 从请求缓冲池取出请求并下载，然后把得到的响应放入响应缓冲池
func (sched *myScheduler) download() {
    go func() {
        for {
            if sched.canceled() {
                break
            }
            datum, err := sched.reqBufferPool.Get()
            if err != nil {
                logger.Warnln("The request buffer pool was closed. Break request reception.")
                break
            }
            req, ok := datum.(*module.Request)
            if !ok {
                errMsg := fmt.Sprintf("incorrect request type: %T", datum)
                sendError(errors.New(errMsg), "", sched.errorBufferPool)
            }
            sched.downloadOne(req)
        }
    }()
}
```

在 download 方法中，我新启用了一个 goroutine。在对应的 go 函数中，我先通过对 canceled 方法的调用感知调度器的停止。只要发现调度器已停止，download 方法（更确切地说是其中的 go 函数）就会中止流程执行。canceled 方法的代码如下：

```
// 用于判断调度器的上下文是否已取消
func (sched *myScheduler) canceled() bool {
    select {
    case <-sched.ctx.Done():
        return true
    default:
        return false
    }
}
```

该方法感知调度器停止的手段实际上就是调用 ctx 字段的 Done 方法。回顾一下，这个方法会返回一个通道。一旦那个由 cancelFunc 字段代表的函数被调用，该通道就会关闭，试图从该通道接收值的操作就会立即结束。

回到 download 方法。在 for 语句的开始处，download 方法会从 reqBufferPool 获取一个请求。如果 reqBufferPool 已关闭，这时就会得到一个非 nil 的错误值，这说明在 download 方法获取请求时调度器关闭了。这同样会让流程中止。在各方并发运行的情况下，这种情况是可能发生的，甚至发生概率还很高。注意，从 reqBufferPool 获取到的请求是 interface{}类型的，必须先做一下数据类型转换。万一它的数据类型不对，download 方法就会调用 sendError 函数向 errorBufferPool 字段代表的错误缓冲池发送一个说明此情况的错误值。虽然正常情况下不应该发生这种数据类型的错误，但还是顺便做一下容错处理比较好。

之所以有 sendError 这个方法，是因为在真正向错误缓冲池发送错误值之前还需要对错误值做进一步加工。请看该方法的声明：

```
// 用于向错误缓冲池发送错误值
func sendError(err error, mid module.MID, errorBufferPool buffer.Pool) bool {
    if err == nil || errorBufferPool == nil || errorBufferPool.Closed() {
        return false
    }
    var crawlerError errors.CrawlerError
    var ok bool
    crawlerError, ok = err.(errors.CrawlerError)
    if !ok {
        var moduleType module.Type
        var errorType errors.ErrorType
        ok, moduleType = module.GetType(mid)
        if !ok {
            errorType = errors.ERROR_TYPE_SCHEDULER
        } else {
```

```
            switch moduleType {
            case module.TYPE_DOWNLOADER:
                errorType = errors.ERROR_TYPE_DOWNLOADER
            case module.TYPE_ANALYZER:
                errorType = errors.ERROR_TYPE_ANALYZER
            case module.TYPE_PIPELINE:
                errorType = errors.ERROR_TYPE_PIPELINE
            }
        }
        crawlerError = errors.NewCrawlerError(errorType, err.Error())
    }
    if errorBufferPool.Closed() {
        return false
    }
    go func(crawlerError errors.CrawlerError) {
        if err := errorBufferPool.Put(crawlerError); err != nil {
            logger.Warnln("The error buffer pool was closed. Ignore error sending.")
        }
    }(crawlerError)
    return true
}
```

在确保参数无误的情况下，sendError 函数会先判断参数 err 的实际类型。如果它不是 errors.CrawlerError 类型的，就需要对它进行加工。sendError 函数依据参数 mid 判断它代表的组件的类型，并以此确定错误类型。如果判断不出组件类型，就会认为这个错误是调度器抛出来的，并设定错误类型为 errors.ERROR_TYPE_SCHEDULER。从另一个角度讲，如果传给 sendError 函数的错误是由某个组件实例引起的，就把该组件实例的 ID 一同传给该方法，这样 sendError 函数就能正确包装这个错误，从而让它有更明确的错误信息。当然，如果这个错误是由调度器给出的，就只需像 download 方法那样把""作为 sendError 函数的第二个参数值传入。

正确包装错误只是成功的一半。即使包装完成，错误缓冲池关闭了也是枉然。另外请注意 sendError 函数后面的那条 go 语句。依据我之前的设计，调度器的 ErrorChan 方法用于获得错误通道。调度器的使用方应该在启动调度器之后立即调用 ErrorChan 方法并不断地尝试从其结果值中获取错误值。实际上，这里错误通道中的错误值就是从错误缓冲池那里获得的。那么问题来了，如果使用方不按照上述方式做，那么一旦发生大量错误，错误通道以及错误缓冲池就会很快填满，进而调用 sendError 函数的一方就会被阻塞。别忘了，缓冲池的 Put 方法是阻塞的。所以，上面那条 go 语句的作用就是：即使调度器的使用方不按规矩办事，爬取流程也不会因此停滞。当然，这并不是说不按规矩办事没有代价，运行中 goroutine 的大量增加会让 Go 运行时系统的负担加重，网络爬虫程序的运行也会趋于缓慢。

再回到 download 方法。处理单个请求的代码都在 downloadOne 方法中，download 方法在 for 语句的最后调用了这个方法。downloadOne 方法的代码如下：

```
// 根据给定的请求执行下载并把响应放入响应缓冲池
func (sched *myScheduler) downloadOne(req *module.Request) {
    if req == nil {
        return
    }
    if sched.canceled() {
        return
    }
    m, err := sched.registrar.Get(module.TYPE_DOWNLOADER)
    if err != nil || m == nil {
        errMsg := fmt.Sprintf("couldn't get a downloader: %s", err)
        sendError(errors.New(errMsg), "", sched.errorBufferPool)
        sched.sendReq(req)
        return
    }
    downloader, ok := m.(module.Downloader)
    if !ok {
        errMsg := fmt.Sprintf("incorrect downloader type: %T (MID: %s)",
            m, m.ID())
        sendError(errors.New(errMsg), m.ID(), sched.errorBufferPool)
        sched.sendReq(req)
        return
    }
    resp, err := downloader.Download(req)
    if resp != nil {
        sendResp(resp, sched.respBufferPool)
    }
    if err != nil {
        sendError(err, m.ID(), sched.errorBufferPool)
    }
}
```

可以看到，该方法也会在一开始就去感知调度器的停止，这是这些内部方法必做的事情。downloadOne 方法会试图从调度器持有的组件注册器中获取一个下载器。如果获取失败，就没必要去做后面的事情了。如果获取成功，该方法就会去检查并转换下载器的类型，然后把请求作为参数传给下载器的 download 方法，最后获得结果并根据实际情况向响应缓冲池或错误缓冲池发送数据。注意，一旦下载器获取失败或者下载器的类型不正确，downloadOne 方法就会把请求再放回请求缓冲池。这也是为了避免因局部错误而导致的请求遗失。

sendResp 函数在执行流程上与 sendError 函数很类似，甚至还要简单一些：

```
// 用于向响应缓冲池发送响应
func sendResp(resp *module.Response, respBufferPool buffer.Pool) bool {
    if resp == nil || respBufferPool == nil || respBufferPool.Closed() {
        return false
    }
```

```
        go func(resp *module.Response) {
            if err := respBufferPool.Put(resp); err != nil {
                logger.Warnln("The response buffer pool was closed. Ignore response sending.")
            }
        }(resp)
        return true
    }
```

它会在确认参数无误后，启用一个 goroutine 并把响应放入响应缓冲池。

调度器的 download 方法只负责不断地获得请求，而 downloadOne 方法则负责获得一个下载器，并让它处理某个请求。这两个方法的分工还是比较明确的。稍后会讲的处理响应和处理条目的流程其实都与之类似。

在编写程序的时候，我们可以让实现类似功能的代码呈现近似甚至一致的总体流程和基本结构。注意，这与编写重复的代码是两码事，而是说在更高的层面上让代码更有规律。如此一来，阅读代码的成本就会低很多，别人可以更容易地理解你的意图和程序逻辑。我在编写网络爬虫框架的时候，一直在有意识地这么做。

2. 处理响应

处理响应需要分析器和响应缓冲池，具体的代码在 analyze 和 analyzeOne 方法中。analyze 方法看起来与 download 方法很相似，只不过它处理的是响应，使用的是响应缓冲池，调用的是 analyzeOne 方法。相关代码如下：

```
// 用于从响应缓冲池取出响应并解析，然后把得到的条目或请求放入相应的缓冲池
func (sched *myScheduler) analyze() {
    go func() {
        for {
            if sched.canceled() {
                break
            }
            datum, err := sched.respBufferPool.Get()
            if err != nil {
                logger.Warnln("The response buffer pool was closed. Break response reception.")
                break
            }
            resp, ok := datum.(*module.Response)
            if !ok {
                errMsg := fmt.Sprintf("incorrect response type: %T", datum)
                sendError(errors.New(errMsg), "", sched.errorBufferPool)
            }
            sched.analyzeOne(resp)
        }
    }()
}
```

与 downloadOne 方法相比，analyzeOne 方法除了操纵的对象不同，还要多做一些事情：

```
// 根据给定的响应执行解析并把结果放入相应的缓冲池
func (sched *myScheduler) analyzeOne(resp *module.Response) {
    if resp == nil {
        return
    }
    if sched.canceled() {
        return
    }
    m, err := sched.registrar.Get(module.TYPE_ANALYZER)
    if err != nil || m == nil {
        errMsg := fmt.Sprintf("couldn't get an analyzer: %s", err)
        sendError(errors.New(errMsg), "", sched.errorBufferPool)
        sendResp(resp, sched.respBufferPool)
        return
    }
    analyzer, ok := m.(module.Analyzer)
    if !ok {
        errMsg := fmt.Sprintf("incorrect analyzer type: %T (MID: %s)",
            m, m.ID())
        sendError(errors.New(errMsg), m.ID(), sched.errorBufferPool)
        sendResp(resp, sched.respBufferPool)
        return
    }
    dataList, errs := analyzer.Analyze(resp)
    if dataList != nil {
        for _, data := range dataList {
            if data == nil {
                continue
            }
            switch d := data.(type) {
            case *module.Request:
                sched.sendReq(d)
            case module.Item:
                sendItem(d, sched.itemBufferPool)
            default:
                errMsg := fmt.Sprintf("Unsupported data type %T! (data: %#v)", d, d)
                sendError(errors.New(errMsg), m.ID(), sched.errorBufferPool)
            }
        }
    }
    if errs != nil {
        for _, err := range errs {
            sendError(err, m.ID(), sched.errorBufferPool)
        }
    }
}
```

分析器的 Analyze 方法在处理某个响应之后会返回两个结果值：数据列表和错误列表。其中，数据列表中的每个元素既可能是新请求也可能是新条目。analyzeOne 方法需要对它们进行类型判断，以便把它们放到对应的数据缓冲池中。对于错误列表，analyzeOne

方法也要进行遍历并逐一处理其中的错误值。

3. 处理条目

处理条目需使用条目处理管道，同时也要用到条目缓冲池。调度器的 pick 和 pickOne 方法承载了相关的代码。pick 方法同样与 download 方法很相似，pickOne 方法的实现比 downloadOne 方法还要稍微简单一些，因为条目处理管道的 Send 方法在对条目进行处理之后只返回错误列表。这两个用于处理条目的方法就不多说了，你可以直接去看示例项目中的代码。

4. 数据、组件和缓冲池

纵观调度器对它持有的数据、组件和缓冲池的调动方式，我们可以画出一张更加详细的数据流程图，如图 6-5 所示。

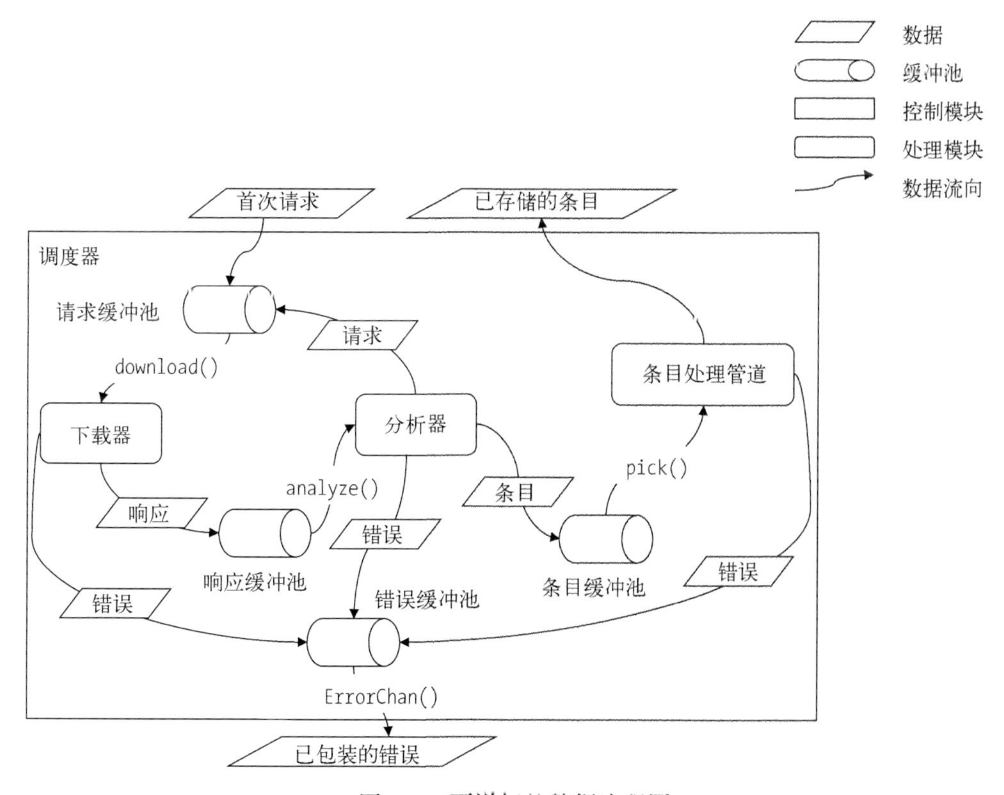

图 6-5 更详细的数据流程图

从图 6-5 中可以看到，各类数据在各个组件和缓冲池之间的流转方式，以及调度器的一些重要方法在其中起到的作用。

5. 发送请求

前面多次展现过调度器的方法 sendReq，该方法的功能是向请求缓冲池发送请求。与之前讲过的 sendError 函数和 sendResp 函数不同，它会对请求实施很严格的检查和过滤。一旦发现请求不满足某个条件，就立即返回 false。其实现代码如下：

```
// sendReq会向请求缓冲池发送请求。
// 不符合要求的请求会被过滤掉
func (sched *myScheduler) sendReq(req *module.Request) bool {
    if req == nil {
        return false
    }
    if sched.canceled() {
        return false
    }
    httpReq := req.HTTPReq()
    if httpReq == nil {
        logger.Warnln("Ignore the request! Its HTTP request is invalid!")
        return false
    }
    reqURL := httpReq.URL
    if reqURL == nil {
        logger.Warnln("Ignore the request! Its URL is invalid!")
        return false
    }
    scheme := strings.ToLower(reqURL.Scheme)
    if scheme != "http" && scheme != "https" {
        logger.Warnf("Ignore the request! Its URL scheme is %q, but should be %q or %q. (URL: %s)\n",
            scheme, "http", "https", reqURL)
        return false
    }
    if v := sched.urlMap.Get(reqURL.String()); v != nil {
        logger.Warnf("Ignore the request! Its URL is repeated. (URL: %s)\n", reqURL)
        return false
    }
    pd, _ := getPrimaryDomain(httpReq.Host)
    if sched.acceptedDomainMap.Get(pd) == nil {
        if pd == "bing.net" {
            panic(httpReq.URL)
        }
        logger.Warnf("Ignore the request! Its host %q is not in accepted primary domain map. (URL: %s)\n",
            httpReq.Host, reqURL)
        return false
    }
    if req.Depth() > sched.maxDepth {
        logger.Warnf("Ignore the request! Its depth %d is greater than %d. (URL: %s)\n",
            req.Depth(), sched.maxDepth, reqURL)
        return false
    }
```

```
    go func(req *module.Request) {
        if err := sched.reqBufferPool.Put(req); err != nil {
            logger.Warnln("The request buffer pool was closed. Ignore request sending.")
        }
    }(req)
    sched.urlMap.Put(reqURL.String(), struct{}{})
    return true
}
```

诸如请求是否为 nil、请求中代表 HTTP 请求的字段值是否为 nil、HTTP 请求中代表 URL 的字段值是否为 nil 都是最基本的检查。

你应该已经知道，本章描述的网络爬虫框架是基于 HTTP/HTTPS 协议的，它只能从网络中获取可通过 HTTP/HTTPS 协议访问的内容。因此，检查请求 URL 的 scheme 是必需的。否则，即使把不符合该条件的请求放入缓冲池，也肯定得不到正确的处理，白白浪费了资源。

另一个节省资源的措施是，绝不处理重复的请求。重复的请求是靠调度器的 urlMap 字段值来过滤的。urlMap 字段代表一个已处理 URL 的字典。一旦某个请求通过了所有检查，sendReq 函数就会在把它放入请求缓冲池的同时，把它的 URL 放入这个字典，这就为后续的重复 URL 的检查提供了依据。只要 URL 重复，就可以说它代表的请求是重复的。

最后两项检查是关于请求广度和深度的，讲解调度器接口和调度器实现类型的基本结构时，我们介绍过怎样通过 RequestArgs 类型的参数从这两个维度对有效请求的范围进行限定。这需要用到调度器的 acceptedDomainMap 和 maxDepth 字段。请求的 URL 的主域名不在 acceptedDomainMap 中的肯定会被过滤掉，深度达到或超过 maxDepth 字段值的请求也是如此。

通过上述一系列的检查，我们就判定一个请求是否是可处理的有效请求。当然，请求是否能被下载器转化为响应、响应是否能被分析器解析出有效的条目，还要看后续的处理过程。sendReq 函数是数据在流转过程中要经历的第一道关卡。

6.7.4 停止

停止调度器是 Stop 方法的功能。更具体地说，它做了 3 件事：检查调度器状态、发出调度器停止信号和释放资源。检查调度器状态的方式我在讲调度器初始化的时候详细阐述过。发出调度器停止信号的时候，需要用到调度器的 cancelFunc 字段。一旦该字段代表的函数被调用，调度器中的各个部分就会感知到并停止运行。

纵观调度器实现类型中的所有字段，那 4 个缓冲池算是比较重量级的了，主要是因为它们都包装了若干个通道。在停止调度器时，我们应该及时关闭它们。关闭方式很简单，调用它们的 Close 方法即可。另外，我们没有必要再去重置其他字段的值。调度器重新启动的时候，还会用到它们。

6.7.5 其他方法

除了前文所述的 Init、Start 和 Stop 方法外，调度器接口级别的方法还有 Status、ErrorChan、Idle 和 Summary。后者全是用于获取调度器运行状况的方法，其中最值得一提的就是 ErrorChan 方法。

已知，代表错误缓冲池的 errorBufferPool 字段用于暂存调度器运行过程中发生的错误。虽然我们可以直接从错误缓冲池那里获取错误值，但是 ErrorChan 方法的结果类型却是<-chan error。这么做的原因是，我无法对外部使用错误缓冲池的方式进行限制。任何得到错误缓冲池的人都可以随意调用其接口级别的方法，尤其是 Put 方法。而通道就不同了，只要结果类型是<-chan error，调用 ErrorChan 方法的一方就只能接收值而不能发送值，这可以从根本上消除一个可能影响调度器运行的隐患。

下面我们来看看 ErrorChan 方法是怎样进行从错误缓冲池到错误通道的转换的：

```
func (sched *myScheduler) ErrorChan() <-chan error {
    errBuffer := sched.errorBufferPool
    errCh := make(chan error, errBuffer.BufferCap())
    go func(errBuffer buffer.Pool, errCh chan error) {
        for {
            if sched.canceled() {
                close(errCh)
                break
            }
            datum, err := errBuffer.Get()
            if err != nil {
                logger.Warnln("The error buffer pool was closed. Break error reception.")
                close(errCh)
                break
            }
            err, ok := datum.(error)
            if !ok {
                errMsg := fmt.Sprintf("incorrect error type: %T", datum)
                sendError(errors.New(errMsg), "", sched.errorBufferPool)
                continue
            }
            if sched.canceled() {
                close(errCh)
                break
            }
```

```
            errCh <- err
        }
    }(errBuffer, errCh)
    return errCh
}
```

该方法在创建了一个错误通道后，就立即专门启用一个 goroutine 去做错误值的搬运工作。然后，直接返回新创建的错误通道。除非发现调度器已关闭，这个 go 函数会一直尝试从错误缓冲池获得错误值，并在检查通过后把它发送给错误通道。一旦发现调度器已关闭，该函数就会立即关闭错误通道。这为 ErrorChan 方法的调用方感知调度器的关闭提供了支持。

注意，与调度器中专用于向缓冲池放入数据的方法一样，这里的 go 函数也不会直接使用任何外部值，所有的外部值均通过参数传入，这主要是为了防止外部值失效，详情可参见 Go 1.8 Release Notes 中的 Argument Liveness 一节。我强烈建议你也像上面那样编写 go 函数。

最后，再简单说一下 Idle 方法。之前讲调度器接口时已经说过判断调度器空闲的条件。判断所有组件实例是否已空闲的方法是，通过调度器持有的组件注册器的 GetAll 方法拿到所有已注册的组件实例，然后逐一调用它们的 HandlingNumber 方法。只要该方法的结果值大于 0，就说明调度器不是空闲的。另外，还需要检查除错误缓冲池之外的所有缓冲池中的数据总数，只要有缓冲池存有数据，也说明调度器没有空闲。为什么不检查错误缓冲池？不要指望调度器的使用方会像你预期的那样调用 ErrorChan 方法并及时取走错误值。不过别担心，即使关闭了调度器，使用方照样可以从 ErrorChan 方法的结果值那里取走所有已存在的错误值。

6.7.6 总结

调度器实现类型 myScheduler 及其方法，合理运用它持有的缓冲池在各个组件实例之间搬运数据，同时有效地操控所有已注册的组件实例及时地转换数据，最后得到使用方想要的结果。使用方通过提供自定义的条目处理函数生成最终结果，并通过提供自定义的 HTTP 响应解析函数生成新的请求和条目。当然，使用方也可以提供完全自定义的下载器、分析器和条目处理管道。但是，不论怎样，调度器实现类型都会采取快速失败的策略去检查所有参数，并在运行过程中保证不会因这些自定义组件和函数的异常行为造成调度器崩溃。

从自身角度讲，调度器程序的运行效率主要取决于各种缓冲池的容量和各类组件实例的处理速度。所以，在初始化调度器时，总应该仔细斟酌传入的那些参数。当然，对

goroutine 的适当使用也让调度器程序在拥有多核 CPU 的计算机中可以展示出更高的效能。同时，这也使调度器程序的功能实现了完全的异步化。另外，调度器程序自身是并发安全的。为了提供并发安全性，我们直接或间接地用到了通道（channel）、读写锁（sync.RWMutex）、原子操作（sync/atomic）、上下文（context.Context）以及并发安全字典（gopcp.v2/chapter5/cmap.ConcurrentMap）等。不过，这也要得益于并发安全的各类组件的默认实现。在实现自己的组件类型时，一定要注意它们的并发安全性。

以调度器为核心的网络爬虫框架是为了方便我们编写网络爬虫程序而存在的，它本身只提供基础层面的各种支持，而没有实现高层次的功能。后者与你关注的爬取目标、制定的爬取策略以及想要的爬取结果息息相关。下面我们就来一起编写一个基于该框架的网络爬虫程序，并以此明确它的真正用法。

6.8　一个简单的图片爬虫

在本节中，我们的主要任务是使用网络爬虫框架编写一个可以下载目标网站中链接图片的爬虫程序。在这个过程中，我们会发现网络爬虫框架的一些不足，并继续为之添砖加瓦。这是一种反哺。在软件开发的过程中，总是应该尽早地为程序编写使用示例（测试程序也可以视为使用示例，而且能达到一举多得的效果），并以此来检查和验证我们的程序。

6.8.1　概述

现在互联网中有不少便捷工具可以自动下载（或者说爬取）小说网站的小说、图片网站的图片或视频网站的视频，这些工具有的以命令方式提供，有的有自己的图形用户界面。下面就带领你编写一个这样的简单工具，以起到抛砖引玉的作用。

我把这个可以爬取图片的小程序命名为 finder，并把它的代码放置在示例项目的 gopcp.v2/chapter6/webcrawler/examples/finder 代码包及其子包中。它以命令的方式为使用者提供功能。

6.8.2　命令参数

命令参数是指使用者在使用 finder 命令时可以提供的参数。在 Go 中，这类参数称为 flag。通过 Go 标准库中的 flag 代码包，可以读取和解析这类参数。

finder 可以自动完成很多事情。但是，使用者还需要告知它一些必备的参数，包括：

首次请求的 URL、目标 URL 的范围限定（广度和深度），以及爬取来的图片文件存放的目录。这些必备参数的给定就需要通过 flag 来实现。

为了让 finder 成为一个开箱即用的命令，我为每一个命令参数都提供了默认值。请看下面的代码：

```
// 命令参数
var (
    firstURL string
    domains  string
    depth    uint
    dirPath  string
)

func init() {
    flag.StringVar(&firstURL, "first", "http://zhihu.sogou.com/zhihu?query=golang+logo",
        "The first URL which you want to access.")
    flag.StringVar(&domains, "domains", "zhihu.com",
        "The primary domains which you accepted. "+
            "Please using comma-separated multiple domains.")
    flag.UintVar(&depth, "depth", 3,
        "The depth for crawling.")
    flag.StringVar(&dirPath, "dir", "./pictures",
        "The path which you want to save the image files.")
}

func Usage() {
    fmt.Fprintf(os.Stderr, "Usage of %s:\n", os.Args[0])
    fmt.Fprintf(os.Stderr, "\tfinder [flags] \n")
    fmt.Fprintf(os.Stderr, "Flags:\n")
    flag.PrintDefaults()
}
```

这些代码以及实现主流程的代码都包含在 finder 的主文件 finder.go 中。

flag 包为了让我们方便地定义命令参数，提供了很多函数，诸如上面的代码调用的函数 `flag.StringVar` 和 `flag.UintVar`。针对不同基本类型的参数值，flag 几乎都有一个函数与之相对应。以对 `flag.StringVar` 函数的第一次调用为例，调用参数的值依次是存放首次请求 URL 的变量 `firstURL` 的指针、命令参数的名称 `first`、`first` 的默认值以及 `first` 的文字说明。

这里声明一下，命令参数 `first` 的默认值并不要针对某些网站，而只是我发现的一个比较容易访问的 URL。该默认 URL 所属的网站不需要登录，而且在其链接的页面的源码中也比较容易找到图片。也许它并不是你所知道的最适合的首次请求 URL，但这仅仅是个默认值而已。

我们需要在 main 函数的开始处调用 flag.Parse 函数。只有这样，才能让 firstURL 等变量与 finder 使用者给定的命令参数值绑定。另外，为了让 finder 命令更加友好，需要把上面的 Usage 函数赋给 flag.Usage 变量，以便使用者在敲入 finder --help 和回车之后能看到命令使用提示信息。这个提示信息会包含上面那个 init 函数中声明的内容。

6.8.3　初始化调度器

我们通过操控调度器来使用网络爬虫框架提供的各种功能。在初始化调度器之前，我们需要先准备好 3 类参数：请求相关参数、数据相关参数和组件相关参数。其中，请求相关参数可以由命令参数直接给定，数据相关参数也可以由我们评估后给出。至于组件相关参数，我们会利用网络爬虫框架提供的各类组件的默认实现去创建。

很显然，分析器处理数据的速度肯定是最快的。其次是条目处理管道和下载器。分析器只会利用 CPU 和内存资源做一些计算，条目处理管道会把图片文件存储到计算机的文件系统中，而下载器则需要通过网络访问和下载内容。虽然网络 I/O 的速度可能会超过磁盘 I/O 的速度，但是条目处理管道需要处理的数据总是最少的，所以我们可以把条目缓冲池的容量设置得更小。

为了简单直观，我们暂时认为，分析器处理数据的总耗时是条目处理管道的 10%，同时是下载器的 1%。注意，这只是一个粗略估计的结果。你可以在使用 finder 的时候根据实际情况进行调整。至此，我们可以像下面这样组装一个 DataArgs 类型的值，其中的标识符 sched 代表代码包 gopcp.v2/chapter6/webcrawler/scheduler：

```
dataArgs := sched.DataArgs{
    ReqBufferCap:          50,
    ReqMaxBufferNumber:    1000,
    RespBufferCap:         50,
    RespMaxBufferNumber:   10,
    ItemBufferCap:         50,
    ItemMaxBufferNumber:   100,
    ErrorBufferCap:        50,
    ErrorMaxBufferNumber:  1,
}
```

或许你可以依据这些调度器参数为 finder 添加一些命令参数，以便让该程序更加灵活，我鼓励你这样做。

相比之下，组件相关参数的创建是最烦琐的。为了给出下载器、分析器和条目处理管道的实例列表，我们需要分别自定义 HTTP 客户端、HTTP 响应解析函数和条目处理函数。我会把这部分代码放入 gopcp.v2/chapter6/webcrawler/examples/finder/internal 代码包，并在 finder 的主程序中为该包起个别名——lib。

之前说过，net/http 包中的 Client 类型是做 HTTP 客户端程序的必选，并且有很多可定制的地方。它有一个公开的字段 Transport，是 http.RoundTripper 接口类型的，用于实施对单个 HTTP 请求的处理并输出 HTTP 响应。我们可以不对它进行设置，而让程序自动使用由变量 http.DefaultTransport 代表的默认值。实际上，你可以从 http.Default-Transport 的声明中看到自定义 Transport 字段的方法。

下面是我为生成 HTTP 客户端而声明的函数：

```
// 用于生成HTTP客户端
func genHTTPClient() *http.Client {
    return &http.Client{
        Transport: &http.Transport{
            Proxy: http.ProxyFromEnvironment,
            DialContext: (&net.Dialer{
                Timeout:   30 * time.Second,
                KeepAlive: 30 * time.Second,
                DualStack: true,
            }).DialContext,
            MaxIdleConns:          100,
            MaxIdleConnsPerHost:   5,
            IdleConnTimeout:       60 * time.Second,
            TLSHandshakeTimeout:   10 * time.Second,
            ExpectContinueTimeout: 1 * time.Second,
        },
    }
}
```

http.Transport 结构体类型实现了 http.RoundTripper 接口，其中也有很多公开的字段供我们设置。我想在这里解释的是 MaxIdleConns、MaxIdleConnsPerHost 和 IdleConnTimeout，它们与我们要爬取的目标网站以及对目标 URL 的范围限定有很大关系。MaxIdleConns 是对空闲链接的最大数量进行设置。空闲的链接可以理解为已经没有数据在传输但是还未断开的链接。

MaxIdleConns 限制的是通过该 HTTP 客户端访问的所有域名和 IP 地址的空闲链接总量。而 MaxIdleConnsPerHost 就不同了，它限制的是针对某一个域名或 IP 地址的空闲链接最大数量。对于这两个字段的值，你一般需要联动地设置。当然，你可能无法预知目标网站的二、三级域名有多少个，以及在爬取过程中会以怎样的频率访问到哪些域名。这显然也需要一个调优的过程。

IdleConnTimeout 字段的含义是指定空闲链接的生存时间。如果说 MaxIdleConns 和 MaxIdleConnsPerHost 设置的是什么情况下应该关闭更多的空闲链接的话，那么

6

IdleConnTimeout 设置的就是什么时候应该进一步减少现有的空闲链接。

HTTP 响应解析函数用于解析 HTTP 响应并试图找到出新的请求和条目。在 finder 中，我们需要两个这样的函数，一个用于查找新请求，另一个用于查找新条目，这里所说的条目即图片。

为了解析 HTML 格式的 HTTP 响应体，我们需要引入一个第三方代码包：github.com/PuerkitoBio/goquery，后面将其简称为 goquery。

类似地，我声明了一个 genResponseParsers 函数用于返回 HTTP 响应解析函数的列表：

```
// 用于生成响应解析器
func genResponseParsers() []module.ParseResponse {
    parseLink := func(httpResp *http.Response, respDepth uint32) ([]module.Data, []error) {
        // 省略部分代码
    }
    parseImg := func(httpResp *http.Response, respDepth uint32) ([]module.Data, []error) {
        // 省略部分代码
        // 生成条目
        item := make(map[string]interface{})
        item["reader"] = httpRespBody
        item["name"] = path.Base(reqURL.Path)
        item["ext"] = pictureFormat
        dataList = append(dataList, module.Item(item))
        return dataList, nil
    }
    return []module.ParseResponse{parseLink, parseImg}
}
```

可以看到，genResponseParsers 函数返回的列表中有两个 HTTP 响应解析函数——parseLink 和 parseImg。parseLink 函数会利用 goquery 在 HTML 格式的 HTTP 响应体中查找新的请求。我不在这里叙述 goquery 的用法，只说流程。

(1) 检查响应。检查响应本身以及后面会用到的各个部分的有效性。如果无效，就忽略后面的步骤，并直接返回空的数据列表和包含相应错误值的错误列表。

(2) 检查 HTTP 响应头中的内容类型。检查 HTTP 响应的 Header 部分中的 Content-Type 的值。如果它不以 text/html 开头，就忽略后面的步骤，并直接返回空的数据列表和 nil。

(3) 解析 HTTP 响应体。在响应体中查找 a 标签，并提取它的 href 属性的值。如果该值是一个 URL，就将其封装成请求并追加到数据列表。再在响应体中查找 img 标签，并提取它的 src 属性的值。如果该值是一个 URL，就将其封装成请求并追加到数据列表。如果在解析过程中发生错误，就把错误值追加到错误列表，最后返回数据列表和错误列表。

parseImg 函数也会先检查响应和 HTTP 响应头中的内容类型。不过，它只会继续处理内容类型以 image 开头的 HTTP 响应。一旦可以继续处理，就说明 HTTP 响应体的内容是一个图片的字节序列，这时就可以生成条目了。如前面的代码所示，在创建一个条目（实际上是一个字典）之后，我会分别依据 HTTP 响应体、图片主文件名以及图片扩展名生成键–元素对并放入条目值。然后，把该条目追加到数据列表并返回。

相应地，在条目处理函数中，我会根据条目中的这 3 个键–元素对在指定的目录中创建一个图片文件。用于生成条目处理函数的 genItemProcessors 函数的声明如下：

```
// 用于生成条目处理器
func genItemProcessors(dirPath string) []module.ProcessItem {
    savePicture := func(item module.Item) (result module.Item, err error) {
        // 省略部分代码
        // 生成新的条目
        result = make(map[string]interface{})
        for k, v := range item {
            result[k] = v
        }
        result["file_path"] = filePath
        fileInfo, err := file.Stat()
        if err != nil {
            return nil, err
        }
        result["file_size"] = fileInfo.Size()
        return result, nil
    }
    recordPicture := func(item module.Item) (result module.Item, err error) {
        // 省略部分代码
    }
    return []module.ProcessItem{savePicture, recordPicture}
}
```

该函数返回的列表中有两个条目处理函数——savePicture 和 recordPicture。savePicture 函数用于保存图片文件。值得一提的是，在成功保存文件之后，savePicture 函数会生成新的条目。该条目中除了包含 savePicture 接受的那个参数条目中的所有键–元素对外，还放入了用于说明图片文件绝对路径的尺寸的键–元素对。这样，recordPicture 函数就可以把已存图片文件的信息完整地记录在日志中了。

有了 genHTTPClient、genResponseParsers 和 genItemProcessors 这 3 个函数，我们就可以着手准备各类组件实例的列表了。首先，来看看下载器列表的生成。

要创建一个下载器，光有 HTTP 客户端是不够的，还需要设置它的组件 ID 和组件评分计算器。不过，对于其余两个参数，gopcp.v2/chapter6/webcrawler/module 代码包已经给予了支持。组件ID的生成需要组件类型、序列号和组件网络地址，这里的组件ID不需要包含网络地址，因为我们要生成的组件实例与调度器处于同一进程内。为了统一生成序列号，我声明了一个包级私有的全局变量：

```
// 组件序列号生成器
var snGen = module.NewSNGenertor(1, 0)
```

至于下载器的组件类型，我们可以直接用 module.TYPE_DOWNLOADER。

在 module 包中有一个极其简单的组件评分计算函数 CalculateScoreSimple，这个函数原本是提供给测试函数使用的。不过对于 finder，我们可以直接使用这个函数，其代码如下：

```
// 简易的组件评分计算函数
func CalculateScoreSimple(counts Counts) uint64 {
    return counts.CalledCount +
        counts.AcceptedCount<<1 +
        counts.CompletedCount<<2 +
        counts.HandlingNumber<<4
}
```

有了上述准备，我们可以编写一个用于生成下载器列表的函数。我把这个函数命名为 GetDownloaders，并把它存在 gopcp.v2/chapter6/webcrawler/examples/finder/internal 包中。注意，与前面描述的那些 internal 包的函数不同，它是公开的。该函数的代码如下：

```
// 用于获取下载器列表
func GetDownloaders(number uint8) ([]module.Downloader, error) {
    downloaders := []module.Downloader{}
    if number == 0 {
        return downloaders, nil
    }
    for i := uint8(0); i < number; i++ {
        mid, err := module.GenMID(
            module.TYPE_DOWNLOADER, snGen.Get(), nil)
        if err != nil {
            return downloaders, err
        }
        d, err := downloader.New(
            mid, genHTTPClient(), module.CalculateScoreSimple)
        if err != nil {
            return downloaders, err
        }
        downloaders = append(downloaders, d)
    }
    return downloaders, nil
}
```

该函数的功能其实就是根据参数值生成一定数量的下载器并返回给调用方，其中的标识符 downloader 代表 gopcp.v2/chapter6/webcrawler/module/local/downloader 代码包。

用于生成并返回分析器列表的 GetAnalyzers 函数在流程上与 GetDownloaders 极其相似。在生成分析器的时候，它用到了 gopcp.v2/chapter6/webcrawler/module/local/analyzer 包的 New 函数和本包的 genResponseParsers 函数。

GetPipelines 函数的写法也是类似的。不过要注意，由于我们前面编写的条目处理函数需要把图片存到指定目录中，所以 GetPipelines 函数的参数除了 number 外，还有一个 string 类型的 dirPath。dirPath 指定图片存放目录。在调用 genItemProcessors 函数时，GetPipelines 函数会把 dirPath 直接传入。另一个需要注意的地方是，我们在生成一个条目处理管道后，还要决定它是否是快速失败的。在这里，如果 savePicture 函数没能成功存储图片，那么我们就没必要再让 recordPicture 函数去记录日志了。因此，我们要通过调用条目处理管道的 SetFailFast 函数把它设置为快速失败的。

好了，我们现在已经准备好了初始化调度器所需的所有参数。至此，对于 finder.go 中的 main 函数，我们已经可以完成大半了：

```go
func main() {
    flag.Usage = Usage
    flag.Parse()
    // 创建调度器
    scheduler := sched.NewScheduler()
    // 准备调度器的初始化参数
    domainParts := strings.Split(domains, ",")
    acceptedDomains := []string{}
    for _, domain := range domainParts {
        domain = strings.TrimSpace(domain)
        if domain != "" {
            acceptedDomains =
                append(acceptedDomains, domain)
        }
    }
    requestArgs := sched.RequestArgs{
        AcceptedDomains: acceptedDomains,
        MaxDepth:        uint32(depth),
    }
    dataArgs := sched.DataArgs{
        ReqBufferCap:         50,
        ReqMaxBufferNumber:   1000,
        RespBufferCap:        50,
        RespMaxBufferNumber:  10,
        ItemBufferCap:        50,
        ItemMaxBufferNumber:  100,
        ErrorBufferCap:       50,
        ErrorMaxBufferNumber: 1,
    }
    downloaders, err := lib.GetDownloaders(1)
```

```
    if err != nil {
        logger.Fatalf("An error occurs when creating downloaders: %s", err)
    }
    analyzers, err := lib.GetAnalyzers(1)
    if err != nil {
        logger.Fatalf("An error occurs when creating analyzers: %s", err)
    }
    pipelines, err := lib.GetPipelines(1, dirPath)
    if err != nil {
        logger.Fatalf("An error occurs when creating pipelines: %s", err)
    }
    moduleArgs := sched.ModuleArgs{
        Downloaders: downloaders,
        Analyzers:   analyzers,
        Pipelines:   pipelines,
    }
    // 初始化调度器
    err = scheduler.Init(
        requestArgs,
        dataArgs,
        moduleArgs)
    if err != nil {
        logger.Fatalf("An error occurs when initializing scheduler: %s", err)
    }
    // 省略部分代码
}
```

重申一下，其中的标识符 lib 代表 gopcp.v2/chapter6/webcrawler/examples/finder/internal 代码包。另外注意，logger.Fatalf 总会在打印日志之后使当前进程非正常终止。所以，一旦调度器初始化失败，finder 就不会再做任何事了。

6.8.4　监控调度器

现在，我们已经可以启动调度器了。不过，或许我们可以准备得更充分一些。任何持续运行的软件服务都应该被监控，不论用什么方式监控。这几乎已经是互联网公司的一条铁律了。虽然 finder 只是一个可以查找并保存图片的工具，但是由于它可能会为了搜遍目标网站而运行很长一段时间，所以我们还是应该提供一种监控方法。

我会把用于监控调度器的代码封装在一个名为 Monitor 的函数里，并把它置于代码包 gopcp.v2/chapter6/webcrawler/examples/finder/monitor 中。

Monitor 函数的功能主要有如下 3 个。

- 在适当的时候停止自身和调度器。
- 实时监控调度器及其中的各个模块的运行状况。
- 一旦调度器及其模块在运行过程中发生错误，及时予以报告。

和其他部分一样，这些功能可以定制。

1. 确定参数

对于第一个功能，我们需要明确一点：只有在调度器空闲一段时间之后，才关闭它。所以，我们应该定时循环地去调用调度器的 Idle 方法，以检查它是否空闲。如果连续若干次的检查结果均为 true，那么就可以断定再没有新的数据需要处理了。这时，关闭调度器就是安全的。这里有两个可以灵活掌握的环节：一个是检查的间隔时间，另一个是检查结果连续为 true 的次数。只要给定了这两个可变量，自动关闭调度器的策略就完全确定了。我们把检查的间隔时间与检查结果连续为 true 的最大次数的乘积称为最长持续空闲时间，即：

最长持续空闲时间 = 检查间隔时间 × 检查结果连续为 true 的最大次数

一旦调度器空闲的时间达到了最长持续空闲时间，就可以关闭调度器了，不过这个决定应该由监控函数的使用方来做。

监控函数的第二个功能是对调度器的运行状况进行监控。我们在前面编写调度器以及相关模块的时候都留有摘要或统计接口，所以它实现起来并不难。这里也存在两个可变量：摘要获取间隔时间和摘要记录的方式。该函数的第三个功能也需要用到第二个可变量。

经过上述分析，我们已经可以确定调度器监控函数的签名了：

```
// Monitor 用于监控调度器。
// 参数 scheduler 代表作为监控目标的调度器。
// 参数 checkInterval 代表检查间隔时间，单位：纳秒。
// 参数 summarizeInterval 代表摘要获取间隔时间，单位：纳秒。
// 参数 maxIdleCount 代表最大空闲计数。
// 参数 autoStop 用来指示该方法是否在调度器空闲足够长的时间之后自行停止调度器。
// 参数 record 代表日志记录函数。
// 当监控结束之后，该方法会向作为唯一结果值的通道发送一个代表空闲状态检查次数的数值
func Monitor(
    scheduler sched.Scheduler,
    checkInterval time.Duration,
    summarizeInterval time.Duration,
    maxIdleCount uint,
    autoStop bool,
    record Record) <-chan uint64
```

在 Monitor 函数的参数声明列表中，record 就是使用方需要定制的摘要的记录方式。Record 类型的声明如下：

```
// Record 代表日志记录函数的类型。
```

6

```
// 参数level代表日志级别。级别设定：0-普通；1-警告；2-错误
type Record func(level uint8, content string)
```

这个函数类型表达的含义是根据指定的日志级别对内容进行记录。

另一方面，Monitor 函数会返回一个接收通道。在它执行结束之时，它还会向该通道发送一个数值，这个数值表示它检查调度器空闲状态的实际次数。使用方可以通过这个实际次数计算出当次爬取流程的总执行时间。不过，这个通道更重要的作用是作为使用方安全关闭调度器的依据。

2. 制定监控流程

你可能会发现，Monitor 函数的 3 个功能之间实际上并没有交集。因此，我们可以在实现该函数的时候保持这 3 个功能的独立性，以避免它们彼此干扰。Monitor 函数的完整声明是这样的：

```
func Monitor(
    scheduler sched.Scheduler,
    checkInterval time.Duration,
    summarizeInterval time.Duration,
    maxIdleCount uint,
    autoStop bool,
    record Record) <-chan uint64 {
    // 防止调度器不可用
    if scheduler == nil {
        panic(errors.New("The scheduler is invalid!"))
    }
    // 防止过小的检查间隔时间对爬取流程造成不良影响
    if checkInterval < time.Millisecond*100 {
        checkInterval = time.Millisecond * 100
    }
    // 防止过小的摘要获取间隔时间对爬取流程造成不良影响
    if summarizeInterval < time.Second {
        summarizeInterval = time.Second
    }
    // 防止过小的最大空闲计数造成调度器的过早停止
    if maxIdleCount < 10 {
        maxIdleCount = 10
    }
    logger.Infof("Monitor parameters: checkInterval: %s, summarizeInterval: %s,"+
        " maxIdleCount: %d, autoStop: %v",
        checkInterval, summarizeInterval, maxIdleCount, autoStop)
    // 生成监控停止通知器
    stopNotifier, stopFunc := context.WithCancel(context.Background())
    // 接收和报告错误
    reportError(scheduler, record, stopNotifier)
    // 记录摘要信息
    recordSummary(scheduler, summarizeInterval, record, stopNotifier)
    // 检查计数通道
```

```
    checkCountChan := make(chan uint64, 2)
    // 检查空闲状态
    checkStatus(scheduler,
        checkInterval,
        maxIdleCount,
        autoStop,
        checkCountChan,
        record,
        stopFunc)
    return checkCountChan
}
```

这里我简要解释一下它体现的监控流程。首先，监控函数必须对传入函数的参数值进行检查，其中最重要的是代表调度器实例的 scheduler。如果它为 nil，那么这个监控流程就完全没有执行的必要了。监控函数在发现此情况时，会把它视为一个致命的错误并引发一个运行时恐慌。此外，监控函数还需要对检查间隔时间、摘要获取间隔时间和最大空闲计数的值进行检查。这些值既不能是负数，也不能是过小的正数，因为过小的正数会影响到爬取流程的正常执行。所以，我在这里分别为它们设定了最小值。

我打算让实现那 3 个功能的代码并发执行。与调度器的实现类似，需要让这些代码知道什么时候需要停止。同样，这里使用一个可取消的 context.Context 类型值来传递停止信号，并由 stopNotifier 变量代表。同时，stopFunc 变量代表触发停止信号的函数。

函数 reportError、recordSummary 和 checkStatus 分别表示 Monitor 函数需要实现的那 3 个功能，它们都会启用一个 goroutine 来执行其中的代码。稍后我会分别描述它们的实现细节。

对于 Monitor 函数的函数体，最后要说明的是变量 checkCountChan，它代表的就是用来传递检查调度器空闲状态的实际次数的通道。它的值会被传入 checkStatus 函数，然后由 Monitor 函数返回给它的调用方。

3. 报告错误

报告错误的功能由 reportError 函数负责实现。一旦调度器启动，就应该通过调用它的 ErrorChan 方法获取错误通道，并不断地尝试从中接收错误值。我们已经在前面详述过这样做的原因。

函数 reportError 接受 3 个参数。除了代表调度器的 scheduler 之外，还有代表日志记录方式的 record，以及代表监控停止通知器的 stopNotifier。下面是它的完整声明：

```
// 用于接收和报告错误
func reportError(
    scheduler sched.Scheduler,
```

```
    record Record,
    stopNotifier context.Context) {
    go func() {
        // 等待调度器开启
        waitForSchedulerStart(scheduler)
        errorChan := scheduler.ErrorChan()
        for {
            // 查看监控停止通知器
            select {
            case <-stopNotifier.Done():
                return
            default:
            }
            err, ok := <-errorChan
            if ok {
                errMsg := fmt.Sprintf("Received an error from error channel: %s", err)
                record(2, errMsg)
            }
            time.Sleep(time.Microsecond)
        }
    }()
}
```

这个函数启用了一个 goroutine 来执行其中的代码。在 go 函数中，它首先调用了 waitForSchedulerStart 函数。我们都知道，调度器有一个公开的方法 Status，该方法会返回一个可以表示调度器当前状态的值。因此，该函数要做的就是不断调用调度器的 Status 方法，直到该方法的结果值等于 sched.SCHED_STATUS_STARTED 为止。当然，在对 Status 方法的多次调用之间，都需要有一个小小的停顿，这个停顿是通过 time.Sleep 函数实现的。这样做是为了避免因 for 循环迭代得太过频繁而可能带来的一些问题，比如挤掉其他 goroutine 运行的机会、致使 CPU 的使用率过高，等等。这是一种保护措施，虽然那些问题不一定会发生。

go 函数中的第 2 条语句，是调用调度器的 ErrorChan 方法并获取到错误通道。还记得 ErrorChan 方法是怎样实现的吗？它在每次调用时，都会创建一个错误通道，并持续从当前调度器持有的错误缓冲池向这个错误通道搬运错误值，直到错误缓冲池被关闭。正因为如此，我们不应该在 for 语句中调用它。

在 for 语句每次迭代开始，go 函数都会尝试用 select 语句从 stopNotifier 获取停止信号。一旦获取到停止信号，它就马上返回以结束当前流程的执行。select 语句中的 default case 意味着这个获取操作只是尝试一下而已。即使没获取到停止信号，select 语句的执行也会立即结束。

之后，go 函数就会试图从错误通道那里接收错误值。一旦接收到一个有效的错误值，它就调用 record 函数记录下这个错误值。注意，与尝试获取停止信号的方式不同，这里的接收操作是阻塞式的。

在每次迭代的最后，go 函数也会通过调用 time.Sleep 函数实现一个小停顿。

4. 记录摘要信息

recordSummary 函数负责记录摘要信息，它的签名如下：

```
// 用于记录摘要信息
func recordSummary(
    scheduler sched.Scheduler,
    summarizeInterval time.Duration,
    record Record,
    stopNotifier context.Context)
```

可以看到，它接受 4 个参数，其中的 3 个参数也是 reportError 函数所接受的。多出的那个参数是 summarizeInterval，即摘要获取间隔时间。

这个函数同样启用了一个 goroutine 来进行相关操作。与 reportError 函数相同，在一开始依然要先调用 waitForSchedulerStart 函数，以等待调度器完全启动。一旦调度器已启动，go 函数就要开始为摘要信息的获取、比对、组装和记录做准备了。这里需要先声明如下几个变量：

```
var prevSchedSummaryStruct sched.SummaryStruct
var prevNumGoroutine int
var recordCount uint64 = 1
startTime := time.Now()
```

其中，变量 recordCount 和 startTime 的值会参与到最终的摘要信息的组装过程中去。前者代表了记录的次数，而后者则代表开始准备记录时的时间。在它们前面声明的两个变量 prevSchedSummaryStruct 和 prevNumGoroutine 的含义分别是前一次获得的调度器摘要信息和 goroutine 数量，它们是是否需要真正记录当次摘要信息的决定因素。go 函数每次都会把当前获取到的摘要信息与前一次的做比对。只有确定它们不同，才会对当前的摘要信息予以记录，这主要是为了减少摘要信息对其他日志的干扰。

go 函数应该在停下来之前定时且循环地获取和比对摘要信息。因此，我把后面的代码都放到了一个 for 代码块中。在每次迭代开始时，仍然需要通过 stopNotifier 检查停止信号。如果停止信号还没有发出，那么就开始着手获取摘要信息的各个部分，即：goroutine 数量和调度器摘要信息。goroutine 数量代表的是当前的 Go 运行时系统中活跃的 goroutine 的数量，而调度器摘要信息则体现了调度器当前的状态。获取它们的方式如下：

```
// 获取 goroutine 数量和调度器摘要信息
currNumGoroutine := runtime.NumGoroutine()
```

```
currSchedSummaryStruct := scheduler.Summary().Struct()
```

一旦得到它们，就分别把它们与变量 prevNumGoroutine 和 prevSchedSummaryStruct 的值进行比较。这里的比较操作很简单。变量 currNumGoroutine 及 prevNumGoroutine 都是 int 类型的，可以直接比较，而调度器摘要信息的类型 sched.SummaryStruct 也提供了可判断相同性的 Same 方法。如果它们两两相同，就不再进行后面的组装和记录操作了。否则，就开始组装摘要信息：

```
// 比对前后两份摘要信息的一致性，只有不一致时才会记录
if currNumGoroutine != prevNumGoroutine ||
    !currSchedSummaryStruct.Same(prevSchedSummaryStruct) {
    // 记录摘要信息
    summay := summary{
        NumGoroutine: runtime.NumGoroutine(),
        SchedSummary: currSchedSummaryStruct,
        EscapedTime:  time.Since(startTime).String(),
    }
    b, err := json.MarshalIndent(summay, "", "    ")
    if err != nil {
        logger.Errorf("Occur error when generate scheduler summary: %s\n", err)
        continue
    }
    msg := fmt.Sprintf("Monitor summary[%d]:\n%s", recordCount, b)
    record(0, msg)
    prevNumGoroutine = currNumGoroutine
    prevSchedSummaryStruct = currSchedSummaryStruct
    recordCount++
}
```

组装摘要信息用到了当前包中声明的结构体类型 summary，其定义如下：

```
// 代表监控结果摘要的结构
type summary struct {
    // goroutine 的数量
    NumGoroutine int `json:"goroutine_number"`
    // 调度器的摘要信息
    SchedSummary sched.SummaryStruct `json:"sched_summary"`
    // 从开始监控至今流逝的时间
    EscapedTime string `json:"escaped_time"`
}
```

可以看到，该类型也为 JSON 格式的序列化做好了准备。我使用 encoding/json 包中的 MarshalIndent 函数把该类型的值序列化为易读的 JSON 格式字符串，然后通过调用 record 函数记录它们。紧接着，对 prevNumGoroutine 和 prevSchedSummaryStruct 进行赋值，以便进行后续的比较操作。最后，递增 recordCount 的值也非常必要，因为它是摘要信息的重要组成部分。

函数 recordSummary 中的 go 函数所包含的 for 代码块基本上就是如此。此外，为了让这个 for 循环在迭代之间能有一个小小的停顿，我把下面这条语句放在了 for 代码块的最后：

```
time.Sleep(time.Microsecond)
```

实际上，与 reportError 函数相比，recordSummary 函数更有必要加上这条语句。

与错误的接收和报告一样，对摘要信息的获取、比对、组装和记录也是独立进行的。它由 Monitor 函数启动，并会在接收到停止信号之后结束。发送停止信号的代码存在于 checkStatus 函数中，因为只有它才知道什么时候停止监控。

5. 检查状态

函数 checkStatus 的主要功能是定时检查调度器是否空闲，并在它空闲持续一段时间之后停止监控和调度器。为此，该函数需要适时检查各种计数值，并在必要时发出停止信号。checkStatus 是一个比较重要的辅助函数，职责也较多，它的签名如下：

```
// 用于检查状态，并在满足持续空闲时间的条件时采取必要措施
func checkStatus(
    scheduler sched.Scheduler,
    checkInterval time.Duration,
    maxIdleCount uint,
    autoStop bool,
    checkCountChan chan<- uint64,
    record Record,
    stopFunc context.CancelFunc)
```

其中的参数前面都介绍过。注意，参数 checkCountChan 的类型是一个发送通道，这是为了限制 checkStatus 函数对它的操作。

checkStatus 函数也把所有代码都放入了 go 函数。go 函数中的第一条语句是：

```
var checkCount uint64
```

该变量代表的是检查计数值。紧接着是一条 defer 语句：

```
defer func() {
    stopFunc()
    checkCountChan <- checkCount
}()
```

它的作用是保证在 go 函数执行即将结束时发出停止信号和发送检查计数值，这个时机非常关键。这个 go 函数总会在调度器空闲的时间达到最长持续空闲时间时结束执行。

在等待调度器开启之后，go 函数首先要做的就是准确判定最长持续空闲时间是否到达。为了让这一判定有据可依，下面这个变量是必需的：

```
var idleCount uint
```

它的值将会代表监控函数连续发现调度器空闲的计数值。另外，为了记录调度器持续空闲的时间，还需要声明一个这样的变量：

```
var firstIdleTime time.Time
```

注意，真实的持续空闲时间与理想的持续空闲时间（由参数 checkInterval 和 maxIdleCount 的值相乘得出的那个时间）之间肯定是有偏差的。并且，前者肯定会大于后者，因为执行判定的代码也是需要耗时的。

可以肯定的是，我们需要在一个 for 循环中进行与持续空闲时间判定有关的那些操作。由于这条 for 语句中的条件判断比较多且复杂，所以我先贴出它们然后再进行解释：

```
for {
    // 检查调度器的空闲状态
    if scheduler.Idle() {
        idleCount++
        if idleCount == 1 {
            firstIdleTime = time.Now()
        }
        if idleCount >= maxIdleCount {
            msg :=
                fmt.Sprintf(msgReachMaxIdleCount, time.Since(firstIdleTime).String())
            record(0, msg)
            // 再次检查调度器的空闲状态，确保它已经可以停止
            if scheduler.Idle() {
                if autoStop {
                    var result string
                    if err := scheduler.Stop(); err == nil {
                        result = "success"
                    } else {
                        result = fmt.Sprintf("failing(%s)", err)
                    }
                    msg = fmt.Sprintf(msgStopScheduler, result)
                    record(0, msg)
                }
                break
            } else {
                if idleCount > 0 {
                    idleCount = 0
                }
            }
        }
    } else {
        if idleCount > 0 {
            idleCount = 0
        }
```

```
        }
        checkCount++
        time.Sleep(checkInterval)
    }
```

可以看到，我总是让 checkCount 的值随着迭代的进行而递增，同时也会依据 checkInterval 让每次迭代之间存在一定的时间间隔。

在此 for 代码块的最开始，通过调用调度器的 Idle 方法来判断它是否已经空闲。如果不是，就及时清零 idleCount 的值。因为一旦发现调度器未空闲，就要重新进行计数。反过来讲，如果发现调度器已空闲，就需要递增 idleCount 的值。同时，如果发现重新计数刚刚开始，就会把 firstIdleTime 的值设置为当前时间。只有这样才能在 idleCount 的值达到最大空闲计数时，根据 firstIdleTime 的值准确计算出真实的最长持续空闲时间。

在做好计数和起始时间的检查和校正工作之后，我会马上把 idleCount 的值与最大空闲计数相比较。如果前者大于或等于后者，就可以初步判定调度器已经空闲了足够长的时间，这时，我会立刻记下一条基于模板 msgReachMaxIdleCount 生成的消息。该模板的声明如下：

```
// 已达到最大空闲计数的消息模板
var msgReachMaxIdleCount = "The scheduler has been idle for a period of time" +
    " (about %s)." + " Consider to stop it now."
```

这条消息建议网络爬虫框架的使用方关闭调度器。不过，使用方可以通过把参数 autoStop 的值设置为 true，让调度器监控函数自动关闭调度器，这也是后面再次调用调度器的 Idle 方法的原因之一。如果这里的调用结果值和 autoStop 参数的值均为 true，那么函数就帮助使用方停止调度器。如果调用结果值为 false，那么 idleCount 变量的值也会被及时清零，对调度器空闲的计数将重新开始。这显然是一种比较保守的做法，但却可以有效地避免过早地停止调度器。

实际上，只要对 Idle 方法第二次调用的结果值为 true，不管 autoStop 参数的值是怎样的，都会退出当前的 for 代码块。for 代码块执行结束就意味着 checkStatus 函数异步执行结束。还记得吗？在 checkStatus 中的 go 函数执行结束之际，它会发出停止信号，同时向通道 checkCountChan 发送检查计数值。

至此，我展示和说明了 checkStatus 函数以及 Monitor 函数涉及的绝大多数代码。

6. 使用监控函数

有了 Monitor 函数，就可以在 finder 的 main 函数中这样使用它来启动对调度器的监控了：

```go
// 准备监控参数
checkInterval := time.Second
summarizeInterval := 100 * time.Millisecond
maxIdleCount := uint(5)
// 开始监控
checkCountChan := monitor.Monitor(
    scheduler,
    checkInterval,
    summarizeInterval,
    maxIdleCount,
    true,
    lib.Record)
// 省略部分代码
// 等待监控结束
<-checkCountChan
```

我把检查间隔时间设置为 10 毫秒，并把最大空闲计数设置为 5。同时，让 Monitor 函数在调度器的持续空闲时间达到最长持续空闲时间后自动关闭调度器。

调用 Monitor 函数的时机是在初始化调度器之后，以及启动调度器之前。因为只有调度器被初始化过，它的大多数方法才能正常执行。另外，只有在调度器启动之前开始监控，才能记录下它启动时的状况。

我给予 Monitor 函数的参数值 lib.Record 代表前面所说的日志记录函数，它的声明是这样的：

```go
// 记录日志
func Record(level byte, content string) {
    if content == "" {
        return
    }
    switch level {
    case 0:
        logger.Infoln(content)
    case 1:
        logger.Warnln(content)
    case 2:
        logger.Infoln(content)
    }
}
```

其中 logger 代表 gopcp.v2/helper/log/base 包下 MyLogger 类型的日志记录器。

6.8.5　启动调度器

现在，我们真的可以启动调度器了。做了这么多准备工作，只需区区几行代码就可以启动调度器了，这些代码在 finder 的 main 函数的最后面：

```
// 准备调度器的启动参数
firstHTTPReq, err := http.NewRequest("GET", firstURL, nil)
if err != nil {
    logger.Fatalln(err)
    return
}
// 开启调度器
err = scheduler.Start(firstHTTPReq)
if err != nil {
    logger.Fatalf("An error occurs when starting scheduler: %s", err)
}
// 等待监控结束
<-checkCountChan
```

基于命令参数 firstURL，我们可以很容易地创建出首次请求。如果启动调度器不成功，就记下一条严重错误级别的日志。还记得吗？这会使当前进程非正常终止。纵观 main 函数的代码你就会发现，它遇到任何错误都会这样做。这是因为一旦主流程出错，finder 就真的无法再运行下去了。

最后，为了让主 goroutine 等待监控和调度器的停止，我们还加入了对检查计数通道 checkCountChan 的接收操作。

到这里，我们讲述了图片爬虫程序 finder 涉及的几乎所有流程的代码。强烈建议你在自己的计算机上运行 finder，然后试着改变各种参数的值，再去运行它，并且多多试几次。当然，你也可以修改 finder 甚至网络爬虫框架的代码。总之，不论在哪个阶段，阅读、理解、修改、试验是学习编程的必经之路。希望你能够通过这个示例增进对 Go 语言并发编程方法以及相关知识的理解。

6.9 扩展与思路

本章所述的网络爬虫框架虽然不是一个庞大的程序，但是足以向你展示 Go 语言在并发编程方面的威力。我相信，如果你细细品味其中的代码以及它引用的那些代码包的话，一定会有所感悟。

Go 语言程序在开发效率和运行效率方面是双赢的。不过需要说明的是，由于思考和开发时间有限，网络爬虫框架难免存在一些不足。本节中，我会讲到这些不足引起的问题及其解决方法。当然，问题也许不止这些，因为需求总是多样的。当前的程序可能并不能满足你的需求。如果是这样，欢迎你通过图灵社区、邮件或本项目在 GitHub 上的主页向我反馈和吐槽。

下面我们就来说说问题和解决思路。

1. 增加对 cookie 的支持

处理请求需要下载器和请求缓冲池。在网络爬虫框架中，我们使用 http.Client 类型的实例向目标网站发送 HTTP 请求。与网络浏览器这类成熟的软件相比，这样的方式会显得简陋很多。不过，http.Client 类型本身也提供了一些方式，以便我们在与目标网站进行交互时能有更好的效果。我们在前面已经对 http.Client 类型的实例做过一些定制，不过这样的定制还可以更深入。

前面所述的图片爬虫是不支持 cookie 的，不过这个问题可以通过对 http.Client 类型实例的进一步定制来解决。熟悉互联网软件的读者应该都知道 cookie 的含义和用途，它一般会由服务端生成并存放在客户端。例如，我们使用作为客户端的网络浏览器访问作为服务端的网络站点。在成功使用用户名和密码登录该服务端之后，服务端会向客户端发送一个可以标识客户端身份的 cookie。那么，在该 cookie 的有效期之内，当我们再次通过同一个客户端访问该服务端时，客户端就会将相应的 cookie 回传给服务端。这样，服务端就可以自动了解到我们是哪一个用户了，我们无须再次登录。这个例子虽然略去了很多细节，但足以说明为下载器提供一个带有 cookie 存储功能的 HTTP 客户端的重要性。我们在爬取一个需要登录才能访问的网络站点上的内容时，会非常需要这样的功能。

类型 http.Client 中有一个公开的字段 Jar，该字段的类型是 http.CookieJar。http.CookieJar 是一个接口类型。通过调用这个 Jar 字段值的方法，HTTP 客户端就可以对 cookie 进行存取了。这个接口类型的一个立即可用的实现类型是 Jar 类型，它的声明保存在标准库代码包 net/http/cookiejar 中。cookiejar.Jar 类型提供了一种基于内存的 cookie 存储方案。

我们可以使用 cookiejar.New 函数创建并初始化一个 cookiejar.Jar 类型的值。不过，我们必须向该函数传入一个选项集，这个选项集由*cookiejar.Options 类型的值表示。虽然叫选项集，但是其中只存在一个 cookiejar.PublicSuffixList 接口类型的字段。该接口类型的用途体现在它的 PublicSuffix 方法上，该方法的功能是从一个域名中提取公用后缀。比如，golang.org 的公用后缀是 org，www.beijing.gov.cn 的公用后缀是 gov.cn。

实现 cookiejar.PublicSuffixList 接口非常简单，因为 golang.org/x/net/publicsuffix 代码包已经提供了现成的辅助函数。你可以通过 go get 命令下载并安装该代码包：

```
go get golang.org/x/net/publicsuffix
```

安装好之后，就可以像下面这样编写自己的实现类型：

```
// cookiejar.PublicSuffixList 接口的实现类型
type myPublicSuffixList struct{}

func (psl *myPublicSuffixList) PublicSuffix(domain string) string {
    suffix, _ := publicsuffix.PublicSuffix(domain)
    return suffix
}

func (psl *myPublicSuffixList) String() string {
    return "Web crawler - public suffix list (rev 1.0) power by \"golang.org/x/net/publicsuffix\""
}
```

有了 myPublicSuffixList 类型，就可以创建并定制一个*cookiejar.Jar 类型的值了，如：

```
options := &cookiejar.Options{PublicSuffixList: &myPublicSuffixList{}}
cj, _ := cookiejar.New(options)
```

在初始化 HTTP 客户端的时候，我们可以把这样的*cookiejar.Jar 类型值赋给 HTTP 客户端的 Jar 字段：

```
http.Client{Jar: cj}
```

如此一来，我们的 HTTP 客户端就支持 cookie 了。

上面这几行分代码存在于示例项目的 gopcp.v2/chapter6/webcrawler/toolkit/cookie 代码包中。

2. 忽略数字证书的无效

对于协议为 HTTPS 的请求来说，现有的 HTTP 客户端可以应付。但是，如果请求的目标网站的数字证书是有问题的，那么与它的交互肯定无法达成。因为 http.Client 类型值的 Do 方法在这种情况下必定会返回非 nil 的错误值。

一个简单的解决方案就是去掉安全校验环节，这同样可以通过定制 HTTP 客户端来实现，如下所示：

```
tr := &http.Transport{
    TLSClientConfig: &tls.Config{InsecureSkipVerify: true},
}
client := &http.Client{Transport: tr}
```

其中的限定标识符 tls.Config 代表的是标准库代码包 crypto/tls 中的 Config 类型，该类型中的 InsecureSkipVerify 字段的值决定着 HTTP 客户端是否忽略校验目标网站的数字证书链。

如果确定目标网站是安全可信的，那么这样的解决方案就是可行的。它对于我们这里的应用场景也行得通，只是后果需要自负。

3. 分布式网络爬虫

在网络爬虫框架中，默认的组件实现都是本地的。换句话说，它们都必须与调度器同处于一个进程。不过，我在那里留下了一个扩展点。还记得吗？组件 ID 中可以包含组件的网络地址。有了这个网络地址，就可以依照下面的步骤实现一个分布式网络爬虫了。

(1) 编写自己的组件的实现类型。这里包括下载器、分析器和条目处理管道。当然，你需要分别为每类组件编写客户端和服务端。其中，组件的客户端需要实现对应的组件接口，并负责与组件的服务端交互以实现功能。

(2) 设置好组件客户端的 ID。它应该包含其服务端的网络地址。虽然不包含网络地址也不会影响现有功能，但是即使为了标识、记录以及将来的进一步监控，这样做也是很有必要的。

(3) 把组件客户端存于 `ModuleArgs` 类型值中，并在初始化调度器的时候把后者作为参数传入，这就意味着组件客户端需要实现相应的组件接口。

(4) 组件的基础接口 `Module` 包含了 `ScoreCalculator` 方法的声明，后者总会返回一个有效的 `CalculateScore` 类型值。设置好这个值，就可以通过它间接定制同类组件实例间的负载均衡策略。对于分布式网络爬虫来说，负载均衡尤为重要。

经过这些步骤，你应该可以搞定网络爬虫的分布式扩展了，动手试一试吧。

6.10　本章小结

非常好！我们已经编写了一个完整且具有一定规模的程序了。你已与我一起参与了该程序的需求分析、总体设计、详细设计和编码实现等多个环节。我希望你能够通过这样一个过程巩固前面学到的所有知识和技巧，并且能够把它们真正运用到今后的编程工作中去。我还希望你能够把本章以及本书中的所有示例代码都下载到你的计算机中，并根据实际需要进行修改、重构和扩展。请记住，编程是一项非常讲究动手和实践的工作。所以，我在本书中为大家讲述的 Go 语言编程以及并发编程的知识只能算是一个指引，还不足以使你成为 Go 语言并发编程的高手，你需要通过编写大量代码来达到这个目标。

希望这本书能够成为你的手边书，也希望书中的示例代码能够对你有所帮助。再次说明，我把这本书的示例代码都放到了 GitHub 网站上，并作为一个公开项目存在，该项目的访问地址是：https://github.com/gopcp/example.v2。

附录 A

Go 语言的学习资源

A

本附录会提供给你一些资源。这些资源有助于你通过阅读他人的代码和与他人交流的方式学习 Go 语言。

A.1 优秀的 Go 语言开源项目

下面这些开源项目都是在 GitHub 网站上深受广大 Go 语言爱好者追捧的项目。，它们的代码、设计理念以及开发模式都非常值得我们学习。由于篇幅有限，我只罗列了我熟悉的项目中最流行的那几个。以下的排列遵从 Star 数从高到低的顺序。

1. 国内

- Gogs：一个自助Git托管服务软件，我们可以用它搭建自己的Git服务器。
- Beego：一个简单但强大的Web开发框架，可以用它方便地开发各种Web应用程序。
- TiDB：一个分布式的NewSQL数据库，它在协议上兼容MySQL。也就是说，我们可以像访问MySQL数据库那样访问它。它的设计灵感来自Google的Spanner和F1。
- Codis：一个提供Redis集群解决方案的代理软件，可以用它构建Redis集群，并可以像直接访问Redis那样访问集群。

2. 国际

- Docker：一个软件部署解决方案，也是一个轻量级的应用容器框架。使用Docker，我们可以轻松地打包、发布和运行任何应用。
- etcd：一个分布式的键值存储系统，可用于共享配置和服务发现，它的灵感来自于Apache ZooKeeper。
- Gin：一个设计优良的高性能Web开发框架，可以用它快捷地开发出高质量的Web应用程序。

- NSQ：一个实时的分布式消息平台。它拥有很高的可伸缩性，并能够每天处理数以十亿计的消息。

A.2 知名的Go语言在线社区和博客

下面我只列举几个在世界范围内都非常受欢迎的网络站点，希望你能从最顶尖的社区和博客中学习到知识和经验：

- golang-nuts：https://groups.google.com/forum/#!forum/golang-nuts。
- Go Forum：https://forum.golangbridge.org。
- /r/golang：https://www.reddit.com/r/golang。
- Gopher Academy's Blog：https://blog.gopheracademy.com。

A.3 广告

最后，我稍微打个广告。欢迎大家关注我发起的 Go 语言北京用户组的微信公众号 golang-beijing，以及我在开发者头条中开设的团队号 GoHackers。关注前者可以及时了解到我们举办的各种活动的情况，订阅或加入后者可以及时浏览到国内外优秀的 Go 语言技术文章。

另外，如果你是国产 Go 语言开源项目的作者，我希望你可以把你的项目加入到我创建的中国优秀 Go 项目列表 awesome-go-China 中，这份列表的网络地址是：https://github.com/GoHackers/awesome-go-China。